Modellierung komplexer Prozesse durch naturanaloge Verfahren

Christina Klüver • Jürgen Klüver
Jörn Schmidt

Modellierung komplexer Prozesse durch naturanaloge Verfahren

Soft Computing und verwandte Techniken

2., erweiterte und aktualisierte Auflage

Mit 106 Abbildungen, 11 Tabellen und 25 QR-Codes

PD Dr. phil. Christina Klüver
Prof. Dr. phil. Jürgen Klüver
Dr. rer. nat. Jörn Schmidt

Universität Duisburg-Essen
Essen, Deutschland

ISBN 978-3-8348-2509-4 ISBN 978-3-8348-2510-0 (eBook)
DOI 10.1007/978-3-8348-2510-0

Die Deutsche Nationalbibliothek verzeichnet diese Publikation in der Deutschen Nationalbibliografie; detaillierte bibliografische Daten sind im Internet über http://dnb.d-nb.de abrufbar.

Springer Vieweg

Gedruckt auf säurefreiem und chlorfrei gebleichtem Papier

Springer Vieweg ist eine Marke von Springer DE. Springer DE ist Teil der Fachverlagsgruppe Springer Science+Business Media.
www.springer-vieweg.de

Vorwort zur zweiten Auflage

Eine Bitte des Verlags, eine zweite Auflage herzustellen, ist natürlich für Autoren immer befriedigend, da anscheinend die erste Auflage ihre Leser gefunden hatte. In der Zeit, die seit der Erstellung der ersten Auflage verstrichen ist, waren wir allerdings auch nicht untätig. Zu den einzelnen Techniken, die Thema dieses Buches sind, haben wir nicht nur zahlreiche neue Beispiele gemeinsam mit unseren Studierenden entwickelt, sondern auch selbst neue Algorithmen konstruiert, die das in der ersten Auflage dargestellte Repertoire an etablierten Techniken wesentlich erweitern. Dies betrifft im Bereich der evolutionären Algorithmen (Kapitel 3) vor allem die Konstruktion eines sog. *Regulator Algorithmus* (RGA), dessen Grundlogik auf neueren Erkenntnissen der evolutionären Molekularbiologie basiert. Für neuronale Netze (Kapitel 4) haben wir ein neues allgemeines Lernparadigma entwickelt, das zur Entwicklung neuer Lernregeln und insbesondere zur Konstruktion eines neuartigen selbst organisiert lernenden Netzes führte – von uns als *„Self Enforcing Network“* (SEN) bezeichnet. In beiden Kapiteln werden diese neuen Algorithmen vorgestellt; das SEN wird an mehreren Anwendungsbeispielen konkretisiert.

Entsprechend haben wir die Anwendungsbeispiele aus der ersten Auflage durch neue Beispiele erweitert bzw. neue anstatt älterer Beispiele eingeführt. Für theoretisch interessierte Leser sei außerdem darauf hingewiesen, dass wir unter dem Stichwort „Ordnungsparameter bei Booleschen Netzen“ (Kapitel 2.3) zusätzlich eine neue Version des von uns entdeckten v-Parameters vorstellen. Wir hoffen, dass diese Version für nicht mathematisch vorgebildete Leser einfacher zu verstehen ist als die ursprüngliche; diese wird natürlich auch noch gezeigt. Außerdem ist im Kapitel 4 über neuronale Netze ein zusätzliches Subkapitel eingeführt, in dem einige mathematische Aspekte der Informationsverarbeitung in neuronalen Netzen demonstriert werden.

Die wohl auffälligste Neuerung jedoch ist nicht so sehr inhaltlicher, sondern mehr technischer Natur: Die erste Auflage bestand, wie alle unsere Bücher, „nur“ aus Texten und Screenshots. Durch Integration von QR-Codes in den Text dieser Auflage ist es nun möglich, während des Lesens eine Internetseite zu erreichen; auf dieser demonstrieren Videos, wie die jeweiligen Programme tatsächlich ablaufen – der Text wird also durch dynamische Visualisierungen erweitert. Damit, so hoffen wir, kombinieren wir die Vorzüge von Printmedien mit denen der elektronischen Medien. Aufgerufen werden die jeweiligen Seiten, wie bekannt, entweder durch Smartphones oder durch Eingabe der entsprechenden Adressen in den eigenen Rechner. Die Adressen sind bei jedem QR-Symbol angegeben[1]. Teilen Sie uns doch bitte mit, wie Sie diese Neuerung beurteilen.

Ein besonderer Dank geht in diesem Zusammenhang an Björn Zurmaar, der zuverlässig und vor allem schnell – wie immer – die Seiten eingerichtet hat.

Wir wünschen uns, dass der Gebrauchswert dieses Buches sich durch diese Erweiterungen noch wesentlich erhöht. Alle sonstigen Hinweise zum Thema dieses Buches, die sich bereits in der ersten Auflage finden, sind natürlich nach wie vor gültig.

---

1 Der von uns verwendete QR-Code Generator findet sich unter: http://qrcode.kaywa.com/.

Unser Versprechen, zusätzlich noch ein Buch über das Programmieren dieser Techniken herauszubringen, haben wir inzwischen auch eingelöst, wie einige Leser dieses Vorworts wahrscheinlich wissen. Erschienen ist es ebenfalls im Verlag Vieweg+Teubner, dem wir dafür zu danken haben. Ebenfalls zu danken haben wir den Lesern vor allem aus dem Kreis unserer Studierenden, die uns auf kleinere Fehler hingewiesen haben. Diese Fehler haben wir selbstverständlich korrigiert.

Abschließend sei vor allem für Leser, die an Problemen der betrieblichen Praxis interessiert sind bzw. sein müssen, darauf hingewiesen, dass im Frühjahr 2011 ein weiteres Buch von zwei der Autoren erschienen ist, nämlich Klüver, C. und Klüver, J.: „IT-Management durch KI-Methoden und andere naturanaloge Verfahren" (Vieweg+Teubner Verlag). Hier finden sich zahlreiche Anwendungsbeispiele der in diesem Buch dargestellten Techniken vor allem für Probleme des Projektmanagement.

Am Ende schließlich ist es uns ein Bedürfnis, Frau Maren Mithöfer, Frau Andrea Broßler sowie Herrn Bernd Hansemann vom Verlag, der mittlerweile Springer Vieweg heißt, für die sehr erfreuliche Kooperation zu danken. Frau Angela Fromm danken wir dafür, dass sie erneut die technische Manuskriptbetreuung übernommen hat.

Wir wünschen allen Lesern Anregungen und auch etwas Vergnügen bei der Lektüre. Wissenschaft ist eine ernst zu nehmende Sache, aber sie muss nicht unbedingt bierernst daher kommen. Das zu vermeiden ist uns hoffentlich etwas gelungen.

Essen, im Sommer 2012

Christina Klüver
Jürgen Klüver
Jörn Schmidt

http://www.cobasc.de

Vorwort zur ersten Auflage

Diese Einführung basiert vor allem auf der Habilitationsschrift von Christina Stoica (mittlerweile Christina Klüver) „Soft Computing und Bottom-Up Modelle" sowie auf einem Kurs „Soft Computing" von Christina Stoica und Jürgen Klüver im Online-Studiengang „Wirtschaftsinformatik" der Universitäten Bamberg und Duisburg-Essen. Außerdem gehen hier, wie an den Anwendungsbeispielen ersichtlich, unsere langjährigen Erfahrungen mit diesem Thema in Lehre und Forschung ein.

Aus unseren didaktischen Erfahrungen insbesondere mit dem erwähnten Online-Kurs sowie zahlreichen Lehrveranstaltungen über die hier dargestellten Themen wissen wir, dass häufig die – leider erforderlichen – mathematischen Grundlagen den Studierenden Schwierigkeiten bereiten, die nicht Mathematik, Physik oder ein ingenieurwissenschaftliches Fach studieren.

Damit wollen wir nicht sagen, dass man zur Beherrschung der Soft-Computing-Techniken große Mathematikkenntnisse voraussetzen muss – eher im Gegenteil. Einer der großen Vorzüge dieser Techniken ist nämlich, dass ihre jeweilige Grundlogik verhältnismäßig einfach zu verstehen ist und dass man rasch mit ihnen vertraut werden kann. Dennoch erfordert auch dies Gebiet eine gewisse Fähigkeit, in formalen Zusammenhängen zu denken und möglichst selbst die Fertigkeiten zu erlangen, eigene Modelle zu entwickeln.

Dies erreicht man am besten dadurch, dass man sich die hier wesentlichen mathematischen Grundlagen systematisch aneignet. Eine gerade erschienene Einführung von uns in „Mathematisch-logische Grundlagen der Informatik" ist für diesen Zweck nicht nur deswegen gut geeignet, weil wir sie ebenfalls geschrieben haben, sondern weil wir bei der Produktion des Buches auch an die hier vorliegende Einführung gedacht und zuweilen mit Beispielen aus diesem Bereich gearbeitet haben.

Leser/innen, die speziell an sozialwissenschaftlichen Verwendungen dieser Techniken interessiert sind, seien auf unsere Einführung in „Computersimulationen und soziale Einzelfallstudien" hingewiesen[2]. Mit der hier vorliegenden Einführung haben wir damit gewissermaßen eine Trilogie geschrieben. Anders als bei Romantrilogien jedoch, wie z. B. beim „Herrn der Ringe", kann in unserer Trilogie jeder Band auch für sich gelesen werden.

Wir haben in dieser Einführung versucht, die allgemeinen Grundlagen der verschiedenen Soft-Computing-Techniken darzustellen und auch die theoretischen Zusammenhänge zu verdeutlichen. Das eigentlich Reizvolle an diesen Techniken sind jedoch ihre ungemein unterschiedlichen Anwendungsmöglichkeiten, die buchstäblich unbegrenzt sind. Deswegen haben wir Anwendungsbeispiele aus sehr verschiedenen Bereichen wie z. B. Technik, Wirtschaft und sozialen Problemen gebracht, an denen man auch – hoffentlich – lernen kann, wie aus den allgemeinen Techniken spezifische Modelle entwickelt werden können. Speziell für die Anregung, auch Technikbeispiele in den Band aufzunehmen, danken wir hiermit Herrn Reinhard Dapper vom Vieweg+Teubner Verlag herzlich.

2 Beide Bände sind erschienen im w3l Verlag, Witten, 2006.

Die spezifischen technischen Probleme, die sich bei der eigenen Programmierung stellen, werden in dieser Einführung allerdings nur kursorisch behandelt. Für Programmierpraktiker wird in Kürze deswegen ein Ergänzungsband folgen, in dem speziell die Programmierung von Soft-Computing-Modellen thematisiert wird.

Wir wünschen Ihnen nicht nur guten Lernerfolg bei der Lektüre, sondern auch etwas von dem Vergnügen, das wir häufig bei unserer eigenen Beschäftigung mit diesem Thema hatten.

Essen, im Herbst 2008

Christina Stoica-Klüver

Jürgen Klüver

Jörn Schmidt

Inhaltsverzeichnis

Einleitung

Das Thema dieses Buches ist ein Bereich von verschiedenen und auf einen ersten Blick recht heterogenen Techniken der Modellierung komplexer Probleme – der Bereich des so genannten Soft Computing. Die einzelnen Techniken, die in den verschiedenen Kapiteln dargestellt und an Anwendungsbeispielen verdeutlicht werden, sind prinzipiell durchaus bekannt und für jede einzelne Technik gibt es natürlich auch spezielle Lehrbücher. Zellularautomaten z. B. wurden bereits in den fünfziger Jahren von John von Neumann und Stanislaw Ulam entwickelt; genetische Algorithmen, um ein anderes Beispiel zu nennen, sind seit Beginn der siebziger Jahre bekannt und haben ihre vielfältige Verwendbarkeit in sehr unterschiedlichen wissenschaftlichen und praktischen Gebieten immer wieder demonstriert. Erst in neuerer Zeit allerdings begann man, die verschiedenen Einzeltechniken als ein zusammenhängendes Gebiet zu begreifen, dessen Anwendungsmöglichkeiten in Wissenschaft und Praxis noch längst nicht ausgeschöpft sind und zum Teil immer noch am Anfang stehen. Dies war dann auch der Grund für uns, dieses Lehrbuch zu schreiben.

Die im Vorwort zur zweiten Auflage erwähnten neuen von uns selbst entwickelten Algorithmen sind natürlich jetzt ein zusätzliches Motiv, da diese neuen Techniken selbstverständlich in Lehrbüchern anderer Autoren (noch) nicht zu finden sind. Es ist im Rahmen einer Einführung sicher etwas ungewöhnlich, wenn hier neuartige Techniken vorgestellt werden, die zum Teil noch der gründlicheren Erforschung bedürfen. Von Einführungen wird eigentlich „nur" erwartet, dass etablierte Verfahren und Resultate didaktisch so gut aufbereitet werden, dass interessierte Leser diese auch rezipieren und verstehen können. Wir haben dennoch bewusst einige unserer neueren Forschungs- und Entwicklungsergebnisse hier vorgestellt, um zu demonstrieren, dass der Gesamtbereich des sog. Soft Computing ein ungemein lebendiges Gebiet ist, von dem man immer noch auch grundsätzlichere Innovationen erwarten kann.

Ein weiteres Motiv für uns war freilich die Tatsache, dass die noch relativ wenigen Gesamtübersichten und zusammenfassenden Darstellungen, die in dieses Gebiet einführen (vgl. z. B. Niskanen, 2003; Paetz 2006; Saad u. a. 2007), die grundlegenden Gemeinsamkeiten der auf den ersten Blick äußerst heterogenen verschiedenen formalen Modelle nicht oder nur partiell darstellen. Häufig bleibt offen, warum der Bereich des Soft Computing als ein Gesamtbereich zu verstehen ist. Entsprechend wird auch dem Problem der theoretischen Grundlagen dieser formalen Modelle kaum näher nachgegangen. Außerdem wird nur selten der Frage Aufmerksamkeit gewidmet, inwiefern sich für bestimmte Probleme ganz bestimmte Techniken anbieten und wann es vielleicht gleichgültig bzw. nur eine Frage der Programmierpraxis ist, ob man der einen oder der anderen Technik den Vorzug gibt.

Die vorliegende Einführung soll diese Lücke schließen, indem die verschiedenen Soft-Computing-Modelle in einem expliziten Gesamtzusammenhang dargestellt werden. Dabei werden zum einen unterschiedliche Verwendungsmöglichkeiten aufgezeigt, was immer wieder an Beispielen illustriert wird, zum anderen wird auf die Möglichkeiten verwiesen, die jeweiligen Basismodelle zu variieren und zum dritten wird ein besonderer Schwerpunkt auf die Möglichkeiten gelegt, die verschiedenen Basismodelle wie z. B. Zellularautomaten und genetische Algorithmen miteinander zu kombinieren. Die daraus entstehenden so genannten hybriden Modelle erlauben es dann, regelrecht jede Form realer Komplexität – natürlich, technisch, ökonomisch, sozial oder kognitiv – adäquat, d. h. ohne Verlust an wesentlichen Aspekten, formal zu modellieren und in Computerexperimenten zu untersuchen. Anscheinend eignen sich Soft-Computing-Modelle besonders gut dafür, einen klassischen methodischen Grundsatz zu realisieren: Es darf nicht darum gehen, die Probleme den Methoden anzupassen, sondern es müssen problemadäquate Methoden verwendet und ggf. entwickelt werden. Wir werden sehen, wie dies Prinzip im Einzelfall verwirklicht werden kann.

Obwohl die Verwendung von Soft-Computing-Modellen in der Informatik lange Zeit eher peripher gewesen ist, gewinnt gegenwärtig die computerbasierte Modellierung komplexer Prozesse auf der Basis dieser Modelle immer größere Bedeutung. Offenbar sind diese Techniken in besonderer Weise geeignet, so verschiedene Probleme in Computermodellen zu analysieren wie z. B. die Wechselwirkungen von Molekülen in der Chemie, die Modellierung und Optimierung von automatischen Produktionsanlagen, die Interdependenzen zwischen Räuber- und Beutegattungen in der Ökologie, das Verhalten von Verkehrsteilnehmern und die daraus resultierenden Stauprobleme, die Optimierung von Lagerbeständen sowie des Einsatzes unterschiedlich qualifizierter Mitarbeiter in Unternehmen, die Entstehung von Meinungen und Kaufverhalten in der empirischen Sozialforschung, die Dynamik von sozialen Gruppen in der Sozialpsychologie und das kognitive Lernverhalten von Kindern beim Spracherwerb. Damit sind noch längst nicht alle Anwendungsgebiete genannt, in denen die Verwendung von Soft-Computing-Modellen sich mittlerweile etabliert hat.

Soft-Computing-Modelle erweisen sich, wie im Laufe dieses Buchs gezeigt wird, nicht nur in den Bereichen als äußerst fruchtbar, die auch durch andere mathematische Methoden analysiert werden können, sondern vor allem dort, wo die Probleme den in den Naturwissenschaften üblichen Methoden nicht zugänglich sind. Dies gilt insbesondere für die äußerst komplexen Probleme der Sozial-, Kommunikations- und Kognitionswissenschaften, die durch traditionelle mathematische Verfahren nicht oder nur in sehr einfachen Fällen bearbeitbar sind.

Die mathematischen Verfahren des Soft Computing, die hier vorgestellt werden, sind vor allem im Rahmen der so genannten Komplexitätsforschung analysiert worden (vgl. z. B. Waldrup 1992; Lewin 1992; Levy 1992; Mainzer 1997). In diesen zwar naturwissenschaftlich orientierten aber explizit interdisziplinär ausgerichteten Forschungsansätzen wurde relativ früh erkannt, dass für Probleme hoher Komplexität neuartige Verfahren zu verwenden bzw. zu entwickeln waren. Gleichzeitig zeigte sich auch, dass es erforderlich ist, neue Methoden nicht nur anzuwenden, sondern diese auch in einem theoretischen Zusammenhang zu verstehen. Da es bei der Modellierung und Bearbeitung komplexer Probleme gewöhnlich darum geht, Systeme und ihre Dynamik zu analysieren, wird in diesem Buch auch ein Zusammenhang zwischen der Theorie komplexer dynamischer Systeme und Soft-Computing-Methoden hergestellt, der bisher so nicht explizit erfolgt ist.

Dieses Buch basiert vor allem auf Forschungen und Entwicklungen, die im Zusammenhang unserer Forschungsgruppe COBASC – Computer Based Analysis of Social Complexity – entstanden sind und überwiegend in verschiedenen Publikationen dokumentiert wurden. Damit sollen natürlich nicht die wichtigen Arbeiten anderer Forscher unterschlagen werden, auf die in dieser Einführung auch regelmäßig verwiesen wird. Dennoch ist es allerdings immer so, dass die eigenen Arbeiten nun einmal die vertrautesten sind und dass man als Autoren diese auch bevorzugt. Wir hoffen, dass diese Schwerpunktlegung auf unsere Arbeiten bei der Verdeutlichung der vielfältigen Verwendungsmöglichkeiten von Soft-Computing-Modellen den Reiz der Lektüre nicht schmälert. Dazu kommt freilich noch ein genuin didaktischer Aspekt: Nicht wenige der hier dargestellten einzelnen Programme sind von Studierenden der Universität Duisburg-Essen als Seminar-, Diplom- und Magisterarbeiten sowie zunehmend Bachelor- und Masterarbeiten in den Studiengängen Angewandte Informatik – Systems Engineering, Wirtschaftsinformatik, Betriebswirtschaftslehre und Kommunikationswissenschaft unter unserer Betreuung realisiert worden. Damit wollen wir auch demonstrieren, inwiefern die Entwicklung von Programmen, die auf Soft-Computing-Techniken basieren, als Bestandteil der akademischen Lehre realisiert werden kann. Gerade diese Techniken ermöglichen es, mit einschlägig engagierten Studierenden das immer wieder angestrebte Prinzip des „Forschenden Lernens" zu verwirklichen. An entsprechend motivierten und qualifizierten Studierenden hatten wir bei den jeweiligen Entwicklungsprojekten nie einen Mangel.

Gegliedert ist das Buch wie folgt:

Im ersten Kapitel wird auf die grundlegenden Charakteristika und die besonderen Vorzüge von Soft-Computing-Modellen eingegangen, wobei vor allem das methodische Vorgehen der so genannten bottom-up Modellierung eine wesentliche Rolle spielt. In diesem Kontext werden die wichtigsten Begriffe komplexer dynamischer Systeme erläutert und in einen systematischen Zusammenhang zu den verschiedenen Techniken und Anwendungsbeispielen gestellt.

Das nächste Kapitel enthält eine Darstellung der Zellularautomaten (ZA) und Booleschen Netze (BN). Zellularautomaten und Boolesche Netze werden gewöhnlich nicht dem Bereich des Soft Computing zugerechnet. Nach unserer Überzeugung und aufgrund unserer eigenen praktischen Erfahrungen mit den verschiedenen Soft-Computing-Techniken gehören sie jedoch unbedingt hierher. Dies wird bei der allgemeinen Definition des Gebietes „Soft Computing" im ersten Kapitel noch deutlicher werden. Es lässt sich außerdem zeigen, dass es gerade durch diese Modelle möglich ist, generelle Zusammenhänge zwischen den verschiedenen Gebieten des Soft Computing darzustellen. An verschiedenen Beispielen wird demonstriert, wie vielfältig diese formalen Modelle einsetzbar sind; neu ist hier insbesondere ein Zellularautomat, der sog. Sudoku-Rätsel lösen kann.

Das dritte Kapitel gibt eine Übersicht zum Gebiet der so genannten Evolutionären Algorithmen, von denen hier die beiden wichtigsten Typen behandelt werden, nämlich die Genetischen Algorithmen (GA) und die Evolutionären Strategien (ES); zusätzlich stellen wir einen von uns entwickelten neuen Algorithmus vor, nämlich den „Regulator Algorithmus". Die entsprechenden Anwendungsmöglichkeiten von evolutionären Algorithmen werden an verschiedenen Beispielen demonstriert. Außerdem erfolgt hier noch eine Einführung in die Technik des Simulated Annealing (SA), die zwar nicht im eigentlichen Sinne zu den evolutionären Algorithmen zählt, aber auch als „naturanaloges" Optimierungsverfahren gelten kann.

Neuronale Netze (NN) sind der Gegenstand des vierten Kapitels, wobei insbesondere eine allgemeine Systematik dieser Modelle dargestellt wird. Dies geschieht durch die Darstellung eines so genannten Neurogenerators, mit dem sich aus einfachsten Grundlagen beliebige Typen neuronaler Netze entwickeln lassen. Dabei wird auf die im zweiten Kapitel dargestellten Booleschen Netze rekurriert. Hier geht es vor allem darum, neue Möglichkeiten der Vermittlung sowie der Konstruktion neuronaler Netze zu testen. Neu in der zweiten Auflage ist zusätzlich die Darstellung eines allgemeinen von uns entwickelten Lernparadigmas sowie eines darauf basierenden neuartigen selbst organisiert lernenden Netzes, das sog. Self Enforcing Network (SEN); speziell zu diesem Netzwerk werden einige neue Anwendungsbeispiele gebracht.

Da üblicherweise die Verwendung von Fuzzy-Methoden ebenfalls zum Bereich des Soft Computing gezählt wird, ist das fünfte Kapitel dieser Technik gewidmet. In diesem Zusammenhang werden wir unter anderem versuchen, die Unterschiede und Gemeinsamkeiten der beiden fundamentalen Begriffe der Unschärfe und der Wahrscheinlichkeit etwas genauer zu bestimmen. Diesem Problem, das für die Entwicklung entsprechender Modelle äußerst wichtig ist, wird vor allem in der einführenden Literatur zu Fuzzy-Methoden nicht immer die erforderliche Beachtung geschenkt. Neben den beiden Beispielen zu diesen Methoden aus der ersten Auflage ist noch ein zusätzliches Beispiel gekommen, nämlich ein Fuzzy-Expertensystem, das zur Simulation der sog. Delphi Methode eingesetzt werden kann.

Das letzte Kapitel schließlich beschäftigt sich mit so genannten Hybriden Systemen, d. h. mit der Kombination verschiedener Soft-Computing-Modelle wie z. B. die Kombination von Zellularautomaten mit genetischen Algorithmen oder die Kombination verschiedener Typen neuronaler Netze. Speziell mit der Hybridisierung von Soft-Computing-Modellen lässt sich erreichen, dass Probleme beliebig hoher Komplexität bearbeitet werden können. Auch dies wird an verschiedenen Beispielen konkretisiert.

Es sei noch auf einen weiteren Vorzug von Soft-Computing-Modellen verwiesen: Deren grundlegende Logik ist in allen Fällen verhältnismäßig einfach zu verstehen, so dass es relativ nahe liegt, eigene Modelle zu bekannten Problemen zu erstellen. Dies haben wir immer wieder in Lehrveranstaltungen in dem Sinne erfahren, dass die Studierenden häufig sehr motiviert waren, selbst Programme zu von ihnen oder von uns ausgewählten Problemen zu erstellen. Soft-Computing-Modelle, so unsere Erfahrungen, sind nicht nur für die verschiedensten Forschungs- und Anwendungsprobleme hervorragend geeignet, sondern können auch sehr motivationsfördernd didaktisch eingesetzt werden (siehe oben). Damit können auch die Fähigkeiten von Studierenden gefördert werden, in relativ hohem Maße eigenständig zu arbeiten.

Abschließend sei noch angemerkt, dass die zur Verdeutlichung dargestellten exemplarischen Programme sich zum Teil auf sozialwissenschaftliche Fragestellungen beziehen; diese gewinnen freilich in der Informatik, insbesondere im Bereich der Agentenmodellierung und Robotik, immer mehr an Bedeutung. Beispielsweise basiert die Kooperation oder die Kommunikation zwischen Agenten oder Robotern unter anderem auf „sozialen“ Regeln, die bislang nicht im erforderlichen Maße formal dargestellt werden konnten. Somit können die in der Arbeit gezeigten Modelle als Anregung für die Lösung solcher Probleme dienen. Ein wesentlicher Grund dafür, dass wir auch sozial- und kognitionswissenschaftliche Fragestellungen als Beispiele wählten, liegt natürlich darin, dass wir selbst in diesen Gebieten in Forschung und Entwicklung arbeiten. Die hier behandelten Probleme sind Beispiele für Bereiche, in denen herkömmliche formale Methoden gewöhnlich nicht befriedigend anwendbar sind.

Dennoch haben wir uns natürlich nicht nur auf sozial- und kognitionswissenschaftliche Beispiele beschränkt, sondern auch Anwendungen aus technischen und wirtschaftlichen Bereichen vorgestellt. Dies Buch wendet sich an Interessierte aus verschiedenen Fächern und die Relevanz dieser Methoden erkennt man natürlich am besten durch Beispiele aus der eigenen Praxis.

Von daher hoffen wir, dass unsere Beispiele nicht nur lehrreich sind, sondern auch etwas Vergnügen an den hier dargestellten Themen wecken können. Soweit die Beispiele durch von uns entwickelte Programme implementiert worden sind, können sich an den Programmen Interessierte gerne an uns wenden. Insbesondere sei darauf verwiesen, dass der Springer Vieweg Verlag die Internetseite „Springer Vieweg PLUS“ zur Verfügung stellt. Auf dieser Seite haben wir bereits einige weitere Beispiele vorgestellt, die größtenteils von unseren Studenten implementiert worden sind. Da wir außerdem feststellten, dass verschiedene in diesem Buch gezeigte Screenshots in Schwarz-Weiß doch etwas an Aussagekraft verlieren, verweisen wir ausdrücklich auf die im Vorwort erwähnte zusätzliche Möglichkeit, sich die Originale selbst mit Hilfe der jeweiligen QR-Codes anzusehen.

Auf jeden Fall hoffen wir, dass Sie auch bei der Lektüre dieser Einführung in das spannende Gebiet naturanaloger Verfahren nicht nur Nutzen, sondern auch etwas Spaß haben. Fangen wir also an.

1 Bottom-up Modelle, Soft Computing und komplexe Systeme

1.1 Soft Computing, Bottom-up und Top-down

Wenn wir jetzt mit einer notwendigen Bestimmung dessen beginnen müssen, was wir unter „Soft Computing" verstehen, dann muss – leider nicht nur in diesem Bereich – bedauernd konstatiert werden, dass der Begriff Soft Computing in der Literatur nicht einheitlich gebraucht wird und inhaltlich zum Teil unterschiedlich besetzt ist. Daher folgt zunächst eine Begriffserklärung. Verwendet wurde der Begriff des Soft Computing zuerst von dem Mathematiker Zadeh (1994), dem Begründer der Theorie „unscharfer Mengen" (fuzzy set theory) (siehe unten 5. Kapitel).[1] Zadeh verstand unter Soft Computing primär die Kombination von Fuzzy-Logik, einer auf der Fuzzy-Mengenlehre basierenden unscharfen Logik, mit neuronalen Netzen, die als wichtigste Repräsentanten der so genannten subsymbolischen oder auch konnektionistischen Ansätze zur Erforschung von Künstlicher Intelligenz gelten. Die Kombinationen beider formalen Techniken zusammen bilden die so genannten *Neuro-Fuzzy-Methoden* (unter anderen Bothe 1998).

Mittlerweile wird unter Soft Computing wesentlich mehr verstanden, z. B. auch *Genetische Algorithmen* und andere *Evolutionäre Algorithmen.* Zusätzlich werden hier, wie bemerkt, auch die Modellierungsmöglichkeiten aus dem Bereich des „Künstlichen Lebens" (Artificial Life) nämlich *Zellularautomaten* und *Boolesche Netze* (Gerhard und Schuster 1995; Levy 1992; Kauffman 1993) thematisiert. Generell kann man Soft Computing heute verstehen als den Bereich der formalen Modellierungsmöglichkeiten, die sich *möglichst unmittelbar* an Prozessen der Natur, des sozialen und ökonomischen Handelns und des menschlichen Alltagsdenkens orientieren. Deswegen sprechen wir auch von „naturanalogen" Verfahren. Da die Logik dieser Prozesse gewöhnlich nicht den „harten" Techniken folgt, die sich in der Informatik und den klassischen Naturwissenschaften bewährt haben, sondern diesen gegenüber eher „unscharf" und „weich" sind, lässt sich der durchaus missdeutbare Begriff des Soft Computing als allgemeine Bezeichnung rechtfertigen. Man kann das „soft" auch so interpretieren, dass die Bearbeitung der entsprechenden Probleme nicht in das harte Prokrustes-Bett der etablierten mathematischen Techniken eingezwängt wird, sondern in einen mehr elastischen und damit „weichen" Rahmen, sozusagen in ein den Problemen gemäßes Bett.

Dazu kommt noch, dass Soft-Computing-Modelle praktisch nie als fertige Algorithmen, die sofort einsetzbar sind, präsentiert werden können, sondern als allgemeine „Schemata" von Algorithmen, also gewissermaßen Rahmen, die jeder Benutzer durch Angabe der jeweiligen gewünschten Parameter selbst konkretisieren muss. Dies wird bei allen der hier vorgestellten Techniken deutlich. Vielleicht ist dies ein weiterer Grund, warum man hier den extrem missdeutbaren Begriff des „soft" verwendet: Diese Modelle sind immer nur im Zusammenhang mit einem bestimmten Problem oder Problemgebiet *konkret* verwendbar – eine für viele Informatiker sicher etwas irritierende Situation. Aber gerade diese Allgemeinheit macht Soft-Computing-Modelle, wie noch zu sehen sein wird, praktisch universal einsetzbar.

---

[1] Zadeh hat bereits vor mehr als 40 Jahren Fuzzy-Algorithmen entwickelt, deren Einsatz zunächst für Expertensysteme vorgesehen war (u. a. Zadeh 1968).

In gewisser Hinsicht ist dieser Begriff selbst ein Beispiel für einen unscharfen Begriff, wie er für das menschliche Denken charakteristisch ist. Die Kognitionspsychologie und die linguistische Semantik haben schon seit längerer Zeit festgestellt, dass Menschen nicht in logisch präzisen Begriffen denken, die sauber voneinander getrennt werden können, sondern mit „ausgefransten" Begriffen arbeiten, die häufig keine klaren Abgrenzungen erlauben (Jones und Idol 1990). Es ist nicht zufällig, dass in diesen Wissenschaften schon relativ früh der Einsatz der Fuzzy-Logik erprobt wurde (vgl. z. B. Lakoff 1987 für den Bereich der kognitiven Semantik). Wir werden in dieser Arbeit, wie bereits bemerkt, den erweiterten Begriff des Soft Computing verwenden, also die Gesamtheit der damit verbundenen Techniken darstellen.

Wenn man nun diesen erweiterte Begriff von Soft Computing einführt, so ist darauf hinzuweisen, dass die erwähnten Techniken mittlerweile auch unter Begriffen wie *Computational Intelligence* oder auch *Organic Computing* abgehandelt werden. In diesen Bereichen geht es ebenfalls darum, mathematische Modelle, die sich an natürlichen Prozessen orientieren, für die Informatik fruchtbar zu machen. Unter Computational Intelligence werden allerdings primär Techniken verstanden, die mit dem Begriff des Soft Computing vergleichbar sind, wie *Neuronale Netze*, *Genetisches Programmieren*, *Swarm Intelligence* und *Fuzzy-Systeme* (unter anderen Engelbrecht 2002). Im Zusammenhang mit *Organic Computing* werden *selbstorganisierende* Systeme untersucht, daher werden primär *Neuronale Netze*, *Evolutionäre Algorithmen* sowie *Zellularautomaten* behandelt (Müller-Schloer et al. 2004). Wir wollen Ihnen auch nicht die zusätzlichen Begriffe von „Ubiquitous Computing" sowie „Autonomic Computing" vorenthalten, die in diesem Kontext ebenfalls zuweilen verwendet werden, ohne diese näher zu charakterisieren. Von allen diesen zum Teil relativ neuen Begriffen ist jedoch der des Soft Computing fraglos sowohl der mittlerweile traditionsreichste als auch der am weitesten verbreitete. Wir werden deshalb nur noch diesen Begriff verwenden, um die hier thematisierten Techniken zusammenfassend zu charakterisieren. Es ist nebenbei bemerkt auch nicht so recht zu verstehen, was die Einführung immer neuer Begriffe für Forschung und Anwendung eigentlich bringen soll und kann, von dem Problem einer zuweilen schon babylonischen Begriffsverwirrung gar nicht zu reden.

Freilich darf hier kein Missverständnis in Bezug auf den Begriff „soft" entstehen. Bei den formalen Methoden, die Gegenstand dieser Arbeit sind, handelt es sich um *Erweiterungen* klassischer Verfahren der Mathematik und Informatik, nicht etwa um etwas gänzlich anderes. Eine „unscharfe" Mengenlehre ist mathematisch genauso exakt wie die klassische „scharfe" Mengenlehre und lernende bzw. adaptive Systeme wie neuronale Netze und genetische Algorithmen operieren mit ebenso eindeutigen (häufig sogar deterministischen) Algorithmen wie es z. B. bei Suchalgorithmen für Datenbanken der Fall ist. Von daher muss immer wieder betont werden, dass es sich hier um einen Wissenschaftsbereich handelt, der eindeutig zu den Wissenschaften gehört, die vor allem mit mathematischen Methoden arbeiten – deswegen „computing".[2] Nebenbei bemerkt, die Tatsache, dass es mit diesen Techniken möglich ist, mathematisch Probleme aus den Sozial- und Kognitionswissenschaften zu behandeln, also Bereiche, die häufig als „weiche" Wissenschaften bezeichnet werden, gibt der Bezeichnung „Soft Computing" einen gewissen inhaltlichen Sinn.

---

2 Aufgrund unserer Lehrerfahrungen ist uns bewusst, dass diese neuen Möglichkeiten des Soft Computing häufig bei Studierenden ein gewisses Umdenken verlangen, da die Logik dieser „soft" Algorithmen nicht unbedingt dem entspricht, was man normalerweise von Computerprogrammen erwartet. Ihr Kern ist jedoch letztlich Mathematik und nichts sonst.

Der Grund dafür, dass der Bereich des Soft Computing für ganz unterschiedliche Wissenschaften und Anwendungsbereiche immer wichtiger wird, liegt u. E. genau in der Tatsache, dass man damit erfolgreich versucht, reale Prozesse, d. h. komplexe Systeme mit ihren jeweiligen intuitiv kaum nachvollziehbaren Problemen, möglichst exakt abzubilden. Die kognitiven Fähigkeiten von Menschen z. B., in ganzheitlichen Mustern und assoziativ zu denken, unvollständige Informationen zu vervollständigen und Gemeinsamkeiten verschiedener Situationen zu erfassen, können zumindest prinzipiell durch neuronale Netze sehr gut modelliert und praktisch verwendet werden; traditionelle Verfahren sind demgegenüber weit weniger effektiv. Die adaptiven Fähigkeiten biologischer und sozialer Systeme, die sowohl biologischen Gattungen als auch ganzen Gesellschaften es immer wieder ermöglicht haben, unvorhergesehene Umweltanforderungen zu bewältigen, sind mathematisch hervorragend durch genetische Algorithmen und andere evolutionäre Algorithmen darzustellen, experimentell zu untersuchen und praktisch anzuwenden. Entsprechend bilden zelluläre Automaten eine sehr anschauliche Möglichkeit, die Nichtlinearität selbstorganisierender Prozesse bei lebenden Systemen und in der sozialen Realität zu studieren. Unter anderem sind etwa soziale Organisationen sowohl in ihrer Logik der Selbstorganisation als auch in ihren adaptiven Verhaltensweisen weitere Beispiele dafür, dass man diese formalen Techniken praktisch unbegrenzt einsetzen kann.

Charakteristisch für den Einsatz von Soft-Computing-Modellen ist ihre Verwendung als so genannte *bottom-up Modelle*. Natürlich ist es auch möglich, Soft-Computing-Techniken als so genannte *top-down Modelle* zu verwenden, was in unseren Arbeiten mehrfach geschehen ist (Stoica 2000; Klüver 2000). Die eigentliche Stärke dieser formalen Modelle jedoch liegt – neben ihrer *prinzipiellen* Einfachheit und Kombinierbarkeit mit verschiedenen Techniken – in den Möglichkeiten, bottom-up Modelle durch sie verhältnismäßig einfach und realitätsadäquat zu konstruieren. Die prinzipiellen Differenzen zwischen bottom-up und top-down Ansätzen lassen sich besonders illustrativ an einem bekannten Beispiel verdeutlichen, nämlich der mathematischen Analyse von Räuber-Beute-Systemen.

Eine längst klassische top-down Modellierung beruht auf den berühmten Differentialgleichungen von Lotka und Volterra

$$\partial x/\partial t = ax - bx^2 - cxy$$
$$\partial y/\partial t = - ey + cxy, \qquad (1.1)$$

wenn x und y jeweils die „Dichte" der Beute- und Räuberpopulation ausdrücken. Die diesen Gleichungen zugrunde liegenden Annahmen sind dabei, dass ohne Räuber das Wachstum der Beute der bekannten logistischen Wachstumsgleichung folgt

$$\partial x/\partial t = ax - bx^2 \qquad (1.2)$$

und dass die Rate, mit der die Beute gefressen wird, proportional dem Produkt der Dichte von jeweils Räuber und Beute ist (vgl. Maynard Smith 1974). Modelliert wird mit diesen Gleichungen, die auch die mathematische Grundlage für zahlreiche einschlägige Simulationsprogramme sind, offenbar das „globale" Verhalten des Räuber-Beute-Systems, also die Gesamtentwicklung der beiden Populationen, ohne Berücksichtigung des Verhaltens einzelner Tiere – sei es Räuber oder Beute. Dies wird sozusagen aggregiert, indem es als statistisch erfassbares Durchschnittsverhalten in die jeweilige Dichte der Populationen eingeht und so „top down" das Gesamtverhalten des Systems generiert.

Ganz anders sieht ein bottom-up Modell des gleichen Ökosystems aus, das auf der Basis eines Soft-Computing-Modells, in diesem Fall eines Zellularautomaten, konstruiert wird und das für didaktische Zwecke von uns entwickelt worden ist. Man geht hier, wie bei allen Zellularautomaten (siehe unten), von einzelnen Zellen aus, die in verschiedenen Zuständen sein können und deren Zustände darstellen, ob es sich um Räuber oder Beute handelt. Zusätzlich symbolisieren die Zustände das biologische Alter sowie Geschlecht und das Maß des individuellen Hungers. Wesentlich sind hier auch räumliche Aspekte: Die Zellen haben nur eine gewisse „Einsicht" in ihre Umgebung. So könnte ein Räuber z. B. durchaus überleben, wenn er „sehen" könnte, dass sich eine Beute in einer bestimmten Entfernung befindet. Die Regeln dieses Zellularautomaten lauten unter anderem folgendermaßen:

IF ein Räuber ist hungrig und *IF* eine Beute ist in der lokalen Umgebung, *THEN* der Räuber frisst die Beute. Oder: *IF* ein Räuber ist im maximalen Hungerzustand und *IF* keine Beute ist in der lokalen Umgebung, *THEN* der Räuber stirbt. Und schließlich, als letztes Beispiel: *IF* ein Räuber ist männlich und *IF* ein weiblicher Räuber ist in der lokalen Umgebung und *IF* eine „leere" Zelle ist in der lokalen Umgebung, *THEN* ein neuer Räuber wird generiert mit biologischem Mindestalter.[3]

Das auf den ersten Blick Erstaunliche ist, dass mit diesem bottom-up Modell ein globales Gesamtverhalten des Systems erzeugt wird, das dem Verhalten äußerst ähnlich ist, das in Simulationen mit den Lotka-Volterra-Gleichungen generiert werden kann. Zur Illustration werden zwei Zustände sowie eine typische Verlaufskurve des Räuber-Beute-Systems dargestellt:

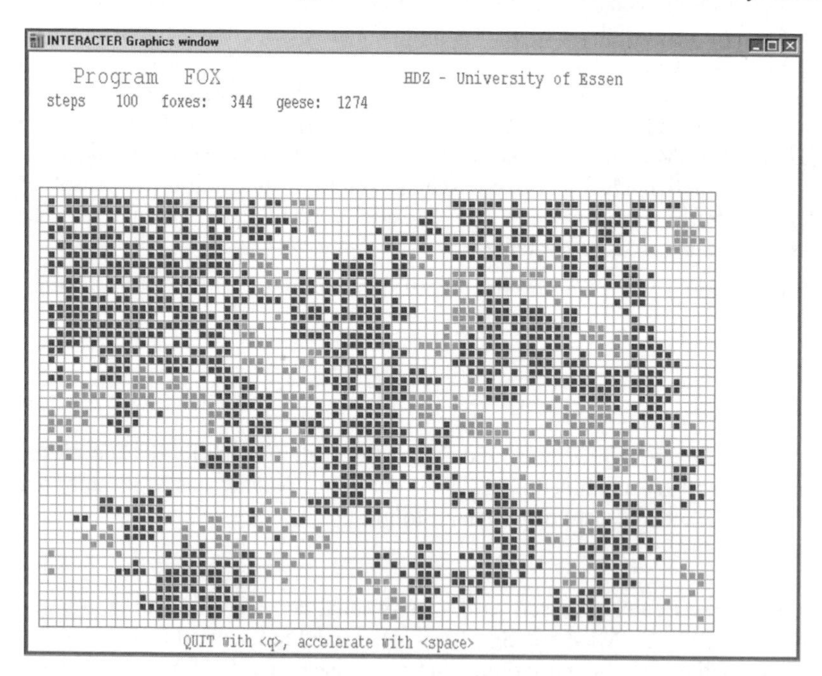

Bild 1-1a Zustände nach 100 Schritten; graue Zellen sind Räuber („Füchse"), schwarze Zellen sind Beute („Gänse"); Anfangszustand: 100 Füchse, 300 Gänse.

3 Nach den bekannten Kinderliedern über Füchse, die Gänse fressen, haben wir dies Programm FUXGANS genannt. Interessenten stellen wir es gerne zur Verfügung.

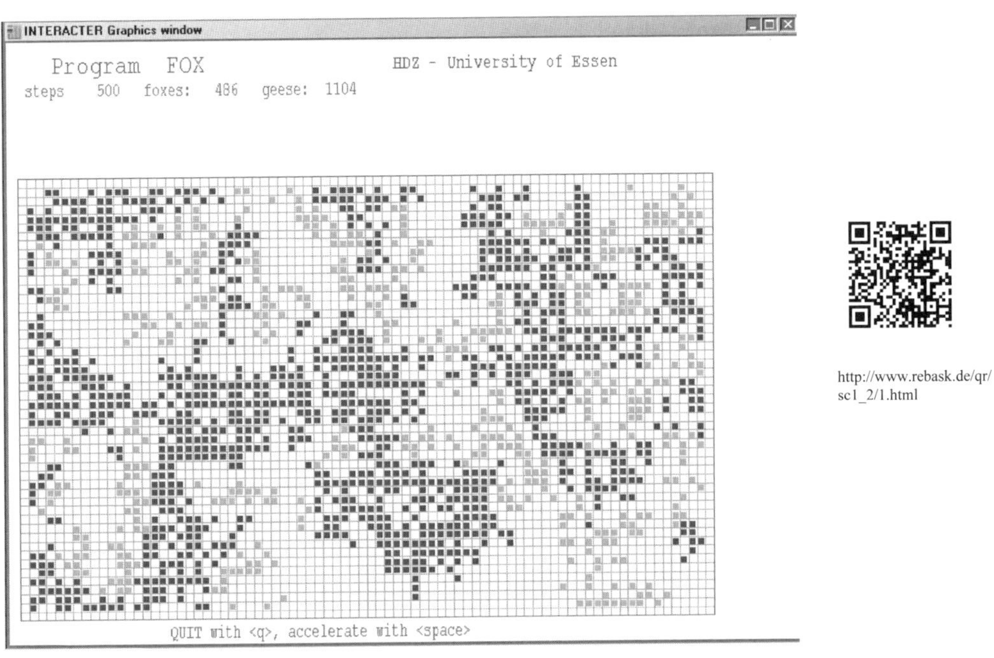

http://www.rebask.de/qr/sc1_2/1.html

Bild 1-1b Zustände nach 500 Schritten; graue Zellen sind Räuber („Füchse"), schwarze Zellen sind Beute („Gänse"); Anfangszustand: 100 Füchse, 300 Gänse.

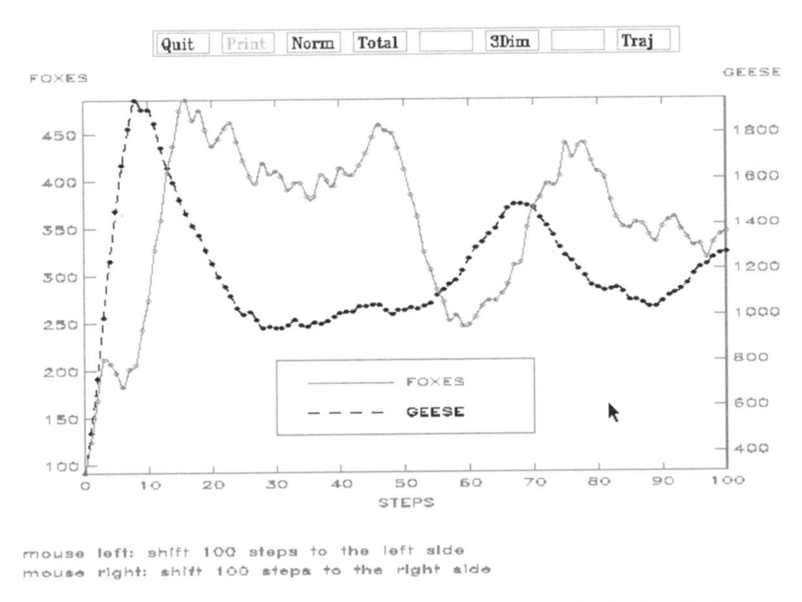

Bild 1-2a Verlaufskurve des Systems nach 100 Schritten mit gleichen Anfangszuständen wie in Bild 1-1a. Es sei darauf hingewiesen, dass Räuber und Beute nicht in gleichen Größenmaßen abgebildet werden. Räuber und Beute werden im Verhältnis ≈1:4 dargestellt.

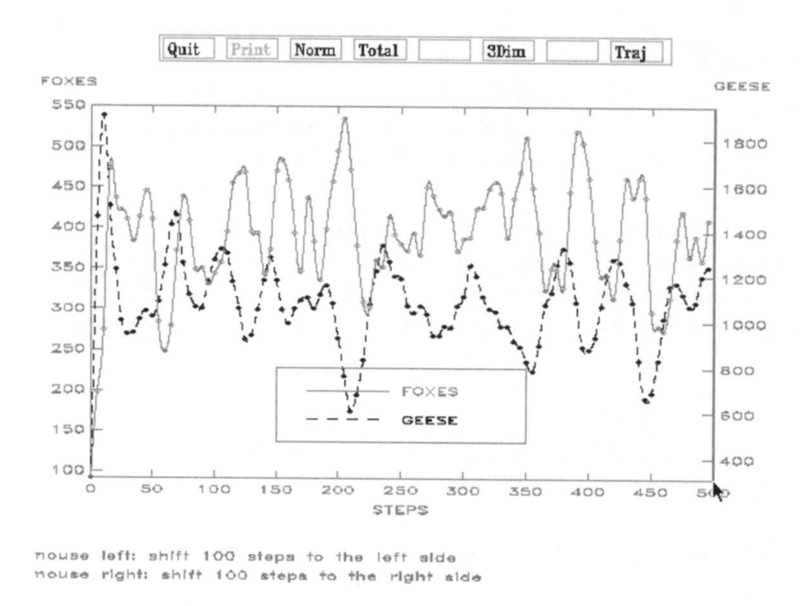

Bild 1-2b Verlaufskurve des Systems nach 500 Schritten mit gleichen Anfangszuständen

Man kann sehr gut erkennen, wie sich hier die aus der Literatur bekannten annähernd sinusförmigen „Schwingungen" als Verlaufskurven ergeben. Allerdings handelt es sich dabei ausschließlich um „emergente" Systemeffekte, die sich aus den lokalen Regeln der obigen Art ergeben.

Verallgemeinert kann man Systeme, die durch bottom-up Modelle dargestellt werden können – und zum Teil auch müssen – folgendermaßen charakterisieren:

„Such systems contain no rules for the behavior of the population at the global level, and the often complex, high-level dynamics and structures observed are emergent properties which develop over time from out of all the local interactions among low-level primitives. ... These emergent structures play a vital role in organizing the behavior of the lowest-level entities by establishing the context which those entities invoke their local rules and, as consequence, these structures may evolve in time." (Langton 1988, XXVII)

Bottom-up Modelle bieten sich demnach insbesondere für die Bearbeitung von Problemen an, in denen es um konkrete Interaktionen zwischen Elementen geht, die durch lokale Regeln determiniert werden (unter anderen Müller-Schloer et al. 2004; Klüver 2000). Die Elemente können unterschiedlich definiert werden, z. B. als ökonomische oder soziale Akteure, wenn es um soziale oder wirtschaftswissenschaftliche Fragestellungen geht; ebenso kann diese Modellierungstechnik auf Systeme lernender oder mobiler Agenten angewandt werden, oder generell für Analysen naturwissenschaftlicher Phänomene, die sich auf lokale Wechselwirkungen beziehen.

Insbesondere in den Sozial- und Kognitionswissenschaften ist es häufig gar nicht anders möglich als soziale und kognitive Prozesse in bottom-up Modellen darzustellen, falls man die Komplexität dieser Prozesse angemessen und präzise analysieren will (z. B. Elman 2001; Klüver 1995). Soziales Verhalten lässt sich nur in sehr einfachen Fällen in Form statistischer Aggregierungen darstellen, wie es vor allem in der empirischen Umfrageforschung geschieht.

Komplexere soziale Prozesse wie Gruppenbildungen oder das Entstehen von Institutionen folgen generell keiner einfachen allgemeinen Logik, sondern orientieren sich an spezifischen Regeln, die gewöhnlich nur lokal zu analysieren sind und die auch meistens nur lokal wirken. Dies gilt streng genommen sogar für die Bereiche ökonomischen Handelns, etwa das Handeln in und für einzelne Betriebe. Entsprechend sind kognitive Prozesse letztlich nur dadurch präzise zu verstehen, dass sie als lokale Wechselwirkungen zwischen „kognitiven Einheiten" aufzufassen sind – seien dies biologische Neuronen oder Begriffe in der Struktur semantischer Netze. Der in der Informatik in der letzten Zeit sehr prominent gewordene Begriff der Agentensysteme bzw. Multiagentensysteme (MAS) zeigt, dass auch hier die Vorteile von bottom-up Modellierungen erkannt worden sind, die sich auf unterschiedliche Probleme anwenden lassen und häufig Orientierungen aus sozialen Kontexten folgen.

In einem theoretischen Sinne bilden die bottom-up Modellierungen durch Techniken des Soft Computing also bestimmte Realitätsbereiche ab, die formal als „komplexe dynamische Systeme" mit lokalen Wechselwirkungen definiert werden. Da dies eine fundamental gemeinsame Ebene dieser Modellierungen ist, sollen als theoretische Grundlage einige wichtige Begriffe der Theorie komplexer Systeme erläutert werden.

1.2 Dynamiken komplexer Systeme

Aus dem obigen Zitat von Langton geht bereits hervor, dass bei Systemen, deren Dynamik aus den lokalen Wechselwirkungen zwischen den Elementen generiert wird, nicht das Gesamtverhalten des Systems zum Ausgangspunkt genommen wird – wie bei dem klassischen top-down Ansatz –, sondern die Ebene der einzelnen Elemente und ihre Wechselwirkungen bzw. Interaktionen mit jeweils anderen Elementen; das Verhalten des Gesamtsystems, d. h, seine Dynamik, ergibt sich bei diesem Ansatz als „emergentes" Resultat aus den streng lokal definierten Wechselwirkungen zwischen den einzelnen Elementen.

Da der Begriff „System" nicht immer einheitlich definiert wird, greifen wir hier auf die klassische Systemdefinition von v. Bertalanffy (1951), dem Begründer der modernen Systemtheorie, zurück:

„Wir definieren ein ‚System' als eine Anzahl von in Wechselwirkungen stehenden Elementen p_1, p_2 ... p_n charakterisiert durch quantitative Maße Q_1, Q_2 ... Q_n. Ein solches kann durch ein beliebiges System von Gleichungen bestimmt sein." (v. Bertalanffy 1951, 115)

Diese Definition kann entsprechend erweitert werden, so dass unterschiedliche Gegenstandsbereiche *methodisch* als Systeme definiert werden können, die aus Elementen und Wechselwirkungen zwischen diesen bestehen. Analog können auch die „Elemente" verschiedenartig bestimmt werden, wie in den Modellen und Beispielen in den folgenden Kapiteln dargestellt wird.

Die Dynamik eines derartigen Systems ergibt sich wie folgt: Die Elemente befinden sich zum Zeitpunkt t in bestimmten Zuständen. Die Wechselwirkungen bedeuten in diesem Fall, dass gemäß bestimmten lokalen Regeln die Zustände der Elemente, in denen sie sich zum Zeitpunkt t befinden, geändert werden (oder konstant bleiben). Die Gesamtheit der Zustände, in denen sich die Elemente zum Zeitpunkt t befinden, kann als der (Gesamt)Zustand Z_t des Systems definiert werden; es ist dabei natürlich eine Frage des Forschungsinteresses, wie dieser Gesamtzustand jeweils berechnet wird. Die Regeln der Wechselwirkung generieren die Trajektorie des Systems im Zustandsraum, d. h. eine Abbildung des Zustand Z_t auf den Zustand Z_{t+1} und durch rekursive Iterationen der Abbildungen alle weiteren Zustände.

Nennen wir die Gesamtheit aller Regeln der lokalen Wechselwirkung f und die n-fache Iteration f^n, dann gilt

$$f^n (Z_1) = Z_{n-+1}. \tag{1.3}$$

Ein *Punktattraktor* Z_a der Trajektorie lässt sich jetzt definieren als

$$f^n (Z_a) = Z_a \tag{1.4}$$

für beliebige n; Punktattraktoren werden auch als Attraktoren mit der Periode k = 1 bezeichnet. Anschaulich gesprochen sind Punktattraktoren also Zustände, die sich nicht mehr ändern, obwohl die Regeln der Wechselwirkungen weiter in Kraft sind.

Entsprechend lassen sich Attraktoren mit Perioden k > 1 definieren:

Sei K eine Menge der Mächtigkeit k, d. h., K = {1,2,..,k} und i ∈ K. Dann gilt für jedes i

$$f^k (Z_i) = Z_i. \tag{1.5}$$

Durch die Periode der Länge k wird demnach ein Segment im Zustandsraum bestimmt, d. h. ein zyklischer Teil der Gesamttrajektorie; Periode k bedeutet also einfach, dass ein Zustand Z_i *im* Attraktor nach k Schritten wieder erreicht wird. Der Teil der Trajektorie vor Erreichen eines Attraktors ist die Vorperiode (des Attraktors).

Zur Illustration folgt eine Trajektorie des obigen Räuber-Beute Systems; die x-Achse repräsentiert die Anzahl der Füchse, die y-Achse die Anzahl der Gänse:

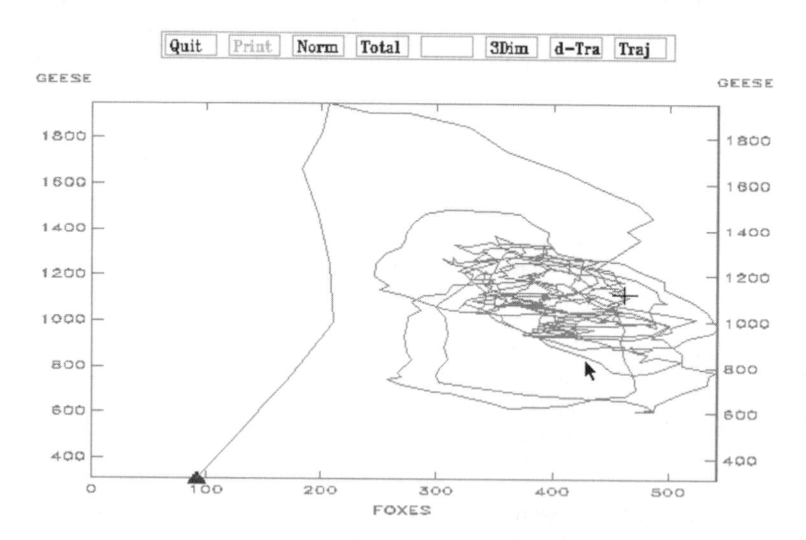

Bild 1-3a Die Trajektorie des Räuber-Beute-Modells

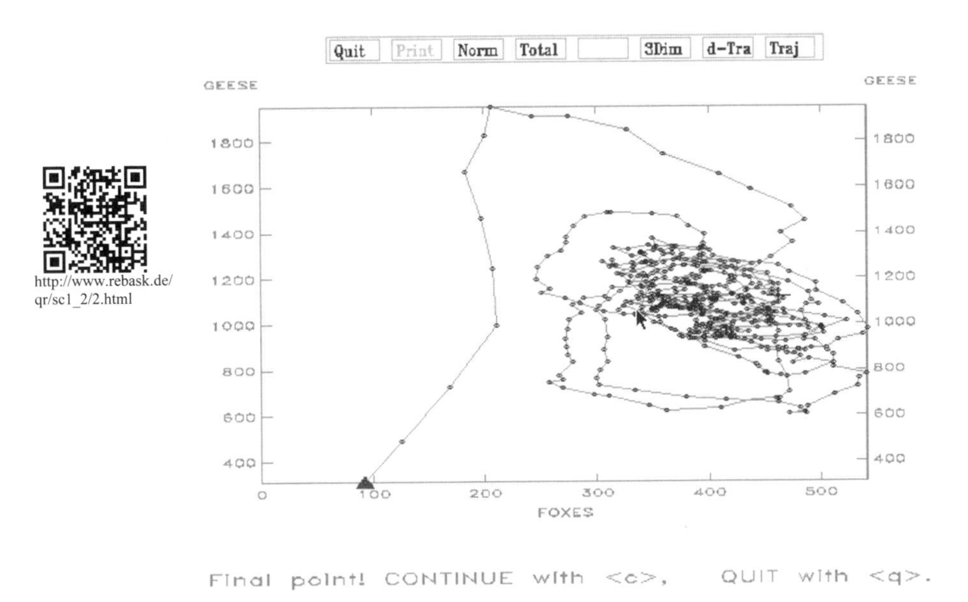

Bild 1-3b Die Trajektorie des gleichen Räuber-Beute-Modells: Hier wird die diskrete Zustandsfolge dargestellt, wobei jeder Punkt auf der Kurve einen Zustand repräsentiert. Man sieht, wie sich die Trajektorie in einem Attraktorsegment des Zustandsraums regelrecht zusammenzieht. Natürlich ist dies nur ein zweidimensionaler Ausschnitt aus dem gesamten Zustandsraum. Dessen Dimensionszahl ist wesentlich größer und kann deswegen nicht visualisiert werden.

Punktattraktoren und Attraktoren mit endlichen Perioden werden auch als einfache Attraktoren bezeichnet. In der Chaosforschung und allgemein der Theorie komplexer Systeme spielen auch noch so genannte *seltsame* Attraktoren (strange attractors) eine wichtige Rolle. Seltsame Attraktoren sind Segmente im Zustandsraum, die nach Erreichen vom System nicht mehr verlassen werden. Innerhalb eines seltsamen Attraktors jedoch verläuft die Trajektorie zum Teil scheinbar sprunghaft und gewöhnlich nur sehr schwer zu prognostizieren. Systeme, die entweder gar keinen Attraktor erreichen oder nur seltsame Attraktoren, nennt man *chaotische Systeme*. Insbesondere sind chaotische Systeme sehr sensitiv gegenüber unterschiedlichen Anfangszuständen: Verschiedene Anfangszustände generieren immer unterschiedliche Trajektorien, was bei nicht chaotischen Systemen häufig nicht der Fall ist (Bar-Yam 1997). Hier muss allerdings darauf verwiesen werden, dass endliche deterministische Systeme immer periodisch sind – das so genannte Theorem der ewigen Wiederkehr, das zu Beginn des letzten Jahrhunderts von dem Mathematiker und Physiker Poincaré entdeckt wurde. Deswegen können endliche deterministische (siehe unten) Systeme streng genommen nur als „quasi chaotisch" bezeichnet werden.

Häufig führen bei derartigen Systemen nun unterschiedliche Anfangszustände auf den gleichen Attraktor, was man mit verschiedenen Bergquellen vergleichen kann, die in den gleichen See münden. Die Menge der Anfangszustände, die zu einem bestimmten Attraktor A führen, nennt man das Attraktionsbecken (*basin of attraction*) von A; die Menge aller Attraktionsbecken eines Systems ist das Feld der Attraktionsbecken (basins of attraction field) (Kauffman 1995; Wuensche und Lesser 1992). In einem Extremfall kann das Feld der Attraktionsbecken aus einem einzigen Attraktionsbecken bestehen, d. h., alle Anfangszustände erreichen den gleichen Attraktor; im anderen Extremfall besteht das Feld der Attraktionsbecken aus allen möglichen

Anfangszuständen, d. h., jeder unterschiedliche Anfangszustand realisiert einen speziellen Attraktor, der von keinem anderen Anfangszustand erreicht wird. Die folgende Zeichnung, die von Kauffman (1995) inspiriert wurde, illustriert diesen Gedanken:

Bild 1-4 Drei Quellen münden in den gleichen See; die Ursprünge der Quellen bilden das Basin of Attraction des Sees.[4]

Auf der Basis dieser Definitionen ist es nun auch möglich, pragmatisch brauchbare Definitionen der *Komplexität* eines dynamischen Systems zu gewinnen. Es gibt vermutlich kaum einen Begriff, der so unterschiedlich und zum Teil äußerst vage definiert wird wie der der Komplexität; der amerikanische Physiker Lloyd hat bereits Mitte der neunziger Jahre 31 verschiedene Definitionen ermittelt (vgl. Horgan 1995). In der Informatik wichtig ist neben den hier behandelten Begriffen insbesondere der der algorithmischen Komplexität, die jedoch nicht weiter betrachtet werden muss (vgl. z. B. Gell-Mann 1994). Für die hier interessierenden Forschungs- und Anwendungszwecke jedoch genügt es häufig, Komplexität zum einen über die Menge der möglichen Zustände zu definieren, die ein System *prinzipiell*, d. h. bei unterschiedlichen Anfangszuständen, erreichen kann, und zum anderen über die Informationskapazität, die ein System verarbeiten kann. Man kann zeigen, dass diese beiden Definitionen trotz ihrer Unterschiedlichkeit sehr eng zusammengehören (vgl. Klüver 2000):

Wolfram (1986 und 2002) hat den Begriff der Komplexitätsklassen speziell für Zellularautomaten eingeführt, der grob Folgendes besagt: Dynamische Systeme können in vier Grundklassen eingeteilt werden, die so genannten Komplexitäts- oder auch Wolframklassen. Klasse 1 enthält Systeme, deren Trajektorien sehr einfach sind, d. h., die relativ schnell Punktattraktoren

---

[4] Die Zeichnung verdanken wir Magdalena Stoica. Zahlreiche didaktische Erfahrungen zeigten uns übrigens, dass der Begriff des Attraktionsbeckens etwas unglücklich gewählt worden ist – nicht selten meinten Studierende, dass der See das Becken ist. Es wäre wohl besser, statt von Attraktionsbecken von der Menge der Anfangszustände eines Attraktors zu sprechen. Da jedoch der Begriff des Beckens sich etabliert hat, verwenden wir ihn ebenfalls.

erreichen. Ihre Attraktionsbecken sind sehr groß, d. h., viele unterschiedliche Anfangszustände generieren den gleichen Attraktor. Klasse 2 hat immer noch relativ große Attraktionsbecken, ist jedoch bereits sensitiver gegenüber Anfangszuständen. Es werden sowohl Punktattraktoren als auch Attraktoren mit Periodenlänge $k > 1$ erreicht. Klasse 3 ist die Klasse der chaotischen Systeme mit extrem hoher Sensitivität gegenüber Anfangszuständen und der Generierung von ausschließlich seltsamen Attraktoren. Klasse 4 schließlich ist die eigentlich wichtige Komplexitätsklasse, da hier sowohl einfache Attraktoren erzeugt werden, die zum Teil nur lokal, d. h. nicht im ganzen System, erreicht werden, als auch eine hohe Sensitivität gegenüber Anfangszuständen zu verzeichnen ist: Die Attraktionsbecken sind häufig ziemlich klein und bestehen zuweilen aus nur einem Anfangszustand.

Man kann verhältnismäßig einfach zeigen, dass die Wolframklassen komplexe Systeme sowohl nach der einen Definition (Menge der möglichen Zustände) als auch nach der anderen (Kapazität der Informationsverarbeitung) gleichartig einteilen: Klasse 1 ist die am wenigsten komplexe, dann folgen Klasse 2 und 3 und schließlich enthält Klasse 4 die „eigentlich" komplexen Systeme. Es ist einsichtig, dass z. B. Systeme der Klassen 1 und 2 aufgrund der relativ großen Attraktionsbecken oftmals nur relativ wenig verschiedene Attraktorzustände generieren, da die Unterschiedlichkeit der Anfangszustände sozusagen durch die gleichen Attraktoren wieder verschwindet. Entsprechend gering ist die Kapazität der Informationsverarbeitung: Wenn man die Information, die ein System erhält, als einen spezifischen Anfangszustand definiert – oder als Kombination von Anfangszuständen und zusätzlichen Eingaben in das System –, dann geht ein Teil dieser Information wieder durch große Attraktionsbecken verloren; das System verarbeitet unterschiedliche Informationen so, dass es stets gleiche Ergebnisse erhält (bei gemeinsamen Attraktionsbecken für unterschiedliche Informationen). Im 4. Kapitel wird gezeigt, dass damit auch die Fähigkeit neuronaler Netze erklärt werden kann, einmal gelernte Muster auch dann wieder zu erkennen, wenn sie „gestört" eingegeben werden, also unvollständig oder fehlerhaft. Entsprechend höher ist die Komplexität von Systemen der Klasse 4 aus den gleichen Gründen, nämlich ihren häufig nur kleinen Attraktionsbecken und zum Teil nur lokal wirksamen Attraktoren.

Dass die chaotischen Systeme der Klasse 3 nicht zu den „wirklich" komplexen Systemen gerechnet werden, hat seinen Grund darin, dass ihre Trajektorien in einem seltsamen Attraktor Zustandsfolgen bilden, die von Zufallsfolgen häufig kaum zu unterscheiden sind. Dies bedeutet, dass man hier nicht mehr von Ordnung sprechen kann und dass eingegebene Informationen praktisch verloren gehen: Die Systeme stabilisieren sich nicht und jede neue Information stört das System, führt aber zu keinem erkennbaren Ergebnis. Nur die Systeme der Klasse 4, die einem schönen Bild folgend „am Rande des Chaos" ihre Dynamik entfalten, bilden lokale Ordnungsstrukturen – Attraktoren – und realisieren sehr viele verschiedene Zustände (Kauffmann 1995; Langton 1992).

Bei der Definition von Regeln lokaler Wechselwirkung muss man grundsätzlich zwischen zwei verschiedene Regeltypen unterscheiden. Zum einen gibt es Regeln, die *generell* gelten, d. h., sie treten jedes Mal in Kraft, wenn die Bedingungen dafür gegeben sind. Damit ist jedoch noch nichts darüber gesagt, *ob und wie häufig* sie wirksam werden, da dies vor allem davon abhängt, ob bestimmte Elemente des Systems überhaupt miteinander in Wechselwirkung treten können. Ob dies geschieht, ist eine Frage der *Topologie* bzw. der *Geometrie* des Systems, die darüber entscheidet, *wer mit wem interagiert* (Klüver und Schmidt 1999; Cohen et al. 2000; Klüver et al. 2003; Klüver 2004). Im Fall physikalischer oder biologischer Systeme ist dies häufig eine Frage des physikalischen Raumes wie z. B. bei Räubern und Beutetieren; ob ein Räuber eine Beute fängt, hängt maßgeblich davon ab, in welcher Entfernung sich Räuber und Beute befinden. Im Falle sozialer und kognitiver Systeme muss dies durch „topologische" Regeln festgelegt werden, die damit eine spezielle – soziale oder kognitive – Geometrie charakterisieren (Klüver 2000). Ein Arbeiter z. B. in einem globalen Konzern kann gewöhnlich nicht mit dem Vorstandsvorsitzenden direkt interagieren, sondern nur indirekt, d. h. durch eine Kette von Verbindungspersonen. Es sei nur angemerkt, dass diese Definition der Geometrie eines Systems weitgehend dem entspricht, was in der so genannten allgemeinen Systemtheorie als „Struktur" in einem gewöhnlich statischen Sinne bezeichnet wird (vgl. z. B. für die Analyse sozialer Netzwerke, Freeman 1989); erst in neuesten Arbeiten wird berücksichtigt, dass diese auch Einflüsse auf die Dynamik von Netzwerken hat (vgl. z. B. Bonneuil 2000 für soziale Netzwerke; Klüver und Schmidt 1999).[5]

Als ergänzender Hinweis muss noch erwähnt werden, dass große Systeme, d. h. Systeme mit sehr vielen Elementen, auch „lokale" Attraktoren bilden können. Damit ist gemeint, dass ein derartiges System, das durch eine hohe Komplexitätsklasse charakterisiert wird, mehrere Attraktoren gewissermaßen parallel erreichen kann. Insbesondere ist es möglich, dass das System insgesamt keinen globalen Attraktor ausbildet, also sich nicht stabilisiert, sondern lokal Punkt-attraktoren erreicht, während sozusagen um die lokalen Attraktoren ständige Veränderungen in Form von Attraktoren mit langen Perioden oder sogar seltsamen Attraktoren geschehen. Kauffman (1995), der unter anderem derartige Systeme in Form von Booleschen Netzen (siehe unten) untersucht hat, bezeichnet diese lokalen Attraktoren als „Inseln im Chaos".

Formal kann ein lokaler Attraktor folgendermaßen definiert werden: Gegeben sei ein System S. Sei nun f die Gesamtheit der Regeln lokaler Wechselwirkungen, Z(S) ein Zustand von S und A der Zustand einer echten Teilmenge S′ von S zum gleichen Zeitpunkt; A sei ein Attraktorzustand. Dann ist A ein lokaler Punktattraktor, wenn gilt:

$$f(A) = A \text{ und}$$

$$S' \subset S \text{ sowie}$$

$$f(Z(S)) \neq Z(S). \tag{1.6}$$

Entsprechend wird ein lokaler Attraktor der Periode $k > 1$ definiert.

Ein derart komplexes Verhalten ist allerdings nur bei Systemen in der 3. bzw. 4. Komplexitätsklasse möglich. Es sei hier nur darauf hingewiesen, dass im Falle sozialer oder kognitiver Systeme solche Differenzen zwischen lokalem und globalem Verhalten alles andere als selten sind. Eine Gesellschaft kann sich insgesamt in einem extrem unruhigen Zustand befinden (lange Perioden der globalen Attraktoren oder gar keine erkennbaren Attraktoren), während gleichzeitig in Subbereichen soziale Stabilität herrscht. Eine Kirche (als Institution) etwa kann sich sehr stabil verhalten, während gleichzeitig die gesamte Gesellschaft in einer revolutionären Phase ist. Entsprechendes gilt z. B. für das Gehirn, dessen parallele Informationsverarbeitung (siehe unten) es ermöglicht, sowohl lokale kognitive Punktattraktoren zu bilden, die als feste Bedeutungserkennung interpretiert werden können, als auch in anderen Bereichen durch kognitive Unsicherheit bestenfalls nur Attraktoren ausbildet, die Perioden der Länge $k > 1$ haben. In dem Fall „oszilliert" das Gehirn sozusagen um mehrere Möglichkeiten und kann sich nicht festlegen. Dies ist aus dem sozialen Alltag durchaus bekannt, wenn man einen bestimmten Menschen in einer Gruppe sofort und eindeutig als eine bekannte Person identifiziert – „mein alter Freund Fritz" – und gleichzeitig bei einer attraktiven Frau unsicher ist, ob dies nun Claudia oder Heidi ist.

---

5 Generelle und topologische Regeln müssen nicht eindeutig sein, d. h., sie können den Elementen „individuelle" Freiheitsräume lassen. Dies wird in den Beispielen der folgenden Kapitel häufig eine Rolle spielen.

Eine Illustration dieses Sachverhalts zeigt das zweite Beispiel im nächsten Kapitel, nämlich ein Zellularautomat, der die Herausbildung politischer Einstellungen durch wechselseitige Beeinflussungen der politischen Akteure simuliert (siehe unten 2.4.3).

Die bisherige Charakterisierung des Verhaltens bzw. der Dynamik eines Systems setzt voraus, dass im Beobachtungszeitraum die Regeln – generell oder topologisch – der lokalen Wechselwirkungen konstant bleiben. Dies gilt für viele Systeme, insbesondere in kurzen Beobachtungszeiten; häufig gilt jedoch, dass sich Systeme auch *adaptiv* verhalten können, d. h., sie können nicht nur ihre Zustände verändern wie eben skizziert, sondern auch ihre „Struktur", d. h. die Regeln der Wechselwirkung, um bestimmten Umweltanforderungen gerecht zu werden (Holland 1975 und 1998; Stoica 2000; Klüver 2002). Die bekanntesten Beispiele für adaptive Systeme sind natürlich biologische Gattungen, die sich in der biologischen Evolution durch Variation und Selektion verändern; auch soziale Systeme, die ihre Regeln durch politische Veränderungen (Reformen, Revolutionen) variieren, und kognitive Systeme, die dies durch individuelle Lernprozesse erreichen, sind hier zu nennen.

Die Adaptivität eines Systems lässt sich formal wie folgt definieren: Gegeben sei ein System S in einer bestimmten Umwelt U, sowie eine Gesamtheit von Regeln lokaler Wechselwirkungen f. Eine Bewertungsfunktion

$$b(Z_i) = W \text{ („Fitnessfunktion")} \quad (1.7)$$

bestimmt, wie gut das System mit den gegebenen Umweltanforderungen zurechtkommt, indem ein „Systemwert" W der Zustände Z_i berechnet wird; im Allgemeinen ist $W \in \mathbb{R}_+$, also eine reelle positive Zahl. Die Eignung des Systems in Bezug auf U, genauer bezüglich der entsprechenden Umweltanforderungen, wird definiert durch eine Differenz

$$U - W, \quad (1.8)$$

die natürlich je nach System und Umweltanforderungen unterschiedlich berechnet wird. Ist diese Differenz sehr groß, d. h., ist das System nicht in der Lage, die Umweltanforderungen adäquat zu erfüllen, variiert S seine Regeln aufgrund spezieller Metaregeln m, die auf den Regeln von f operieren. Metaregeln sind also spezielle Regeln, die nicht als Regeln der Wechselwirkung bestimmte Zustände generieren, sondern eine Variation der lokalen Wechselwirkungsregeln erzeugen. So wie die Wechselwirkungsregeln f eine Trajektorie des Systems im Zustandsraum generieren, so generieren die Metaregeln m gewissermaßen „Regeltrajektorien" im Raum der möglichen lokalen Regeln. S operiert mit den veränderten neuen Regeln

$$m(f) = f', \quad (1.9)$$

die jetzt neue Zustände generieren, d. h. Zustände Z′, die mit den bisherigen Regeln nicht realisierbar waren. Die Zustände werden erneut durch b evaluiert

$$b(Z') = W', \quad (1.10)$$

was entweder dazu führt, dass f′ beibehalten wird oder erneut eine Variation der lokalen Regeln erfolgt etc. (Klüver u. a. 2003). Dies geschieht entweder so lange, bis die Differenz

$$U - W' \quad (1.11)$$

hinreichend klein ist, so dass sich das System aufgrund seiner Adaption in der Umwelt bewahren kann, oder bis die Regelveränderung selbst zu einem Attraktor führt, einem so genannten Metaattraktor: So wie die Einwirkung von Regeln auf ein System dieses in einen Attraktor bringen kann, so kann entsprechend die Variation von Regeln durch Metaregeln in einen „Regelzustand“ führen, der sich trotz der ständigen Operation der Metaregeln nicht mehr verändert, also praktisch einen Punktattraktor im Regelraum darstellt (Klüver 2000):

$$m^n(f) = f, \tag{1.12}$$

für alle n.

Vergleichbar können Metaattraktoren der Periode k > 1 definiert werden; eine analoge Definition von seltsamen Metaattraktoren ist mathematisch unmittelbar möglich, macht jedoch praktisch kaum Sinn.

Am Beispiel des genetischen Algorithmus kann man sehr gut zeigen (siehe unten), dass der Begriff des Metaattraktors durchaus sinnvoll ist, nämlich eine gar nicht so seltene Eigenschaft spezifischer Metaregeln darstellt. Ähnlich müsste man streng genommen das Konvergenzverhalten neuronaler Netze, das häufig mit dem hier missdeutbaren Begriff des Attraktors charakterisiert wird (z. B. McLeod et al. 1998) als Realisierung eines Attraktors und eines Metaattraktors bezeichnen, da hier Konvergenz, nämlich die Stabilisierung von Systemzuständen, durch Variation und Stabilisierung einer bestimmten Topologie erreicht wird (siehe unten).

Der Begriff der Metaregeln mag auf einen ersten Blick etwas abstrakt, um nicht zu sagen esoterisch klingen. Das Phänomen selbst ist jedoch auch im Alltag bekannt, wenn auch nicht unter dieser systematisierenden Begrifflichkeit. Ein Gesetz z. B. zur Regelung von Vertragsabschlüssen ist logisch gesehen eine Regel zur Steuerung lokaler sozialer Interaktionen. Eine Veränderung dieses Gesetzes erfolgt wieder auf der Basis bestimmter Regeln, nämlich den Verfahrensregeln – „Geschäftsordnungen“ – der zuständigen Parlamente. Diese Verfahrensregeln sind logisch gesehen nichts anderes als Metaregeln, da sie „auf“ der Interaktionsregel des Vertragsgesetzes operieren und dieses verändern. Ein anderes Beispiel sind bestimmte „Lernstrategien“, mit denen man z. B. lernt, wie man sich erfolgreich auf eine Prüfung vorbereitet. „Lernen“ besteht darin, dass bestimmte kognitive Strukturen variiert werden, die selbst verstanden werden können als bestimmte Regeln der Informations- und Bedeutungsverarbeitung. Wenn man die Aufgabe „2 + 4 = x“ erfolgreich bearbeiten kann, dann besteht eine Lernstrategie darin, die arithmetischen Symbole so neu zu kombinieren, dass auch „554 + 743 = x“ erfolgreich gelöst wird. Lernstrategien sind in dieser Hinsicht ebenfalls Metaregeln.

Wenn wir uns an unser einfaches Räuber-Beute-System erinnern, das nur Interaktionsregeln und keine Metaregeln enthält, dann könnte man sich z. B. als Metaregeln vorstellen, dass eine Füchsin nicht automatisch einen kleinen Fuchs wirft, wenn sie begattet worden ist, sondern ihre eigene Fruchtbarkeitsrate der Anzahl der verfügbaren Gänse anpasst: Je mehr Gänse, desto mehr kleine Füchse und umgekehrt. Die „Reproduktionsregel“ wäre also in diesem Fall durch eine Metaregel determiniert, die die Wirksamkeit der Reproduktionsregel anhand bestimmter Umweltkriterien steuert. Derartige adaptive Leistungen von biologischen Gattungen sind auch durchaus bekannt.

Die Modellierung adaptiver Systeme kann auf sehr unterschiedliche Weise erfolgen, was in den Beispielen in den nächsten Kapiteln verdeutlicht wird. Generell kann man Modelle adaptiver Systeme dadurch konstruieren, dass auf die oben definierte Weise ein formales System als Modell des Realen genommen wird, d. h., es werden Elemente und Regeln der lokalen Wechselwirkung als formale Repräsentanten des Systems bestimmt; zusätzlich werden dann Metaregeln und Bewertungsfunktionen eingeführt. Es sei hier vorgreifend angemerkt, dass insbesondere die Bewertungsfunktionen häufig der eigentlich schwierige Modellierungsteil sind. Orientierungen an biologischen Vorbildern – survival of the fittest – helfen gewöhnlich nicht sehr viel, wenn man nicht gerade biologische Probleme lösen will. Ein weiterer schwieriger Aspekt ist natürlich, festzulegen, wie im Detail die Metaregeln auf den eigentlichen Regeln operieren sollen. Bei einer derartigen Modellierung hat man faktisch eine bestimmte Form hybrider Systeme, nämlich die Koppelung zweier Regelsysteme.

Insgesamt ergibt die Möglichkeit, die unterschiedlichsten Realitätsbereiche in der dargestellten Form als komplexe dynamische Systeme darzustellen, offenbar ein praktisch universal einsetzbares Modellierungsschema. Warum dieses Schema universal ist, wird in 1.4 genauer gezeigt.

1.3 Erweiterungen und Anwendungsmöglichkeiten eines universalen Modellschemas

Bei den bisherigen Hinweisen zur Modellierung und theoretischen Analyse komplexer Systeme wurden die Elemente praktisch als finite state automata betrachtet, die aufgrund der lokalen Wechselwirkungsregeln von bestimmten Zuständen in andere Zustände übergehen. Diese einschränkende Festlegung ist freilich nicht zwingend und häufig – wie z. B. bei der Modellierung menschlichen sozialen Verhaltens – auch nicht angemessen. Man kann vielmehr das bisherige Modellierungsschema gewissermaßen nach unten erweitern, indem die Systemelemente selbst als komplexe dynamische Systeme charakterisiert werden. Ein entsprechendes Gesamtmodell würde demnach folgendermaßen aussehen:

Zum einen wird, wie bisher, die erste Systemebene festgelegt mit der Angabe bestimmter Elemente, lokaler Regeln der Wechselwirkungen, der Berechnung der Systemzustände aus den Zuständen der Elemente sowie ggf. Metaregeln und Bewertungsfunktion. Zum anderen werden jetzt die Elemente der zweiten Systemebene bestimmt, aus denen die Elemente der ersten Ebene bestehen. Wenn man z. B. als die erste Ebene einen speziellen sozialen Bereich festlegt, dann wären die Elemente auf dieser Ebene die formalen Repräsentationen sozialer Akteure. Als Elemente der zweiten Ebene kann man dann kognitive Elemente annehmen, also z. B. biologische Neuronen oder auch Begriffe, die durch bestimmte kognitive Operationen verknüpft werden. Die Regeln derartiger kognitiver Operationen, um in diesem Beispiel zu bleiben, wären dann die Regeln der lokalen Wechselwirkungen auf der zweiten Ebene. Entsprechend wären dann spezielle Lernregeln als Metaregeln der zweiten Ebene einzuführen sowie dazugehörige Bewertungsfunktionen, die über den Lernerfolg bestimmen. Die folgende Graphik soll diese Gedanken verdeutlichen:

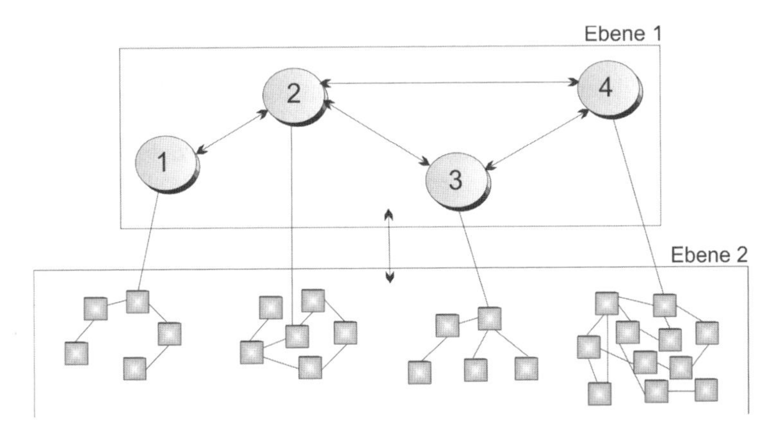

Bild 1-5 Darstellung der ersten und zweiten Systemebene. Die Kanten symbolisieren die Wechselwirkungen zwischen den Einheiten; die Linien zeigen auf die jeweiligen zugehörigen Komponenten (Ebene 2) der jeweiligen Einheit in der Ebene 1.

Etwas kompliziert wird ein derartiges Modell notwendigerweise dadurch, dass die Metaregeln der zweiten Ebene selbstverständlich berücksichtigen müssen, dass auf der ersten Ebene ständig Wechselwirkungen stattfinden, die Einfluss auf die Wechselwirkungen der zweiten Ebene haben – zuweilen sind diese Wechselwirkungen der ersten Ebene Teil der Metaregeln auf der zweiten. An zwei Beispielen in den nächsten Kapiteln werden diese Überlegungen verdeutlicht, aus denen hervorgeht, dass die Modellierung von wirklich komplexen Systemen, wie insbesondere sozialen, häufig leider nicht einfacher zu haben ist.

Dies kann man sich an einem einfachen und bekannten Beispiel aus dem sozialen Alltag verdeutlichen. Ein Schüler in einer Schulklasse, der die Position eines sozialen Außenseiters hat, wird durch die entsprechenden Interaktionen – Missachtung, Hänseln etc. – wesentlich beim Lernen gehindert. Die sozialen Interaktionsprozesse auf der Ebene 1 beeinflussen bzw. determinieren die kognitiven Prozesse des Schülers auf der Ebene 2. Nehmen wir nun an, dass dieser Schüler beschließt, seine Lernprozesse zu verbessern – z. B. durch den Einfluss von Lehrern. Er wendet also auf der 2. Ebene Metaregeln an, d. h. Lernstrategien, und verbessert damit seine kognitiven Leistungen vor allem in schwierigen Fächern. Dies ermöglicht ihm, anderen Schülern Hilfestellungen vor Klassenarbeiten zu geben, was sein soziales Ansehen steigert und die sozialen Interaktionen auf der 1. Ebene zu seinen Gunsten verändert. Wir haben damit eine klassische Rückkoppelung zwischen zwei Ebenen, die in unserem Beispiel eine Variation der Interaktionsregeln bewirkt, einschließlich der Anwendung von Metaregeln auf der einen Ebene.

Jedoch auch die Modellierung technischer Systeme kann derartige Erweiterungen des Modellschemas verlangen. Wenn z. B. bestimmte „Produktionsanlagen“, „Rechner“ oder „Verteilte Systeme“ aus Einheiten bestehen, die ihrerseits als technisch komplexe Systeme aufgefasst werden müssen, führt an Modellen der eben geschilderten Art häufig kein Weg vorbei. Die modelltheoretische Beschäftigung mit Modellen dieses Typs ist von daher nicht nur für Sozial- und Kognitionswissenschaftler hilfreich. Die Gesamtanlage eines Rechnerverbundes, d. h. die Verbindungen zwischen den Rechnern, ist evidentermaßen davon abhängig, welche Prozesse in den Rechnern ablaufen; entsprechend jedoch sind auch die Rechnerprozesse davon abhängig, wie die Rechner miteinander verbunden sind.

So wie das Modellschema „nach unten“ erweitert werden kann, so kann man es auch „nach oben“ fortführen. Gemeint ist damit, dass die Elemente einer ersten Ebene nach bestimmten Gesichtspunkten aggregiert werden und diese Aggregationen sozusagen als Superelemente einer zweiten Ebene definiert werden. Dies kann beispielsweise erforderlich werden, wenn man die Entstehung sozialer Einheiten wie z. B. Firmen oder andere Institutionen durch die Interaktionen sozialer Akteure (erste Ebene) modelliert und dann die Interaktionen zwischen derartigen Einheiten als „kollektiven Akteuren“, wie dies in der Soziologie genannt wird, selbst zum Gegenstand der simulativen Analyse macht. Die Modellkonstruktion geschieht in einem solchen Fall natürlich entsprechend wie die im dargestellten Fall; wir werden auch dafür ein Beispiel in einem späteren Kapitel geben.

Formal ist es auch möglich, beide Vorgehensweisen der Erweiterung zu kombinieren und dadurch zu Drei-Ebenen-Modellen zu gelangen (vgl. Bild 1.6).

Dies führt dann allerdings zu Modellen, die selbst so komplex sind, dass ihr Verhalten nur schwer zu analysieren ist. Es ist eine Frage des Forschungsinteresses, ob man derartige Modelle noch für sinnvoll und notwendig hält. Nach unseren eigenen Erfahrungen reicht es in den meisten Fällen aus, sich auf eine oder zwei verschiedene Ebenen zu konzentrieren.

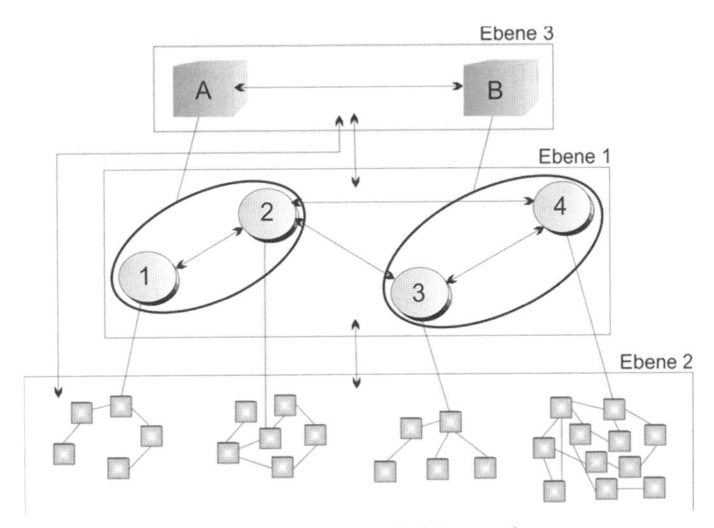

Bild 1-6 Darstellung der drei Systemebenen

Zusammengefasst lässt sich demnach Folgendes festhalten:

- *Methodisch* bietet dieser Modellierungsansatz für Forschungen unterschiedlicher disziplinärer Fragestellungen den Vorteil, dass man sozusagen unmittelbar an der Ebene des *empirisch Beobachtbaren* ansetzen kann, was gewöhnlich die lokalen Interaktionen einzelner Elemente sind;
- *theoretisch* wird es dadurch möglich, das Verhalten komplexer Systeme mit den dargestellten Kategorien komplexer Systemdynamiken zu erklären;
- *mathematisch* gewinnt man hierdurch die Möglichkeit, die häufig nichtlineare Dynamik komplexer Systeme in einer sozusagen „reinen" Form darstellen zu können, was beim traditionellen top-down Ansatz nicht selten nur approximativ möglich ist (Holland 1998). Dies wird vor allem bei der Darstellung der Zellularautomaten und Booleschen Netze deutlich.

Ein *theoretisches* Verständnis bestimmter Dynamiken gewinnt man dadurch, dass die *Regeln,* die das Verhalten der einzelnen Elemente bestimmen, selbst konstitutiv in die formale Analyse einbezogen werden. M.a.W.: Ein reines top-down Modell kann zweifellos allgemeine Regularitäten *beschreiben;* ein theoretisches *Verständnis* bestimmter Dynamiken lässt sich nur dadurch gewinnen, dass man auf die Regeln der Interaktionen rekurriert und diese zu den logischen Grundlagen der einschlägigen Modelle macht; dies erfordert gewöhnlich ein bottom-up Modell (Klüver u. a. 2003; Stoica 2004).

Systematisch lassen sich nun die prinzipiellen Möglichkeiten, mit Modellen dieser Art zu arbeiten, auf folgende Weise charakterisieren:

Zum einen lassen sich Simulationen des Verhaltens komplexer Systeme durchführen, die entweder dem Ziel der *Prognose* oder auch der *Erklärung* des Systemverhaltens dienen. Bei einer Erklärung des Systemverhaltens gibt es etwas vereinfacht gesagt mehrere Möglichkeiten:

Bekannt sind Anfangs- und Endzustände sowie ggf. bestimmte Zwischenzustände eines Systems, gefragt ist nach den Regeln bzw. Gesetzmäßigkeiten, die das Verhalten des Systems determiniert haben. Eine Modellierung hätte zuerst *mögliche* Regeln zu formulieren; in der Simulation wird dann natürlich überprüft, ob das Modellverhalten dem empirisch bekannten Verhalten entspricht, ob also die empirisch bekannten Zustände vom Modell realisiert werden. Eine Simulation leistet dann im Prinzip das Gleiche wie die üblichen Überprüfungen theoretischer Modelle.

Bekannt sind die Regeln und Endzustände, gefragt ist nach möglichen Anfangszuständen. Dies ist das Grundproblem aller evolutionären Theorien, in denen nach einem möglichen Anfang wie z. B. der Entstehung des Lebens gefragt wird; entsprechende Probleme können sich bei historischen Prozessen ergeben (Klüver 2002). Eine Simulation bedeutet dann, dass mögliche Anfangszustände gesetzt werden und jeweils überprüft wird, bei welchem oder welchen Anfangszuständen das Modell die empirisch bekannten Endzustände erreicht. Aus den obigen Darstellungen der Attraktionsbecken wird allerdings einsichtig, dass auch erfolgreiche Simulationen immer nur *mögliche* Lösungen liefern, da bestimmte Endzustände aus durchaus unterschiedlichen Anfangszuständen generiert werden könnten; auch dies Problem ist freilich nicht gänzlich neu.

Bekannt sind schließlich bestimmte Anfangszustände und Regeln, gesucht werden zukünftige Zustände. Damit ist das Gebiet der Prognose erreicht, das bekanntermaßen besondere Schwierigkeiten aufweist. Dies gilt vor allem dann, wenn man das System als adaptives System modellieren muss; wie oben dargestellt, ergibt sich die mögliche Zukunft des Systems eben nicht mehr einfach aus einer Variation der Zustände, sondern auch (mindestens) einer der Regeln. Prognosen sind in diesem Fall nur noch dann möglich, wenn man gute Gründe hat anzunehmen, dass Regelvariationen nur im bestimmten und nicht sehr umfangreichen Maße auftreten. Auch dafür werden wir unten bei der Analyse stochastischer hybrider Zellularautomaten ein Beispiel geben.

Zum anderen gibt es die Möglichkeit der *Steuerung* bestimmter Systeme durch Simulationen. Gefragt wird jetzt nicht mehr nach dem zukünftigen Systemverhalten im Sinne einer Prognose, sondern nach den Möglichkeiten, das Systemverhalten zu optimieren – nach welchen Kriterien auch immer. Gegeben sind hier bestimmte Anfangszustände sowie Regeln einschließlich bestimmter Steuerungsparameter. Gesucht werden jetzt die Regeln bzw. Parameterwerte, die das System auf einen möglichst günstigen Endzustand bringen. Da dies von der Struktur her ein klassisches Optimierungsproblem ist, bietet sich dabei gewöhnlich für den hier behandelten Bereich die Verwendung evolutionärer Algorithmen an (siehe unten); auch bestimmte neuronale Netze können hier wirksam eingesetzt werden. Die Modellkonstruktion folgt dabei der Modellierungslogik für adaptive Systeme, wie sie oben dargestellt wurde; in einfachen Fällen, wenn keine explizite Regelvariation erforderlich ist, reicht es aus, verschiedene Systemparameter zu variieren.

Schließlich lassen sich bottom-up Modelle dieser Art auch für Zwecke der *Diagnose* einsetzen. Bekannt sind Diagnosesysteme in Form von Expertensystemen und auch neuronalen Netzen in Bereichen der Medizin, Technik, Spracherkennung, Auswertung von Satellitenphotos und Vieles mehr. Allgemein gesprochen bestehen diagnostische Aufgaben gewöhnlich darin, *Zuordnungen* spezifischer Art durchzuführen. Dies können die Zuordnungen von Symptomen zu Krankheiten und Therapien sein, die Zuordnungen von technischen Störungen zu möglichen Fehlerquellen und Reparaturanweisungen oder auch die Zuordnungen gesprochener Spracheinheiten zu schriftlichen Formulierungen bzw. zur Identifizierung einzelner Sprecher. Bottom-up Modelle der hier dargestellten Art leisten dies dadurch, dass bestimmte Systemelemente durch Wechselwirkungsregeln miteinander verknüpft werden, wobei die eine Kategorie von Elementen die jeweiligen Eingaben repräsentieren – z. B. Symptome – und die anderen Kategorien die „Antworten", also z. B. mögliche Krankheiten und ggf. Therapien. Die Eingaben fungieren dann als Anfangszustände. Die Validität solcher diagnostischen Modelle ist dann gegeben, wenn die durch die Eingaben induzierten Wechselwirkungen zu Endzuständen in Form von möglichst Punktattraktoren führen, die von den Benutzern als „richtige“ Antworten bewertet und akzeptiert werden können. Beispiele für derartige Diagnosesysteme, die von uns zur medizinischen Diagnose und auch zur Lösung literarischer Kriminalfälle entwickelt wurden, finden sich unter anderem in Klüver et al. 2006.

1.4 Methodologische Schlussbemerkungen

Am Ende dieser allgemeinen Ausführungen zur Methodik und Anwendung von Soft-Computing-Modellen, die nach dem Prinzip des Bottom-up konzipiert sind, sollen einige Hinweise erfolgen, die mehr an der wissenschaftstheoretischen Dimension von Computermodellierungen auf dieser Basis orientiert sind. Der genaue Standort von Computermodellierungen im Kontext theoretischer Forschungen ist nach wie vor klärungsbedürftig und nicht selten werden in etablierten Wissenschaftsdisziplinen Computermodelle als theoretisch und methodisch eher zweitrangig angesehen – zweitrangig im Vergleich zu den traditionellen mathematischen Verfahren. Hier können natürlich nicht die gesamten Fragen behandelt werden, die mit diesem Grundsatzproblem verbunden sind; aus der Sicht unserer eigenen forschungspraktischen Erfahrungen lässt sich jedoch gegenwärtig zumindest dieses sagen (vgl. zum Folgenden Klüver et al. 2003):[6]

In den Wissenschaften, die sich insbesondere mit den Problemen sozialer und kognitiver Komplexität befassen, sind einerseits die etablierten mathematischen Methoden der Modellierung durch Differential- bzw. Differenzengleichungen häufig gar nicht oder nur in einfachen und relativ uninteressanten Fällen anwendbar. Darauf haben wir oben bereits hingewiesen. So wertvoll andererseits z. B. statistische Verfahren in der empirischen Forschung sind, so wenig sind sie bekanntlich dazu geeignet, *theoretisch fundierte Erklärungen* zu liefern. M.a.W.: Für die empirische Überprüfung theoretischer Modelle sind statistische Methoden generell unverzichtbar, aber die Modelle selbst, insofern sie theoretisch anspruchsvoll sind, bedürfen anderer Formalisierungsmethoden, um brauchbare Erklärungen zu liefern. Aus den erwähnten Gründen sind dafür bottom-up Modellierungen im Allgemeinen und Soft-Computing-Modelle im Besonderen für Aufgaben dieser Art hervorragend geeignet. Insbesondere können sie die theoretische Forschung in folgenden Aspekten unterstützen:

1. Überprüfung von Theorien:

(a) Die Modellierung erzwingt eine genaue Auseinandersetzung mit den Theorien und deren Überprüfung; dies ist vor allem in den Wissenschaften von hoher Relevanz, deren Theorien gewöhnlich nur in informeller Weise oder sogar nur in metaphorischen Bildern formuliert werden. In weiten Bereichen der Sozial- und Kognitionswissenschaften ist dies nach wie vor der Fall. Die formale Operationalisierung durch computerbasierte Modelle deckt häufig auf, dass die Gegenstandsbereiche nicht präzise genug beschrieben wurden.

(b) Transformationen der Theorien in Computermodelle können zeigen, dass die Theorie korrektur- bzw. erweiterungsbedürftig ist. Bei rein verbalen Darstellungen entgeht nämlich häufig der Umstand, dass bestimmte Annahmen nicht vollständig sind, dass auf wesentliche Faktoren nicht geachtet wurde und/oder dass Begriffe verwendet wurden, die nicht präzisierbar sind.

(c) Die Konsequenzen von Theorien können häufig nur dadurch exakt überprüft werden, dass die Theorien in Simulationen auf ihre eigenen Voraussagen hin getestet werden (siehe oben

6 Leserinnen und Leser, die primär an praktischen Verwendungen interessiert sind, können dies Subkapitel auch überspringen.

zum Thema Erklärung und Simulation). Da Experimente im naturwissenschaftlichen und technischem Sinne in den Sozial- und Kognitionswissenschaften häufig gar nicht möglich und auf jeden Fall nur sehr schwer zu reproduzieren sind, ist die Simulation der theoretisch fundierten Modelle nicht selten der einzige Weg, Theorien einigermaßen sorgfältig zu testen.

2. Entwicklung von Theorien auf der Basis von Computermodellen:

Damit ist gemeint, dass ein „dialektischer" Zusammenhang von theoretischen Vorannahmen, Modellentwicklung, experimenteller Modellüberprüfung, Revision und Erweiterungen der theoretischen Annahmen sowie des Modells etc., besteht. Diese Vorgehensweise ist bekannt aus den Naturwissenschaften, in denen ein ständiges Wechselspiel zwischen experimentellen Überprüfungen und theoretischen Konstruktionen besteht, aus denen die endgültig formulierten Theorien schließlich hervorgehen. Die Sozial- und Kognitionswissenschaften erhalten jetzt zum ersten Mal in ihrer Geschichte die Möglichkeit, ihre eigenen Probleme auf eine Art zu behandeln, die denen der Natur- und Technikwissenschaften formal entspricht.

Daraus ergeben sich *methodische* Konsequenzen für die Konstruktion von Computermodellen: Zu Beginn einer Modellierungsarbeit sollten nur einfache, im Sinne von überschaubaren, Modelle entwickelt werden, die in ihrem Verhalten genau analysierbar sind. Ist die Wechselwirkung zwischen den Elementen sowie die Auswirkung von einzelnen Parametern hinreichend nachvollziehbar, dann kann das Modell um weitere Elemente bzw. Parameter erweitert werden. Damit entsteht eine permanente Wechselwirkung zwischen Theoriebildung und Überprüfung der Annahmen durch Computerprogramme. M.a.W.: Es wird dafür plädiert, Modellkonstruktionen so durchzuführen, dass zuerst nur relativ einfache Modelle konstruiert und analysiert werden. Dabei ist programmiertechnisch darauf zu achten, dass die Modelle leicht erweiterungsfähig sind. Anschließend kann durch entsprechende Erweiterungen die Komplexität der Modelle sukzessive gesteigert werden, bis die Komplexität des zu modellierenden Bereichs im Modell adäquat wiedergegeben wird.

3. Untersuchung allgemeiner Eigenschaften beliebiger Systeme:

Auf der Basis „reiner" formaler Systeme sollen generelle Aussagen gemacht werden über die Gesetzmäßigkeit des Verhaltens beliebiger Systeme. Damit ist Folgendes gemeint: Wenn man formale Systeme wie z. B. Zellularautomaten als Untersuchungsobjekte sui generis versteht, dann ist vor allem wesentlich, dass es sich bei diesen formalen Systemen um solche handelt, die äquivalent zu *Universalen Turing Maschinen* sind. Deren Universalität erlaubt es, vereinfacht gesprochen, jedes beliebig komplexe System mit einem formalen System zu modellieren, das einer universalen Turing Maschine logisch äquivalent ist (Church-Turing-Hypothese). Die Eigenschaften derartiger formaler Systeme müssen dann zwangsläufig für jedes reale System gelten, da dieses durch ein entsprechendes formales System grundsätzlich beliebig detailliert modellierbar ist. Von daher lassen sich bereits aus der Analyse formaler Systeme wie Zellularautomaten oder Boolescher Netze wesentliche Erkenntnisse für das Verhalten z. B. sozialer, kognitiver oder auch natürlicher, d. h. physiko-chemischer und biologischer, Systeme gewinnen. Im Subkapitel über Zellularautomaten und Boolesche Netze werden wir dieses Vorgehen am Beispiel der so genannten Ordnungsparameter näher erläutern.

Dieses methodische Vorgehen wird im weiteren Verlauf dieser Einführung exemplarisch vorgestellt, um zu zeigen, wie äußerst unterschiedliche Problemstellungen mit diesem Modellierungsschema bearbeitet werden können. Insbesondere wird es nach diesen sehr allgemeinen und etwas abstrakten, wenn auch methodisch notwendigen Vorbemerkungen Zeit, sich den verschiedenen Bereichen des Soft Computing näher und damit konkreter zuzuwenden.

2 Zellularautomaten und Boolesche Netze

Zellularautomaten und Boolesche Netze sind ein mittlerweile schon fast klassisches Musterbeispiel von bottom-up Modellen, da diese formalen Systeme ausschließlich auf der Basis von lokalen Wechselwirkungen konstruiert werden können. Die einfache Grundlogik dieser Algorithmen lässt sich prinzipiell als eine kombinatorische Erweiterung der binären Aussagenlogik verstehen und somit als ein Modell der einfachsten Grundformen menschlichen Denkens. Trotz dieser prinzipiellen Einfachheit ist es möglich, Prozesse nahezu unbegrenzter Komplexität mit diesen Modellen zu erfassen. Mit ihnen kann insbesondere die einfache *Selbstorganisation* von Systemen analysiert werden, d. h. die Entstehung bzw. Emergenz globaler Ordnungsstrukturen aus rein lokalen Interaktionen der Systemelemente. Darüber hinaus kann auch adaptives Verhalten mit Zellularautomaten bzw. Booleschen Netzen modelliert werden, wenn zu den Interaktionsregeln spezielle Metaregeln eingefügt werden.

Bei der Modellierung natürlicher Prozesse zeigt sich häufig, dass ein deterministisches System nur partiell das tatsächliche Vorgehen simuliert, z. B. wenn es um Entscheidungsfindungen oder bestimmte Verhaltensweisen in konkreten Situationen geht. Menschen haben z. B. mehrere Optionen bzw. Verhaltensstrategien, nach denen sie entscheiden, wie sie sich in einer Situation tatsächlich verhalten. Um derartige Phänomene modellieren zu können, ist eine zusätzliche Unterscheidung erforderlich:

Wir nennen eine Regel *deterministisch*, wenn diese Regel immer in Kraft tritt, falls die entsprechenden Bedingungen vorliegen. Wir nennen dagegen eine Regel *stochastisch*, wenn sie nur mit einer bestimmten Wahrscheinlichkeit in Kraft tritt, auch wenn die entsprechenden Bedingungen gegeben sind. Der Kürze halber nennen wir dann ein System mit rein deterministischen Regeln ein deterministisches System; analog sprechen wir von einem stochastischen System, wenn dies von stochastischen Regeln gesteuert wird. Dabei kann der Fall auftreten, dass ein stochastisches System neben stochastischen Regeln auch über deterministische Regeln verfügt. Maschinen etwa sind gewöhnlich deterministische Systeme, da ihre Teile immer auf die gleiche Weise miteinander wechselwirken. Menschen dagegen, wie bemerkt, verhalten sich häufig, wenn natürlich auch nicht immer, nach stochastischen Regeln: Ob ein Abiturient mit Leistungskurs Mathematik ein mathematisch-naturwissenschaftliches Studienfach wählt, lässt sich immer nur mit einer bestimmten Wahrscheinlichkeit p prognostizieren (p von englisch probability bzw. lateinisch probabilitas = Wahrscheinlichkeit).

Prozesse, die nur mit einer bestimmten Wahrscheinlichkeit ablaufen, können mit stochastischen Zellularautomaten besonders gut modelliert werden. Wir werden deswegen neben deterministischen Zellularautomaten auch stochastische Zellularautomaten vorführen und im letzten Teil dieses Kapitels anhand eines Modells konkretisieren.

Zusätzlich ist es oftmals nicht ausreichend, mit einer binären Logik zu operieren. Durch die Verwendung von Fuzzy-Methoden kann dieses Problem gelöst werden. Das gilt vor allem für die Konstruktion von Modellen, bei denen sich die Regeln nicht eindeutig bestimmen lassen, sondern nur mit einer gewissen Unschärfe. Fuzzy-Methoden, die in dem entsprechenden Kapitel ebenfalls dargestellt werden, sind von daher als eine Erweiterung von Basismodellen zu verstehen. Diese Erweiterung lässt sich auch mit Zellularautomaten realisieren; deswegen werden wir in dem Kapitel über Fuzzy-Methoden auch einen Fuzzy-Zellularautomaten vorstellen.

2.1 Zellularautomaten

Zellularautomaten, im Folgenden als ZA abgekürzt, sind Ende der fünfziger Jahre von John von Neumann entwickelt worden, einem mathematischen Universalgenie, der als einer der Begründer der gesamten Informatik gelten kann. Von Neumann beschäftigte sich gegen Ende seines Lebens mit dem Problem, eine mathematische Darstellung lebender Systeme zu entwickeln; seine erfolgreiche Lösung dieses Problems sind die ZA, die in den letzten beiden Jahrzehnten vor allem im Zusammenhang mit der Forschungsrichtung des sog. „Künstlichen Lebens" (Artificial Life) bekannt wurden (Langton 1988; Langton et al. 1992; Langton 1994). ZA wurden allerdings bereits in den Sechzigern und Siebzigern unter anderem für die Analyse sozial-wissenschaftlicher und physikalischer Probleme verwendet; gegenwärtig finden sie in praktisch allen Wissenschafts- sowie zahlreichen Technikbereichen Anwendung (vgl. für eine etwas ältere Darstellung Gerhard und Schuster 1995).

2.1.1 Allgemeine Darstellung

Die Grundidee der ZA ist die folgende: Gegeben ist ein Gitter von Zellen, die gewöhnlich als Quadrate konzipiert und visualisiert sind. Die Entwicklung findet in Raum und Zeit statt und die einzelnen ZA unterscheiden sich in den *Dimensionen* (es gibt ein-, zwei- sowie dreidimensionale ZA) und in der *Gittergeometrie* des zugrunde liegenden Raums. Eine Zelle hat z. B. – in einem zweidimensionalen Zellraum mit einer quadratischen Gittergeometrie – acht „Nachbarn", d. h., es gibt zu jeder Zelle genau 8 weitere Zellen, die an die erste Zelle anschließen – rechts, links, oben, unten und an den vier Eckpunkten. Die benachbarten Zellen bilden die *Umgebung* der ersten Zelle (neighbourhood). Wenn man nur die vier Zellen berücksichtigt, die an den Seiten der quadratischen Zelle anliegen, spricht man von einer *von Neumann-Umgebung;* nimmt man auch die vier Zellen an den Eckpunkten dazu, hat man eine sog. *Moore-Umgebung.* Natürlich sind auch andere Umgebungskonstellationen möglich, aber diese beiden sind gewissermaßen die Standardtypen. Zur Illustration werden drei unterschiedliche Gittergeometrien in einem zweidimensionalen Raum gezeigt:

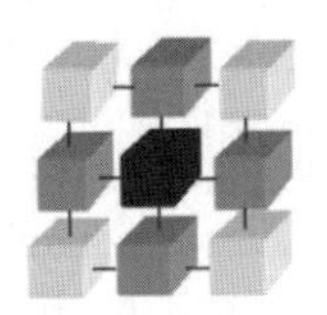
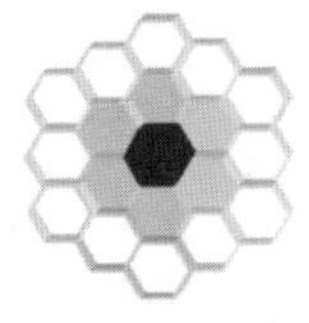
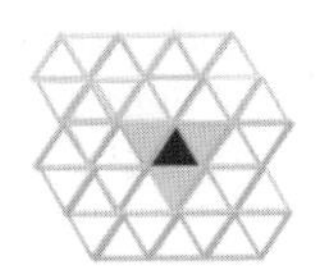

a) rechteckiges b) hexagonales c) dreieckiges Gitter

Bild 2-1 Zweidimensionale Zellräume mit unterschiedlichen Gittergeometrien: a) Rechteckiges Gitter mit einer zentralen Zelle (schwarz) und ihre Nachbarn (dunkelgrau: von Neumann-Umgebung; hellgrau + dunkelgrau: Moore-Umgebung); b) Die Zentralzelle hat in diesem Fall 6 Nachbarn c) Dreieckiges Gitter mit einer möglichen Nachbarschaftskonstellation.

Wenn man ZA generell analysieren will, ohne damit ein spezielles reales System modellieren zu wollen, ist es häufig einfacher, dazu eindimensionale ZA zu verwenden. Die Umgebungszellen, die natürlich auch hier unterschiedlich viele sein können, sind dann die Zellen, die rechts und links von der Zentrumszelle platziert sind; will man größere Umgebungen zur Verfügung haben, nimmt man die jeweils übernächsten Zellen usf. Auch das kann an einem einfachen Beispiel verdeutlicht werden:

Bild 2-2 Ein eindimensionaler ZA

Der hier abgebildete eindimensionale ZA ist als Ring konzipiert, d. h., jede Zelle hat genau zwei räumliche Nachbarn. Man kann sich dies als ein Modell für eine soziale Beziehung in einer Gruppe verdeutlichen: Die schwarzen Zellen sind „Verkäufer", die weißen entsprechend „Käufer". Ein Verkäufer verkauft nur an Käufer und gewinnt dabei Kapital; ein Käufer kauft und verliert dabei Kapital. Jede Zelle kann in diesem Modell nur mit ihren beiden räumlichen Nachbarn interagieren, aber nur dann, wenn ein Verkäufer neben einem Käufer ist und umgekehrt. Gleiche Zellen interagieren nicht miteinander.

ZA stellen eine besonders wichtige Klasse *diskreter Systeme* dar. Die Zellen befinden sich in bestimmten Zuständen, d. h., jeder Zelle wird ein bestimmter Wert zugeordnet, der üblicherweise als natürliche Zahl dargestellt wird.

Die Dynamik dieser Systeme ergibt sich wie bei bottom-up Modellen stets durch *Übergangsregeln* (rules of transition), die die lokal bedingte Zustandsveränderung der einzelnen Zellen steuern. Dabei hängt die Zustandsveränderung einer Zelle ausschließlich von den Zuständen ab, die ihre Umgebungszellen und sie selbst zu einem bestimmten Zeitpunkt t einnehmen. Im Falle der Moore-Umgebung wirken acht Zellen auf die Zustandsveränderung einer Zelle ein, in Abhängigkeit von dem Zustand der Zelle selbst; im Falle der von Neumann-Umgebung sind es vier Umgebungszellen. Eine Regel kann z. B. die Form haben: Wenn die Zellen nur die Zustände 1 und 0 einnehmen können und wenn (im Falle der von Neumann-Umgebung) zum Zeitpunkt t die linke Umgebungszelle 1 ist, die rechte ebenfalls 1, die obere 0, die untere 1 und die Zelle selbst 0, dann geht die Zelle im nächsten Zeitschritt t+1 in den Zustand 1 über.

Die Umgebung stellt eine symmetrische Relation für die jeweiligen Zellen dar, da alle Wechselwirkungen symmetrisch sind: Die Umgebung einer Zelle wirkt auf die Zentralzelle ein, diese wiederum fungiert ebenfalls als (Teil)Umgebung für ihre Umgebungszellen. Etwas formaler heißt dies, dass wenn eine Relation U (= Umgebung) existiert für zwei Zellen Z_1 *und* Z_2*, also* $U(Z_1, Z_2)$*, dann gilt auch* $U(Z_2, Z_1)$*. Generell gilt außerdem für die Geometrie eines ZA, dass sie als homogen charakterisiert werden kann: Die Topologie ist bei gängigen ZA stets global gleich, d. h., der Umgebungstypus (z. B. von Neumann oder Moore) charakterisiert den ZA topologisch vollständig.*

Wenn man nun ohne Beschränkung der Allgemeinheit als einfachstes Beispiel binäre ZA nimmt, deren Zellenzustände durch 0 und 1 repräsentiert sind, dann haben wir im Falle der

Moore-Umgebung $2^8 = 256$ verschiedene Zustände *für die Umgebung.*[1] Die Umgebungszustände werden hier als geordnete Teilmengen dargestellt, also als Acht-Tupel von z. B. der Form (1,0,0,0,1,1,0,1). Da jede Zelle *in der Umgebung* zwei mögliche Zustände einnehmen kann, erhalten wir insgesamt $2^{2^8} = 2^{256}$ mögliche Regeln für die Übergänge, was etwa 10^{85} entspricht. Man kann daraus die kombinatorische Vielfalt erkennen, die sich mit dem einfachen Grundschema von ZA erzeugen lässt; tatsächlich ist es möglich, praktisch jede gewünschte Systemmodellierung hiermit durchzuführen.

Bei praktischen Anwendungen ist es allerdings meistens gar nicht erforderlich, die gesamten kombinatorischen Möglichkeiten auszunutzen. Häufig reicht es, nur allgemeinere Umgebungsbedingungen festzusetzen, die von mehreren der kombinatorisch möglichen Umgebungszustände erfüllt werden. Man spricht in diesem Fall von *totalistischen Regeln,* also Regeln, die die Umgebung einer Zelle gewissermaßen als Ganzheit charakterisieren.

Am Beispiel eines der berühmtesten ZA, dem *Game of Life* des britischen Mathematikers Conway, kann dieses Prinzip gut illustriert werden; Conway wollte damit in einem mathematisch möglichst einfachen Modell das (umgebungsbedingte) Leben, Sterben und die Reproduktion biologischer Organismen darstellen (Berlekamp et al. 1982). Das Game of Life ist ein binärer ZA mit einer Moore-Umgebung, der auf einer zweidimensionalen Fläche visualisiert werden kann. Die Übergangsregeln des Game of Life lauten folgendermaßen:

IF n ist die Anzahl der Umgebungszellen im Zustand 1 und IF $n < 3$ oder IF $n > 4$, THEN geht die zentrale Zelle im nächsten Zeitschritt in den Zustand 0 über, unabhängig von ihrem bisherigen Zustand.

IF $n = 3$, THEN geht die zentrale Zelle in den Zustand 1 über, unabhängig vom vorherigen Zustand.

IF $n = 4$, dann bleibt die zentrale Zelle in ihrem bisherigen Zustand.

Einfacher ausgedrückt: Wenn zu wenige oder zu viele Organismen in der Umgebung eines Organismus existieren, dann stirbt dieser; existiert genau die richtige Anzahl, dann entsteht neues Leben oder die Verhältnisse bleiben konstant. Nebenbei bemerkt, die 2. Regel ist natürlich zumindest auf der Erde nicht biologisch realistisch, da zur Reproduktion von Organismen entweder ein Organismus ausreicht – monosexuelle Reproduktion – oder in dem insbesondere für Menschen interessanten Fall genau zwei Organismen erforderlich sind (heterosexuelle Reproduktion). Vor allem den letzteren Fall, der in der sozialen Realität häufig zu juristischen Komplikationen führt, werden wir in dem Kapitel über evolutionären Algorithmen näher behandeln.

Totalistisch sind diese Regeln insofern, als die geometrische Lage der einzelnen Umgebungszellen offensichtlich keine Rolle spielt; es geht nur um die absolute Anzahl der Umgebungszellen, die in bestimmten Zuständen sein müssen. Wenn man nun die Konvention einführt, dass die Umgebungszustände als Acht-Tupel geschrieben werden, indem man mit der Umgebungszelle anfängt, die am linken unteren Eckpunkt der Zentralzelle platziert ist und anschließend im Uhrzeigersinn fort fährt, dann lässt sich die Regel 2. offenbar unter anderem durch folgende Umgebungsgleichungen darstellen:

$$((1,1,1,0,0,0,0,0) \to 1) = ((1,1,0,1,0,0,0,0) \to 1) = ((0,0,0,0,0,1,1,1) \to 1) \text{ etc.}$$

Man kann also die kombinatorische Vielfalt sehr rigide reduzieren.

1 Die Behauptung „ohne Beschränkung der Allgemeinheit“ ist deswegen korrekt, weil sich bekanntlich jede natürliche Zahl durch eine binäre Zahl darstellen lässt.

Ungeachtet der Einfachheit der Regeln des Game of Life ist es möglich, mit ihm sehr komplexe Dynamiken zu erzeugen. Tatsächlich handelt es sich beim Game of Life um eine sog. Universale Turing-Maschine, mit der man prinzipiell jedes beliebige System modellieren und untersuchen kann, nämlich um ein System der Wolfram-Klasse 4. Nur in dieser Klasse treten Systeme auf, die Universalen Turing Maschinen äquivalent sind. Von daher muss die Aussage, dass Zellularautomaten Universalen Turing Maschinen logisch äquivalent sind, etwas präzisiert werden, da nur ZA der Wolfram-Klasse 4 – und auch hier nicht unbedingt alle – diese Äquivalenz aufweisen (Rasmussen et al. 1992).

Totalistische ZA-Regeln nützen also die Möglichkeiten aus, die sich durch kombinatorische Zusammenfassungen der Zustände der Umgebungszellen und der Zentralzelle ergeben. Es sei noch einmal betont, dass Moore- und von Neumann-Umgebungen zwar die Standardformen von Umgebungen sind, dass jedoch nichts dagegen spricht, auch andere Umgebungsgrößen einzuführen. Bei der ZA-Modellierung des Räuber-Beute Systems, das oben skizziert wurde, arbeiteten wir zum Teil mit erweiterten Moore-Umgebungen, d. h., wir berücksichtigten auch die Zustände der Zellen, die sich unmittelbar an die Umgebungszellen der Zentralzelle anschlossen. Dies war erforderlich, um den „Füchsen" die Möglichkeit zu geben, über ihre Moore-Umgebung hinaus zu prüfen, ob es in größerer Entfernung eventuell eine „Gans" gibt. Die entsprechende Regel lautet dann:

IF in der Moore-Umgebung eines Fuchses keine Gans ist und IF in der erweiterten Moore-Umgebung eine Gans ist, THEN der Fuchs „bewegt" sich um eine Zelle in Richtung der Gans, falls eine entsprechende leere Zelle vorhanden ist.

Frage: Wie müsste man die „Bewegung" einer Zelle korrekt in der ZA-Terminologie ausdrücken, in der es nur Zustandsveränderungen von einzelnen Zellen gibt?

Wie man sich rasch überlegt, hat eine erweiterte Moore-Umgebung 8 + 12 + 4 = 24 Zellen; eine n-fache Erweiterung von Moore-Umgebungen ergibt, was sich leicht durch vollständige Induktion zeigen lässt, offenbar

$$(2n+1)^2 - 1 \text{ Zellen.}[2] \tag{2.1}$$

Diese Überlegungen gelten allerdings nur für zweidimensionale ZA. Wenn man aus z. B. Visualisierungsgründen dreidimensionale ZA entwickeln will, was wir für ein „Falken-Tauben-System" gemacht haben, also ein Räuber-Beute-System, das gewissermaßen in der Luft realisiert wird, dann hat eine einfache Moore-Umgebung im dreidimensionalen Raum bereits 26 Zellen und generell gilt für einfache Moore-Umgebungen in n-dimensionalen Räumen, dass die Zahl ihrer Zellen

$$k = 3^n - 1 \tag{2.2}$$

beträgt. Die folgenden zwei Bilder dienen zur Illustration eines dreidimensionalen ZA:

[2] Eine mathematische Erinnerung: Beim Beweisverfahren der vollständigen Induktion beginnt man damit, dass man die entsprechende Behauptung für den Fall n = 1 beweist. (der sog. Induktionsanfang). Anschließend folgt der sog. Induktionsschritt, indem man von der Annahme, dass man die Behauptung für ein beliebiges n bewiesen hat, zeigt, dass dann die Behauptung auch für n + 1 gilt. In der obigen Formel ist die Variable n übrigens so zu verstehen, dass für die übliche Moore-Umgebung gilt, dass n = 1; die Erweiterung ergibt dann n = 2 usf.

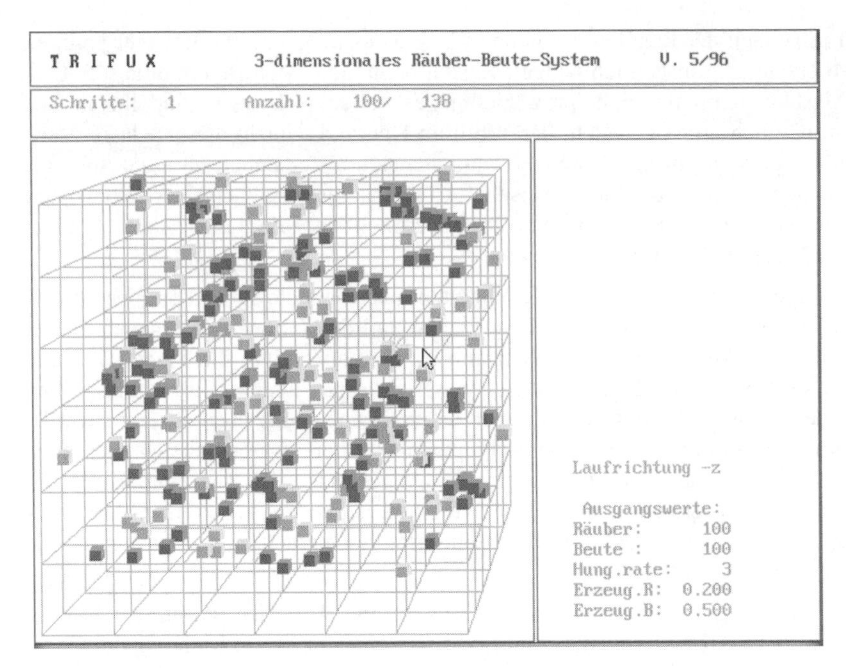

Bild 2-3a Ein dreidimensionaler ZA nach 1 Schritt; „Falken“ sind grau, „Tauben“ schwarz.

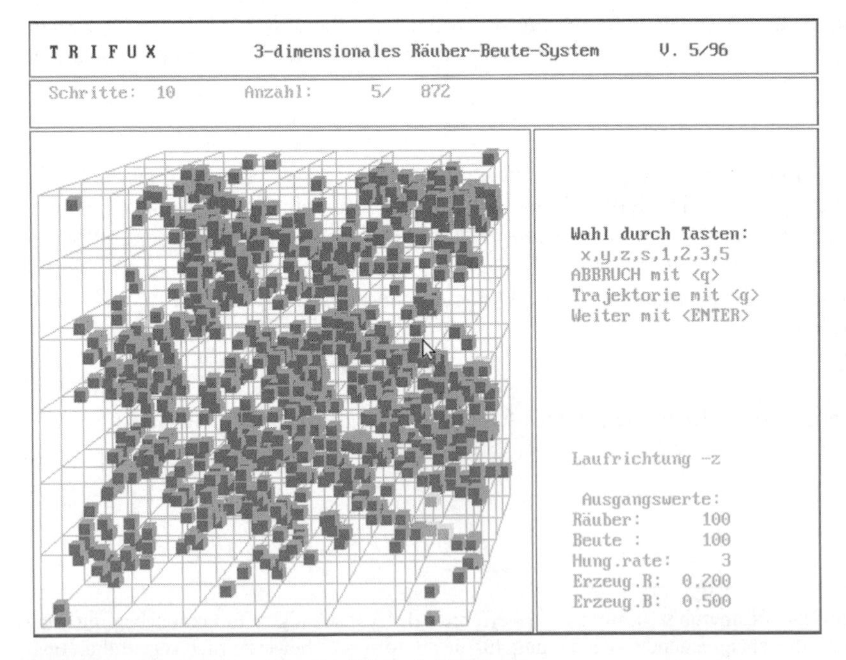

http://www.rebask.de/qr/sc1_2/2-2.html

Bild 2-3b Ein dreidimensionaler ZA nach 10 Schritten

Man kann jetzt auch die Anzahl der möglichen Regeln für den Fall angeben, dass die Anzahl der möglichen Zellenzustände $n > 2$ ist bei k Umgebungszellen. Bei binären ZA mit Moore-Umgebungen hatten wir 2^{2^8} Regeln bei $2^8 = 2^{2^3}$ Umgebungskonfigurationen. Entsprechend erhalten wir allgemein n^k mögliche Regeln und n^{n^k} verschiedene Möglichkeiten, Regelsets für verschiedene ZA zu konstruieren. Bei mehr als zwei Zellenzuständen also wächst die Anzahl der Möglichkeiten, unterschiedliche ZA zu konstruieren, rasch ins Astronomische; alleine aus diesem Grund bereits werden ZA, die reale Systeme modellieren sollen, praktisch immer mit totalistischen Regeln konstruiert. Formal kann man ZA-Regeln einerseits, wie in vielen Programmiersprachen üblich, als IF-THEN-Regeln darstellen; mengentheoretisch ist es andererseits auch möglich, Regeln als geordnete Mengen – n-Tupel – darzustellen, wie dies bereits ansatzweise geschehen ist. Dies soll jetzt etwas genauer erfolgen.

Sei wieder n die Anzahl der möglichen Zellenzustände und k die Größe der Umgebung. Eine Regel lässt sich dann darstellen als ein k+2-Tupel der Form

$$(i_1, i_2, \ldots i_k, j_t, j_{t+1}), \tag{2.3}$$

wenn $i_1, i_2, \ldots i_k$ die Zustände der Umgebungszellen, j_t der Zustand der Zentralzelle zum Zeitpunkt t und j_{t+1} der Zustand der Zentralzelle zum Zeitpunkt $t + 1$ sind. Kommt es auf den Zustand der Zentralzelle bei der Regel nicht an, lässt man j_t weg.

Totalistische Regeln lassen sich z. B. schreiben als

$$(\Sigma i = k, j_t, j_{t+1}), \tag{2.4}$$

wenn es wie beim Game of Life um einfache Aufsummierung der Umgebungszellen geht; wenn die totalistischen Regeln anders definiert werden sollen, z. B. mit Durchschnittsbildung der Zustandswerte der Umgebungszellen, wird dies entsprechend dargestellt. Die Regeln des Game of Life z. B. lauten dann:

$$(1)\ (\Sigma i < 3, 0), (\Sigma i > 4, 0),$$

$$(2)\ (\Sigma i = 3, 1),$$

$$(3)\ (\Sigma i = 4, j_t, j_t). \tag{2.5}$$

http://www.rebask.de/qr/sc1_2/2-3.html

In 2.4.2 wird ein stochastischer ZA (siehe unten) gezeigt, dessen totalistische Regeln mit der Bildung von Durchschnittswerten arbeiten. Dessen Regeln lassen sich unter anderem in dieser Schreibweise wie folgt darstellen; k ist die Anzahl der Umgebungszellen:

$$(\Sigma i/k = n, j_t, j_{t+1} = n - j_t + 0.1) \text{ für } n > j_t \text{ und}$$

$$(\Sigma i/k = n, j_t, j_{t+1} = j_t - n - 0.1) \text{ für } j_t > n. \tag{2.6}$$

Anders ausgedrückt: Der Zustand der Zentralzelle nähert sich sukzessive dem Durchschnittszustand der Umgebungszellen an.

Aus derartigen Darstellungen lässt sich eine Charakterisierung der Regeln eines spezifischen ZA ableiten, nämlich die sog. *Häufigkeitsmatrix*. Diese gibt an, wie häufig die verschiedenen Zellenzustände durch die gesamten Regeln prinzipiell realisiert werden können (welche bei *einem* speziellen Durchlauf tatsächlich erreicht werden, hängt dann vom Anfangszustand ab). Das kann man sich an einem einfachen Beispiel rasch klar machen, nämlich einem binären ZA mit einer von Neumann-Umgebung. Die Regeln seien

(1) ($\sum i = 4, 1$) und

(2) ($\sum i \neq 4, 0$). (2.7)

M.a.W.: Die Zentralzelle geht genau dann in den Zustand 1 über, gleichgültig in welchem Zustand sie vorher war, wenn alle Umgebungszellen im Zustand 1 sind; sonst geht die Zentralzelle in den Zustand 0 über (oder bleibt in ihm).

Da es insgesamt 16 verschiedene Umgebungskonfigurationen gibt, von denen jedoch nur eine den Zustand 1 der Zentralzelle generiert, haben wir eine Häufigkeitsverteilung von 1 und 15 bezüglich der Zustände 1 und 0, d. h. eine extreme Ungleichverteilung der möglichen Häufigkeiten. Dies wird für die sog. Ordnungsparameter (siehe 2.3) noch eine wichtige Rolle spielen. In diesem einfachen Fall braucht man keine spezielle Häufigkeitsmatrix, da die Verteilung der Häufigkeiten unmittelbar aus den Regeln ersichtlich ist. Bei mehr Zellenzuständen und vor allem bei komplexeren Regeln ist es jedoch häufig sinnvoll, sich eine Matrix berechnen zu lassen, da man damit recht gut die möglichen Entwicklungen des jeweiligen ZA abschätzen kann. An einem weiteren einfachen Beispiel sei dies erläutert:

Gegeben sei ein binärer ZA mit einer von Neumann-Umgebung. Seine Regeln seien folgendermaßen:

R1: ($\sum i = 4,1$),

R2: ($\sum i = 3,0$),

R3: ($\sum i = 2,0$),

R4: ($\sum i = 1,0$),

R5: ($\sum i = 0,1$), (2.8)

wobei i die 4 Umgebungszellen repräsentieren.

Offenbar spielt bei diesen Regeln, die totalistisch sind, der Zustand der Zentrumszelle keine Rolle. Die entsprechende Häufigkeitsmatrix sieht folgendermaßen aus:

	1	0
1	2	14
0	2	14

(2.9)

Diese Matrix ist folgendermaßen zu verstehen: Es gibt 2 Übergänge (der Zentrumszelle) von 1 zu 1 und 14 Übergänge von 1 zu 0; entsprechend gibt es 2 Übergänge von 0 zu 1 und 14 Übergänge von 0 zu 0. Diese Zahlen ergeben sich aus den verschiedenen Kombinationen der Zustände der 4 Umgebungszellen; z. B. ergibt sich die Anzahl 2 des Übergangs 1 → 1 daraus, dass nur gemäß den Regeln R1 und R5 die Zentrumszelle vom Zustand 1 in den gleichen Zustand übergeht.

Häufigkeitsmatrizen sind allerdings keine eindeutige Darstellung eines Regelsystems, da verschiedene Regelsysteme auf die gleiche Häufigkeitsmatrix führen können – die Abbildung Regelsystem und Häufigkeitsmatrix ist nicht eineindeutig bzw. bijektiv, wie man in der Mathematik sagt.

Zusammengefasst lässt sich sagen, dass die Vorzüge von ZA-Modellierungen vor allem darin bestehen, dass man die empirisch bekannten Wechselwirkungen und Interaktionen zwischen den zu modellierenden Elementen eines Systems unmittelbar darstellen kann. Dies ist vor allem dann wesentlich, wenn sowohl die Elemente als auch deren Wechselwirkungen selbst erst genau analysiert werden müssen. Prinzipiell kann man jedes Problem in ZA-Modellierungen darstellen, das sich dafür eignet, unter Aspekten der *Dynamik formaler Systeme* betrachtet zu werden. Die ZA-Regeln und deren Auswirkungen auf die Systemdynamik repräsentieren dann die verschiedenen realen systemischen Wechselwirkungen; aus den Regeln ergeben sich dann einige der Systemparameter, die für die faktische Trajektorie – mit dem Anfangszustand – verantwortlich sind. Experimente mit ZA bedeuten also bei konstanten Regeln einerseits die Wahl unterschiedlicher Anfangszustände, um deren Wirksamkeit einschätzen zu können, und andererseits die Variation der in den Regeln enthaltenen Parameter.

Zwei programmiertechnische Hinweise seien hier noch kurz erwähnt: Visuelle Darstellungen von zweidimensionalen ZA auf einem Monitor haben Ränder, d. h., die Zellen an den linken und rechten sowie oberen und unteren Rändern des Monitors haben keine vollständigen Umgebungen. Technisch gesehen bietet es sich deswegen an, den ZA als *Torus* zu konstruieren, um nicht zusätzliche Regeln für die Randzellen hinzufügen zu müssen. Die Konstruktion als Torus besagt, dass die Zellen am rechten Rand als Umgebungszellen für diejenigen am linken Rand fungieren und umgekehrt; entsprechend fungieren die Zellen am oberen Rand als Umgebungszellen für diejenigen am unteren Rand und umgekehrt. Das obige Beispiel eines eindimensionalen ZA lässt sich als eine eindimensionale Variante dieses Prinzips verstehen, da die Zellen in einer geschlossenen Kurve angeordnet sind. Will man aus bestimmten Gründen diese Lösung nicht wählen, was natürlich von dem jeweiligen Modellierungsproblem abhängig ist, müssen entsprechende Zusatzregeln für die Berechnung der Zustandswerte bei den Randzellen eingefügt werden.

Die Berechnung der Zustandsänderungen der Zellen erfolgt gewöhnlich zeilenweise, d. h., das Programm beginnt links oben in der ersten Zeile des Zellengitters, durchläuft diese und geht dann zu den vertikal folgenden Zeilen. Diese sog. synchrone Berechnung wird in den meisten Fällen angewandt: Bei ihr werden zuerst sämtliche Zellenzustände in Abhängigkeit vom gesamten Gitter berechnet – natürlich nur in Bezug auf die jeweiligen Umgebungen – und dann neu eingesetzt. Für spezielle Fragestellungen, insbesondere wenn es um die Modellierung mancher natürlicher Prozesse geht, ist es zuweilen sinnvoll, die Zellen asynchron oder sequentiell zu aktualisieren (Gerhardt und Schuster 1995; Schmidt et al. 2010).

So einfach die Grundlogik von ZA ist, so bedeutsam sind zahlreiche Ergebnisse, die durch ZA-Modellierungen erzielt werden konnten. So konnten unter anderem Epstein und Axtell (1996) durch die Konstruktion des ZA „Sugarscape" zeigen, dass einige traditionelle Annahmen der Ökonomie hinsichtlich kapitalistischer Märkte revidiert werden müssen, wenn diese von der Ebene der individuellen Akteure aus modelliert werden. Ein anderes berühmtes Beispiel ist die Modifizierung des Eigenschen Hyperzyklus (ein mathematisch-biochemisches Modell der Entstehung des Lebens), von dem Maynard Smith zeigte, dass dieser instabil ist, d. h. äußerst anfällig, gegenüber Parasiten. Boerlijst und Hogeweg (1992) konstruierten einen ZA, der die ursprünglichen Schwächen des Hyperzyklus nicht mehr aufweist und außerdem wesentlich einfacher ist als das Modell von Eigen. Die vielfältigen Anwendungsmöglichkeiten von ZA sind noch längst nicht vollständig erkannt. Ebenfalls klassisch geworden ist ein ZA des Soziologen und Ökonomen Schelling (1971), der mit diesem Modell die Entstehung von ethnischen Segregationen untersuchte, um die Entwicklung von Ghettos in amerikanischen Großstädten zu studieren.[3] Man sieht, vielfältiger geht es nimmer.

[3] Nicht nur, aber auch für seine ZA-Modellierungen hat Schelling übrigens 2005 die Hälfte des Nobelpreises in Ökonomie erhalten.

2.1.2 Stochastische Zellularautomaten

Abschließend soll noch kurz auf eine wichtige Erweiterungsmöglichkeit für ZA-Modellierungen eingegangen werden. Die bisherigen Betrachtungen und Beispiele bezogen sich auf *deterministische ZA,* d. h. Systeme, deren Regeln immer und eindeutig angewandt werden, falls die entsprechenden Bedingungen, in diesem Fall Umgebungsbedingungen, vorliegen. *Stochastische Systeme* unterscheiden sich von deterministischen dadurch, wie oben bereits angemerkt, dass bei Eintreten der entsprechenden Bedingungen die Regeln nur mit einer gewissen Wahrscheinlichkeit p in Kraft treten. Deswegen müssen Informationen über stochastische Systeme neben den üblichen Regelangaben auch noch die Wahrscheinlichkeitswerte enthalten, die für die jeweiligen Regeln gelten. Falls alle Wahrscheinlichkeitswerte $p = 1$ sind, geht das System wieder in den deterministischen Fall über; $p = 0$ bedeutet, dass die Regeln „gesperrt“ sind, d. h. auch bei Vorliegen der entsprechenden Bedingungen wird die Regel nicht angewandt.

In der Literatur zu ZA werden fast nur deterministische ZA behandelt; Ausnahmen finden sich z. B. bei. Gutowitz 1990 sowie Bar-Yam 1997. Für die Modellierungen realer Systeme erweist es sich wie bereits erwähnt häufig als sinnvoll, mit stochastischen bzw. probabilistischen Regeln zu arbeiten. Dies ist insbesondere bei sozial- und wirtschaftswissenschaftlichen Problemen nicht selten der Fall, wenn es um die Verhaltensweise sozialer bzw. ökonomischer Akteure geht: Man kann fast nie mit Sicherheit sagen, wie sich Menschen in bestimmten Situationen verhalten, sondern im allgemeinen nur mit gewissen Wahrscheinlichkeiten – ein wesentlicher Aspekt der „Weichheit“ sozial- und wirtschaftswissenschaftlicher Probleme. Da der große Vorzug von ZA-Modellierungen, wie bereits hervorgehoben, darin besteht, direkt auf der Ebene individueller Elemente, im sozialwissenschaftlichen Fall z. B. der von individuellen Akteuren, anzusetzen, müssen einigermaßen realitätsadäquate ZA-Modelle häufig stochastisch konzipiert werden.

Die Grundlogik stochastischer ZA ist im Wesentlichen die gleiche wie bei deterministischen; Regeln werden als Umgebungsregeln formuliert, die die Zustandsübergänge der jeweiligen Zellen steuern. Die zusätzliche Einführung probabilistischer Komponenten kann grundsätzlich auf durchaus unterschiedliche Weise erfolgen; wir haben eine technisch relativ einfache Verfahrensweise entwickelt, die in der Konstruktion einer sog. *Wahrscheinlichkeitsmatrix* (bzw. stochastische Matrix), kurz *W-Matrix,* besteht.

Eine W-Matrix enthält als Dimensionen einfach die verschiedenen möglichen Zellenzustände, sagen wir wieder n. Die W-Matrix ist dann eine $n*n$-Matrix, die als Matrixelemente an den Positionen (ij) die Wahrscheinlichkeiten p_{ij} enthält, die die Übergänge zwischen den Zuständen i und j steuern. An einem binären Fall sei dies kurz illustriert:

	1	0
1	0.4	0.6
0	0.3	0.7

(2.10)

Der Übergang vom Zustand 1 einer Zelle in den gleichen Zustand hat also eine Wahrscheinlichkeit von $p = 0.4$, der Übergang in den Zustand 0 die Wahrscheinlichkeit $p = 0.6$; entsprechend ist die untere Zeile zu lesen.

Bei der Konstruktion oder Zufallsgenerierung einer W-Matrix muss darauf geachtet werden, dass die Zeilen in der Gesamtsumme immer 1 ergeben, da irgendein Übergang, und sei es auch der identische, immer stattfinden muss. M.a.W.: Die Summe der Übergangswahrscheinlichkeiten ergibt eine deterministische Gesamtsituation.

Die Konstruktion einer W-Matrix ergibt sich aus dem grundlegenden Prinzip der ZA, dass die lokalen Umgebungsregeln ja stets Übergangsregeln in Bezug auf die jeweiligen Zellenzustände sind. Falls die Werte der W-Matrix für alle Regeln und jede Umgebungsbedingung gelten, kann man diese Werte auch als globale Systemparameter verstehen, mit denen man die Dynamik des jeweiligen ZA weitgehend steuern kann. Insbesondere führt die Einführung von Werten p = 0 in die W-Matrix dazu, dass die entsprechenden Übergangsregeln außer Kraft gesetzt werden.

Man kann natürlich die Einführung probabilistischer Komponenten in ZA-Regeln noch dadurch verfeinern, dass nicht globale p-Werte durch eine W-Matrix zu allen Regeln, d. h. zu allen Übergängen eines bestimmten Zustandes in einen bestimmten anderen Zustand, hinzugefügt werden, sondern dass bestimmte einzelne Regeln mit spezifischen Wahrscheinlichkeitswerten besetzt werden. Beispielsweise könnte man im Game of Life festsetzen, dass die Subregel von Regel (1), dass bei weniger als drei Zellen im Zustand 1 die Zentralzelle in den Zustand 0 – vom Zustand 1 oder 0 – übergeht, mit der Wahrscheinlichkeit von p = 0.4 besetzt wird und die andere Subregel (mehr als 3 Zellen im Zustand 1 für die gleichen Übergänge) mit der Wahrscheinlichkeit von p = 0.6. Dann muss auch die Regel (2) mit einem Wahrscheinlichkeitswert ergänzt werden, um eine entsprechende erweiterte W-Matrix wieder zu normieren, d. h., um zu garantieren, dass irgendein Übergang auf jeden Fall stattfindet. Derartige zusätzliche Feinheiten jedoch sind normalerweise nicht erforderlich und das Gesamtverhalten des jeweiligen ZA verändert sich dadurch nicht wesentlich.

Die grundsätzliche Dynamik stochastischer ZA ist von der deterministischer ZA nicht wesentlich verschieden, bis auf eine wichtige Ausnahme: Trajektorien stochastischer ZA weisen gewöhnlich lokale Schwankungen auf, d. h., sie fluktuieren ständig. Das liegt daran, dass die W-Matrix häufig die Bahnen im Zustandsraum verändern kann, auch wenn die Regeln „eigentlich" die Trajektorie in eine wohl definierte Richtung steuern. Stochastische ZA können beispielsweise im Gegensatz zu deterministischen ZA einen Attraktor – auch einen Punktattraktor – kurzfristig wieder verlassen; allerdings „zwingen" die Regeln das System sehr rasch wieder in den Attraktor zurück. In gewisser Hinsicht kann man dies dadurch charakterisieren, dass die Regeln die Gesamtdynamik in bestimmte Richtungen steuern, während die zusätzlichen probabilistischen p-Werte lokale Veränderungen und Störungen bewirken können.

Unter dem Stichwort der *Ordnungsparameter* werden wir im übernächsten Teilkapitel noch einige formalere Hinweise zum Verhältnis von Regeln und W-Matrizen geben; außerdem werden wir das Prinzip stochastischer ZA-Regeln an einem Beispiel erläutern.

2.2 Boolesche Netze

Boolesche Netze (BN) können ohne Beschränkung der Allgemeinheit als *die* elementare Grundform jeder Netzwerkmodellierung bezeichnet werden; streng genommen sind sie nichts anderes als ZA mit einer heterogenen und asymmetrischen Topologie. Damit ist Folgendes gemeint:

Die Geometrie eines ZA ist üblicherweise dadurch bestimmt, dass es einen speziellen Umgebungstypus gibt wie meistens Moore- und von Neumann-Umgebungen; dieser Typus charakterisiert den ZA in dieser Hinsicht vollständig. In diesem Sinne haben wir im vorigen Subkapitel von einer homogenen Geometrie gesprochen. Außerdem sind die Wechselwirkungen symmetrisch, d. h., die Umgebung einer Zelle wirkt auf die Zelle ein, aber die Zentralzelle ist selbst Umgebungszelle für die Zellen ihrer eigenen Umgebung. Deswegen ist oben die Umgebung als eine „symmetrische Relation" für die jeweiligen Zellen bezeichnet worden.

Die Einführung von BN ermöglicht es, diese Einschränkungen aufzuheben und die Geometrie, d. h. die topologischen Relationen, des formalen Systems sowohl heterogen als auch asymmetrisch zu konstruieren. Aufgrund dieser erweiterten Topologie sind BN in der *praktischen* Anwendung reichhaltiger als ZA (wenn auch nicht grundsätzlich). Kauffman (1993), der die Booleschen Netze unter der Bezeichnung NK-Systeme bekannt gemacht hat (N ist die Anzahl der Einheiten und K die Anzahl der Verbindungen, also die Umgebungsgröße), bezeichnet deswegen ZA als eine sehr spezielle Klasse von BN. Man kann also die Umgebungsgrößen mischen, d. h. Umgebungen der Größe K = 0,1,2,3 oder noch andere einführen. Außerdem kann die Symmetriebedingung außer Kraft gesetzt werden, so dass Umgebungszellen auf eine Zentralzelle einwirken, diese jedoch nicht ihre Umgebungszellen beeinflussen kann oder nur einen Teil davon.

Ein BN wird demnach definiert durch:

1. die Struktur oder Topologie, bestehend aus einem Set von N definierten Elementen n_i (Knoten) mit einem Set von geordneten Paaren (Verbindungen) $e_{ij} = (n_i,n_j)$, typischerweise repräsentiert in einem zusammenhängenden Digraph oder in einer Adjazenzmatrix (siehe weiter unten),
2. die Transformationsfunktionen, ein Set M von sog. Booleschen Funktionen f_i, die für jedes Element n_i bestimmt werden und
3. den Zustand S: ein Set an L Zuständen s_i, die mit natürlichen bzw. binären Zahlen für jedes Element n_i festgelegt werden.

Ein einfaches Beispiel soll dies illustrieren:

Gegeben sei ein binäres BN mit drei Einheiten a, b und c. Als Regeln sollen gelten

$$f(a,b) = c, \text{ und } g(b,c) = a. \tag{2.11}$$

f und g sind definiert durch

$$f(1,1) = 1;\ f(1,0) = 0;\ f(0,1) = 0 \text{ und } f(0,0) = 0$$

$$g(1,1) = 1;\ g(1,0) = 1;\ g(0,1) = 1 \text{ und } g(0,0) = 0. \tag{2.12}$$

Umgangssprachlich bedeuten diese Regeln, dass z. B. bei a = 1 und b = 1 auch (der Zustand von) c = 1 wird; entsprechend wird bei a = 1 und b = 0 der Zustand von c = 0. In der von uns eingeführten ZA-Schreibweise der Regeln als n-Tupel wäre dann z. B. f zu charakterisieren als: (1, 1, 1); (1, 0, 0); (0, 1, 0);(0, 0, 0), da es auf den jeweils vorherigen Zustand von c nicht ankommt.

Wenn man sich nun die beiden Funktionen f und g etwas genauer anschaut, dann sieht man, sofern man sich etwas mit mathematischer Logik beschäftigt hat, dass f offensichtlich die sog. logische Konjunktion ist und g die logische Disjunktion – umgangssprachlich bedeutet „Konjunktion“ die Verknüpfung zweier Aussagen durch „und“, Disjunktion ist die Verknüpfung durch „oder“. Da diese logischen Verknüpfungen im 19. Jahrhundert durch den englischen Mathematiker George Boole zuerst in Form einer „logischen Algebra“ dargestellt wurden, nennt man diese Verknüpfungen mittlerweile auch „Boolesche Funktionen“, und Netze, deren Einheiten durch Boolesche Funktionen verknüpft sind, heißen deswegen eben „Boolesche Netze“.[4]

[4] Dies können Sie genauer nachlesen in unserer in der Einleitung erwähnten Einführung in „Mathematisch-logische Grundlagen der Informatik“.

Graphisch illustriert sieht ein solches Netz beispielsweise folgendermaßen aus:

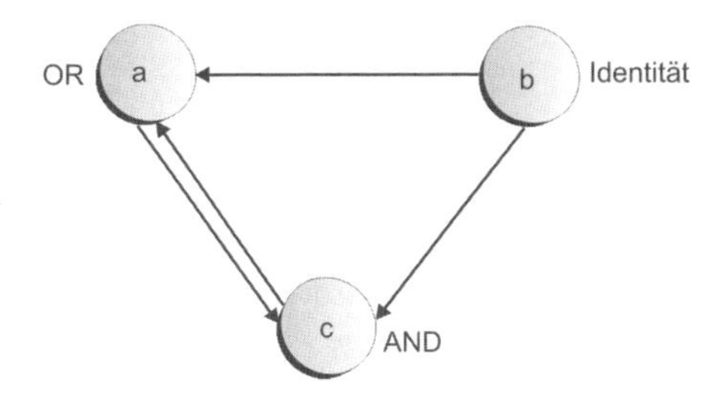

Bild 2-4 Ein BN mit 3 Einheiten und 3 Funktionen

„OR“ ist die Disjunktion und „AND“ die Konjunktion. Die dritte Funktion ergibt sich daraus, dass auf die Einheit b nur diese Einheit selbst einwirkt, allerdings lediglich mit der „Identitätsfunktion“, die den Zustand konstant lässt.

Die Dynamik dieses kleinen Netzes ergibt sich folgendermaßen, in Abhängigkeit von den jeweiligen Anfangszuständen zum Zeitpunkt t_0:

Tabelle 2-1 Dynamik eines Booleschen Netzes

	a b c	a b c	a b c	a b c	a b c	a b c	a b c	a b c
t_0	1 1 1	1 1 0	1 0 1	1 0 0	0 1 1	0 1 0	0 0 1	0 0 0
t_1	1 1 1	1 1 1	1 0 0	0 0 0	1 1 0	1 1 0	1 0 0	0 0 0
t_2	1 1 1	1 1 1	0 0 0	0 0 0	1 1 1	1 1 1	0 0 0	0 0 0

etc.

Zu lesen ist diese Graphik folgendermaßen: Sind z. B. alle drei Einheiten im Zustand 1, dann wirken die Booleschen Funktionen f und g derart, dass alle Zustände konstant bleiben; sind a und b im Zustand 1 und c = 0, dann werden im nächsten Zeitschritt alle drei Zustände = 1 etc.

Man kann sofort erkennen, dass die Zustände (1,1,1) und (0,0,0) Punktattraktoren sind, die von den jeweiligen Anfangszuständen aus in maximal zwei Schritten erreicht werden. Die Topologie ist offenbar asymmetrisch, da b zwar sowohl a als auch c beeinflusst, selbst aber durch die anderen Einheiten nicht verändert werden kann. In diesem Fall haben wir auch eine inhomogene Topologie, da die Umgebungsgröße K für a und c gleich 2 ist, für b jedoch K = 0.

f und g sind auch noch unter allgemeineren Aspekten interessant. Wenn man die Werte 0 und 1 als sog. „Wahrheitswerte“ der Aussagenlogik interpretiert mit 0 als „falsch“ und 1 als „wahr“, dann zeigt sich, wie bereits bemerkt, dass f die logische Konjunktion ist und g die logische Disjunktion. f und g sind also aussagenlogisch betrachtet zwei der bekannten zweistelligen Junktoren, von denen es – wie in den Umgebungsberechnungen für binäre ZA durchgeführt – genau 2^4 gibt. Wesentlich in diesem Zusammenhang sind neben der Konjunktion und Disjunktion noch die Implikation, die Äquivalenz und das ausschließende Oder (XOR). Alle drei seien kurz als Wahrheitsmatrizen dargestellt:

Implikation $\rightarrow$

$\rightarrow$	1	0
1	1	0
0	1	1

Äquivalenz $\leftrightarrow$

$\leftrightarrow$	1	0
1	1	0
0	0	1

XOR $\veebar$

$\veebar$	1	0
1	0	1
0	1	0

(2.13)

Zu lesen sind diese Wahrheitsmatrizen z. B. für die Implikation $\rightarrow$ folgendermaßen: Wenn beide Teilaussagen – z. B. „wenn es regnet, wird die Straße nass" – wahr sind, dann ist die gesamte Aussage wahr; ist die erste Teilaussage wahr, die zweite jedoch nicht, dann ist die Gesamtaussage falsch; in den beiden restlichen Fällen ist die Gesamtaussage jeweils wahr. Entsprechend gilt für die Äquivalenz, dass die Gesamtaussage wahr ist, wenn beide Teilaussagen entweder wahr oder falsch sind ((1,1 = 1), (0,0 = 1)), sonst ist die Gesamtaussage falsch. Betrachtet man diese logischen Verknüpfungen jedoch nicht als logische Partikel der Sprache, sondern als Wirkungszusammenhänge in einem Netz, dann haben wir die Booleschen Funktionen als Übergangsregeln für die Einheiten des Netzes.

Da wir bei BN für die Fälle K = 1 und K = 2 die klassischen 1- und 2-stelligen Junktoren erhalten, nennt man die BN auch logische Netze.

Aufgrund der kombinatorischen Überlegungen im vorigen Teilkapitel ergibt sich unmittelbar, dass es 2^8 = 256 3-stellige Junktoren gibt und 2^{16} = ca. 64 000 4-stellige. Ebenso gibt es 2^2 einstellige Junktoren, von denen der bekannteste die Negation Neg. ist mit Neg. (1) = 0 und Neg. (0) = 1.

Aufgrund dieser Zusammenhänge kann man BN auch als „Dynamisierungen" der Aussagenlogik betrachten, d. h. als eine Möglichkeit, mit den klassischen Mitteln der Aussagenlogik dynamische Systeme beliebiger Komplexität zu konstruieren. Entsprechend sind auch BN potentielle universale Turing-Maschinen, da sie eine Erweiterung der ZA repräsentieren.

BN eignen sich vor allem dazu, netzwerkartige Strukturen und deren Einfluss auf die Dynamik der entsprechenden Systeme zu untersuchen. Vor allem in sozialen und wirtschaftlichen Zusammenhängen kann man gewöhnlich nicht davon ausgehen, dass die dort vorfindlichen topologischen Zusammenhänge den Homogenitätsprinzipien und Symmetriebedingungen der üblichen ZA unterliegen. Im Gegenteil, soziale Organisationen z. B., ob im staatlichen oder privatwirtschaftlichen Bereichen, zeichnen sich durch ein hohes Maß an Asymmetrie in Form sozialer Hierarchien sowie durch sehr unterschiedliche Grade an „Vernetzungen" aus: Inhaber bestimmter Berufsrollen in größeren Organisationen stehen mit durchaus unterschiedlich vielen anderen Rolleninhabern in Verbindungen – K ist nicht gleich für alle Rollen; diese Verbindungen weisen dazu noch unterschiedliche Symmetriegrade auf.

In einer von uns betreuten Magisterarbeit hat Udo Butschinek (2003) die Möglichkeiten von BN ausgenutzt, um die Effektivität von Kommunikationsflüssen in betrieblichen Organisationen zu untersuchen. Er modellierte unterschiedlich hierarchisch strukturierte Organisationen mit verschiedenen Entscheidungsebenen durch entsprechend konstruierte BN und konnte zeigen, inwiefern bei der plausiblen Annahme, dass Menschen Informationen zum Teil nur fehlerhaft weitergeben, bestimmte redundante Informationswege eingebaut werden müssen und auf welchen Ebenen dies zu geschehen hat. Das Problem selbst ist aus der Nachrichtentechnik als „Rauschen" seit langem bekannt und untersucht; neu ist die Zugangsweise über BN-Modellierungen, die dem Problem nicht nur für soziale Organisationen, sondern auch für asymmetrische Netze insgesamt sehr gut gerecht werden können. Damit eröffnen sich für Probleme der Unternehmensberatung neue Möglichkeiten der Unternehmensanalyse, da selbstverständlich nicht nur Kommunikations- und Informationsflüsse in Abhängigkeit von der jeweiligen topologischen Netzwerkstruktur untersucht werden können, sondern auch Probleme des Warentransports u. Ä. Dies ist vor allem dann interessant, wenn man BN hybridisiert, d. h. ihnen durch z. B. Koppelungen mit evolutionären Algorithmen die Möglichkeit gibt, sich selbst zu optimieren.

Die nach wie vor wichtigste Verwendungsmöglichkeit Boolescher Netze ist freilich die Tatsache, dass die Hardware eines Computers im Prinzip nichts anderes ist als ein – sehr großes – Boolesches Netz. Die sich daraus ergebenden Modellierungen und deren praktischer Nutzen werden wir in einem der folgenden Subkapitel zu einzelnen Beispielen näher darstellen.

Die formale Darstellung der Regeln eines BN ist im Prinzip genauso möglich wie die von Standard-ZA mit einer wichtigen Ergänzung: Da die topologische Struktur von BN in Abweichung von den üblichen ZA im allgemeinen weder homogen noch symmetrisch ist und da die Regeln – als mengentheoretische Tupel geschrieben – darüber nichts aussagen, muss die spezielle Topologie eines BN zusätzlich durch eine *Adjazenzmatrix* angegeben werden, die aus der Graphentheorie bekannt ist. Eine Adjazenzmatrix für das einfache Beispiel oben sieht so aus:

$$\begin{pmatrix} 0 & 0 & 1 \\ 1 & 0 & 1 \\ 1 & 0 & 0 \end{pmatrix} \tag{2.14}$$

M.a.W.: Ist ein *Matrixelement* $a_{ij} = 1$, dann wirkt das *Netzwerkelement* i auf das Element j ein; ist $a_{ij} = 0$, dann gibt es zwischen i und j keine wirkende Verbindung (wenn auch vielleicht zwischen j und i). Etwas kompliziertere Adjazenzmatrizen spielen auch bei neuronalen Netzen eine wesentliche Rolle (siehe Kapitel 4).

Die Dynamik eines BN wird nicht nur durch die Regeln gesteuert, sondern die Topologie, also die in der Adjazenzmatrix enthaltene Struktur, hat ebenso Einfluss auf das dynamische Verhalten (siehe Bilder 2-5a und 2-5b). Hierarchisch strukturierte Gruppen und Organisationen verhalten sich im dynamischen Sinne anders als egalitär strukturierte. Dies lässt sich auch mathematisch zeigen, wovon das nächste Subkapitel handelt.

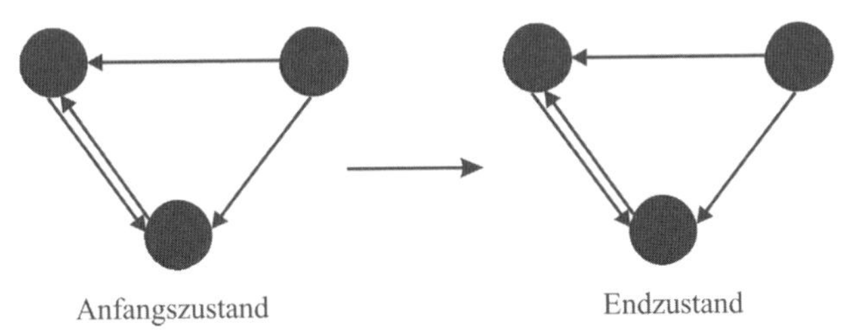

Bild 2-5a Dynamik eines BN mit den Funktionen Disjunktion, Identität und Konjunktion, mit dem Anfangszustand (1,1,1)

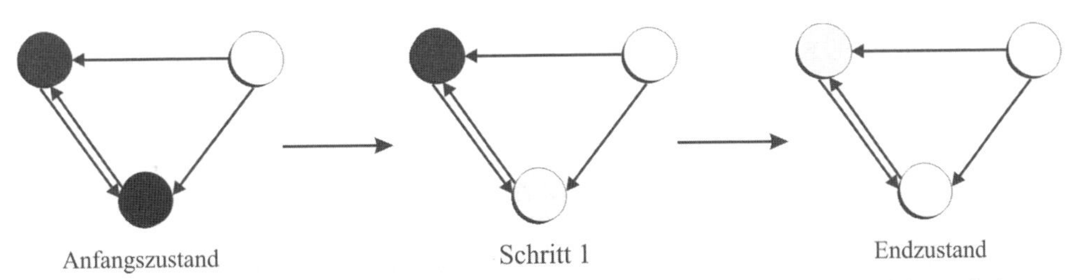

Bild 2-5b Dynamik eines BN mit den Funktionen Disjunktion, Identität und Konjunktion, mit dem Anfangszustand (1,0,1)

Natürlich lassen sich, wie mehrfach erwähnt, BN mit einer sehr hohen Komplexität generieren. Die genaue Analyse der Dynamik Boolescher Netze (wie auch der Zellularautomaten) ist nicht immer einfach, denn es stellt sich anhand der aufgeführten Beispiele die Frage, welchen Einfluss bestimmte Eigenschaften der jeweiligen Funktionen und der Topologie auf die Dynamik haben. Diesem Problem wird das folgende Subkapitel gewidmet.

2.3 Regeln, Topologie und Dynamik – die Ordnungsparameter

Sowohl ZA als auch BN sind von ihren logischen Prinzipien her äußerst einfache Systeme, die sich deswegen auch relativ unkompliziert programmieren lassen. Umso verwirrender wirkt es häufig, dass ihre Dynamik alles andere als einfach zu durchschauen ist. Der Grund dafür liegt darin, dass die lokal gesteuerten Wechselwirkungen permanente Rückkoppelungen in den Systemen bewirken, die diese zu besonders transparenten Modellen „reiner" Nichtlinearität machen können (vgl. Holland 1998). Die Möglichkeit, mit ZA- und BN-Modellierungen beliebig komplexe Dynamiken zu erzeugen, wirft die Frage auf, ob es bestimmte Gesetzmäßigkeiten gibt, denen die verschiedenen Formen der Systemdynamiken unterliegen. Da sowohl BN und ZA potentielle universale Turingmaschinen sind, würden derartige Gesetzmäßigkeiten grundsätzlich auch für alle realen Systeme gelten.

Derartige Gesetzmäßigkeiten gibt es in der Tat und zwar in Form der sog. *Ordnungsparameter,* zuweilen auch als Kontrollparameter bezeichnet. Ordnungsparameter sind numerische Werte, mit denen man sowohl die Regeln als auch die topologische Struktur von BN und ZA charakterisieren kann; BN und ZA, für die bestimmte Werte der einzelnen Ordnungsparameter gelten, generieren dann bestimmte Formen von Systemdynamik. Wir werden dies am Beispiel der wichtigsten Ordnungsparameter darstellen; zu vermuten ist, dass noch durchaus nicht alle entdeckt worden sind. Kauffman (1993), der selbst einen Ordnungsparameter entdeckt hat, spricht in diesem Zusammenhang von einem „Parameterzoo".

Wenn man wieder das kleine BN-Beispiel betrachtet, dann hat dies offenbar eine sehr einfache Dynamik in dem Sinne, dass es nach kurzen Vorperioden sofort Punktattraktoren erreicht. Die Gründe dafür – von der Kleinheit des Netzes abgesehen – liegen darin, dass hier zwei Ordnungsparameter wirksam sind, nämlich der sog. P-Parameter und der C-Parameter. Die Verteilung der Zustandswerte bei den Funktionen f – die Konjunktion – und g – die Disjunktion, weist folgende Eigentümlichkeit auf: Bei der Konjunktion wirken zwei Variablen – a und b – auf eine dritte c ein. Der Zustandswert von c ist anscheinend in drei von vier möglichen Fällen 0 und nur in einem Fall 1 (die Konjunktion ist offensichtlich ein spezieller Fall einer totalistischen Regel). Komplementär dazu ist bei der Disjunktion der Zustandswert der beeinflussten Variablen in drei Fällen 1 und nur in einem Fall 0. Entsprechendes gilt für die Implikation. Diese Verteilung der Zustandswerte ist der sog. P-Wert der drei Funktionen, d. h., in allen drei Fällen ist $P = 0.75$, da das Verhältnis von 1 und 0 immer 1:3 bzw. von 0 zu 1 ebenfalls 1:3 ist; also betragt die Verteilungsproportion immer 3/4. Anders ist dies bei der Äquivalenz und dem XOR: Hier liegt eine Gleichverteilung der realisierbaren Zustandswerte vor und wir haben für beide Funktionen $P = 0.5$. Falls eine dieser Booleschen Funktionen nur *einen* bestimmten Zustand generiert, dann ist deren Wert $P = 1$. Der P-Parameter misst also die Proportionen, mit denen die verschiedenen Zustandswerte durch eine Boolesche Funktion – eine lokale Regel – erreicht werden, so dass $0.5 \leq P \leq 1$ ist.

Der Gesamtwert P eines Regelsystems ergibt sich dadurch, dass man von den verschiedenen Werteverteilungen der einzelnen Funktionen, also deren P-Wert, den arithmetischen Durchschnitt bildet. In unserem Beispiel haben wir für die Konjunktion die Verteilung 1: 3 von 1 zu 0, bei der Disjunktion entsprechend 1:3 in Bezug auf 0 und 1. Insgesamt ergibt dies also einen P-Wert für beide Funktionen zusammen von $P = 0.75$.

Der P-Parameter, der von den Physikern Weissbuch und Derrida (Kauffman 1993) gefunden worden ist, wirkt sich folgendermaßen aus: $0.5 \le P \le 0.63$ erzeugt relativ komplexe Dynamiken, d. h. Attraktoren mit langen Perioden und häufig ebenfalls langen Vorperioden. Größere P-Werte generieren einfache Dynamiken mit meistens Punktattraktoren. Die Wahrscheinlichkeit komplexer Dynamiken ist demnach wesentlich geringer als die einfacher, die bei $0.64 \le P \le 1$ generiert werden. Zu beachten ist freilich, dass komplexe Dynamiken nur bei bestimmten Anfangszuständen erreicht werden können. Wenn man einmal mit dem Game of Life experimentiert, wird man rasch feststellen, dass bei den meisten Anfangszuständen nur einfache Attraktoren (Periode 1 oder 2) mit geringen Vorperioden realisierbar sind. Der Wert des P-Parameters gibt also nur die *prinzipiellen* Möglichkeiten an, die ein System dynamisch realisieren kann.

Eine kleine Denksportaufgabe: Bestimmen Sie den P-Wert für das Game of Life.

Langton (1992) hat einen zu P äquivalenten Parameter für Zellularautomaten untersucht, nämlich den sog. λ-Parameter. Dieser ist folgendermaßen definiert:

$$\lambda = (k^n - r)/k^n \qquad (2.15)$$

mit $0 \le \lambda \le 1$, wobei k die Anzahl der möglichen Zellenzustände ist, n die Größe der Umgebung und r die Anzahl der Regeln für den jeweiligen ZA. Als wichtigstes Ergebnis kann festgehalten werden, dass niedrige Werte dieses Parameters einfache Dynamiken generieren – einfach im oben beschriebenen Sinne – und dass bei ständiger Erhöhung der λ-Werte der ZA sich von der Wolframklasse 1 sukzessive in die Klassen 2, 4 und 3 transformiert. Die letzten beiden Klassen werden jedoch nur in sehr geringen Wertebereichen von λ erreicht. Man kann erkennen, dass die beiden Parameter in dem Sinne äquivalent sind, dass sie beide die proportionalen Verteilungen der Zustandswerte messen, die durch die jeweiligen lokalen Regeln bzw. Booleschen Funktionen im Falle binärer BN realisiert werden.

Ein anderer Ordnungsparameter ist der von Kauffman (1993) entdeckte C-Parameter, der die Anzahl der sog. kanalisierenden Booleschen Funktionen in einem BN misst. Eine kanalisierende Funktion ist eine Boolesche Funktion, bei der ein bestimmter – nicht jeder! – Wert einer einzigen Variablen ausreicht, um das Gesamtergebnis festzulegen. Diese Variable lenkt die Funktionsdynamik sozusagen in einen festen Kanal – daher der Name. Kanalisierende Funktionen können in einer graphischen Darstellung erkannt werden dadurch, dass die Knoten bei K = 2 bzw. eine Würfeloberfläche bei K = 3 dieselben Werte haben (Klüver und Schmidt 1999):

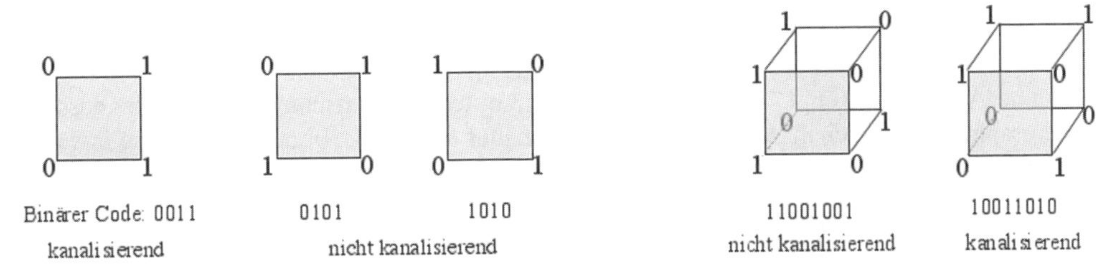

Bild 2-6 Graphische Darstellung zur Erkennung von kanalisierenden bzw. nicht kanalisierenden Funktion bei K = 2 und K = 3

Eine kanalisierende Funktion ist z. B. die Konjunktion: Wenn nur eine Variable den Wert 0 hat, dann ist das Ergebnis immer 0; entsprechend kanalisierend wirkt die Disjunktion, da hier nur eine – beliebige – Variable 1 sein muss, um das Ergebnis immer auf 1 zu bringen. XOR ist nicht kanalisierend, wie man sich anhand der obigen Wahrheitsmatrix sowie der graphischen Darstellung sofort überzeugen kann (Binärer Code: 0101; s. Bild 2-6). Die Implikation dagegen ist kanalisierend, jedoch nur in Bezug auf eine Variable.

Frage: Welche ist das?

Der C-Parameter misst das Verhältnis von kanalisierenden Funktionen in einem BN zu allen Funktionen. Generell gilt, dass proportional viele kanalisierende Funktionen einfache Dynamiken erzeugen und umgekehrt. Die beiden Funktionen f und g im obigen Beispiel sind jeweils kanalisierend. Damit ergibt sich eine theoretische Erklärung für das sehr einfache Verhalten des obigen Netzes: Beide wirksamen Ordnungsparameter erzeugen eine einfache Dynamik wegen des relativ hohen P-Wertes einerseits und der Tatsache andererseits, dass es nur kanalisierende Funktionen gibt.

Kauffman (1993) hat die Behauptung aufgestellt, dass K, also die ggf. durchschnittliche Größe der Umgebung in einem BN, ebenfalls ein Ordnungsparameter ist in dem Sinne, dass bei $K > 2$ komplexe Dynamiken erzeugt werden und dass bei $K = 2$ oder $K = 1$ bei zufallsgenerierten BN praktisch nie komplexe Dynamiken auftreten. Diese Annahme, die mehrfach in der Sekundärliteratur wiederholt wurde, konnte von uns so nicht bestätigt werden aufgrund eigener Untersuchungen in unserer Arbeitsgruppe (vgl. Klüver und Schmidt 1999): Bei $K = 2$ oder $K = 1$ treten bei zufallsgenerierten BN praktisch immer sehr viele kanalisierende Boolesche Funktionen auf, da es für $K = 1$ nur kanalisierende Funktionen gibt – per definitionem – und bei $K = 2$ von den 16 möglichen nur die XOR-Funktion und die Äquivalenz nicht kanalisierend sind. Daraus erklären sich die einfachen Dynamiken für die Fälle $K = 1$ und $K = 2$. Bei größeren K-Werten nimmt dann die Anzahl der kanalisierenden Funktionen sprunghaft ab, so dass hier der C-Parameter nicht mehr stabilisierend wirkt. Damit kann K nicht als unabhängiger Ordnungsparameter angesehen werden. Darüber hinaus zeigt bereits ein Blick auf Zellularautomaten, dass K nicht in dem von Kauffman behaupteten Sinne wirksam sein kann: Es ist sehr leicht möglich, Zellularautomaten mit einer Moore-Umgebung zu konstruieren bzw. zufällig generieren zu lassen, also $K = 8$, die prinzipiell nur sehr einfache Dynamiken erzeugen.[5]

Die Topologie eines BN enthält jedoch ebenfalls Ordnungsparameter, wie bereits angemerkt. Dies ist insbesondere von unserer Arbeitsgruppe untersucht worden, die den sog. v-Parameter entdeckt hat (Klüver und Schmidt 1999 und 2007). Der v-Parameter wird für ein BN folgendermaßen berechnet:

$$v = |(OD - OD_{min})| / |(OD_{max} - OD_{min})| \qquad (2.16)$$

mit $0 \leq v \leq 1$, wobei OD die als Vektor geschriebene, absteigend geordnete Außengradsequenz des Graphen des BN ist und OD_{min} sowie OD_{max} der minimal mögliche bzw. der maximal mögliche Außengrad (engl. outdegree) sind. (Wir bitten um Entschuldigung dafür, dass wir diese graphentheoretischen Ausdrücke hier nicht näher erläutern, sondern auf unsere erwähnte Einführung in die mathematisch-logischen Grundlagen der Informatik verweisen.)

Vereinfacht ausgedrückt misst dieser Parameter das proportionale Maß der Wirkungsmöglichkeiten der einzelnen Einheiten auf andere. v wirkt sich als Ordnungsparameter derart aus, dass eine ungefähre Gleichverteilung der Anzahl der Wirkungen, die eine Einheit jeweils auf andere ausübt, komplexe Dynamiken erzeugt; sind diese Wirkungen ungleich verteilt, wie im obigen

---

[5] Im Übrigen sei darauf hingewiesen, dass jede 3- oder mehrstellige Boolesche Funktion als Kombination von zweistelligen Funktionen dargestellt werden kann, für die dann wieder das Kauffmansche Kriterium gelten müsste. In einem logischen Sinne „gibt" es danach eigentlich gar keine Booleschen Funktionen mit $K > 2$.

Beispiel, wo b auf die anderen Einheiten einwirkt, selbst aber nicht durch andere beeinflusst wird, ergibt dies einfache Dynamiken. Etwas präziser ausgedrückt: $0 < v \leq 0.2$ erzeugt komplexe Dynamiken, $v > 0.2$ generiert nur noch einfache Dynamiken.

Eine „entropische“ Darstellung dieses Maßes ist

$$S_v = \log [(\sum OD_i)!] - \sum \log (OD_i!), \tag{2.17}$$

was hier nicht weiter kommentiert zu werden braucht.

Ein Sonderfall des v-Parameters lässt sich dadurch berechnen, dass man die Anzahl der Senken bestimmt, d. h. der Elemente mit outdegree OD = 0 und indegree ID > 0. Je größer die Anzahl der Senken ist, desto einfacher ist die Dynamik des BN, da Senken die v-Werte vergrößern (Klüver und Schmidt loc. cit.). Senken sind also Elemente eines Netzes, auf die Wirkungen ausgeübt werden, die selbst jedoch auf keine anderen Elemente einwirken.

Um dies zu verdeutlichen, werden folgende Beispiele betrachtet, wobei lediglich die Innengrade, also Anzahl der eingehenden Kanten, ID berücksichtigt werden:

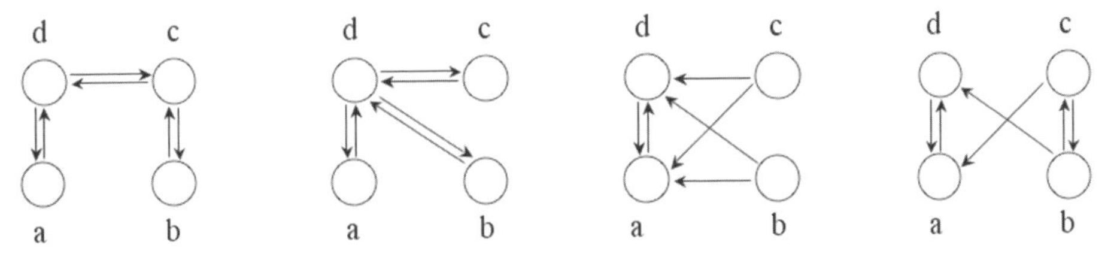

Die dazugehörigen Adjazenzmatrizen (hier abweichend als $j \rightarrow i$ definiert) sind:

$$\begin{pmatrix} 0 & 0 & 0 & 1 \\ 0 & 0 & 1 & 0 \\ 0 & 1 & 0 & 1 \\ 1 & 0 & 1 & 0 \end{pmatrix} ID \begin{pmatrix} 1 \\ 1 \\ 2 \\ 2 \end{pmatrix} \quad \begin{pmatrix} 0 & 0 & 0 & 1 \\ 0 & 0 & 0 & 1 \\ 0 & 0 & 0 & 1 \\ 1 & 1 & 1 & 0 \end{pmatrix} ID \begin{pmatrix} 1 \\ 1 \\ 1 \\ 3 \end{pmatrix} \quad \begin{pmatrix} 0 & 1 & 1 & 1 \\ 0 & 0 & 0 & 0 \\ 0 & 0 & 0 & 0 \\ 1 & 1 & 1 & 0 \end{pmatrix} ID \begin{pmatrix} 3 \\ 0 \\ 0 \\ 3 \end{pmatrix} \quad \begin{pmatrix} 0 & 0 & 1 & 1 \\ 0 & 0 & 1 & 0 \\ 0 & 1 & 0 & 0 \\ 1 & 1 & 0 & 0 \end{pmatrix} ID \begin{pmatrix} 2 \\ 1 \\ 1 \\ 2 \end{pmatrix}$$

Die Spaltenvektoren ID neben den Adjazenzmatrizen geben die Zahl der eingehenden Kanten (Innengrade ID) an: man sieht sofort, dass sich die Inzidenzen im Falle der 2. und 3. Struktur stärker bei einzelnen Knoten kumulieren; der Extremfall ist bei der Struktur 3 (bei Knoten a und d) erreicht.

Der v-Parameter kann nun so berechnet werden, dass $v = 0$ für den Fall größtmöglicher Gleichverteilung der Inzidenzen (Struktur 1) gilt und $v = 1$ für den Fall größtmöglicher Ungleichverteilung (Struktur 3). Dazu wird folgendes Verfahren angewendet:

1. Man ordnet die Elemente der ID-Vektoren absteigend (bei Struktur 1: [2 2 1 1]) und
2. man berechnet

$$v = |(S - S_{min})| / |(S_{max} - S_{min})|, \tag{2.18}$$

wo S den umgeordneten ID-Vektor der zu charakterisierenden Struktur bezeichnet, und S_{min} bzw. S_{max} entsprechend zum Fall größtmöglicher Gleichverteilung resp. Ungleichverteilung gehören. Damit ergeben sich für die obigen Fälle folgende v-Werte:

$v = 0$ $\qquad v = \frac{1}{\sqrt{2}}$ $\qquad v = 1$ $\qquad v = 0$

Wie man sieht, ist die Abbildung der Strukturen auf v nicht injektiv: Verschiedene Strukturen können gleiches v liefern. v charakterisiert nicht die Struktur an sich, sondern nur das Ausmaß der Verteilung der Inzidenzen.[6] Streng genommen dürfen v-Werte nur für Digraphen mit gleicher Anzahl von Knoten und Kanten verglichen werden; die Werte sind aber mit einiger Vorsicht auch für unterschiedlich große und dichte Digraphen anwendbar.

Nach unseren didaktischen Erfahrungen ist der v-Parameter für Studierende ohne graphentheoretische Vorkenntnisse häufig nicht einfach zu verstehen. Wir haben deswegen eine zweite Version entwickelt, die – etwas vereinfacht gesprochen – von der Varianz einer sog. Wirkungsmenge ausgeht. Damit ist Folgendes gemeint:

Jede Einheit eines BN kann durch die Anzahl der Wirkungen charakterisiert werden, die von dieser Einheit auf andere Einheiten ausgeübt werden. Bei n Einheiten eines BN ergibt sich daraus eine Menge von n natürlichen Zahlen (einschließlich der Null); jede dieser Zahlen repräsentiert die Anzahl der Wirkungen einer Einheit auf andere Einheiten. Dies ist die Wirkungsmenge des entsprechenden BN. Wenn man nun die Varianz dieser Menge berechnet, erhält man dadurch – wie in der ersten Version des v-Parameters – ein Maß dafür, wie ungleich die Wirkungen von Einheiten auf andere in dem BN verteilt sind. Inhaltlich misst also diese Festlegung das Gleiche wie der ursprüngliche v-Parameter.

Allerdings hat diese Definition noch einen Schönheitsfehler: Die Varianz einer derartigen Menge kann auch wesentlich größer sein als 1. Deswegen muss – analog wie bei der Originalversion des v-Parameters – noch eine Normierung vorgenommen werden. Diese besteht darin, dass sowohl die faktische Varianz als auch die maximale und minimale Varianz bestimmt werden – wieder analog zum „ersten“ v-Parameter. Daraus ergibt sich die folgende Berechnungsformel:

$$v_{new} = (VAR(OD) - VAR(OD_{min})) / (VAR(OD_{max}) - VAR(OD_{min})) \tag{2.19}$$

Mathematisch ist die neue Version offenbar nicht wesentlich einfacher als die alte; inhaltlich jedoch können vermutlich mehr Leser etwas mit dem Begriff der Varianz etwas anfangen als mit den graphentheoretischen Definitionen. Unsere Untersuchungen haben ergeben, dass in der Tat die neue Version in etwa der alten äquivalent ist: Kleine, mittlere und hohe Werte sind für beide Versionen bei entsprechenden BN jeweils gleichermaßen festzustellen, d. h. kleine Werte der einen Version entsprechen kleinen Werten der anderen etc. Das ist auch zu erwarten, da inhaltlich beide Definitionen die gleiche Charakteristik von BN messen.

Die zweite Definition des v-Parameters legt es nahe, eine gewissermaßen komplementäre Version einzuführen. Gemeint ist damit, dass eine zweite „Wirkungsmenge“ definiert wird, bei der für jede Einheit eines BN die Anzahl der Elemente angegeben wird, die auf das Element einwirken. Eine Menge dieser Art W = (1,2,2) für ein BN mit drei Elementen würde also bedeuten, dass das erste Element von einem anderen Element beeinflusst wird und die beiden anderen Elemente von jeweils den beiden anderen (sofern man hier die möglichen Einwirkungen eines Elements auf sich selbst nicht mit zählt). Wenn man jetzt wieder die Varianz dieser zweiten Menge W berechnet, dann könnte ein ähnlicher Zusammenhang zwischen der Varianz und der Dynamik des BN festgestellt werden. Wir untersuchen gegenwärtig diese Möglichkeit und

---

6 Für andere Arten des Strukturvergleichs können ähnliche Parameter, z. B. auch mit Berücksichtigung der ausgehenden Kanten oder der Anzahl der Zyklen oder Hamiltonzyklen im Digraphen, definiert werden – dies nur als Hinweis für graphentheoretisch etwas beschlagene Leser/innen.

die ersten Ergebnisse deuten darauf hin, dass hier in der Tat ein ähnlicher Zusammenhang vorliegt. Natürlich kann auch diese Definition über die Varianz entsprechend graphentheoretisch dargestellt werden.

Dieser „komplementäre" v-Parameter, sofern sich unsere Hypothese bestätigt, drückt offenbar den Gedanken aus, den Kauffman mit seiner Definition von K realisieren wollte, nämlich die Anzahl der Variablen der Booleschen Funktionen als Ordnungsparameter zu fassen. Die Anzahl n der Einheiten, die auf eine bestimmte Einheit wirken, sagt ja nichts anderes aus als dass der Zustand dieser Einheit durch eine n-stellige Boolesche Funktion bestimmt wird. Allerdings ist im Gegensatz zu K der zweite v-Parameter als Proportionalmaß definiert und nicht als absolute Größe; Kauffman hat unseres Wissens auch nie mit BN experimentiert, bei denen unterschiedliche Größen von K in einem BN eingeführt waren. Damit entspricht auch der neue v-Parameter mathematisch den anderen Ordnungsparametern, die bis auf K sämtlich als Proportionalmaß definiert worden sind.

Man kann übrigens zeigen, dass entsprechende Ordnungsparameter auch für stochastische ZA und BN gelten; diese werden aus Kombinationen der Regeln und der W-Matrix bestimmt (Klüver 2000). Die Definition eines stochastischen Ordnungsparameters, der sich am λ-Parameter von Langton orientiert, ergibt sich folgendermaßen:

Sei $P = (p_{ij})$ die Wahrscheinlichkeitsmatrix für die Übergänge von Zustand i nach Zustand j und sei $F = (f_{ij})$ die Häufigkeitsmatrix für die Übergangsregeln (siehe oben 2.1 und 2.3). Dann ist

$$FP = (fp_{ij})) = (f_{ij} * p_{ij}) \tag{2.20}$$

eine „Häufigkeits-Wahrscheinlichkeitsmatrix" für den jeweiligen ZA. Der stochastische Ordnungsparameter λ-FP ist nun

$$\lambda\text{-FP} = (\Sigma_i (\Sigma_k fp_{ik} - \Sigma_j fp_{ij})) / (n-1), \tag{2.21}$$

wenn k der Zustand mit dem größten Wert in der FP-Matrix ist und n die Anzahl der Elemente in der Matrix. Auch dieser Parameter misst offenbar die Abweichung von Gleichverteilungswerten, hier in der Kombination von Häufigkeits- und Wahrscheinlichkeitswerten. Wir (Klüver 2000) konnten zeigen, dass der λ-FP-Parameter zwar ein relativ grobes Maß ist, sich jedoch grundsätzlich ähnlich auf die Dynamik auswirkt wie der λ-Parameter. Analog lassen sich stochastische Varianten zu den anderen Ordnungsparametern konstruieren.

Generell kann man sagen, dass die einzelnen Ordnungsparameter jeweils *Maße für Gleichheit bzw. Ungleichheit* in verschiedenen Dimensionen in einem System sind. So misst etwa der P-Parameter das Maß an Ungleichheit, mit dem die verschiedenen Zustandswerte erzeugt werden; entsprechend lässt sich v als ein Maß für die Ungleichheit der Wirkungen einzelner Einheiten auf andere interpretieren. Ebenso können kanalisierende Funktionen als Maße für Ungleichheit verstanden werden, da hier eine Variable die andere(n) praktisch wirkungslos werden lässt. Daraus lässt sich mit aller gebotenen Vorsicht ein generelles Prinzip der Ungleichheit ableiten:

Je ungleicher ein komplexes System in den Dimensionen ist, die durch die verschiedenen Ordnungsparameter erfasst werden, desto einfacher ist seine Dynamik und umgekehrt. Da die Wertebereiche bei den einzelnen Parametern für einfache Dynamiken stets deutlich größer sind als die für komplexe Dynamiken kann man ebenfalls ableiten, dass die Wahrscheinlichkeit für einfache Dynamiken und damit für dynamische Stabilisierungen komplexer Systeme wesentlich höher ist als die für komplexe Dynamiken, die die Systeme sozusagen nie zur Ruhe kom-

men lassen. Bei Kombination verschiedener Ordnungsparameter reicht es aus, wenn nur ein Parameter Werte aufweist, die einfache Dynamiken generieren (Klüver 2000; Klüver und Schmidt 2007).

Da die Auswirkungen der einzelnen Ordnungsparameter in der Literatur nicht immer genau dargestellt werden (z. B. Langton 1992; Kauffman 1993, 1995 und 2000), muss hier auf folgende Tatsache hingewiesen werden:[7] Die Auswirkungen der einzelnen Ordnungsparameter gelten immer nur „im Prinzip", d. h., es finden sich immer Ausnahmen. Darauf haben wir bereits unter dem Aspekt der Relevanz der Anfangszustände hingewiesen. Noch wesentlicher jedoch ist der Umstand, dass es mehrere Ordnungsparameter gibt, die sich zuweilen in ihrer Wirkung gegenseitig aufheben – z. B. niedriger P-Wert versus hoher v-Wert bei BN. Die prinzipiellen Dynamiken, zu denen ein ZA oder ein BN in der Lage sind, ergeben sich immer nur unter Berücksichtigung mehrerer Parameter. Noch genauer gesagt: Es genügt zwar zu wissen, dass entsprechende Werte eines einzelner Parameters nur einfache Dynamiken ermöglichen. Ob jedoch bei entsprechend günstigen Werten eines Ordnungsparameters komplexe Dynamiken möglich sind, ergibt sich nur aus der Analyse der anderen Parameter.[8]

Der Vollständigkeit halber sei noch darauf hingewiesen, dass ein etwas anderer zusätzlicher Ordnungsparameter für ZA von Wuensche und Lesser (1992) eingeführt wurde, nämlich der sog. Z-Parameter. Dieser misst die Wahrscheinlichkeit, mit der ein Zustand Z_{t-1} aus dem Zustand Z_t berechnet werden kann:

$$Z = p(f^{-1}(Z_t) = Z_{t-1}), \tag{2.22}$$

wenn f die Gesamtheit der Übergangsfunktionen des ZA und f^{-1} die dazu „inverse" Funktion ist; p ist wieder ein Maß für Wahrscheinlichkeiten. ZA wie BN sind im Allgemeinen nicht t-invariant, d. h., man kann die Übergangsfunktionen nicht einfach umdrehen, so dass eindeutig der frühere Zustand berechnet werden kann. Dies kann nur mit einer gewissen Wahrscheinlichkeit erfolgen. Wenn man sich z. B. einen ZA mit einem großen Attraktionsbecken vorstellt, wenn A der entsprechende Attraktor ist und wenn alle Zustände im Attraktionsbecken im nächsten Zeitschritt A ergeben, dann sind offenbar alle Elemente des Attraktionsbeckens mögliche „Vorgänger", die direkt in A „münden". Falls also deren Anzahl gleich n ist, ist der Z-Parameter für die Berechnung des rückwärtigen Übergangs von A nach A_{t-1}

$$Z = 1/n. \tag{2.23}$$

Die Auswirkungen von Z lassen sich grob so charakterisieren, dass $0 \leq Z \leq 0.6$ Dynamiken der Wolfram-Klassen 1 und 2 ergeben, also nur einfache Dynamiken, Werte über 0.6 können prinzipiell komplexe Dynamiken der Wolfram-Klassen 3 und 4 erzeugen – allerdings mit den gerade gemachten Einschränkungen.

---

7 Gerhard und Schuster (1995) erklären sogar, dass niemand den λ-Parameter, d. h. dessen Auswirkungen, richtig verstanden hätte. Das obige Prinzip der Ungleichheit zeigt, dass die Ordnungsparameter so undurchschaubar nicht sind; insbesondere erlauben sie ein allgemeines Verständnis der Dynamik dieser Systeme.

8 Wir haben in zahlreichen Computerexperimenten die wechselseitigen Beeinflussungen der verschiedenen Ordnungsparameter, nämlich für P, C und v untersucht und dabei die jeweiligen Wertebereiche angegeben, in denen komplexe Dynamiken entstehen können. Da dies den Rahmen dieser Einführung sprengen würde, haben wir die entsprechenden Ergebnisse in einer gesonderten Publikation dargestellt, auf die hier nur verwiesen werden kann (Klüver und Schmidt 2007). Es spricht viel dafür, dass der v-Parameter den wichtigsten Einfluss auf die jeweiligen Dynamiken hat.

Man kann sich leicht überlegen, dass auch der auf einen ersten Blick von den anderen Parametern völlig verschiedene Z-Parameter dem Prinzip der Ungleichheit folgt. Im Fall von Z = 1 ist die Wahrscheinlichkeit, den tatsächlichen Vorgänger des gegenwärtigen Zustandes zu berechnen, offensichtlich p = 1, d. h., es gibt nur einen möglichen Vorgänger. Je kleiner Z wird, desto mehr mögliche Vorgänger gibt es und desto einfacher wird die resultierende Dynamik. Nimmt man als Maß für Ungleichheit die Proportion „gegenwärtiger Zustand: Anzahl der möglichen Vorgänger", dann sieht man unmittelbar, dass auch hier ein hohes Maß an Ungleichheit einfache Dynamiken bewirkt und umgekehrt – je gleicher die beiden Werte sind, desto komplexer die Dynamik.

Im ersten Kapitel haben wir auf das methodische Verfahren hingewiesen, durch die Analysen „reiner", d. h. formaler, dynamischer Systeme Erkenntnisse über reale Systeme zu gewinnen. Die dargestellten Ergebnisse in Bezug auf die Ordnungsparameter und die daraus abgeleiteten Prinzipien der Ungleichheit sowie der Wahrscheinlichkeit von stabiler Ordnung sind zwei besonders markante Beispiele für diese Möglichkeiten. Die Übertragbarkeit dieser Ergebnisse auf reale Systeme folgt aus der mehrfach angesprochenen logischen Universalität dieser formalen Systeme: Wenn die genannten Ergebnisse grundsätzlich für alle BN bzw. ZA gelten, dann gelten sie auch für jedes reale System, da sich immer ein geeigneter ZA oder ein geeignetes BN prinzipiell finden lässt, mit denen das reale System adäquat modelliert werden kann. Vorausgesetzt, die Modellierung bildet tatsächlich die für die Dynamik des realen Systems relevanten Regeln im BN oder ZA valide ab, dann hat das reale System auch die Dynamik, die das entsprechende formale Modell *aufgrund der einschlägigen Parameterwerte* aufweist. Es ist natürlich immer noch eine methodisch häufig sehr schwierige Frage, wie die Parameterwerte für die Regeln des realen Systems genau bestimmt werden können, wie also die Validität des formalen Modells gesichert und überprüft werden kann. Am Beispiel der sog. *Metaparameter* wird dies methodische Vorgehen zusätzlich verdeutlicht werden.

Abschließend zu diesen mehr theoretischen Überlegungen und Ergebnissen soll vorgreifend auch angemerkt werden, dass wir bestimmte Zusammenhänge zwischen der Adjazenzmatrix eines BN und der Größe der zugehörigen Attraktionsbecken gefunden haben: Je gleichmäßiger die Werte in der Matrix verteilt sind, desto größer sind die Attraktionsbecken und umgekehrt. Im 4. Kapitel über neuronale Netze werden derartige Zusammenhänge noch detaillierter dargestellt, so dass hier darauf verwiesen werden kann.

2.4 Analyse konkreter Modelle

Wie eingangs bemerkt, dienen die folgenden Beispiele sowie auch die der anschließenden Kapitel vor allem dazu, konkrete Vorstellungen hinsichtlich der vielfältigen Einsatzmöglichkeiten der einzelnen Soft-Computing-Modelle zu vermitteln. Vielleicht inspirieren die hier dargestellten Programme auch den einen oder anderen Leser, es selbst einmal mit entsprechenden Modellierungen zu versuchen.

2.4.1 Die Simulation der Ausbreitung von Epidemien durch einen ZA

Wenn man soziale Prozesse, wozu die Ausbreitung von Infektionskrankheiten zweifellos zählt, durch ZA-Modelle simulieren will, dann liegt es nahe, die entsprechenden sozialen Akteure durch die Zellen des ZA repräsentieren zu lassen. Das hat beispielsweise Schelling in seinen erwähnten Segregationsstudien so gemacht; wir selbst haben unter anderem das Verhalten von Schülern in ihren Klassen dadurch simuliert, dass in einem ZA jeder Schüler durch eine entsprechende Zelle repräsentiert wurde (Klüver et al. 2006). Diesen Ansatz haben wir auch bei dem Beispiel des Räuber-Beute-Systems demonstriert und bei dem nächsten Beispiel.

Zwei unserer Studenten wählten für das Problem der Ausbreitung von ansteckenden Krankheiten durch einen ZA einen etwas anderen Weg, den wir Ihnen nicht vorenthalten wollen.[9] In diesem Modell repräsentieren die einzelnen Zellen nicht Menschen, die sich anstecken können oder auch immun sind, sondern Stadtteile von bestimmten deutschen Großstädten. Die Stadtteile sind durch mehrdimensionale Zustände charakterisiert wie z. B. die Einwohnerzahl, die Anzahl der bereits Infizierten, die Anzahl von immunen Personen sowie bereits Geheilten und auch die Anzahl der Todesfälle. Die entsprechenden Regeln besagen, vereinfacht gesprochen, dass die Anzahl der neu Infizierten in einem Stadtteil – der Zentrumszelle – davon abhängt, wie hoch die Anzahl der Erkrankten in den umgebenden Stadtteilen ist; der ZA verwendet eine Moore-Umgebung, was durchaus realitätsadäquat ist. Es handelt sich also wieder um einen stochastischen ZA, wobei ein Benutzer des Programms verschiedene Wahrscheinlichkeitsparameter einstellen kann. Damit wird berücksichtigt, dass nicht jede Infektionskrankheit gleiche Infektionsraten hat. Aids beispielsweise war (und ist) deutlich weniger ansteckend als etwa eine Grippe. Bei dieser genügt gewöhnlich schon die räumliche Nähe zu einem Erkrankten, um sich selbst zu infizieren, falls man anfällig ist; bei Aids sind bekanntlich wesentlich komplexere Interaktionen für eine Ansteckung erforderlich. Andererseits ist nach unserer Kenntnis eine Immunität in Bezug auf Grippe deutlich häufiger anzutreffen als in Bezug auf Aids.

Zur Verdeutlichung dieses ZA-Programms zeigen wir einige Screenshots. Das Programm enthält gegenwärtig für die Visualisierung die Stadtkarten von sechs Städten des Ruhrgebiets; ausgewählt wurde die Stadtkarte von Essen, was wohl nicht weiter erstaunlich ist.

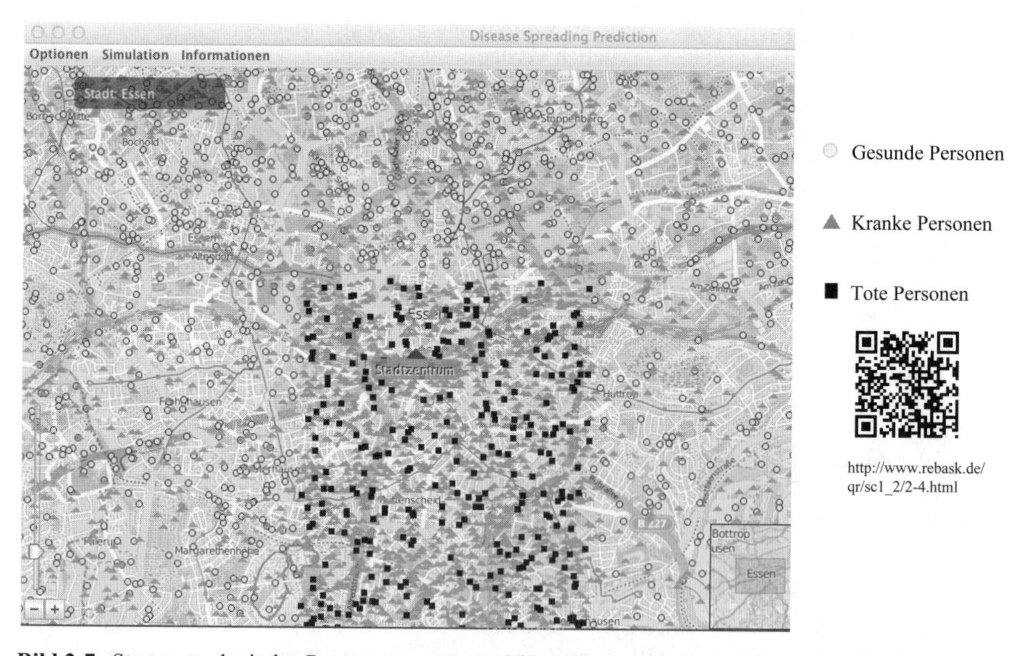

Bild 2-7 Startzustand mit den Parameterwerten: Zufällige Startpopulation in jeder Zelle: 100–1.000; Anteil erkrankter Personen in der Zentrumszelle: 1.000; Übertragungswahrscheinlichkeit: 90 %; Heilungswahrscheinlichkeit: 1 %; Sterbewahrscheinlichkeit: 10 %; Immunisierungschancen: nein

9 Es handelt sich um Benedikt Liegener und Nils Loose.

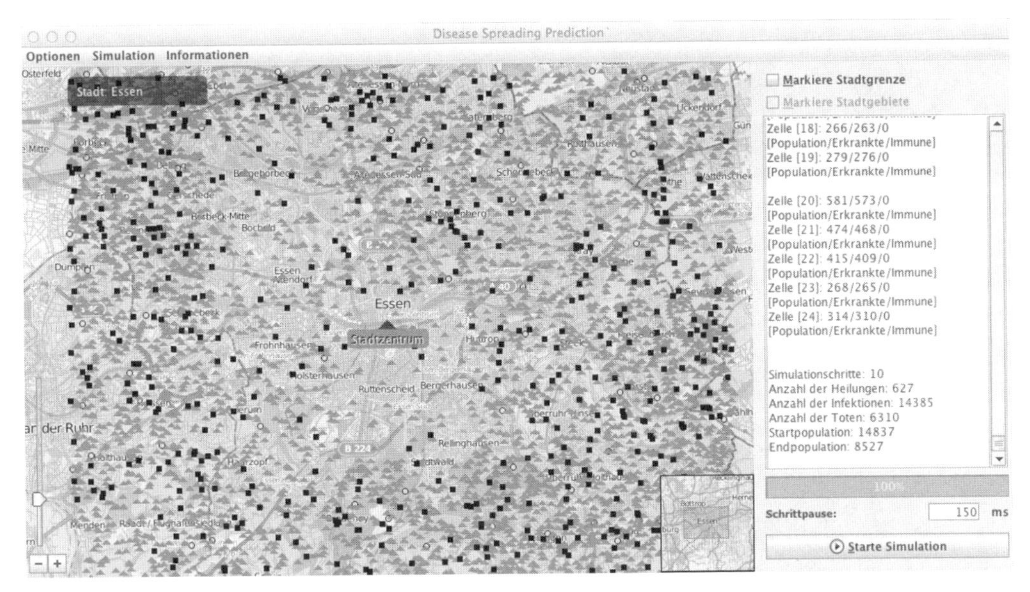

Bild 2-8 Krankheitsausbreitung nach 10 Iterationen

Leider sieht es unter diesen Bedingungen nicht sehr gut aus für die Bewohner von Essen. Die Anzahl der Neuerkrankungen sowie der Sterbefälle nimmt innerhalb kürzester Zeit drastisch zu. Im Zentrum, wo die Krankheit ausgebrochen ist, sind die Bewohner ausgestorben.

Die nächsten zwei Screenshots zeigen jedoch, dass die Infektionen eingedämmt werden können, sofern andere Voraussetzungen gelten:

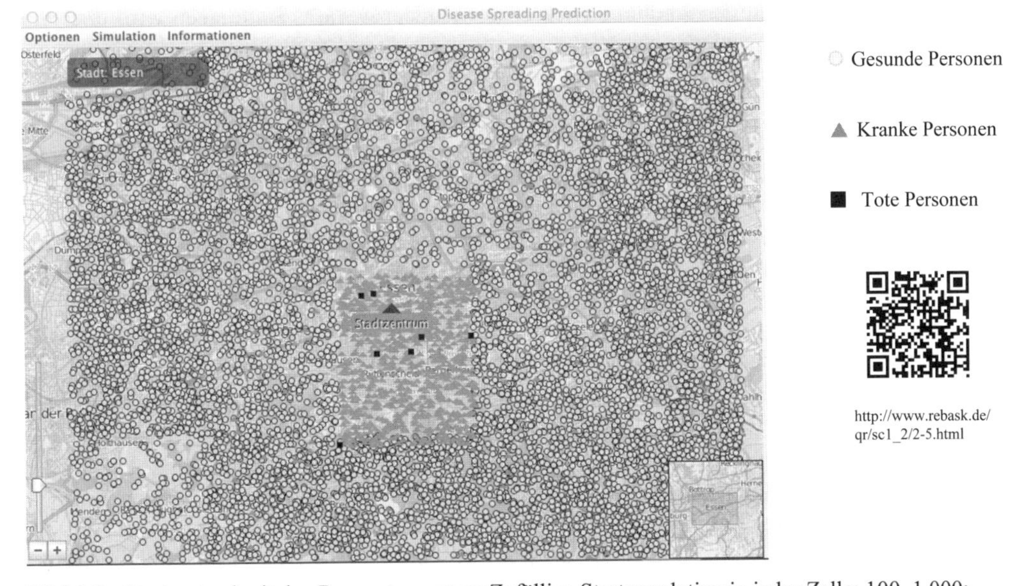

Bild 2-9 Startzustand mit den Parameterwerten: Zufällige Startpopulation in jeder Zelle: 100–1.000; Anteil erkrankter Personen in der Zentrumszelle: 1.000; Übertragungswahrscheinlichkeit: 10 %; Heilungswahrscheinlichkeit: 10 %; Sterbewahrscheinlichkeit: 1 %; Immunisierungschancen: ja

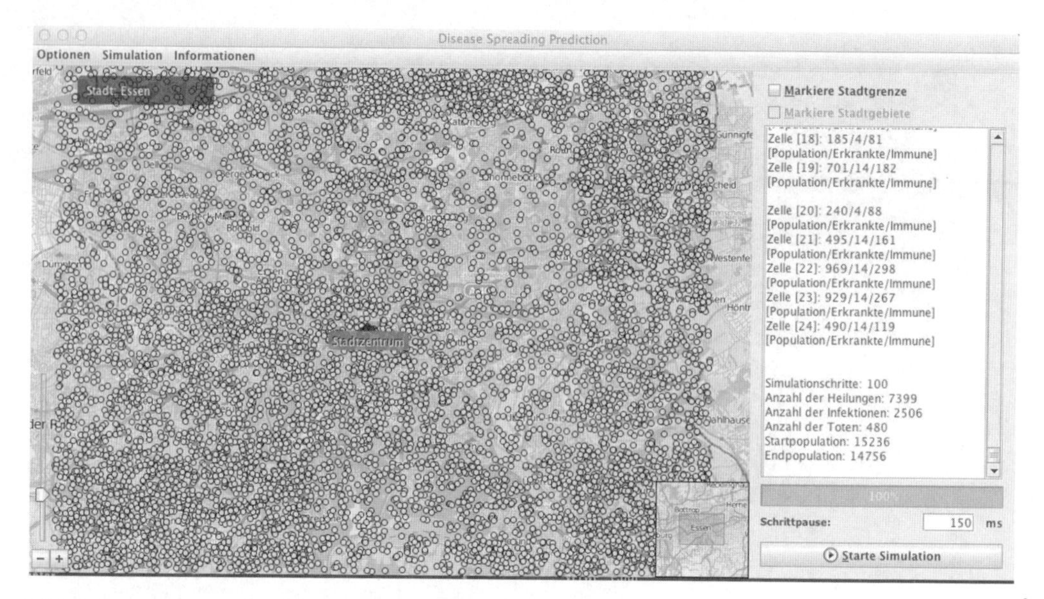

Bild 2-10 Zustand nach 100 Iterationen: Die Bevölkerung ist überwiegend gesund geblieben und die Heilungschancen sind bei Infektionen entsprechend hoch.

Da sowohl die Studenten, die das Programm erstellt haben, als auch die Autoren medizinische Laien sind, operiert das Programm hier mit fiktiven Wahrscheinlichkeitswerten. Auch die reale Einwohnerzahl der einzelnen Stadtteile ist im Modell nicht exakt wiedergegeben, da es hier nur um die prinzipielle Operationsweise des Programms geht. Streng genommen repräsentieren die einzelnen Zellen auch nicht exakt die jeweiligen Stadtteile, was wegen der ziemlich „ungeometrischen" Form der Stadtteile auch etwas schwierig wäre. Stattdessen wird über die Stadt-karte ein Gitter mit quadratischen Zellen gelegt, so dass die einzelnen Stadtteile nur ungefähr einer Zelle entsprechen.

Eine realitätsadäquatere Abbildung der Stadtteile auf Zellen ist sicher auch möglich, indem man von der einfachen quadratischen Form der Zellen abgeht und diese stattdessen als geschlossene Kurven darstellt, die der Form der jeweiligen Stadtteile entsprechen. Wenn man eine empirisch exakte Simulation durchführen will, wäre dies sogar notwendig, da vermutlich genaue Daten über Einwohnerzahlen, Anzahl der jeweils Infizierten etc. nur in Bezug auf die „realen" Stadtteile zu erhalten sind. Das hätte allerdings zur Folge, dass die Umgebungsgröße variabel sein müsste, da die Stadtteile jeweils von unterschiedlich vielen anderen Stadtteilen umgeben sind. Der in dieser Hinsicht einfachere Prototyp, den wir hier vorstellen, genügt jedoch aus Veranschaulichungsgründen in diesem Kontext völlig.

Es zeigt sich allerdings, dass durchaus realitätsnahe Prozesse generiert werden können wie z. B. die bekannte Tatsache, dass nach einem anfänglichen Ansteigen der Zahl der neu Erkrankten diese nach einiger Zeit wieder sinkt. Dies liegt natürlich daran, dass die Anzahl der Gesunden mit fortschreitender Infektion sinkt und also weniger Menschen neu infiziert werden können. Dieser einfache Sachverhalt wird allerdings häufig falsch wiedergegeben, indem fälschlich auf einen Gesamtrückgang der Krankheit geschlossen wird. Das Modell demonstriert unter anderem diesen Effekt sehr deutlich.

Es ist zweifellos wünschenswert, das Modell einmal mit realen Zahlen von „wirklichen“ Epidemien zu testen. Falls sich epidemiologisch interessierte Mediziner oder Statistiker unter unseren Lesern finden sollten, wären wir für entsprechende Rückmeldungen dankbar.

Wir zeigen dies Modell, wie eingangs bemerkt, um die Variabilität von ZA-Modellierungen zu demonstrieren. Natürlich lässt sich die Ausbreitung von Infektionskrankheiten auch durch einen ZA modellieren, in dem die Zellen einzelne Menschen repräsentieren. Aber es geht auch anders und das kann man an dieser etwas ungewöhnlichen Vorgehensweise sehr gut erkennen.

2.4.2 Modellierung von Meinungsbildungsprozessen durch stochastische ZA

OPINIO (von lateinisch opinio = Meinung) ist ein stochastischer Zellularautomat mit einem Feld von gewöhnlich 4000 Zellen; dies kann manuell verändert werden Die Zellen haben 9 verschiedene Zustände (Status), die jeweils eine politische Meinung in einem Meinungsspektrum von „links“ (= 1) bis „rechts"(= 9) symbolisieren sollen. Ein Teil der Zellen gilt als unbesetzte Plätze mit dem Zustand 0. Der Zellularautomat hat einen Rand von unbesetzten Plätzen.

Jedes Mitglied befindet sich in einem bestimmten Umfeld anderer Mitglieder mit jeweils bestimmten Meinungen; dem entspricht im ZA die Moore-Umgebung. Die Dynamik des Systems entsteht durch das „Interesse“ jedes Mitglieds, sich in einer Umgebung mit möglichst ähnlichen politischen Überzeugungen wiederzufinden.

Dazu hat es zwei Handlungsmöglichkeiten:

1. Es kann seine Überzeugung der der Umgebung anpassen oder
2. in eine ihm passendere Umgebung „umziehen“.

Die Mitglieder der hier simulierten „Gesellschaft“ handeln also nach ganz einfachen, lokalen Regeln. Daraus entstehen unter gewissen Bedingungen globale emergente Phänomene, hier vor allem Segregationserscheinungen und Clusterungen.

Ein Cluster ist als eine Menge von Zellen im gleichen Zustand z definiert mit der Bedingung, dass jede der Zellen des Clusters in ihrer Moore-Umgebung mindestens eine Zelle im gleichen Zustand z hat.

Die Transformationsregeln von Opinio werden folgendermaßen definiert: Eine Zelle, die sich in einer Umgebung wieder findet, die im Durchschnitt eine abweichende Meinung hat (wobei leere Zellen nicht gerechnet werden):

- kann reagieren, wenn die Differenz ihrer Meinung zur Durchschnitts-Meinung der Umgebungszellen einen Schwellenwert (var) überschreitet, und
- reagiert mit einer bestimmten Reaktionswahrscheinlichkeit (wreact), wobei wreact = 0.0 bedeutet: „reagiert nie“ und wreact = 1.0. bedeutet entsprechend: „reagiert immer“.

Wenn die Zelle reagiert, dann kann sie

- entweder ihre Meinung um einen Skalenwert 1 höher oder niedriger setzen (je nach der Durchschnittsmeinung der Umgebung) oder
- in eine „passendere“ Umgebung umziehen, sofern dort eine Stelle leer ist, deren Umgebungsmeinung hinreichend nahe zur eigenen Meinung, d. h. in einer bestimmten Bandbreite darum liegt, die um einen „Verbesserungsfaktor“ (fvar) geringer ist als der doppelte Schwellenwert. Das heißt, die Umgebungsmeinung muss dichter als fvar*var an der eigenen Meinung liegen, oder praktisch gewendet, je kleiner der Verbesserungsfaktor ist, desto dichter muss die Umgebungs-Meinung an der eigenen sein, bevor eine Zelle in die neue Umgebung umzieht.

Diese Reaktionen werden zum einen durch Wahrscheinlichkeitswerte für den Umzug relativ zur Meinungsänderung gesteuert; der Wert ist für jeden Status getrennt einstellbar. Dabei bedeutet ein Wert von 1.0 „nur Umzug, keine Meinungsänderung"; 0.0 = „kein Umzug, nur Meinungsänderung"; 0.5 = „mit 50 % Wahrscheinlichkeit für einen Umzug bzw. eine Meinungsänderung".

Zum anderen kann die „Bandbreite" der zulässigen Meinungen am neu zu suchenden Platz mittels des entsprechenden Parameters (fvar) zwischen 0 und 1 eingestellt werden.

Spontane Meinungsänderungen können durch Vorgabe von zwei „Mutationsraten", nämlich für geringe Änderungen von +1 oder –1 im Status bzw. für extreme Änderungen zum jeweils näheren Extremwert des Status, simuliert werden. Es wird jeweils – wenn die entsprechende Wahrscheinlichkeit erreicht ist – nur eine Mutation ausgeführt mit Priorität der erstgenannten.

Die jeweiligen Anzeigen der unten dargestellten Abbildungen sind wie folgt zu interpretieren:

- die Balkengrafik zeigt die Zustandsverteilung,
- die Anzahl der beim gerade ausgeführten Simulationsschrittes aufgetretenen Meinungsänderungen,
- die Anzahl der jeweils stattgefundenen Umzüge,
- relative Werte der Kohäsion, die als relativer Anteil von Zellen mit Nachbarn desselben Status berechnet werden.
- Die Kohäsion kann anhand der – mit der rechts befindlichen Schaltleiste abrufbaren – grafischen Darstellung der geometrischen Verteilung der Zellen visualisiert werden („normal" führt zurück zur Darstellung aller Zellen).

Der Kohäsionsgrad Kg eines Clusters wird folgendermaßen berechnet, wobei eine Fallunterscheidung zu berücksichtigen ist: a) Eine Zelle im Zustand $y \neq z$ hat nur Zellen des Clusters in ihrer Moore-Umgebung; b) ein Subcluster von Zellen in Zuständen y_i ist vollständig von Zellen des Clusters umgeben. Die Gesamtzahl der Zellen für die Fälle a) und b) sei m. Wenn die Anzahl der Zellen des Clusters = n ist, dann ist für diesen Cluster

$$Kg = n/m. \tag{2.24}$$

Der Fall $m \geq n$ ist dabei eingeschlossen.

Die Berechnung der Kohäsion ist ein Beispiel für die Möglichkeiten der mathematischen Analyse oder Repräsentation gesellschaftlicher Strukturen; sie spielt unter anderem in der Ethnografie eine wichtige Rolle. Die Dynamik des Systems OPINIO kann anhand der Entwicklung der Kohäsionswerte für einzelne Zustände verfolgt werden, wobei sich die Interpretation ziemlich unmittelbar aus der Gestalt der gleichzeitig zu beobachtenden Zellverteilungen ergibt.

Die Leistungsfähigkeit von OPINIO soll im Folgenden an einigen repräsentativen Beispielen illustriert werden:

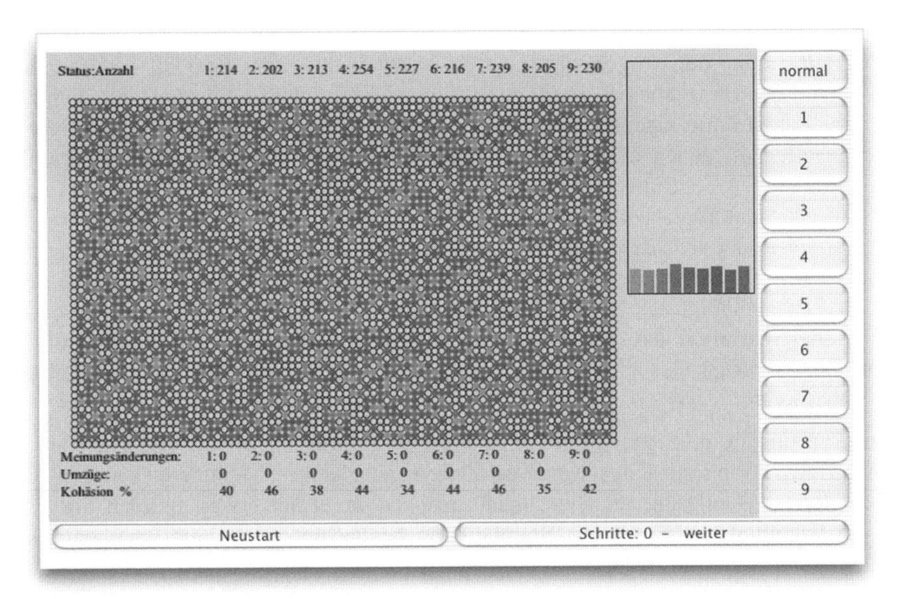

Bild 2-11a Anfangszustand des ZA

Bei diesem Anfangszustand sind alle Zustandswerte in etwa gleich häufig repräsentiert, was sich aus der rechten Balkengrafik ersehen lässt. Nach 100 Schritten ergibt sich folgendes Bild:

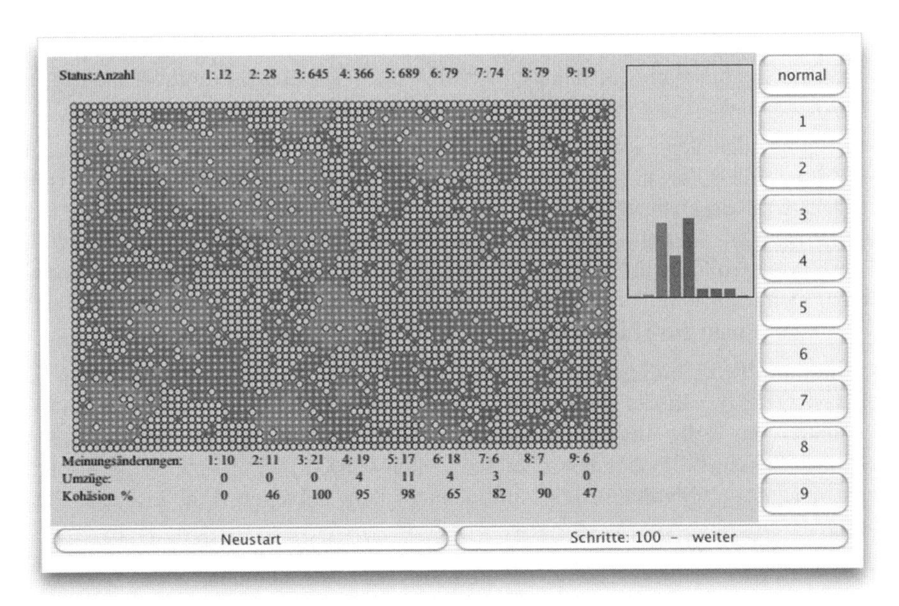

Bild 2-11b Zustand des ZA nach 100 Schritten

OPINIO kann also offenbar typische Phänomene der sozialen Realität modellieren: Zum einen ergibt sich eine deutliche Favorisierung „mittlerer" Positionen. Dieser auch in realen politischen Kontexten erkennbare Trend, der sich z. B. in der Bundesrepublik in der Dominanz der sog. großen Volksparteien CDU und SPD zeigt, ist in OPINIO ein Effekt der Durchschnittsbildung bei Berechnung der Umgebungswerte. Es ist einsichtig, dass eine Durchschnittsbildung, an der sich die Zentrumszelle orientiert, zu mittleren Gesamtwerten führt; entsprechend werden die meisten Zellen ihren eigenen Zustand an mittleren Umgebungszellen messen. Nur in den selteneren Fällen, in denen extreme Umgebungswerte dominieren, findet eine „Radikalisierung" der jeweiligen Zentrumszellen statt. Wenn man einmal unterstellt, dass die Regeln von OPINIO in etwa das repräsentieren, was als Meinungsbildungen in der sozialen Realität bekannt ist, dann findet sich durch OPINIO eine Legitimierung des Strebens aller Parteien zur „politischen Mitte": Es hat anscheinend mathematisch angebbare Gründe, dass die Mehrheit der Wähler zu gemäßigten, also mittleren Positionen tendiert. Nicht berücksichtigt wird in diesem Modell natürlich das Auftreten von Ereignissen, die die Meinungen radikalisieren könnten. Die bisherige Geschichte der Bundesrepublik jedenfalls gibt den Ergebnissen von OPINIO eher Recht.

Zum anderen findet eine Segregation von Trägern verschiedener Meinungen statt bzw. es entsteht eine Entwicklung zur Clusterung von Zellen mit gleichen Meinungen mit den „Radikalen" in isolierten Randgruppen. Dies Phänomen, das bei einer etwas anderen Fragestellung schon von Schelling (1971) bei ZA-Simulationen beobachtet wurde, gibt es ebenfalls in der Realität: Dies wird als die Bildung homogener sozio-politischer Milieus bezeichnet, d. h. als der Trend von Individuen, sich sozial mit einstellungsmäßig gleichen Individuen zu verbinden. Es sei hier nur angemerkt, dass die räumliche Nähe auf dem ZA-Gitter als *soziale* Nähe zu interpretieren ist, nicht notwendigerweise als physikalisch räumliche Nähe. Im Zeitalter des Internet macht es umso mehr Sinn, soziale Nähe auch dann festzustellen, wenn die Akteure Hunderte oder Tausende von Kilometern räumlich entfernt sind.

Die Ähnlichkeit der Simulationsergebnisse mit realen Sachverhalten ist ein starker Hinweis darauf, dass die Regeln von OPINIO als relativ valide bezeichnet werden können. Das ist auch kein Zufall, da diese Regeln ja, wie bei sozialen Soft-Computing-Modellen häufig, aus Beobachtungen über das Alltagsverhalten von Menschen gebildet worden sind.

Neben den erwähnten Segregationseffekten und der Dominanz mittlerer Positionen zeigt sich jetzt ein Zusatzeffekt, der sich als Matthäusprinzip bezeichnen lässt. Das Matthäusprinzip – wer hat, dem wird gegeben, wer wenig hat, dem wird auch dies noch genommen (Matthäus Evangelium 13, 12) – besagt grob, dass kleine Vorteile dazu führen können, dass diese auf Kosten der jeweiligen Konkurrenten stark anwachsen und schließlich die gesamte Entwicklung dominieren. Derartige Matthäuseffekte sind in vielen sozialen und natürlichen Bereichen bekannt. Hier könnte man die SPD als Gewinner durch Matthäuseffekte bezeichnen.

So sehr Matthäus-Effekte allgemein bekannt sind, so sehr zeigen sich hier jedoch auch die Grenzen von OPINIO. In der realen politischen Landschaft spielen selbstverständlich auch andere Effekte eine Rolle, insbesondere systemexterne Ereignisse, die die Meinungsbildung ebenfalls beeinflussen.[10] Im Gegensatz zu den Zellen von OPINIO reagieren politische Individuen auch negativ auf Matthäuseffekte und steuern dem entgegen: Eine einzelne Partei darf nicht zu stark werden.

---

[10] Hier sind natürlich insbesondere die unterschiedlichen Medien zu erwähnen, die ebenfalls die Meinungsbildung zum Teil stark beeinflussen. Das Modell kann entsprechend erweitert werden, dazu wären jedoch entsprechende empirische Untersuchungen (sofern es diese bereits gibt) zu berücksichtigen.

Unbeschadet dieser Einschränkung zeigen die Simulationen von OPINIO ein häufig erstaunlich realistisches Bild. Man kann daraus nicht zuletzt den Schluss ziehen, dass Menschen in ihrem politischen Verhalten vielleicht wesentlich einfacher sind, als aus psychologischer oder anthropologischer Sicht häufig unterstellt wird.

Die beiden letzten Bilder illustrieren ein Phänomen, das im ersten Kapitel angesprochen wurde, nämlich das Auftreten nur lokaler Attraktoren: Teile des Systems bleiben stabil, während das System sich insgesamt ständig ändert.

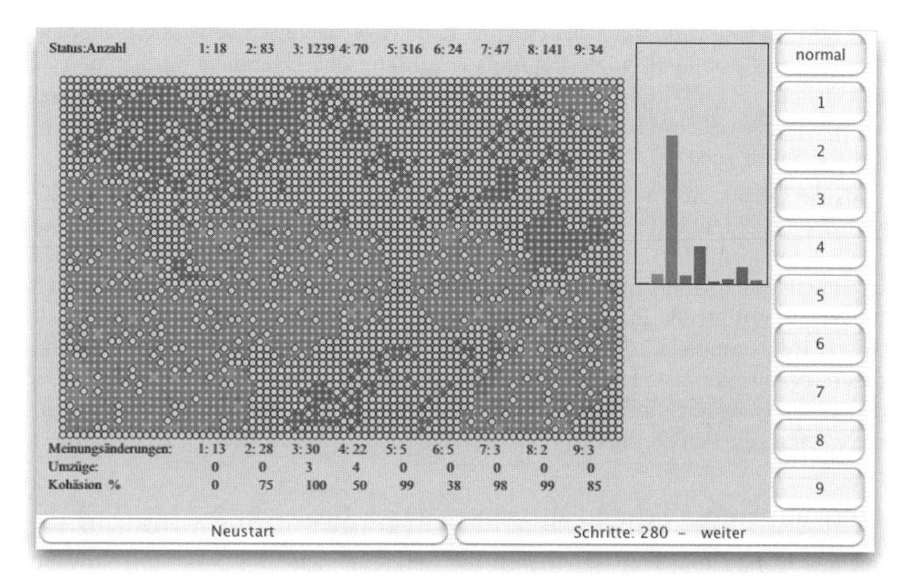

Bild 2-12a Zustand des ZA nach 280 Schritten. Es sind bereits lokale Attraktoren vorhanden.

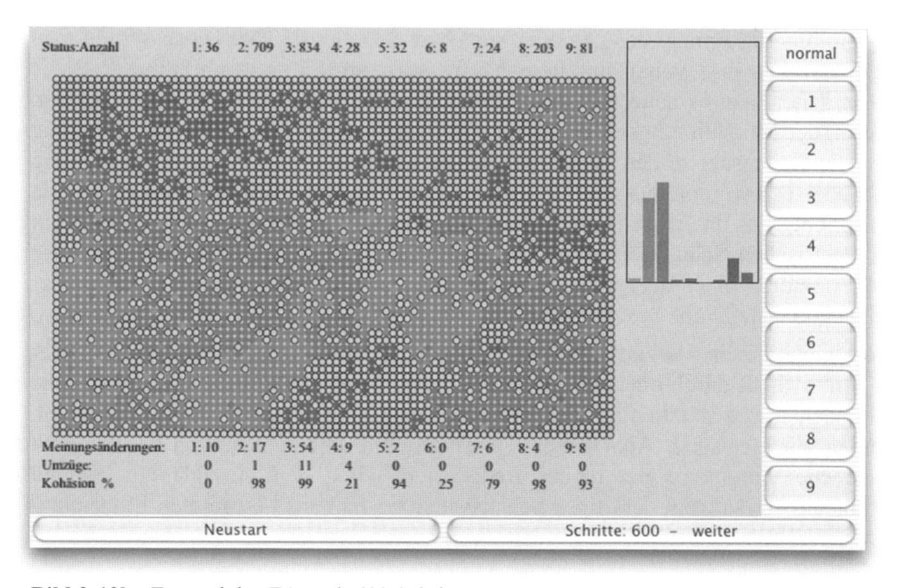

http://www.rebask.de/qr/sc1_2/2-6.html

Bild 2-12b Zustand des ZA nach 600 Schritte

Mehrere schwarze kleine Cluster bilden lokale Punktattraktoren, die sich während ca. 100 Schritten – und sogar bei über 300 Schritten nicht verändern. Im ZA-Modell hat dies seinen Grund darin, dass sich dort homogene Gruppen mit radikalen Meinungen gebildet haben, die gleichzeitig von den übrigen Individuen isoliert sind und deswegen von den globalen Veränderungen nicht erfasst werden. In der sozialen Realität entspricht dies Phänomen der im ersten Kapitel bereits angesprochenen Beobachtung, dass bei sozialer Isolation kleine Gruppen inmitten gesamtgesellschaftlicher Veränderungen stabil bleiben können, wenn sie hinreichend isoliert von der Gesamtgesellschaft sind. Ein typisches Beispiel dafür sind die Amish in Pennsylvania, die ihre traditionellen christlich-bäuerlichen Lebensweisen durch bewusste Isolierung tradiert haben und deren Zustand als sozio-kultureller Attraktor charakterisiert werden kann.[11] Auch in dieser Hinsicht ist OPINIO offenbar erstaunlich realitätsadäquat. Allerdings können derartige lokale Attraktoren auch wieder verschwinden, wenn die Isolierung der entsprechenden Subgruppen wieder aufgehoben wird – im Modell und in der Realität.

Das Entstehen lokaler Attraktoren ist bei OPINIO eher ein Nebeneffekt gewesen, da es primär um die Analyse der Emergenz von Segregations- und Clusterungseffekten ging. Kauffman (1993 und 1995) hat, wie bemerkt, die Emergenz lokaler Attraktoren ebenfalls in relativ großen BN beobachtet, ohne Gesetzmäßigkeiten für diese Effekte angeben zu können. Es handelt sich offenbar um universell auftretende Phänomene, die sowohl in den Natur- als auch den Sozialwissenschaften von Bedeutung sind. Beispielsweise dürfte dies auch bei der Dynamik kapitalistischer Märkte relevant sein; erste Hinweise in dieser Richtung finden sich unter anderem bei Anderson et al. 1988. Offenbar sind hier sowohl vielfältige Anwendungsmöglichkeiten für diese formalen Systeme gegeben als auch noch wichtige Grundlagenforschungen zu leisten.

2.4.3 Die Konstruktion von Schaltdiagrammen durch Boolesche Netze

Bei der allgemeinen Darstellung von BN wiesen wir bereits darauf hin, dass die Hardware eines üblichen Computers, die sog. von Neumann Computer, als ein sehr großes BN aufgefasst werden kann und eigentlich sogar muss. Es handelt sich dabei nämlich um eine ungemein komplexe Kombination von Schaltkreisen, die sämtlich nach logischen Prinzipien operieren, nämlich nach dem binären Prinzip des „an oder aus“ bzw. „1 oder 0“. Deswegen spricht man bezüglich der Funktionsweise von Computern häufig auch von „Logikverarbeitung“ (logic processing). Von daher liegt es nahe, sich bei der Konstruktion neuer Schaltdiagramme, also von Schaltkreisen, der Modellierungsmöglichkeiten zu bedienen, die durch BN zur Verfügung gestellt werden. Im Gegensatz zu den bisherigen Beispielen, deren reale Prinzipien erst in die Sprache der ZA übersetzt werden mussten, haben wir es hier mit einer Modellierung zu tun, die genau dem entspricht, was das reale System an Prinzipien bietet: Das technisch-physikalisch reale BN von elektrischen Schaltkreisen wird modelliert durch ein künstliches BN. Um die grundlegenden Prinzipien einer derartigen Modellierung zu verstehen, werden wir uns hier natürlich auf die einfachsten Fälle beschränken.

Stellen wir uns ein elektrisches Schaltsystem vor, das nach dem binären Prinzip des „aus oder an“ operiert – Strom fließt durch oder er fließt nicht durch. Natürlich gibt es auch elektrische Schaltungen, bei denen es zusätzlich auf die Intensität des durchfließenden Stroms ankommt, aber diese werden wir hier außer Acht lassen. Derartige Fälle lassen sich auch besser durch bestimmte künstliche neuronale Netze modellieren, worauf wir in dem einschlägigen Kapitel noch zurückkommen werden. Ein derartiges Schaltsystem besteht aus bestimmten Einheiten –

---

[11] Die Amish werden sehr anschaulich und realitätsadäquat dargestellt, wie uns von einem guten Kenner der Amish versichert wurde, in dem Film „Der einzige Zeuge“ mit Harrison Ford.

Relais, Transistoren etc. –, die miteinander durch Leitungen verbunden sind. Es ist nun eine Frage der Kombination dieser Einheiten, nach welchen Regeln der Strom durchfließt oder auch nicht. Dazu bietet es sich an, die entsprechenden Schaltungen durch logische Funktionen, die erwähnten Junktoren, darzustellen. Zur Erinnerung stellen wir noch einmal die wichtigsten Junktoren, also die zweistelligen binären Funktionen, als Wahrheitsmatrizen dar:

Konjunktion $\wedge$ Disjunktion $\vee$ Implikation $\rightarrow$ Äquivalenz $\leftrightarrow$ XOR $\veebar$

$\wedge$	1	0
1	1	0
0	0	0

$\vee$	1	0
1	1	1
0	1	0

$\rightarrow$	1	0
1	1	0
0	1	1

$\leftrightarrow$	1	0
1	1	0
0	0	1

$\veebar$	1	0
1	0	1
0	1	0

Zu lesen sind diese Matrizen alle so, dass jeweils eine bestimmte Kombination von 1 und 0 einen neuen Wert ergibt; z. B. bei der Konjunktion ergibt also nur die Kombination von 1 und 1 den Wert 1, sonst immer 0. Wenn man nun diese formalen Strukturen als Schaltdiagramme interpretieren will, dann muss man nur die Konvention einführen, dass eine „1" als Wert für eine Variable bedeuten soll, dass die entsprechende Einheit im elektrischen Schaltkreis offen ist, so dass Strom durchfließen kann; ist die Einheit geschlossen, kann also kein Strom durchfließen, erhält die entsprechende Variable natürlich den Wert „0". Wenn man sich nun noch vergegenwärtigt, dass bei derartigen Schaltungssystemen prinzipiell zwischen Parallel- und Reihen- bzw. Serialschaltungen unterschieden wird, dann lässt sich offenbar die Konjunktion einfach als eine Reihenschaltung von zwei Einheiten a und b darstellen, deren Werte den der dritten Einheit c festlegen:

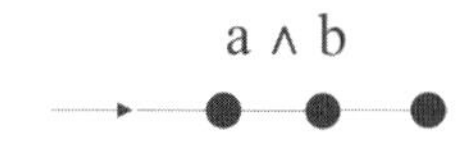

Bild 2-13 Reihenschaltung

Für praktische Zwecke, wenn man nämlich vom Schaltkreis ausgeht, muss man natürlich sagen, dass die Struktur dieser einfachen Reihenschaltung logisch als Konjunktion der Einheiten a und b dargestellt werden kann.

Die Disjunktion lässt sich ebenso einfach als die logische Darstellung einer Parallelschaltung verstehen:

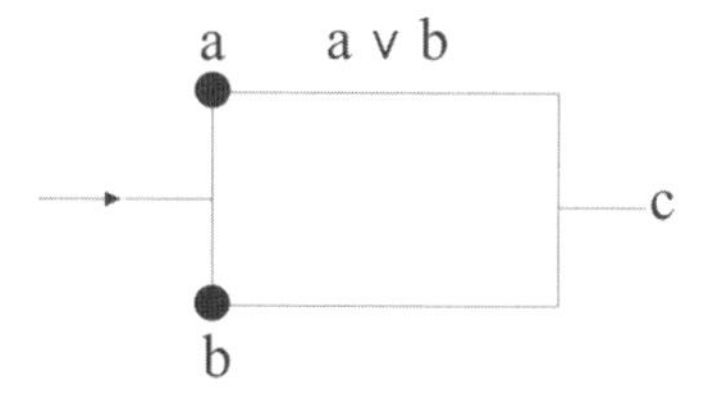

Bild 2-14 Parallelschaltung mit dem logischen Operator Disjunktion

Man kann sich durch einfaches Nachrechnen wie bei der Konjunktion davon überzeugen, dass diese Schaltung in ihrer Wirkungsweise in der Tat genau der Wahrheitsmatrix der Disjunktion entspricht: Nur wenn die Einheit a geschlossen ist (a hat den Wert = 0) und wenn gleichzeitig b geschlossen ist, also die formale Einheit den Wert 0 hat, fließt kein Strom (die Gesamtaussage hat den Wert 0); in allen anderen Fällen fließt Strom (die Gesamtaussage hat den Wert 1).

Etwas komplizierter ist der Fall bei der Implikation. Hier kann man sich die Tatsache zunutze machen, dass die Aussage „a → b“ (a impliziert b) logisch äquivalent ist der Aussage „¬a ∨ b“ (nicht a oder b). Das Zeichen „¬“ symbolisiert die Negation, die die Wahrheitswerte einer Aus-sage einfach umdreht, das Zeichen ∨ symbolisiert die Disjunktion. Dass dem so ist, kann man durch die entsprechenden Wahrheitsmatrizen für beide Aussagen leicht überprüfen. Die Implikation ist dann und nur dann falsch, wenn a wahr ist und b falsch. Dies entspricht folgendem Schaltkreis:

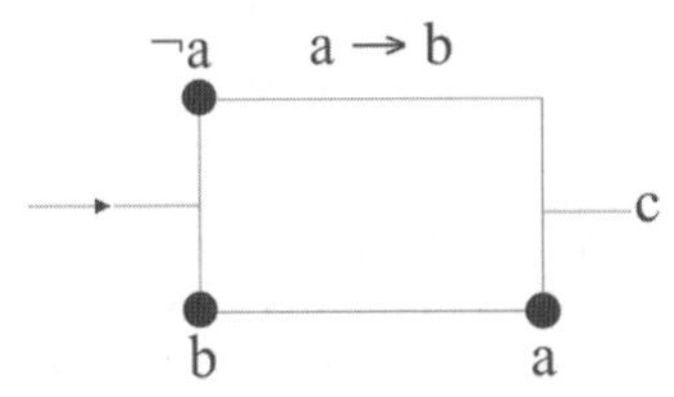

Bild 2-15 Schaltkreis mit dem logischen Operator Implikation

In einem physikalisch realen Schaltkreis gibt es natürlich keine Negation im logischen Sinne als eigenständiger Operator. Die Negation kommt in der realen Welt sozusagen nicht vor, sondern ist eine sprachliche Beschreibung dafür, dass etwas nicht vorliegt bzw. nicht stattfindet. Also braucht man neben den Einheiten a und b noch eine zusätzliche Einheit ¬a, die dadurch definiert ist, dass sie immer den gegensätzlichen Zustand von a hat. Ist a offen, dann ist ¬a geschlossen und umgekehrt. Nachrechnen zeigt, dass der Schaltkreis sich in der Tat so verhält, wie es der Definition der Implikation entspricht.

Da die Äquivalenz als eine Zusammensetzung zweier Implikationen verstanden werden kann, ist der entsprechende Schaltkreis dem der Implikation nicht zufällig ziemlich ähnlich, nur dass man hier zwei „negierte“ Einheiten braucht, also insgesamt vier:

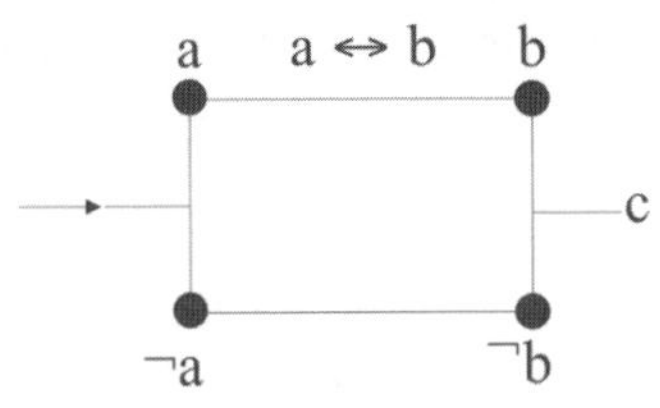

Bild 2-16 Schaltkreis mit dem logischen Operator Äquivalenz

Die XOR-Funktion schließlich, der wir im Kapitel über neuronale Netze wieder begegnen werden, ist eine Variante der Disjunktion, wobei man allerdings wie bei der Äquivalenz wieder vier formale Einheiten braucht. Das hängt mit dem P-Wert dieser beiden Funktionen zusammen, der, wie erinnerlich, jeweils P = 0.5 ist. Das entsprechende Schaltdiagramm sieht folgendermaßen aus:

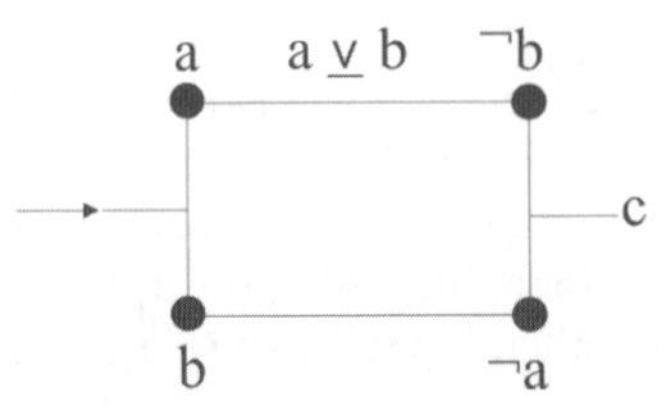

Bild 2-17 Schaltkreis mit dem logischen Operator XOR

Auch hier zeigt einfaches Nachrechnen, dass der Schaltkreis sich gemäß der Definition der entsprechenden Booleschen Funktion verhält.

Wenn man nun Schaltkreise konstruieren will bzw. muss, die komplexeren logischen Strukturen entsprechen, dann setzt man die dargestellten Basiskreise einfach zusammen. Ein Schaltdiagramm beispielsweise, der sich durch die zusammengesetzte Aussage $(a_1 \vee a_2) \wedge (b_1 \wedge b_2) = c$ darstellen lässt, hat das folgende Aussehen:

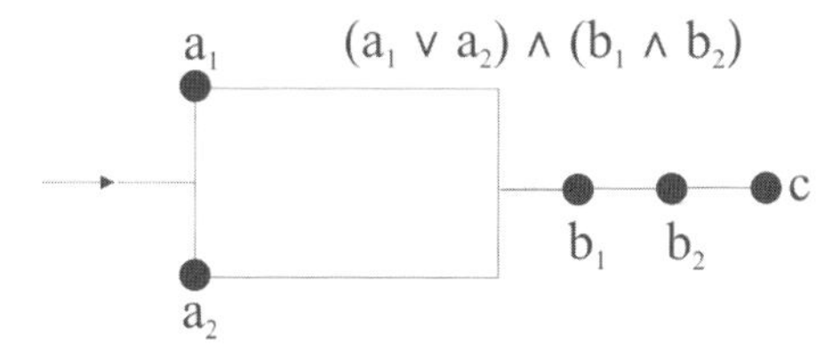

Bild 2-18 Schaltdiagramm

Ein diesem Schaltdiagramm *und* der obigen Aussage entsprechendes BN kann folgendermaßen aussehen:

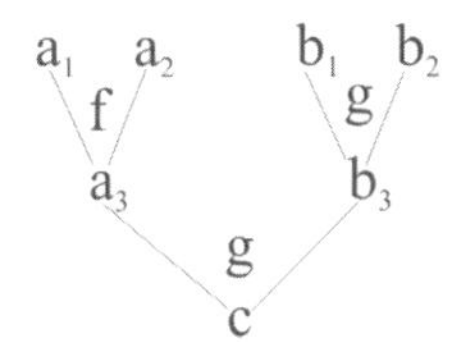

Bild 2-19 BN mit den Funktionen f = Disjunktion und g = Konjunktion

Man erkennt, dass das BN nicht aus vier sondern aus sechs Einheiten besteht. Das ist erforderlich, weil die zusammengesetzte Aussage einer 4-stelligen Booleschen Funktion entspricht, die im BN durch drei zweistellige Boolesche Funktionen repräsentiert wird. Dadurch wird das BN graphisch etwas komplizierter als das Schaltdiagramm. Prinzipiell geht es allerdings auch ohne zusätzliche Elemente, wie das nächste Beispiel zeigt. Man kann demnach jedem BN einen entsprechenden Schaltdiagramm zuordnen und natürlich auch umgekehrt, auch wenn diese Zuordnungen nicht streng injektiv sind, also ein Schaltdiagramm durch unterschiedliche BN dargestellt werden kann und umgekehrt.

Der praktische Nutzen der Darstellungen von Schaltdiagrammen als logische Formeln und damit als BN besteht im Folgenden: Entweder geht man von einem bestimmten Schalt-diagramm aus und möchte wissen, welches Verhalten es hat. Das entsprechende BN kann dann in Simulationen dieses Verhalten sofort zeigen; entsprechend kann man durch Veränderungen des BN sofort testen, wie der Schaltkreis auf Veränderungen seiner Struktur reagiert und inwiefern man dadurch bessere Ergebnisse in Bezug auf den Schaltkreis erwarten kann, falls dies erforderlich ist. Oder man will einen Schaltkreis mit bestimmten Eigenschaften konstruieren, ohne dessen Struktur bereits genau zu kennen, obwohl man ungefähre Vorstellungen hat. In dem Fall, der praktisch häufig der wichtigere und interessantere ist, entwirft man ein BN auf der Basis dieser ersten hypothetischen Vorstellungen und versucht durch schrittweise Veränderungen in der BN-Topologie, d. h. der Adjazenzmatrix, sowie durch Variationen der Booleschen Funktionen das gewünschte Verhalten zu erzielen. Das kann bei großen Netzwerken natürlich sehr aufwändig werden, auch wenn es durch BN-Simulationen immer noch einfacher sein dürfte, als einen potentiellen Schaltkreis selbst zu analysieren und zu verbessern. Doch auch derartige Optimierungen von BN und damit der entsprechenden Schaltkreise lassen sich automatisieren, wie wir unten noch kurz erwähnen werden.

Bei den bisherigen einfachen Beispielen war das Ergebnis immer ein einzelner Wert, mathematisch gesprochen ein Skalar. Bei anspruchsvollen Schaltsystemen wie insbesondere Computerhardware reicht das natürlich nicht; Ausgaben von komplexeren Systemen sollten auch in Form mehrdimensionaler Vektoren erfolgen können. Um dies zu verdeutlichen, wird im Folgenden ein BN vorgestellt, bei dem sowohl die Eingaben als auch die Ausgaben als Vektoren dargestellt werden können. Technisch gesehen machen wir damit einen Vorgriff auf das Kapitel über neuronale Netze, bei denen derartige Prozeduren zum Standard gehören.

Wir starten mit folgendem Netzwerk:

$$f_i = \text{Dis.},\ g_i = \text{Konj.},\ k = \text{Id.}$$

$$f(a_1,b_1) = a_2;\ g(b_1,c_1) = b_2;\ k(c_1) = c_2;\ f(a_1,d_1) = d_2$$
$$f(a_2,b_2) = a_3;\ g(b_2,c_2) = b_3;\ f(c_2,d_2) = c_3$$

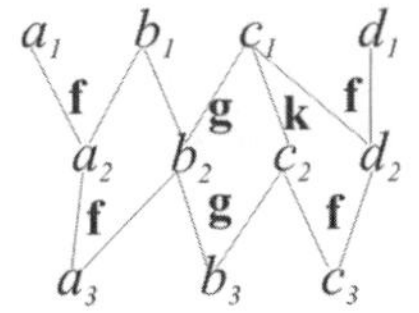

Bild 2-20 Netzwerkmodell

Dabei sind f die Disjunktion, g die Konjunktion und Id. die Identitätsfunktion, die die Werte unverändert lässt. Der entsprechende etwas kompliziert aussehende Schaltplan sieht dann folgendermaßen aus:

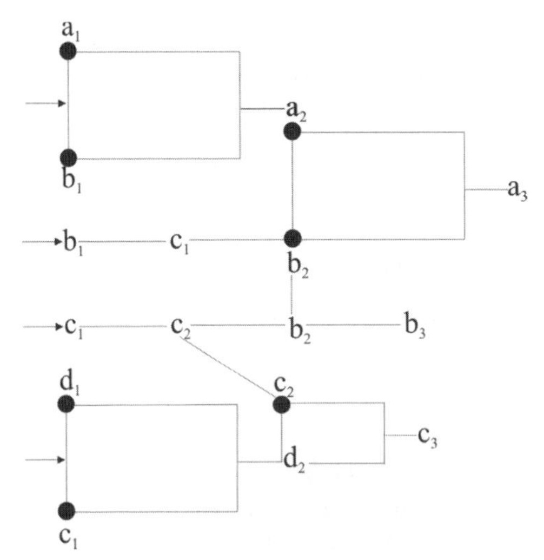

Bild 2-21 Schaltdiagramm

Durch einen Vergleich der Graphiken sieht man, dass die Netzwerkstruktur etwas einfacher zu übersehen ist.[12] Wir brauchen allerdings zu Beginn vier verschiedene Teilschaltpläne, die erst

[12] In der Terminologie der neuronalen Netze handelt es sich hier um ein dreischichtiges Feed Forward Netz (vgl. Kapitel 4).

anschließend integriert werden, da die obersten vier Einheiten des BN unter sich nicht verbunden sind. Man kann diese Einheiten, wie bei neuronalen Netzen üblich, auch als Inputeinheiten bezeichnen, da sie die Inputs aus der Umwelt entgegennehmen. Entsprechend kann man die untersten drei Einheiten als Outputeinheiten bezeichnen. Da das BN so konstruiert wurde, dass die drei Outputeinheiten unabhängig voneinander sind, d. h. nicht miteinander verbunden sind, lässt sich das BN nicht als einzelne logische Aussage darstellen, sondern als eine Menge von drei Einzelaussagen. Wir überlassen es interessierten Lesern, wie diese drei Aussagen wohl aussehen müssen.

Zu Beginn der Simulationen werden alle Einheiten auf den Wert Null gesetzt, bis auf die Inputeinheiten. Diese erhalten je nach Aufgabe Binärwerte, also z. B. den Inputvektor (1, 0, 1, 1). Das BN startet nun eine Dynamik und weist allen Einheiten, wie bekannt, bestimmte Werte zu. Jetzt gibt es zwei Möglichkeiten:

Man begnügt sich mit einem Durchlauf und nimmt die Werte der Outputneuronen als das gewünschte Ergebnis. Das würde dem einmaligen Stromdurchfluss durch den entsprechenden Schaltplan entsprechen. In unserem Beispiel ist das dann auch ein Attraktor des BN, da dies keine Rückkoppelungen von den Outputeinheiten zu den übrigen Einheiten besitzt. Falls es sich jedoch um einen zyklischen Stromdurchfluss mit entsprechenden Rückkoppelungen zwischen den Einheiten handelt, genügt im Allgemeinen ein einmaliger Durchlauf nicht, da das BN möglicherweise noch keinen Attraktor erreicht hat. Dann wartet man ab, ob das BN einen Attraktor und wenn ja, welchen erreicht. Damit kann man sicher sein, dass dies ein stabiles Verhalten des BN ist. Ist also der Durchfluss nicht zyklisch, dann genügt der einmalige Durchlauf; ist der Durchfluss zyklisch, sollte der Attraktor abgewartet werden. Wir zeigen in den folgenden Ergebnissen das Verhalten des BN in Bezug auf einen einmaligen Durchlauf, da hier, wie bemerkt, nicht mehr erforderlich ist. Die Eingabe ist der obige Vektor (1, 0, 1, 1).

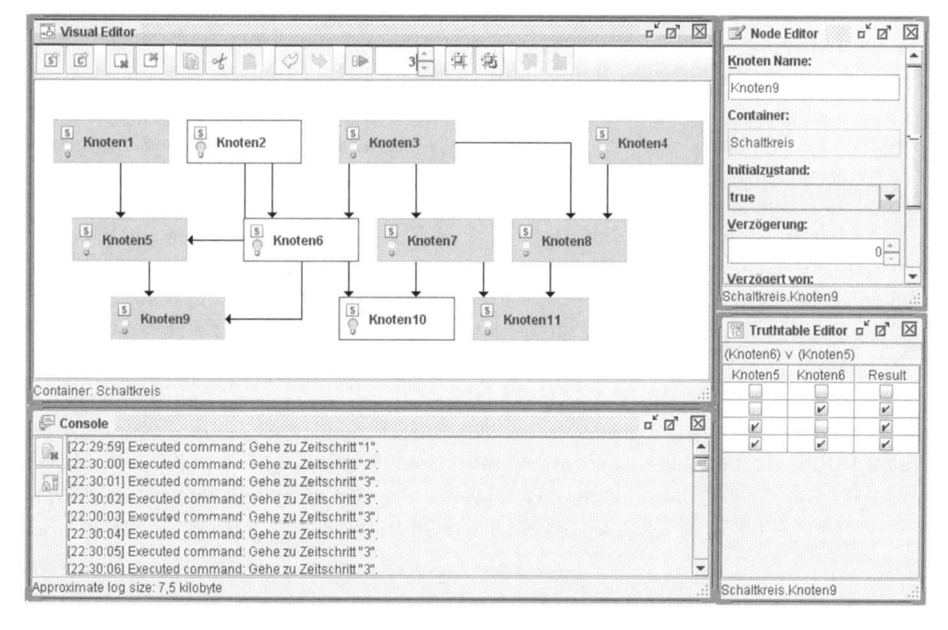

Bild 2-22 Ergebnis des BN mit dem Eingabevektor (1,0,1,1)

Bei der Eingabe (1, 0, 0, 1) sieht die Ausgabe so aus:

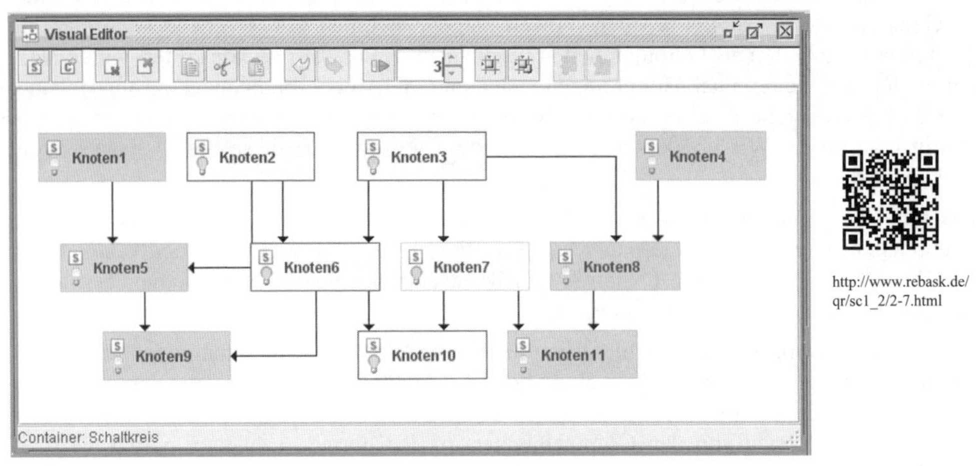

Bild 2-23 Ergebnis des BN mit dem Eingabevektor (1,0,0,1)

Man sieht, dass in beiden Fällen der Ausgabevektor die Werte (1, 0, 1) hat. Anders gesagt, beide Eingabevektoren gehören zum gleichen Attraktionsbecken für den Attraktor, der durch den Ausgabevektor gebildet wird. Bei diesem BN sind auch deswegen relativ große Attraktionsbecken zu erwarten, da wir nur kanalisierende Funktionen mit einem hohen P-Wert verwendet haben (siehe oben 2.3). Da dies auch bedeutet, dass das BN einen gewissen Grad an Fehlertoleranz aufweist, falls der Ausgabevektor (1, 0, 1) gewünscht ist, kann man an diesem einfachen Beispiel gut erkennen, wie durch ein entsprechendes BN fehlertolerante Schaltdiagramme konstruiert werden können. Dies ergibt sich daraus, dass für BN die Werte der Ordnungsparameter bekannt sind, die Fehlertoleranz bewirken.

Obwohl es sich nur um ein relativ kleines Netzwerk mit 11 Einheiten handelt und um einen entsprechend großen Schaltplan, ist einsichtig, dass Modifikationen und Generierungen derartiger Strukturen rein manuell rasch mühsam und unübersichtlich werden. Deswegen arbeiten wir zurzeit an einem Transformationsprogramm, das es erlaubt, aus BN entsprechende Schaltpläne zu generieren und umgekehrt. Das obige BN ist übrigens aus einem Shell konstruiert worden, das für Benutzer ohne Programmierkenntnisse erlaubt, sich BN nahezu jeder gewünschten Komplexität zu erstellen.[13] Als Erweiterung dieses Shells wird dann ein Transformationsprogramm auch die automatische Generierung von Schaltdiagrammen ermöglichen.

Noch mühsamer ist bei größeren Netzwerken, wie bereits angesprochen, deren Optimierung, falls das Verhalten des ursprünglichen BN nicht zufrieden stellend ist. Da dies manuell kaum möglich ist, bietet sich eine „Hybridisierung“ des entsprechenden BN an (vgl. Kapitel 1 und 6), in diesem Fall die Koppelung mit einem evolutionären Algorithmus wie ein genetischer Algorithmus oder eine Evolutionsstrategie. Was das ist und wie entsprechende Netzwerkoptimierungen aussehen können, ist Gegenstand des nächsten Kapitels.

13 Das Shell wurde implementiert durch Björn Zurmaar.

2.4.4 Ablaufüberwachung von Projekten durch ein BN

Es ist allgemein bekannt, dass Verzögerungen im Rahmen von parallel arbeitenden Projekten oder Konstruktionsmaschinen viel Geld kosten und andere Folgeprobleme nach sich ziehen können. Mit dem folgenden Modell ist es möglich, die Struktur der Projekte oder der Ablaufplanung in Produktionsstätten zu modellieren und anschließend verschiedene Szenarien durchzuspielen, um festzustellen, wie sich Verzögerungen auf das Projektende auswirken können.

In dem folgenden Beispiel gehen wir von einer Projektplanung aus. In diesem Projekt sind Arbeitspakete definiert, die zum Teil parallel laufen können und zum Teil von der Fertigstellung vorangehender Arbeitspakete (AP) abhängig sind. Die verwendeten Junktoren sind lediglich die Identität und die Konjunktion. Bei einem BN mit insgesamt 29 Knoten repräsentieren die ersten drei die Vorstudien, die folgenden 25 Knoten unterschiedliche AP und der letzte Knoten stellt das Projektende dar. Überwiegend sind die AP nacheinander oder parallel zu bearbeiten. AP4 hat z. B. einen unmittelbaren Einfluss auf AP9 und AP11 und AP14 einen direkten Einfluss auf AP22, wodurch diese gleichzeitig (also parallel) bearbeitet werden können, sowie AP14 aktiviert worden ist. Darüber hinaus wird AP28 von AP14 und AP27 beeinflusst, so dass in diesem Fall beide Informationen ankommen müssen, damit die Arbeit erledigt werden kann (also eine Konjunktion).

Im Normallfall kann das ganze Projekt innerhalb von 16 Iterationen, die als „Manntage" interpretiert werden können, abgeschlossen werden. Entsteht nun beispielsweise eine Verzögerung bei dem Knoten 14, der zwei weitere Knoten beeinflusst, erhöht sich die Dauer auf 30 Iterationen, bei Knoten 18, der ebenfalls zwei weitere beeinflusst, lediglich auf 23. In dem folgenden Screenshot wird die Wirkung der Verzögerung dargestellt, die bei dem AP18 entsteht. In dem Video werden die zwei hier beschriebenen Situationen, nämlich eine Verzögerung bei Knoten 14 und dann eine bei Knoten 18, in dieser Reihenfolge vorgestellt.

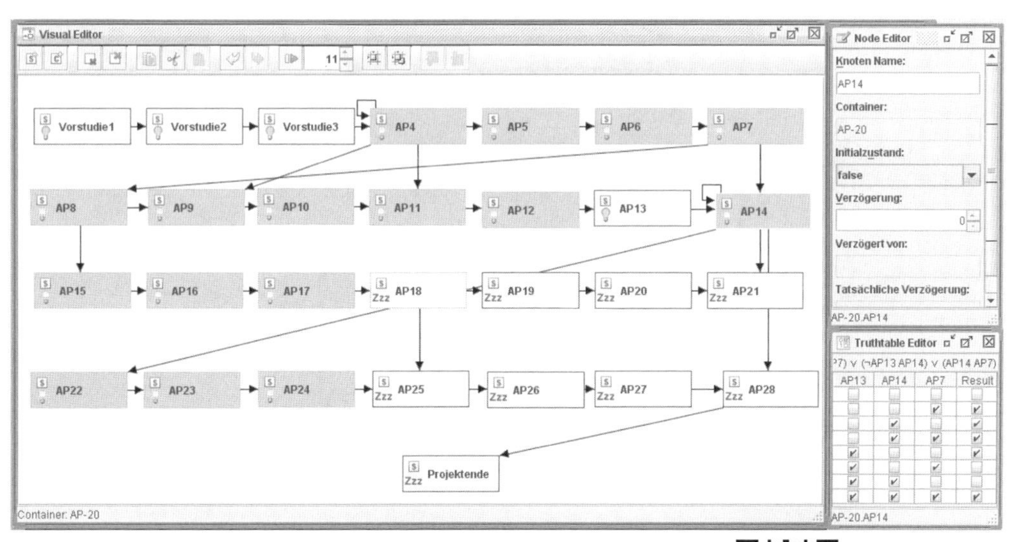

Bild 2-24 Folgeverzögerungen in einem Projekt, die durch AP18 entstehen

http://www.rebask.de/qr/sc1_2/2-8.html

Bei einem solchen Szenario werden in der Simulation die Verzögerungen für die anderen Arbeitspakete unmittelbar sichtbar, da diese im Programm durch das Symbol Zzz aufgezeigt werden. Es verhält sich anders, wenn ein Knoten – also ein AP – einen sog. komplexen Knoten enthält. In dem Beispiel wird jetzt das AP18 als komplexer Knoten definiert, d. h., dass der Knoten aus weiteren vier Knoten besteht. Der Knoten erhält die Informationen von AP 17, kann jedoch die Informationen erst nach Bearbeitung der internen Struktur an AP19 weitergeben:

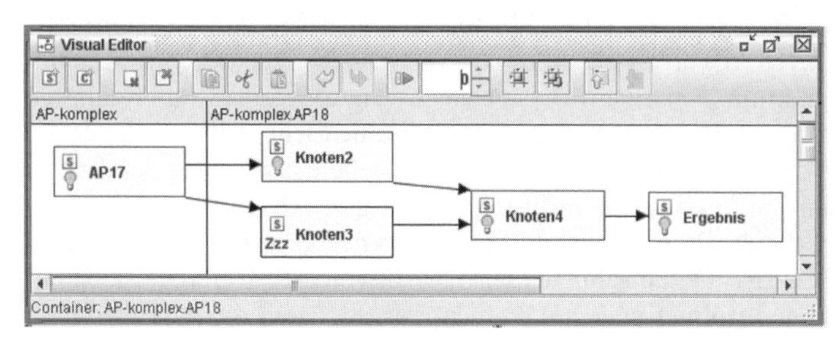

Bild 2-25 Innere Struktur von AP 18

Die Simulation ergibt folgendes Bild:

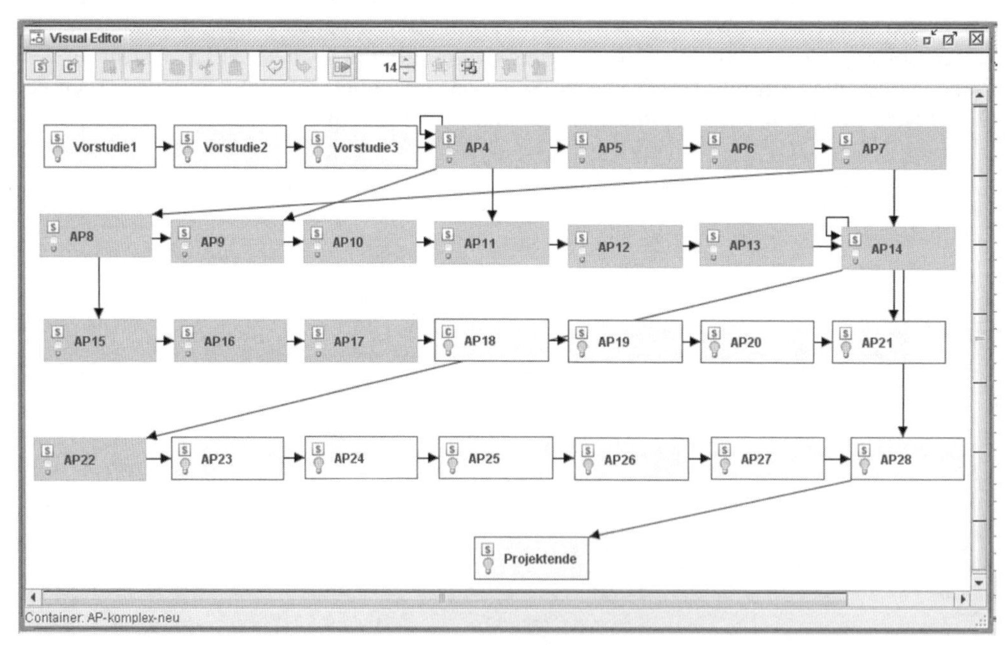

Bild 2-26 Verzögerungen, die durch einen komplexen Knoten entstehen

In diesem Fall ist es nicht mehr unmittelbar erkennbar, dass ein Problem vorliegt, denn auf dieser Ebene werden die Verzögerungen nicht mehr angezeigt. Somit muss eine genauere Untersuchung erfolgen, um die Probleme erkennen zu können. Auch dies Beispiel wurde übrigens mit dem erwähnten Shell erstellt.

Diese Beispiele sind recht einfach, dennoch zeigen sie, dass BN es erlauben, verschiedene Szenarien bei der Projekt- oder Produktionsplanung durchzuspielen, um sehr früh die Folgeprobleme zu erkennen. Insbesondere wenn die Projekte sehr komplex sind und jedes Arbeitspaket ebenfalls sehr komplex ist, wird es nicht mehr unmittelbar überschaubar, wie sich einzelne Verzögerungen auf das Gesamtprojekt auswirken; hier kann ein BN sehr hilfreich sein.[14]

2.4.5 Lösung von Sudoku-Rätseln auf der Basis eines ZA

Bei den bisherigen Beispielen handelte es sich um die Modellierung von „realen" Systemen durch die bottom up Technik von ZA oder BN. Das ist auch zweifellos die am weitesten verbreitete Verwendung dieser naturanalogen Modellierungstechniken. Allerdings lassen sie sich auch in ganz anderen Zusammenhängen sehr fruchtbar einsetzen. Beispielsweise hat es schon verschiedene und durchaus erfolgreiche Versuche gegeben, ZA für Probleme der Kryptographie einzusetzen, also für die Kodierung und Dekodierung von geheimen Nachrichten (vgl. z. B. Wolfram 2002); einer unserer Studenten hat sich ebenfalls erfolgreich daran versucht.[15] Ebenso lassen sich ZA für die Konstruktion von Zufallsfolgen verwenden; Wolfram (loc. cit.) hat auf ZA-Regeln basierende Zufallsfolgen konstruiert, die seiner Aussage nach „zufälliger" sind, als die durch übliche Verfahren generierten Folgen.[16]

Kryptographie ist eine etwas komplizierte Angelegenheit, mit der wir Sie nicht auch noch belasten wollen. Die grundlegende Logik jedoch, mit der ZA derartige Probleme bearbeiten können, lässt sich verhältnismäßig einfach an einem buchstäblich spielerischen Problem verdeutlichen, nämlich anhand der Lösung von Sudoku-Rätseln auf der Basis eines ZA.

Die in den letzten Jahren ungemein populär gewordenen Sudoku-Rätsel sind Zahlenrätsel, früher häufig auch als magische Vierecke bzw. magische Quadrate bezeichnet. Ein „Standard Sudoku" ist ein Gitter, bestehend aus 9 * 9 Zellen. Jede Zelle muss mit einer Zahl zwischen 1 und 9 versehen werden, wobei jede Zahl genau einmal in jeder Zeile, in jeder Spalte und in jedem 3 * 3 Block auftreten muss; einige Zahlen werden vorgegeben. Der erste der insgesamt neun 3 * 3 Blöcke ergibt sich aus den ersten drei Zellen der ersten Spalte, den ersten drei Zellen der zweiten und den ersten drei Zellen der dritten Zeile (von links gezählt). Die nächsten beiden Blöcke ergeben sich aus den entsprechenden nächsten Zellen der ersten drei Zeilen; die übrigen 6 Blöcke ergeben sich dann gleichermaßen aus a) den Zeilen 4–6 und b) den Zeilen 7–9. Interpretiert man dies Gitter als das eines ZA, dann kann jede Zelle einen von 9 Zuständen annehmen und jede Zelle hat ihre Zeile, ihre Spalte und ihren 3 * 3 Block als Umgebungen, aus denen sich der mögliche Zustand ergibt. Es gibt auch andere Größen für Sudoku-Gitter und entsprechend für die Blöcke, aber die 9 * 9 Größe ist der Standard.[17]

---

[14] Weitere Beispiele für den Einsatz von BN bei Projektplanungen finden sich übrigens in Klüver und Klüver 2011.

[15] ZA wurden in diesem Zusammenhang bereits in dem Bestseller „The Digital Fortress" von Dan Brown erwähnt.

[16] Dies kann dadurch erreicht werden, dass man ZA-Regelsysteme verwendet, die einen ZA der Wolframklasse III generieren.

[17] Zu Sudoku-Rätseln existiert bereits eine relativ umfängliche Literatur; zu verweisen ist insbesondere auf Crook (2009), der einen Lösungsalgorithmus vorgeschlagen hat. Dieser ist unserem Algorithmus sehr ähnlich (wir kannten allerdings ursprünglich die Arbeit von Crook noch nicht), weswegen für Details auf diese Arbeit sowie auf die Seminararbeit eines unserer Studenten, Tobias Fiebig, verwiesen werden kann. Das von Fiebig implementierte Programm, das unseres Wissens das einzige Sudoku-Programm ist, kann von Interessierten durch uns erhalten werden.

Die wichtigste Lösungsstrategie ist eine Regel, die wir als „hypothetisch-deduktiv“ bezeichnen; Crook nennt eine ähnliche Regel „Hypothese samt Backtracking“ (vgl. auch Delahaye 2006). Gemeint ist damit, dass das Programm bei der Entscheidung, welche Zahl in eine leere Zelle gesetzt werden soll, zunächst die Umgebungsbedingungen prüft. Gibt es nur eine mögliche Lösung, wird die entsprechende Zahl eingesetzt. Sind mehrere Lösungen möglich, wird eine Lösung zufällig ausgewählt; dieser Schritt wird in einer Datei gespeichert. Der ZA prüft dann die jeweils nächste Zelle und verfährt entsprechend. Falls sich bei einem der nächsten Schritte herausstellt, dass bei einer leeren Zelle keine Lösung möglich ist, geht der ZA zu dem Zustand zurück, bei dem die letzte hypothetische Auswahl vorgenommen wurde und versucht es mit einer anderen möglichen Lösung. Führt auch diese nicht zum Erfolg, werden die anderen Möglichkeiten überprüft. Falls keine Möglichkeit zu einer Lösung führt, geht der ZA zu der vorletzten hypothetischen Auswahl und so fort.

Wir nennen diese Strategie hypothetisch-deduktiv, weil der ZA gewissermaßen Hypothesen über sein mögliches Procedere aufstellt und prüft, welche Konsequenzen sich aus einer Entscheidung ergeben (Deduktion). Auf diese Weise findet der ZA entweder eine Lösung, unabhängig davon, ob es auch noch andere gibt, oder der ZA erkennt das spezielle Sudoku-Rätsel als unlösbar. Als Beispiel zeigen wir ein Rätsel, das aus jeweils 4 ∗ 4 Feldern besteht und das den Anfangszustand des ZA darstellt (Bild 2-27); das nächste Bild zeigt einen „Zwischenzustand“ (2-28), in dem der ZA schon einige Lösungen gefunden hat, aber von der Endlösung, gewissermaßen dem Lösungsattraktor, noch deutlich entfernt ist; Bild 2-29 schließlich zeigt den Endzustand, in dem eine Endlösung gefunden worden ist.

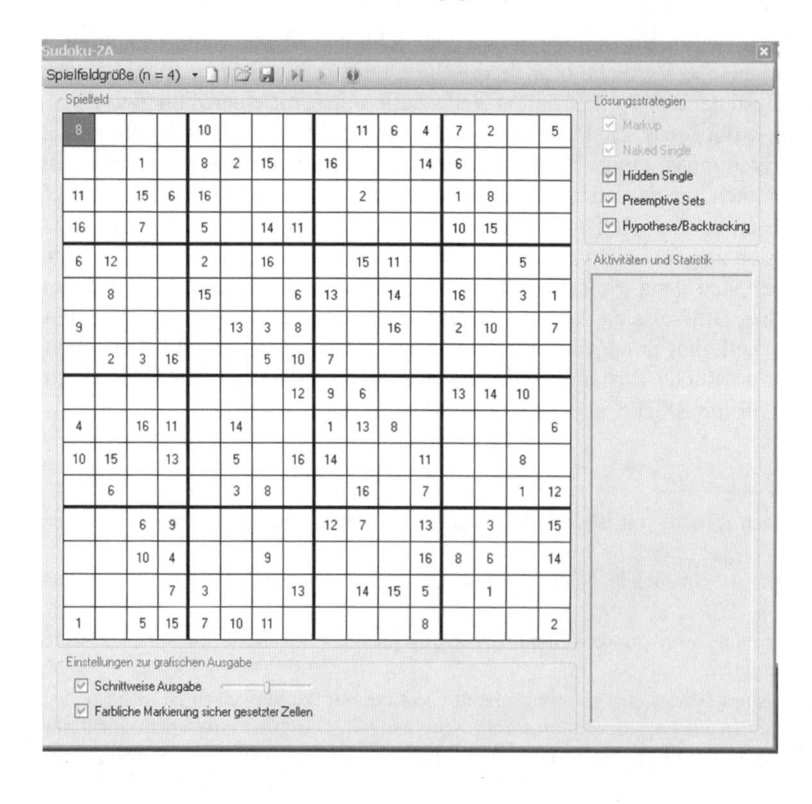

Bild 2-27
Startzustand des ZA

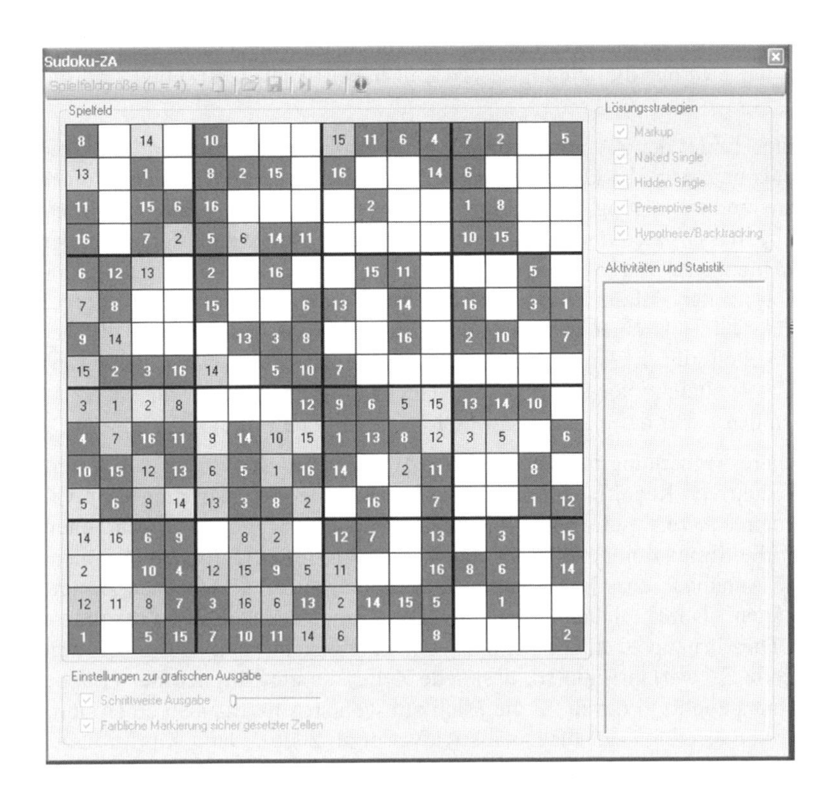

Bild 2-28
Zwischenlösung

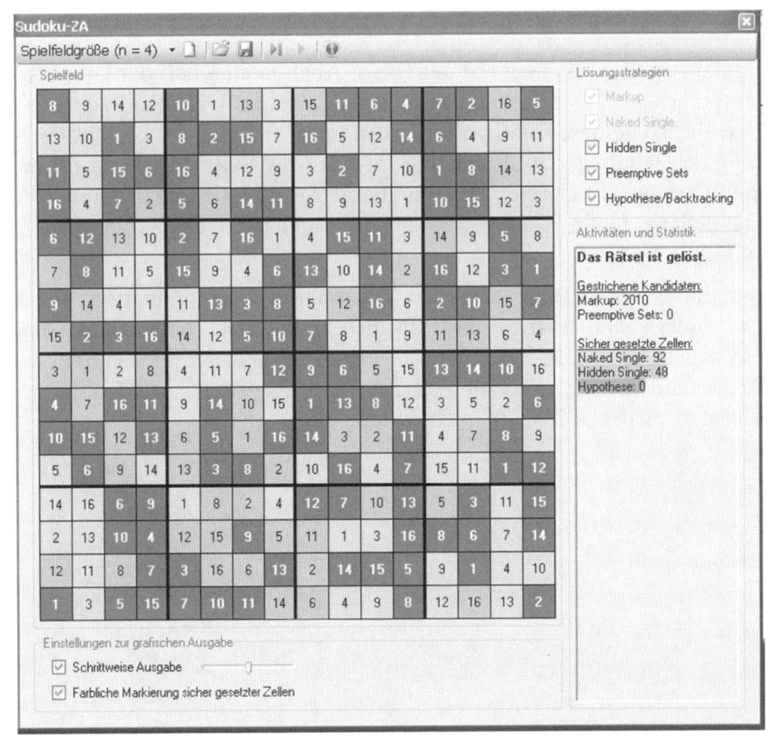

http://www.rebask.de/qr/sc1_2/2-10.html

Bild 2-29
Lösung des Sudoku-Rätsels

Die unterschiedliche Färbung der Zellen bedeutet, dass sie durch verschiedene Regeln gefunden wurden, von denen wir hier nur die wichtigste erwähnt haben. Schwarze Zellen sind die vorgegebenen.

Nach unseren Erfahrungen findet der ZA immer eine Lösung, falls es eine gibt, und identifiziert die Rätsel korrekt als unlösbar, die keine Lösung haben. Der ZA kann jedoch nach einer gefundenen Lösung keine andere Lösung finden, auch wenn es noch andere gibt. Der Grund dafür liegt in der Tatsache, dass es sich um einen prinzipiell deterministischen ZA handelt, der nach einem gegebenen Anfangszustand (dem eigentlichen Rätsel) immer zum gleichen Endzustand kommt. Dies gilt trotz der Zufallskomponente, da diese durch eine zusätzliche Regel eingeschränkt ist: Der ZA wählt bei einer Option immer die Zellen aus, bei denen es die wenigsten Auswahlmöglichkeiten gibt. Es ist noch zu prüfen, ob bei einer Aufhebung dieser Einschränkungsregel der ZA vielleicht langsamer wird (gegenwärtig braucht er für Standard Sudokus nur einige Sekunden), aber dafür auch mehrere Lösungen finden kann.

Eine etwas grundsätzlichere Anmerkung ist hier am Platz: Wir sind auf den Lösungs-algorithmus der hypothetisch-deduktiven Regel eigentlich dadurch gekommen, weil wir eine äquivalente Regel bereits in einem ZA verwendet haben, der ein ganz anderes Problem zu bearbeiten hatte. Es geht dabei um die Simulation sozialer Gruppen, die sich in Untergruppen aufteilen. Das Prinzip dabei ist die Annahme, dass Menschen sich lieber mit anderen Menschen zusammenschließen, die sie mögen, als mit solchen Gruppenmitgliedern, zu denen sie kein besonders gutes Verhältnis haben. Dies Prinzip ist in der Sozialpsychologie bekannt und häufig bestätigt worden. Der entsprechende ZA verfährt nun so, dass jede Zelle, die ein Mitglied der Gruppe repräsentiert, die Umgebung sucht, in der die Zelle „sich am wohlsten fühlt", also einen optimalen Zufriedenheitszustand erreicht (vgl. für Details Klüver et al. 2006). Der ZA prüft dabei für jede Zelle die möglichen Umgebungen und platziert die Zellen entsprechend. Da dies für jede Zelle geschieht, erweisen sich gewöhnlich erste Platzierungen als falsch und müssen wieder korrigiert werden.

Die Ähnlichkeit zum Sudoku-Algorithmus liegt auf der Hand: Auch in dem Fall der Gruppenordnung stellt der ZA Hypothesen über die Platzierungen auf, überprüft die Konsequenzen (Deduktion) und korrigiert die Hypothesen, falls erforderlich. Das Ziel des ZA besteht demnach darin, eine Verteilung der Mitglieder zu finden, die für alle Mitglieder und damit für die Gesamtgruppe ein Optimum ergibt. Mit anderen Worten, dieser ZA optimiert das System (die soziale Gruppe), die er modelliert. Entsprechend optimiert der Sudoku-ZA das Zahlensystem, indem er eine gültige Endlösung findet.

Man kann also, das zeigen diese beiden Beispiele, einen ZA nicht nur zur Simulation möglicher Prozesse verwenden, sondern auch als Instrument für die Optimierung von Systemen einsetzen. Das ist noch etwas ungewöhnlich. Insbesondere aus diesem Grund, der noch einmal die ungemein vielfältigen Verwendungsmöglichkeiten von ZA (und ebenso von BN) aufzeigt, wollten wir Ihnen dies kleine spielerische Beispiel nicht vorenthalten.

3 Die Modellierung adaptiver Prozesse durch Evolutionäre Algorithmen

Es wurde bereits darauf hingewiesen, dass Zellularautomaten und Boolesche Netze sich besonders gut für die Simulation einfacher selbstorganisierender Prozesse eignen, d. h. Prozesse, bei denen keine Veränderung der Interaktionsregeln stattfindet. Nur in diesem Sinne sind derartige Prozesse natürlich „einfach". Reale Systeme, wie insbesondere soziale und kognitive, sind jedoch häufig auch in der Lage, sich an Umweltbedingungen anzupassen und ggf. ihre Regeln zu verändern. Es ist sicher kein Zufall, dass diese Eigenschaften verschiedener realer Systeme in zunehmendem Maße auch in der Robotik und den Entwicklungen von Internetagenten immer bedeutsamer wird. Die Vorteile, hier mit adaptiven Einheiten arbeiten zu können, liegen auf der Hand. Derartige adaptive Fähigkeiten lassen sich für zahlreiche Probleme besonders gut mit evolutionären Algorithmen modellieren bzw. realisieren, wie in diesem Kapitel gezeigt wird.

Zusätzlich zu den evolutionären Algorithmen, die in diesem Kapitel verhältnismäßig detailliert abgehandelt werden, wird in einem weiteren Subkapitel auch das Verfahren des so genannten Simulated Annealing behandelt. Dabei handelt es sich genau genommen nicht um einen *evolutionären* Algorithmus, da hier eine heuristische Orientierung an der physikalischen Thermodynamik vorliegt. Aus Vollständigkeitsgründen führen wir dennoch kurz in dies Verfahren ein, da Simulated Annealing sehr häufig im Zusammenhang vor allem mit den Genetischen Algorithmen behandelt und verglichen wird. Diese werden im Folgenden eine wesentliche Rolle spielen.

Schließlich werden wir, wie bereits im Vorwort zur zweiten Auflage erwähnt, neben den etablierten evolutionären Algorithmen einen von uns entwickelten neuartigen Algorithmus darstellen, den Regulator Algorithmus (RGA). Dieser ist eine Erweiterung der Genetischen Algorithmen und der Evolutionsstrategien; er basiert auf neueren Erkenntnissen der evolutionären Molekularbiologie.

3.1 Allgemeine Charakterisierungen

Evolutionäre Algorithmen sind im Kern eigentlich nichts anderes als Optimierungsverfahren, die sich an den allgemeinen Prinzipien der biologischen Evolution orientieren bzw. diese zu simulieren suchen. Die wesentlichen Mechanismen der biologischen Evolution, die auf der Grundlage der klassischen Arbeiten von Darwin und Mendel in der so genannten „Modernen Synthese" (Huxley 1942) zusammengefasst worden sind, sind *Mutation, Rekombination* und *Selektion* (Schöneburg u. a. 1994). Dies sind auch die wichtigsten Komponenten sämtlicher evolutionärer Algorithmen.

Darwin hatte zwar die wesentlichen Mechanismen der Evolution identifiziert, aber ihm konnte noch nicht bewusst sein, auf welcher Ebene der Organismen diese Mechanismen operieren. Das konnte erst durch die Kombination der Darwinschen Evolutionstheorie mit der von Mendel begründeten Genetik erkannt werden: *Mutation* und *Rekombination* operieren auf dem *Genom* bzw. *Genotypus* der Organismen, während die Selektion den *Phänotypus* bewertet (der Begriff Genom charakterisiert den Genvorrat einer Population). Man kann formal den Genotypus eines Organismus als einen Satz von *epigenetischen und ontogenetischen* Regeln auffassen, die in der Ontogenese den Organismus hervorbringen; je nach Tauglichkeit – *Fitness* – des Organismus ist dieser in der Lage, durch Reproduktion seine Gene an die nächsten Generationen weiterzugeben, während die weniger geeigneten Organismen und Gattungen aus der evolutionären Konkurrenz verschwinden. Die prinzipielle Logik der Evolution operiert demnach zweistufig: Mutation und Rekombination, d. h. Veränderung von Genen und deren Vermischung in der heterosexuellen Reproduktion, wirken auf der genetischen Ebene, während die Selektion deren epigenetisches und ontogenetisches Ergebnis, also den phänotypischen Organismus, bewertet (als *Epigenese* wird, vereinfacht ausgedrückt, die Entwicklung des befruchteten Ei zum pränatalen Organismus bezeichnet, die *Ontogenese* ist die Entwicklung vom neugeborenen zum erwachsenen Organismus). Dies Prinzip der Zweistufigkeit ist auch bei der Konstruktion bestimmter *hybrider Systeme* wesentlich; bei „einfachen" evolutionären Algorithmen spielt diese Zweistufigkeit jedoch gewöhnlich keine Rolle.

Mutation und Rekombination, zusammengefasst unter dem Begriff der *Variation*, sind beides prinzipiell stochastische Prozesse, d. h., sie operieren auf der Basis von Zufälligkeit. Für sich genommen können diese genetischen Operationen keine „kreative" Wirkung haben; dafür ist die Selektion verantwortlich. Diese zwingt die Variationsprozesse in bestimmte Richtungen und steuert somit trotz der „Blindheit" der stochastischen Prozesse diese in die Richtung von bestimmten Optima (Dawkins 1987). Allerdings müssen dies, um es hier hervorzuheben, keine *globalen Optima* sein, d. h. nicht unbedingt die bestmöglichen Lösungen.

Formal lassen sich die Prinzipien der Variation und Selektion als Optimierungsverfahren – in der Natur von Gattungen und Organismen in Bezug auf eine bestimmte Umwelt – verstehen. Dabei handelt es sich um Algorithmen, die in einem „Suchraum" operieren, d. h. in einem abstrakten Raum, in dem es unterschiedliche Lösungsmöglichkeiten für bestimmte Probleme gibt. Die Operationsweise eines Optimierungsalgorithmus kann man dann durch eine Trajektorie in diesem Raum charakterisieren. Die bestmögliche Lösung für das jeweilige Problem wird als globales Optimum bezeichnet; andere Lösungen, sofern das Problem mehrere Lösungen zulässt, die nicht global optimal sind, werden lokale Optima genannt. Dies entspricht den Attraktoren der Zustandsräume: Eine „gute" Lösung wird *normalerweise* von den Optimierungsverfahren nicht mehr verlassen. Ebenso jedoch wie z. B. stochastische ZA einen Attraktor zumindest kurzfristig verlassen können, sorgen die stochastischen Komponenten bei Evolutionären Algorithmen dafür, dass auch lokale Optima unter bestimmten Bedingungen verlassen werden können. Wir werden darauf zurückkommen.

Die Effizienz von Optimierungsalgorithmen wird danach bewertet, wie schnell sie überhaupt Optima erreichen, wie „gut" diese Optima sind und außerdem, ob sie bei Erreichen lokaler Optima diese auch wieder verlassen können, um ggf. globale Optima zu erreichen. In der Evolutionsbiologie nennt man den Suchraum, in dem sich die verschiedenen Gattungen evolutionär „bewegen", d. h., in dem sie ihre Anpassungsleistungen erbringen, auch eine „Fitness-Landschaft" (fitness landscape, vgl. z. B. Kauffman 1993); diese kann man sich als ein Gebirge mit niedrigen und mittelgroßen Gipfeln, den lokalen Optima, und sehr hohen Gipfeln, den globalen Optima, vorstellen.

Es sei noch darauf verwiesen, dass insbesondere Physiker nicht von Optima sprechen, sondern von Minima. Die Gründe dafür liegen in der physikalischen Theoriebildung und den verwendeten mathematischen Methoden: Die Physiker suchen primär nach den Minima bestimmter Potentialfunktionen. Wie diese prinzipiell zu berechnen sind, ist vielleicht noch aus der Schule unter dem Stichwort der Differential- und Integralrechnung bekannt. Bei der Einführung in Simulated Annealing wird das Prinzip der Energieminimierung etwas näher erläutert.

Man kann grundsätzlich unterscheiden zwischen *deterministischen* und *stochastischen* Optimierungsverfahren. Deterministische Optimierungsverfahren sind z. B. die bekannten Newtonschen Näherungsalgorithmen oder die Gradientenstrategie, die mit den Differential- bzw. Differenzenquotienten der zu optimierenden Systemfunktionen arbeitet. Wie bei allen deterministischen Verfahren geht es dabei stets um die gleiche Anwendung bestimmter algorithmischer Schritte, ohne dass Zufälligkeit irgendeine Rolle spielt. Die Gradientenstrategie liegt übrigens auch der sog. Backpropagation-Regel zugrunde, mit der bestimmte neuronale Netze operieren (siehe Kapitel 4).

Deterministische Verfahren sind in zahlreichen Fällen gut verwendbar, sie haben jedoch einen entscheidenden Nachteil: Wenn man nicht weiß, wo im „Suchraum" das jeweilige Optimum liegt und wenn man auch nicht annähernd weiß, wie dieses aussehen könnte, dann kann die Anwendung deterministischer Verfahren häufig völlig in die Irre führen und jedenfalls kein sinnvolles Ergebnis erbringen. In der Praxis von Optimierungsproblemen ist dies sehr häufig der Fall. Deterministische Verfahren sind immer stark davon abhängig, mit welchem Anfang die jeweilige Optimierung gestartet wird – das Gleiche gilt ja generell für die Trajektorien deterministischer Systeme, wie wir mehrfach hervorgehoben haben. Weiß man über „sinnvolle" bzw. Erfolg versprechende Anfänge nichts oder nichts Genaues, dann erweisen sich rein deterministische Verfahren als nicht sehr praktikabel und Verfahren, die mit Zufallsmöglichkeiten arbeiten, also stochastische Verfahren, sind hier häufig effektiver. Der Grund dafür besteht darin, dass Zufallsprozeduren es häufig ermöglichen, „schlechte" Gebiete im Suchraum zu verlassen und auf „gute" Gebiete zu kommen, was rein deterministische Verfahren gewöhnlich nicht leisten.

Rein zufallsgesteuerte Verfahren sind z. B. die berühmten *Monte-Carlo-Methoden.* Diese basieren auf der Verwendung von Zufallsstichproben, die, vereinfacht gesagt, in „gute" und „schlechte" Fälle eingeteilt werden. Das Verhältnis der guten Fälle zur Gesamtzahl der Stichproben gibt dann Aufschluss darüber, welche Näherungen an das gesuchte Optimum erreicht worden sind. Dabei ist natürlich die – häufig nur scheinbar triviale – Voraussetzung, dass es Kriterien dafür gibt, welche Fälle besser sind als andere.

Monte-Carlo-Verfahren arbeiten gewöhnlich mit statistischen Gleichverteilungen, d. h., die jeweils nächsten Stichproben werden *unabhängig von den vorherigen Ergebnissen* mit jeweils gleichen Wahrscheinlichkeiten gezogen. Das ist, um es gleich zu betonen, *nicht* das Prinzip, nach dem die biologische Evolution vorgeht. Die rein stochastischen und mit statistischen Gleichverteilungen arbeitenden Verfahren haben zwar den erwähnten Vorteil, dass sie nicht in ungeeigneten Suchbereichen stecken bleiben, aber sie sind gewöhnlich sehr zeitaufwändig, da sie keine direkte Steuerung haben und in gewisser Weise nichts aus ihrer Vergangenheit lernen können, d. h. aus ihren Fehlschlägen. Sie fangen sozusagen immer wieder von vorne an.

Das ist bei der biologischen Evolution offensichtlich anders und erklärt deren Effizienz. Die wesentlichen Prinzipien der biologischen Evolution, und damit der ihnen nachgebildeten evolutionären Algorithmen generell, seien hier tabellarisch dargestellt:

(a) Vorgegeben ist eine Population mit verschiedenen *Chromosomen,* d. h. Trägern der einzelnen Gene.

(b) Die Gene werden nach Zufallsprinzipien *mutiert,* d. h. einzeln verändert.

(c) Durch heterosexuelle Reproduktion werden die Gene *rekombiniert,* d. h., es entstehen Chromosome mit veränderten Genkombinationen.

(d) Durch Umweltselektion werden die Ergebnisse der Variation bewertet, d. h., die Ergebnisse erhalten einen unterschiedlich hohen *Fitness-Wert.* Bei monosexueller Reproduktion wird gleich das Ergebnis der Mutationen bewertet, da es dabei natürlich keine Rekombination gibt.

(e) Organismen und Gattungen mit hohen Fitness-Werten reproduzieren sich, d. h., sie erzeugen *Nachfolgergenerationen*. Diese sind dann die Populationen für die nächste Anwendung der Schritte (b) – (e).[1]

3.2 Genetische Algorithmen (GA)

Wenn man gegenwärtig von evolutionären Algorithmen (EA) spricht, dann sind vor allem die Genetischen Algorithmen (GA) sowie die Evolutionsstrategien (ES) gemeint. Als weitere bekannte Formen lassen sich noch nennen das Verfahren der *evolutionären Programmierung*, das vor allem von Fogel entwickelt wurde, sowie die von Koza (1992) eingeführte *genetische Programmierung*. Obwohl sich in manchen Anwendungsbereichen die Verwendung der beiden letzteren Verfahren durchaus empfehlen kann, bieten beide nichts *grundsätzlich* Neues: Die evolutionäre Programmierung lässt sich als eine Variante zu den Evolutionsstrategien auffassen und entsprechend ähnelt die genetische Programmierung dem GA bzw. verwendet GA.

Das Prinzip des GA ist von John Holland (1975) entwickelt worden; GA sind zurzeit die weitaus gebräuchlichsten evolutionären Algorithmen. Der sog. Standard-GA lässt sich sehr einfach durch einen Pseudocode darstellen:

(a) Generiere eine Zufallspopulation von „Chromosomen“, d. h. von Vektoren oder „Strings“, bestehend aus Symbolen; im einfachsten Fall sind dies binär codierte Strings.

(b) Bewerte die einzelnen Elemente der Population – die Chromosomen – gemäß der jeweils vorgegebenen Bewertungs- bzw. Fitnessfunktion.

(c) Selektiere „Eltern“, d. h. Paare oder größere Subpopulationen, nach einem festgelegten Verfahren („*Heiratsschema*“) und erzeuge Nachkommen durch Rekombination (*Crossover*).

(d) Mutiere die Nachkommen; d. h., variiere per Zufall einzelne Symbole.

(e) Ersetze die Elterngeneration durch die Nachkommengeneration gemäß dem jeweiligen *Ersetzungsschema*.

(f) Wende Schritte (b) – (e) auf die Nachkommengeneration an.

(g) Wiederhole diese Schritte, bis entweder die Bewertung zufrieden stellend ist oder andere Abbruchbedingungen erfüllt sind.

An einem einfachen Beispiel kann man sich die prinzipielle Operationsweise des GA demnach so vorstellen: Gegeben seien vier 5-dimensionale Vektoren in Form binärer Strings; dies seien

a) (1,0,1,1,0); b) (0,0,0,0,0); c) (1,1,1,1,1); d) (0,1,0,1,0).

Eine einfache Bewertungsfunktion wäre z. B. die, die den Wert nach der Anzahl der 1-Komponenten bemisst; die Werte W(x) wären dann W(a) = 3, W(b) = 0, W(c) = 5 und W(d) = 2. Die Reihenfolge nach Werten ist dann c, a, d, b.

[1] Eine Einordnung der evolutionären Algorithmen und von Simulated Annealing in den allgemeinen Kontext mathematischer Optimierungsverfahren findet sich u. a. bei Salamon et al. 2002.

Ein „Heiratsschema" wäre beispielsweise: Wähle die drei besten Vektoren aus, also c, a und d, und „kreuze" den besten mit dem zweitbesten und den besten mit dem drittbesten. Das ergibt die Elternpaare (c,a) und (c,d). Ein Rekombinations- bzw. Crossoverschema, das sich hier anbietet, ist z. B. die Ersetzung der jeweils ersten beiden Komponenten in einem Vektor durch die letzten beiden Komponenten des jeweils anderen. In unserem Beispiel ergibt das die folgenden neuen vier Vektoren:

„Kinder" von (c,a):

(1,0,1,1,1); (1,1,1,1,0);

„Kinder" von (c,d):

(1,0,1,1,1); (1,1,0,1,0).

Bei der Festlegung eines Heiratsschemas ist insbesondere darauf zu achten, dass die Anzahl der Nachkommen gleich der Anzahl der Vorgänger ist. Das ist zwar nicht logisch zwingend und beim biologischen Vorbild ist natürlich bekannt, dass die Anzahl von Kindern größer oder kleiner sein kann als die Anzahl der Eltern. Aus praktischen Gründen jedoch erweist es sich meistens als zweckmäßig, bei der Reproduktion die Anzahl der jeweiligen Vektoren konstant zu halten.

Eine häufig verwandte Form des Crossover basiert darauf, dass man nicht einzelne Komponenten der Vektoren nach dem Zufallsprinzip vertauscht, sondern bestimmte Teile der Vektoren (Subvektoren) vollständig von einem Vektor in den jeweils anderen überführt. Es werden also in einem Vektor W bestimmte Subvektoren ersetzt durch Subvektoren aus einem Vektor V; entsprechend geschieht das dann im Vektor V (das haben wir im obigen Beispiel im Grunde auch schon gemacht). Derartige ausgetauschte Subvektoren werden auch häufig als „Building Blocks" bezeichnet. Der Grund dafür, das Verfahren von Building Blocks im Crossover zu realisieren, besteht gewöhnlich darin, dass die Einheiten in derartigen Building Blocks bzw. Subvektoren „inhaltlich" miteinander zusammenhängen und deswegen auch nur komplett ausgetauscht werden dürfen. Man kann sich dies z. B. vorstellen an verschiedenen Gruppen von Genen im Genom, die jeweils gemeinsam den Aufbau eines bestimmten Organs steuern.

Bei Anwendungen des GA werden die Raten der Mutation gewöhnlich sehr gering gesetzt, da das Crossover die wesentliche Rolle spielt. Um bei dem kleinen obigen Beispiel überhaupt eine Mutation durchzuführen, setzen wir die Mutationsrate für die gesamte neue Population von vier Vektoren auf 5 %, d. h., bei insgesamt 20 Komponenten wird per Zufall eine Komponente mutiert. Das ist bei GA-Anwendungen schon ein ziemlich hoher Wert. Die zu mutierende Komponente sei die dritte im ersten „Kind" von (c,a), was die endgültigen Vektoren (1,0,0,1,1) sowie die drei anderen „Kinder" ergibt. Man sieht sofort, dass bereits die erste Nachfolgergeneration deutlich bessere Werte hat als die erste Generation; außerdem zeigt sich, dass die Mutation das Ergebnis verschlechtert (und nicht etwa verbessert). Dies ist in der Natur durchaus bekannt: Die meisten Mutationen wirken sich ungünstig aus und nur in wirklich großen Populationen verbessern Mutationen das Gesamtergebnis mittel- und langfristig (Dawkins 1987).

Man sieht an diesem einfachen Beispiel durch Nachrechnen, dass der GA die Vektoren sehr rasch zu besseren Werten bringt und dass das globale Optimum, nämlich Vektoren der Form (1,1,1,1,1), schnell erreicht wird. Nach Erreichen des Optimums können Mutationen das Ergebnis nur noch verschlechtern; dies wird dann durch eine entsprechende Abbruchbedingung verhindert.

Eine Spezialform der Mutation, die vor allem bei binären und nichtnumerischen Codierungen eingesetzt werden kann, ist die so genannte *Inversion.* Dabei werden nach dem Zufallsprinzip in den Vektoren der Nachkommen einzelne Komponenten vertauscht. In einem Vektor der Form (1,0,0,1,0) würde die Inversion der ersten und der letzten Komponente demnach den Vektor (0,0,0,1,1) erzeugen, was allerdings bei diesem einfachen Bewertungsverfahren offensichtlich nichts bewirkt. Man kann die Inversion auch mit mehreren zusammenhängenden Komponenten, so genannten Blöcken (Building Blocks), gleichzeitig durchführen, z. B. im obigen Beispiel die Komponenten (1, 2) mit den Komponenten (3, 4); wir haben auf das Prinzip der Building Blocks bereits oben verwiesen. Dann wird die Inversion offenbar ein „inneres“ Crossover, also eines, das nicht *zwischen zwei* Vektoren, sondern *innerhalb eines* Vektors, durchgeführt wird. Für den Fall, dass die Blöcke jeweils nur aus einem Element bestehen, kann man die Inversion auch als 1-elementiges Crossover auffassen. Das ist dann lediglich eine Frage der Semantik.

Gemäß der obigen Unterscheidung zwischen deterministischen und stochastischen Optimierungsverfahren lässt sich der GA als ein „semistochastisches“ Verfahren charakterisieren: Er enthält stochastische Elemente wie die Mutation und die Zufallsgenerierung der Anfangspopulation; auch das Crossoverschema kann stochastisch durchgeführt werden, indem die Vektorkomponenten, die zur Rekombination verwendet werden, aus den Elternvektoren per Zufall ausgewählt werden. Dies wird sogar ziemlich häufig benutzt. Gleichzeitig jedoch führt die Bewertung deterministische Elemente ein, die auch von statistischen Gleichverteilungen weit entfernt sind: Es werden gewöhnlich nur die jeweils besten zur Rekombination herangezogen und die verschiedenen Schritte des Pseudocodes werden immer streng reproduziert. Der GA lässt sich demnach als ein *rekursiver Algorithmus* mit stochastischen Elementen verstehen und das macht auch seine immer wieder demonstrierte Effektivität aus.[2]

Aus dem obigen Pseudocode und dem Beispiel geht hervor, dass man mit dem bisher dargestellten GA streng genommen ein *Algorithmusschema* hat, das im konkreten Fall durch Angabe des jeweiligen Heiratsschemas, des speziellen Crossoverfahrens, der Codierung, Mutationsrate, Abbruchbedingungen und vor allem der Bewertungsfunktion erst zu einem praktikablen Algorithmus gemacht wird. Welche jeweiligen Möglichkeiten man wählt, hängt von dem Problem ab, das mit einem GA gelöst werden soll. Man sieht daran, dass es „den“ GA nur im Sinne eines Schemas gibt; gleichzeitig erweist sich dies Schema jedoch auch als äußerst variabel, das den verschiedensten Zwecken angepasst werden kann. Es gibt dabei zahlreiche Faustregeln, die sich praktisch bewährt haben (unter anderen Schöneburg u. a. 1994; Michalewicz 1994): So sollte die Anzahl der Vektorkomponenten, die beim Crossover eingesetzt werden, höchsten 50 % der Gesamtkomponenten betragen, da sonst, wie man rasch einsieht, ständig Redundanzen produziert werden, d. h., das Crossover verändert die Vektoren nicht wesentlich. Entsprechend gilt, dass Mutationsraten gering gehalten werden sollten, wenn es nur darum geht, überhaupt praktikable Lösungen zu finden, wenn also ggf. lokale Optima bzw. Suboptima im Suchraum ausreichen. Die Produktivität des Zufalls, die oben angesprochen wurde, wirkt sich praktisch oft störend aus; in dem kleinen obigen Beispiel etwa wäre es sinnvoller, auf Mutation völlig zu verzichten.

Einige besonders wichtige Aspekte der GA-Konstruktion sollen noch gesondert angesprochen werden:

(1) Ersetzungsschema: Der „Standard“-GA, der von Holland relativ streng nach dem Modell der biologischen Evolution konstruiert worden war, hat kein „Gedächtnis“, d. h., die jeweilige

---

2 Unter rekursiven Algorithmen versteht man solche, die zur Erzeugung neuer „Elemente“ – z. B. bestimmte Werte oder Systemzustände – jeweils auf die in den vorangegangenen Schritten erzeugten Elemente zurückgreift (daher „re“kursiv) und nach *immer gleichen* Verfahren daraus die neuen Elemente generiert. ZA z. B. sind klassische Exempel für rekursive Algorithmen, wie wir gesehen haben.

Elterngeneration verschwindet vollständig (so genanntes nicht-elitistisches Ersetzungsschema). Dies macht Sinn vor allem bei Simulationen von „adaptiven" natürlichen oder auch sozialen Systemen, d. h. Systemen, bei denen im Verlauf der Zeit bestimmte Formen auftauchen, sich mehr oder weniger gut bewähren und mittel- bis langfristig wieder verschwinden. Wenn es jedoch darum geht, relativ schnell praktikable Lösungen für spezielle Probleme zu finden, dann ist es häufig nicht sinnvoll, auf die jeweiligen Elterngenerationen völlig zu verzichten, da Nachfolgegenerationen aufgrund der stochastischen Aspekte des GA auch durchaus schlechter als die Elterngeneration sein können. Deswegen sind schon bald verschiedene *elitistische* Formen des Ersetzungsschemas eingeführt worden, von denen hier einige Varianten dargestellt werden sollen.

Die übliche elitistische Variante des Standard-GA besteht einfach darin, dass nach Durchführung von Crossover und Mutation die Kindergeneration mit der Elterngeneration, also der zum Crossover verwendeten Subpopulation der Anfangspopulation, verglichen wird. Sind *alle Vektoren der Nachfolgegeneration schlechter als die Eltern,* dann werden die n schlechtesten Kinder durch die n besten Eltern ersetzt; diese bilden dann mit den verbleibenden Kindern die neue Generation. Hierdurch kann man erreichen, dass die Bewertungsfunktion monoton steigend wird, d. h., für die besten Werte W_N der Nachfolgegeneration und die Werte W_E der Elterngeneration gilt stets

$$W_N \geq W_E. \tag{3.1}$$

Praktisch hat sich gezeigt, dass es genügt, n = 1 oder geringfügig größer zu wählen, womit die Monotonie der Bewertungsfunktion hinreichend gewährleistet ist. Allerdings gibt es bei dieser standardisierten Form des elitistischen GA den Nachteil, dass die Population zu schnell homogen werden und in einem Suboptimum landen kann. Dies kann man entweder durch Erhöhung der Mutationsrate verhindern oder durch Einführung eines *schwachen Elitismus.* Dieser besteht darin, die n beibehaltenen besten Eltern vor Einfügung in die Nachfolgegeneration selbst zu mutieren – entweder mit der generellen Mutationsrate oder einer speziellen.

Ein zusätzlicher Weg, das Ersetzungsschema zu variieren, besteht darin, die Elterngeneration „anzureichern" (delete-n-last). Dies bedeutet, dass die n schlechtesten Elemente der Elterngeneration durch n Elemente der Nachfolgegeneration ersetzt werden und mit den verbleibenden Eltern die neue Generation bilden. Dabei müssen es nicht unbedingt die n besten Elemente der Nachfolgegeneration sein. Falls diese z. B. den besten Elternvektoren zu ähnlich sind, könnte eine zu schnelle Konvergenz auf ein Suboptimum hin erfolgen. Auch hier sind zahlreiche Varianten möglich.

(2) Konvergenzverhalten: Von bestimmten GA lässt sich mathematisch streng zeigen, dass sie unter bestimmten Bedingungen einen Konvergenzpunkt haben, also immer eine optimale Lösung finden, auch wenn diese zuweilen kein globales Optimum darstellt. Der entsprechende Beweis von Michalewicz (1994) basiert auf einem Theorem aus der metrischen Topologie, d. h. der Theorie metrischer Räume. Dies sind Mengen, auf denen eine metrische „Distanzfunktion" d definiert ist. Diese Funktion wird definiert für alle Elemente x, y und z der Menge durch

(1) $d(x, x) = 0$;

(2) $d(x, y) = d(y, x)$;

(3) $d(x, z) \leq d(x, y) + d(y, z)$, (3.2)

mit $d(x, y) \in \mathbf{R}$, also der Menge der reellen Zahlen. Die Bedingung (3) wird gewöhnlich als so genannte Dreiecksungleichung bezeichnet.

Eine Funktion f auf einem metrischen Raum heißt nun „kontraktiv", wenn für jeweils zwei Elemente x und y gilt:

$$d(f(x), f(y)) < d(x,y) \text{ und } d(f^n(x), f^n(y)) < d(f^{n-1}(x), f^{n-1}(y)) \quad (3.3)$$

für n-fach iterierte Anwendungen von f auf x und y. Eine kontraktive Funktion zieht also die Elemente des metrischen Raumes gewissermaßen zusammen.

Das von dem polnischen Mathematiker Banach formulierte *Fixpunkttheorem* besagt, dass eine kontraktive Funktion immer einen Konvergenzpunkt hat. Man kann jetzt zeigen, dass der Algorithmus bestimmter GA sich unter speziellen Bedingungen als eine kontraktive Funktion darstellen lässt, wenn man als Distanz d zwischen den Elementen die Differenz zwischen deren Bewertungen durch die Bewertungsfunktion nimmt. Dann folgt die Existenz eines Konvergenzpunktes, d. h. eines (Sub)Optimums, direkt aus dem Satz von Banach. Der Beweis gilt so allerdings nur für bestimmte GA, für die eine spezielle Metrik definiert wurde. Diese hat folgende Form:

Sei $P = (x_1,...,x_n)$ die zu optimierende Population und Eval(P) die Bewertungsfunktion für den GA, die definiert wird als

$$\text{Eval}(P) = {}^1/_n \sum \text{eval}(x_i), \quad (3.4)$$

d. h. als der arithmetische Durchschnitt der Bewertungen der „Individuen". Dann lässt sich die Distanz d zwischen zwei Populationen P_1 und P_2 definieren als

$$d(P_1,P_2) = \begin{cases} 0 \text{ falls } P_1 = P_2 \text{ und} \\ |1 + M - \text{Eval}(P_1)| + |1 + M - \text{Eval}(P_2)| \text{ sonst} \end{cases} \quad (3.5)$$

Hierbei ist M die obere Grenze der eval(x)-Funktion für den jeweiligen Wertebereich, also

$$\text{eval}(x) \leq M \text{ für alle } x \in P \quad (3.6)$$

und demnach

$$\text{Eval}(P) \leq M \quad (3.7)$$

für alle Populationen P.

Man kann jetzt ohne Schwierigkeiten zeigen, dass d in der Tat eine Metrik definiert, also die obigen drei Axiome erfüllt. Als kontraktive Funktion werden die Durchläufe des GA definiert, allerdings mit der Maßgabe, dass nur die Durchläufe berücksichtigt werden, die eine Verbesserung gegenüber den bisherigen Durchläufen erbringen. Durchläufe, die keine Verbesserung ergeben, werden sozusagen aus der Betrachtung herausgenommen.

Da der oben definierte metrische Raum vollständig ist (was das genau ist, ist hier nicht wesentlich), sind die Bedingungen des Banachschen Fixpunktsatzes erfüllt und es folgt für diese Modifikation des Standard-GA dessen Konvergenz. Allerdings gilt dieser Beweis offensichtlich nur für die Fälle, bei denen tatsächlich eine schrittweise Verbesserung der Populationen erfolgt. Da dies durchaus nicht immer gesichert ist, bringt der Beweis zwar grundsätzliche Einsichten in Konvergenzeigenschaften von GA, hat jedoch nur bedingten praktischen Wert. Außerdem ist die Definition von Eval(P) als Durchschnitt der individuellen Bewertungen auch längst nicht in allen Fällen sinnvoll; beim ersten Beispiel oben ging es ja um die Addition der 1-Komponenten.

Insbesondere wird bei diesem speziellen Beweis offensichtlich vorausgesetzt, dass neben der Bewertung der Populationen, also normalerweise der jeweiligen Vektoren, auch die einzelnen

Komponenten individuell bewertet werden. Das ist natürlich durchaus nicht notwendig immer der Fall. Nehmen wir einmal alphabetisch codierte 4-dimensionale Vektoren (a, b, ...) und vervollständigen dies Modell mit einer Bewertungsfunktion, die möglichst viele verschiedene Buchstaben in einem Vektor begünstigt. Dann wären z. B. der Vektor (a, b, c, d) einer der besten und ein Vektor (a, a, a, a) ein äußerst schlechter. Bei einer derartigen Bewertungsfunktion ist es jedoch offensichtlich sinnlos, die einzelnen Komponenten zu bewerten.

Dennoch ist aus dem Beweis zu lernen, dass und warum zuweilen adaptive Prozesse sozusagen ins Stocken geraten und nicht weiter kommen. Es ist ein bekanntes Phänomen, dass biologische Gattungen sehr häufig ein bestimmtes evolutionäres Niveau erreichen und dann in ihrer Entwicklung einfach stagnieren, obwohl ihre Umwelt sich durchaus verändert. Dies kann man als einen besonderen Fall der Konvergenz des biologischen GA verstehen, der aus dem evolutionären Fixpunkt nicht mehr herausführt. Nur zusätzliche hohe Mutationsraten, die etwa durch radioaktive Strahlungen bewirkt werden können, sind in der Lage, eine endgültige und eventuell tödliche Stagnation der Gattung zu verhindern.

(3) Codierungen: In den von Holland eingeführten Standardversionen des GA einschließlich der elitistischen Varianten werden Codierungen gewöhnlich binär durchgeführt; man konnte einige Zeit in älteren Darstellungen des GA sogar lesen, dass der GA *nur* mit binären Codierungen eingesetzt werden kann. Das ist nicht zutreffend, wie wir selbst mehrfach praktisch zeigen konnten (z. B. Stoica 2000). Reelle Codierungen sind ebenfalls möglich und ebenso die Einführung beliebiger Symbole in die Vektoren. Man muss dann allerdings genau definieren, was Mutationen bedeuten sollen. Im binären Fall ist dies der Wechsel zwischen 1 und 0. Bei reellen Codierungen muss man zusätzlich ein „Mutationsmaß" einführen, d. h., man muss festlegen, wie stark eine Komponente verändert werden soll. Ebenso wie beim GA generell nur mit geringen Mutationsraten gearbeitet werden sollte, falls man einfache und schnelle Konvergenzprozesse haben will, so sollte man auch nur mit geringen Mutationsmaßen arbeiten. Bei reellen Komponenten beispielsweise zwischen 0 und 1 sollte das Mutationsmaß nicht größer als 0.1 sein – so eine erprobte Faustregel.

Bei nicht numerischen Codierungen muss bestimmt werden, welches Symbol in welches andere überführt werden soll. Gibt es z. B. wie oben einen Vektor (a,b,c,d), so kann man etwa festlegen, dass nur benachbarte Elemente ineinander überführt werden dürfen, also a in b, b in c (und eventuell auch in a) usf. Welche Transformationsregel man einführt, ist selbstverständlich wieder von der Art des Problems abhängig und hängt häufig auch – siehe unten – von der Bewertungsfunktion ab, dies gilt für die Wahl von Codierungen generell. Bei nicht numerischen Codierungen bietet es sich also an, eine bestimmte Form der oben erwähnten Inversion als Mutationsschema zu wählen. Freilich ist es auch möglich, Mutationen dadurch zu definieren, dass neue Komponenten in die Vektoren eingefügt werden, im Beispiel etwa e. Der kreativen Phantasie sind hier buchstäblich keine Grenzen gesetzt, bis auf diejenigen, die das jeweilige Problem vorgibt. Die Einfügung neuer Elemente durch Mutation ist natürlich auch am biologischen Vorbild orientiert, da dies ein wichtiger Weg für die Produktion wirklich neuer Organismen in der biologischen Evolution ist. Entsprechend kann man auch Mutation als die Vergrößerung des Vektors definieren, was in der Natur ebenfalls regelmäßig vorkommt. Dies ergibt für unser kleines Beispiel etwa den neuen Vektor (a, b, c, d, e). Für praktische Zwecke genügt jedoch gewöhnlich die übliche Definition von Mutation.

(4) Bewertungsfunktion: Eine „Bewertungsfunktion", die ja möglichst die Eigenschaft der Kontraktivität (siehe oben) realisieren soll, um eine Konvergenz zu gewährleisten, setzt die Existenz einer vollständigen Metrik im Zustandsraum (hier Raum der genetischen Vektoren), mindestens jedoch eine vollständige Ordnung (transitive, reflexive, antisymmetrische Relation)

voraus. M.a.W., es muss möglich sein, die verschiedenen Vektoren danach zu ordnen, dass von zwei Vektoren V und W immer entschieden werden kann, ob V besser ist als W oder umgekehrt oder ob beide gleich gut sind. Das Schwierige beim Einsatz eines GA für bestimmte Zwecke ist somit häufig die Konstruktion einer problemadäquaten Bewertungsfunktion. Anders gesagt: Wenn man für ein Problem eine geeignete Bewertungsfunktion gefunden hat, dann kann man das Problem im Rahmen der Leistungsfähigkeit eines GA gewöhnlich relativ leicht lösen. Aber dafür gibt es keine allgemeine Konstruktionsregel.

Bei einem GA und einer ES kann noch folgende Unterscheidung wichtig sein: Die bisherigen Definitionen gingen immer davon aus, dass die Vektoren jeweils gesamt bewertet werden – siehe die beiden Beispiele. Man kann auch festlegen, dass die einzelnen Komponenten in den Vektoren bewertet werden, sozusagen eine individuelle Fitness, und die Bewertung des gesamten Vektors sich aus den Werten der Komponenten ergibt; dieses Verfahren hat ja Michalewicz bei seinem Konvergenzbeweis verwendet. In derartigen Fällen wird häufig eine Unterscheidung zwischen Fitness- und Bewertungsfunktion vorgenommen, um die doppelte Bewertung von Vektoren und Komponenten mit ggf. unterschiedlichen Funktionen zu betonen. In den meisten Fällen spielt diese Unterscheidung jedoch keine Rolle und wir werden im Folgenden weiter nur von Bewertungsfunktion reden.

(5) Heiratsschema und Selektion: Der von Holland entwickelte Standard-GA orientierte sich in dem Sinne an der biologischen Evolution, dass, wie oben bemerkt, die Auswahl der zu rekombinierenden Vektoren nach deren jeweiliger „Fitness“ erfolgt. Entweder werden immer nur die besten „Eltern“ zur Rekombination herangezogen (siehe die Beispiele oben) oder es wird mit Rekombinationswahrscheinlichkeiten gearbeitet, wobei die Wahrscheinlichkeit proportional zur jeweiligen Fitness ist; die Wahrscheinlichkeit, ausgewählt zu werden, ist demnach für den besten Vektor am größten. In der Praxis bietet es sich auch fast immer an, mit einem derartigen Heiratsschema zu arbeiten, da dies eine relativ rasche Konvergenz sichert – mit den obigen Einschränkungen natürlich. Der Vollständigkeit wegen muss jedoch erwähnt werden, dass es auch andere Möglichkeiten gibt. Einige seien hier kurz erwähnt:

Das so genannte Roulette-Wheel-Verfahren operiert nach einem reinen Zufallsprinzip, d. h. ohne Rücksicht auf die Fitness der jeweiligen Elternvektoren. Damit ähnelt es im Prinzip den Monte-Carlo-Verfahren. Der Vorteil dieses Schemas ist natürlich, dass eine zu rasche Konvergenz in einem lokalen Optimum kaum vorkommen kann; der ebenso evidente Nachteil ist, dass sehr viele Möglichkeiten durchgerechnet werden müssen. Im Grunde fällt hier das biologische Prinzip der Selektion weitgehend aus.

Eine Kombination zwischen dem streng selektiv operierenden Standardschema und dem Roulette-Wheel-Schema besteht darin, dass einige der besten Vektoren für das Crossover selektiert werden und zusätzlich aus den schlechtesten Vektoren per Zufall eine entsprechende Anzahl. Hat man z. B. 20 Vektoren, dann kann man bei diesem Schema etwa die fünf Besten nehmen und nach Zufall aus den zehn Schlechtesten wieder fünf Vektoren auswählen. Diese werden dann rekombiniert, um wieder 20 Vektoren zu erhalten. Dies Schema verhindert ebenfalls zu rasche Konvergenz, erfordert aber natürlich auch mehr Rechenzeit als das Standardschema.

Eine zusätzliche Möglichkeit orientiert sich an dem Verfahren des Simulated Annealing (siehe unten). Wie beim Roulette-Wheel wird aus allen Vektoren per Zufall eine Auswahl getroffen. Allerdings sinkt die Wahrscheinlichkeit, schlechte Vektoren auszuwählen mit jeder Generation, so dass nach einer bestimmten Zeit, abhängig vom so genannten „Abkühlverfahren“, praktisch nur noch die Besten ausgewählt werden. Auch hier wird eine zu rasche Konvergenz verhindert, wobei am Ende wieder eine strenge Selektion vorgenommen wird.

Es gibt noch zahlreiche Varianten, aber in der Praxis empfiehlt es sich meistens, mit dem selektiven Standardschema zu arbeiten. Zu rasche Konvergenz lässt sich, wie bemerkt, auch durch Erhöhung der Mutationsrate verhindern.

Prinzipiell können bei einem Einsatz eines GA zwei mögliche Fälle vorliegen:

(a) Das gewünschte Optimum – lokal oder global – ist bekannt, aber es ist unklar, wie das zu optimierende System dies Optimum erreichen kann. Dieser Fall entspricht dem in dem Bereich der künstlichen neuronalen Netze bekannten Prinzip des *überwachten Lernens* (siehe Kapitel 4) und er kann insbesondere beim Einsatz *hybrider Systeme* (siehe Kapitel 6) auftreten, d. h. bei der Koppelung eines GA mit anderen formalen Systemen. Praktisch bedeutet dies gewöhnlich, dass man zwar weiß, wie eine günstige Lösung aussehen *kann*, dass man also die Kriterien für gute Lösungen kennt, dass jedoch das jeweilige System sich auf noch unbekannte Weise selbst optimieren muss, um die gewünschten Verhaltensweisen zu produzieren. Dies kann z. B. bei technischen Systemen der Fall sein. In diesem Fall wird die Bewertungsfunktion häufig über die Differenz der Zustände eines Systems zum Optimalzustand definiert. Bei binären Codierungen der Systemzustände, wie im ersten Beispiel, wird die Differenz meistens in Form der Hamming-Distanz zwischen zwei Vektoren berechnet. Diese misst die Anzahl der gleichen Komponenten in den Vektoren, also für zwei Vektoren $V = (v_i)$ und $W = (w_i)$ ist die Hamming-Distanz

$$H = \sum v_i \tag{3.8}$$

für alle $v_i = w_i$.

Bei reell codierten Vektoren arbeitet man häufig mit der Euklidischen Distanz

$$d = \sqrt{\sum (v_i - w_i)^2}. \tag{3.9}$$

Nicht numerisch codierte Vektoren können entweder über die Hamming-Distanz verglichen werden oder über die so genannte Levenshtein-Distanz. Diese misst die Distanz zwischen zwei Vektoren durch die Anzahl von Transformationen, mit denen ein Vektor in den anderen überführt werden kann, wobei definiert sein muss, was zulässige „Transformationen" sind. Sind also V und W zwei Vektoren, ist T eine Transformation mit $T(v_i) = w_i$ und gilt, dass

$$T^n (V) = W, \tag{3.10}$$

dann ist offensichtlich die Levenshtein-Distanz Ld

$$Ld(V,W) = n. \tag{3.11}$$

(b) Bei praktischen Optimierungsaufgaben ist es jedoch nicht selten so, dass man weder den Optimierungsweg noch die Lösung selbst annähernd kennt. Man hat lediglich „Gütekriterien", d. h., man weiß, ob eine Lösung besser ist als andere. Bei neuronalen Netzen spricht man dann vom *verstärkenden Lernen* (siehe unten) und meint damit, dass das zu optimierende System sich sowohl den Weg als auch die Lösung in Form einer bestimmten Selbstorganisation selbst suchen muss. Eine Bewertungsfunktion kann in diesem Fall immer nur die relative Verbesserung der neuen Lösungen bzw. Systemzustände in Bezug auf die bisherigen feststellen. Bei problemadäquaten Bewertungsfunktionen kann allerdings der GA gerade hier seine besonderen Vorteile ausspielen, da die „genetischen Operatoren" von Mutation und Crossover genau dies hervorragend leisten: Durch eine adaptive Selbstorganisation sucht er den Weg durch den Lösungsraum und findet ein Optimum.

GA werden in vielfältiger Weise eingesetzt und sind praktisch für alle möglichen Arten von Problemen geeignet. Allerdings operieren sie manchmal zu global, d. h., die durchgeführten Variationen verändern das jeweilige System zu stark auf einmal. Dies ist zum Teil anders bei den Evolutionsstrategien.

3.3 Evolutionsstrategien (ES)

Während Holland den Standard-GA von Anfang an vollständig entwickelte, haben Rechenberg (1972), der Erfinder der ES, und anschließend sein Schüler Schwefel die ES aus einfachen Grundversionen ständig erweitert. Der Hauptunterschied zwischen ES und GA besteht darin, dass beim GA, wie bemerkt, das Crossover die Hauptrolle spielt und bei der ES die Mutation. Dies wird an der einfachsten Grundversion besonders deutlich, nämlich der (1+1)-ES.

Das Prinzip dieser ES besteht darin, dass ein zufällig generierter Vektor als „Elterneinheit" vorgegeben ist; dieser wird gewöhnlich reell codiert. Anschließend wird der Elternvektor dupliziert und das Duplikat wird in einer Komponente einer Mutation unterworfen. Diese besteht gewöhnlich darin, dass zu einer zufällig ausgewählten Komponente ein kleiner positiver oder negativer reeller Wert addiert wird. Anschließend werden Eltern- und Kindteile durch eine Bewertungsfunktion verglichen; der bessere Teil wird selektiert, erneut dupliziert, das Duplikat wird mutiert usf. bis befriedigende Ergebnisse erreicht worden sind oder ein anderes Abbruchkriterium wirksam wird. Da zur Selektion jeweils ein Eltern- und ein Kindteil herangezogen werden, heißt diese ES 1+1.

Es liegt auf der Hand, dass diese einfache Strategie nicht sehr schnell zu befriedigenden Ergebnissen führt. Rechenberg erweiterte deswegen die (1+1)-ES zur so genannten (μ+λ)-ES. Diese besteht darin, dass nicht ein Elternteil, sondern μ Eltern (reell codierte Vektoren) generiert werden, aus denen λ Nachkommen durch Duplikation und Mutation erzeugt werden. Dabei gilt, dass $\lambda \geq \mu \geq 1$ sein soll. Die Erzeugung der Nachkommen geschieht so, dass aus den μ Eltern gemäß statistischer Gleichverteilung λ Eltern zufällig ausgewählt werden; Mehrfachauswahl einzelner Eltern ist zulässig und im Fall $\lambda > \mu$ auch erforderlich. Die ausgewählten Eltern erzeugen λ Nachkommen; diese werden mit ihren λ Eltern wieder bewertet und die besten μ Individuen bilden dann die neue Elterngeneration, die nach dem gleichen Verfahren λ Nachkommen erzeugen usf. Da sowohl die ausgewählten Eltern als auch deren Nachkommen bewertet werden und die Eltern, die besser als ihre Nachkommen sind, „überleben", wird hier wieder das + Zeichen verwendet.

Die (μ + λ)-ES entspricht hinsichtlich des Prinzips, auch besonders gute Individuen der Elterngeneration zu konservieren, offensichtlich dem elitistischen GA, wenn auch ohne Crossover. Der Vorteil elitistischer Verfahren wurde schon beim GA erwähnt: Da gute Lösungen nicht zugunsten schlechterer Nachkommenlösungen geopfert werden, ist die Bewertungsfunktion immer monoton steigend; einmal erreichte Optima werden nicht wieder verlassen. Der Nachteil elitistischer Lösungen besteht darin, auch beim GA, dass diese Verfahren zuweilen zu schnell gegen lokale Optima konvergieren, wenn diese in einer Elterngeneration enthalten sind. Der Optimierungsalgorithmus hat dann nur geringe Chancen, einen *kurzfristig schlechteren, aber langfristig günstigeren* Pfad im Optimierungsraum einzuschlagen. Deswegen ist z. B. ein elitistischer GA nicht immer das beste Verfahren.

Hinsichtlich der ES führte Schwefel (1975) aus diesem Grund eine zusätzliche Notation ein, die (μ,λ)-ES. Bei dieser ES werden – bei gleicher Generierung der Nachkommen – die Eltern nicht mehr mit den Nachkommen verglichen, sondern es werden aus der Gesamtmenge der λ

Nachkommen die μ Besten ausgewählt, die dann als neue Eltern für die Generierung von λ Nachkommen dienen. Falls es gleichgültig ist, welche Selektion vorgenommen werden soll – Eltern + Kinder oder nur Kinder –, spricht man allgemein von einer (μ # λ)-ES.

Diese ES verfügen offensichtlich nicht über Rekombinationsverfahren. Da jedoch aus der Evolutionsbiologie – und dem GA – bekannt ist, wie wirksam Rekombination bei der Optimierung von Individuen und Populationen sein kann, wurden die ES ebenfalls mit entsprechenden Möglichkeiten angereichert. Es gibt zwei Standardverfahren, von denen das eine praktisch dem Crossover beim GA entspricht; wie beim GA sind auch hier unterschiedliche Schemata möglich, die gegenüber den bereits Dargestellten nichts Neues bringen.

Eine ganz andere Rekombinationsmöglichkeit besteht darin, die reelle Codierung auszunutzen, und *Rekombination als Mittelwertbildung* der einzelnen Komponenten durchzuführen. Dies geschieht folgendermaßen:

Wenn man sich auf den einfachen Fall beschränkt, dass jeweils zwei Eltern zur Rekombination herangezogen werden – bei den ES spricht man dann davon, dass eine ρ-Gruppe mit ρ = 2 gebildet wird, dann werden aus den μ Eltern λ Paare gebildet. Haben wir also z. B. 10 Eltern und es sollen 12 Nachkommen gebildet werden, dann werden 12 Elternpaare gebildet. Jedes Paar besteht aus zwei reell codierten Vektoren. Der einzige Nachkomme eines Paars entsteht dadurch, dass ein neuer Vektor gebildet wird, dessen Komponenten die (gewöhnlich arithmetischen) Mittelwerte der jeweiligen Komponenten der Elternvektoren sind. Falls demnach die Eltern die Vektoren (3,5,3,1,7) und (5,7,5,3,9) sind, dann ist der neue Vektor K = (4,6,4,2,8). Dieser Vektor wird dann mutiert; dies ergibt offensichtlich 12 neue Vektoren. Je nach gewählter Selektionsstrategie werden anschließend 10 Vektoren ausgewählt, mit denen dann Rekombination über Mittelwert, Mutation und Selektion durchgeführt werden. In der Terminologie der ES wird dies Verfahren – wie auch das Pendant zum Crossover – als (μ/ρ # λ)-ES bezeichnet.

Es sei hier schon angemerkt, dass ES und GA sich in ihrer Operations- und Wirkungsweise vor allem darin unterscheiden, dass der GA eher global auf den Gesamtpopulationen operiert und wirkt, während die ES eher lokal, sozusagen punktuell wirkt. Das drückt auch das eben dargestellte Mittelwertverfahren aus: Während Crossover-Verfahren häufig die gesamte Population drastisch verändern können, modifiziert das Mittelwertverfahren offensichtlich nur in kleinem Maßstab. Der jeweils neue Vektor bleibt in dem Rahmen, den die beiden – oder mehr – Eltern vorgeben und springt nicht in ganz andere Richtungen. Dies ist, wie noch bei den so genannten mutativen Schrittweitensteuerungen gezeigt wird, ein Grundprinzip der ES.

Wir haben bereits dargestellt, dass bei den ES die Mutationen eine wichtigere Rolle spielen als die Rekombinationsverfahren; beim GA ist das genau umgekehrt. Deswegen werden bei den ES Verfahren zur Steuerung von Mutationen eingeführt, die als *mutative Schrittweitensteuerung* bezeichnet wird. Dabei geht es kurz gesagt um Folgendes:

Schon beim GA ist darauf verwiesen worden, dass bei reellen Codierungen jeweils das gewünschte „Mutationsmaß" angegeben werden muss, also das Maß der zulässigen Schwankungen bei den einzelnen Komponenten. Dies ist systematisch bei den ES eingeführt worden, was sich formal so darstellt: Ein Vektor X erzeugt durch Mutation einen neuen Vektor Y, indem zu X ein „Zufallsvektor" addiert wird.

$$X = Y + N(0,s), \tag{3.12}$$

wobei N(0,s) ein Vektor ist, der aus Gauß-verteilten Zufallszahlen mit dem Mittelwert 0 und der Standardabweichung s besteht. Algorithmisch heißt das, dass der Zufallsvektor gebildet wird, indem pro Komponente eine Standardabweichung definiert wird, z. B. (0.5, 0.2, 0.3, 0.4) bei einem vierdimensionalen Vektor, und dass zum Mittelwert 0 pro Komponente Zufallszahlen generiert werden, die innerhalb der jeweiligen Standardabweichung liegen müssen. Diese werden dann zu den Komponenten des Elternduplikats addiert.

Nehmen wir als Beispiel einen Elternvektor E mit E = (1, 3, 2, 1) sowie die obige Standardabweichung s = (0.5, 0.2, 0.3, 0.4). Die Zufallszahlen seien dann – innerhalb der jeweiligen Standardabweichung – (0.3, 0.1, –0.1, 0.2). Der neue Vektor ist dann offensichtlich (1.3, 3.1, 1.9, 1.2).

Man sieht hier wieder das Grundprinzip der ES, nämlich die punktuelle Variation von Teilen der Gesamtheit, die mit nicht allzu großen Veränderungen operiert. Natürlich hängt das Ausmaß der durch Mutation erzielbaren Veränderungen von der Größe von s ab. Abgesehen davon, dass für ES noch stärker gilt als beim GA, die Größe von Mutationsveränderungen nur sehr vorsichtig einzustellen, ist die Definition von s „komponentenweise", d. h. prinzipiell unterschiedlich für jede einzelne Komponenten, ein wesentliches Steuerungsmittel für sehr detaillierte Variationen.

Die Frage ist, ob es Regeln für die Größe von s – pro Komponente oder vielleicht auch pro Gesamtvektor – gibt. Rechenberg (loc. cit.) hat aufgrund von Experimenten mit einfachen Bewertungsfunktionen eine heuristische Faustregel angegeben, die sich grob so formulieren lässt:

Der Quotient aus erfolgreichen und nicht erfolgreichen Mutationen sollte mindestens 1/5 betragen. Ist er kleiner, sollte die Streuung der Mutationen, also die Standardabweichung, verringert werden und umgekehrt.

Das besagt noch nicht viel und ebenso wie beim GA wird man hier praktische Erfahrungen selbst machen müssen. Ein nahe liegender Gedanke besteht darin, die Standardabweichung selbst von der Entwicklung des Optimierungsprozesses abhängig zu machen. Genauer heißt das, dass nicht nur die Vektoren der Eltern den Mutations- und ggf. Rekombinationsmechanismen unterworfen werden, sondern auch der Vektor der Standardabweichungen. Als Basis für die Operationen einer ES ergibt sich dann ein Vektor H aus dem Hyperraum über dem üblichen Vektorraum der zu optimierenden Vektoren mit

$$H = (V, s), \tag{3.13}$$

wenn V der zu optimierende Vektor und s der zugehörige Vektor der Standardabweichungen sind. In gewisser Weise steuert damit die ES sich selbst, d. h., sie variiert in Abhängigkeit von den durch sie variierten Vektoren. Ein derartiges Selbststeuerungsprinzip ist selbstverständlich auch bei GA möglich, was unsere Arbeitsgruppe bereits durchgeführt hat (Klüver 2000): Dabei wird die Größe der Distanz zu einem Zielvektor als Maß für die Größe der Mutationsrate und die Anzahl der beim Crossover berücksichtigten Komponenten genommen. Je größer die Distanz ist, desto größer sind Mutationsraten sowie Komponentenzahlen (innerhalb vorgegebener Intervalle natürlich) und umgekehrt. Dies wird noch unter dem Stichwort der so genannten Metaparameter eine Rolle spielen.

Man kann schon aus dem Konvergenzbeweis von Michalewicz erkennen, der ja nur in bestimmten Fällen gültig ist, dass bei beiden evolutionären Algorithmen sehr viel mit praktischen Faustformeln gearbeitet werden muss, da ihre prinzipiellen Eigenschaften noch nicht sehr weit theoretisch erfasst worden sind. Ähnliches gilt, wie wir gesehen haben, auch für Zellularautomaten und Boolesche Netze, die zwar grundsätzlich durch die Ordnungsparameter erfasst und durch die Wolfram-Klassen klassifiziert werden können, in praktischen Anwendungen jedoch auch häufig nur mit ad hoc Regeln anzuwenden sind. Dies ist, wie bemerkt, charakteristisch für Soft-Computing-Modelle generell: An theoretischer Grundlagenforschung ist hier noch viel zu leisten.

3.4 Der Regulator Algorithmus (RGA)

Die heuristische Orientierung der etablierten Evolutionären Algorithmen an der biologischen Evolution basiert, wie bemerkt, auf der sog. *Modern Synthesis*; diese besagt, dass es Gene gibt, die die ontogenetische Entwicklung des Organismus determinieren, und dass auf diesen Genen die Variation, nämlich Mutation und Rekombination operiert. Gesteuert wird der gesamte Prozess durch die Selektion auf der Ebene des Phänotypus. Wesentlich dabei ist vor allem die Annahme, dass es nur einen Typus von Genen gibt, auch wenn jedes Gen unterschiedliche Entwicklungsaufgaben wahrnimmt. Dieser Annahme folgen, wie gezeigt wurde, die bisher entwickelten Evolutionären Algorithmen, was auch für das erwähnte Genetische Programmieren und das Evolutionäre Programmieren gilt.

Seit einiger Zeit ist jedoch der evolutionären Molekularbiologie deutlich geworden, dass es mindestens zwei verschiedene Gentypen mit deutlich unterschiedlichen Funktionen gibt.[3] Der eine Typus wird als „Baukastengene" bezeichnet und entspricht im wesentlichen der Genvorstellung, die noch für die Modern Synthesis charakteristisch war, also die genetische Determination der individuellen Ontogenese durch Ausprägung der einzelnen Körpereigenschaften. Der zweite Typus, der bereits Ende der Sechziger durch die französischen Biologen Jacob und Monod entdeckt wurde, wird als *Steuergen* oder auch als *Regulatorgen* bezeichnet. Diese Gene bestimmen nicht die Entwicklung spezieller Eigenschaften, sondern „steuern" die Baukastengene, indem sie diese an- oder abschalten. Ob also bestimmte Baukastengene aktiv sind und dadurch die Entwicklung spezifischer Eigenschaften ermöglicht wird, entscheidet sich danach, ob die jeweiligen Steuergene selbst aktiv sind oder nicht. Die biologische Evolution findet also nicht nur durch die Entstehung und Variation bestimmter Baukastengene statt, sondern auch durch die Entstehung und Variation von Steuergenen (vgl. dazu Carroll 2008).[4]

Ein mathematisches Modell, also ein Evolutionärer Algorithmus, der diesen molekularbiologischen Erkenntnissen als heuristische Grundlage Rechnung trägt, lässt sich dann folgendermaßen charakterisieren:

Die traditionellen Evolutionären Algorithmen sind formal als eindimensionale Systeme – wie die Vektoren in den Fallbeispielen – aufzufassen, deren Elemente durch die genetischen Operatoren von Mutation und Crossover miteinander verbunden sind. Genauer gesagt bestehen diese Systeme aus einer Population eindimensionaler Teilsysteme, was jedoch die Dimensionszahl des Gesamtsystems nicht erhöht. In der folgenden Abbildung wird dies noch einmal verdeutlicht mit einer Population aus zwei eindimensionalen Elementen:

1	1	0	1	1	0	0	0	1	1	0	1	1	0	0	0
1	1	0	1	1	0	0	0	1	1	0	1	1	0	0	0

Bild 3-1 Zwei eindimensionale Elemente einer Population Evolutionärer Algorithmen

[3] Tatsächlich wird gegenwärtig sogar angenommen, dass es drei Typen von Genen gibt, wovon hier allerdings abstrahiert wird.

[4] Damit lässt sich z. B. erklären, warum so verschiedene Organismen wie Mäuse und Menschen ungefähr die gleiche Anzahl von Genen auf der Baukastenebene haben, aber phänotypisch völlig verschieden sind. Menschen haben nämlich wesentlich mehr Regulatorgene.

Ein Regulator Algorithmus (RGA) ist demgegenüber ein zweidimensionales System – wieder genauer: besteht aus einer Population zweidimensionaler Teilsysteme –, das durch die Verknüpfungen zwischen der Ebene der Regulatorgene und der der Baukastengene eine einfache topologische Struktur erhält. Dies lässt sich folgendermaßen visualisieren:

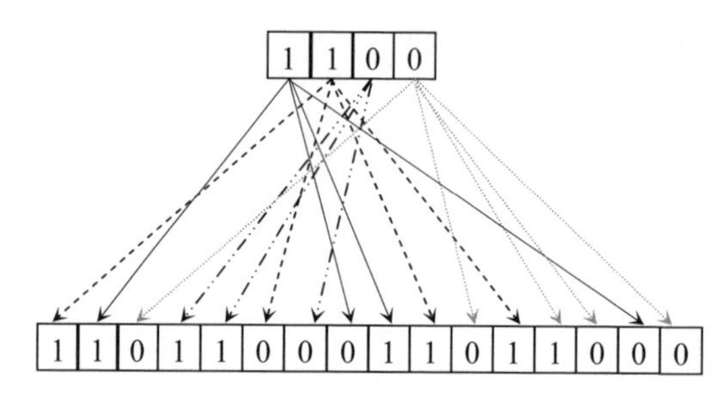

Bild 3-2 Bild eines Elements eines RGA-Systems

Der obere Vektor repräsentiert die einzelnen Steuergene, die wie auch die unteren Baukastengene binär codiert sind. Die Pfeile der Verknüpfungen besagen, dass nur von den Steuergenen auf die Baukastengene eingewirkt wird, nicht jedoch umgekehrt. Gemäß dem biologischen Vorbild gibt es offenbar wesentlich weniger Regulatorgene als Baukastengene, was bedeutet, dass jedes Regulatorgen im Regelfall mehr als ein Baukastengen steuert. In Anlehnung an eine topologische Terminologie lasen sich dann die mit einem Regulatorgen verknüpften Baukastengene als „Umgebung" des Regulatorgens bezeichnen; hier ist jedoch, im Gegensatz beispielsweise zu Zellularautomaten, „Umgebung" keine symmetrische Relation sondern eine asymmetrische.[5] Im einfachsten Fall einer binären Codierung beider Ebenen bedeutet eine 1 als Wert eines Regulatorgens, dass die mit ihm verknüpften Baukastengene aktiviert sind und damit eine bestimmte Funktion erfüllen; ist ein Regulatorgen im Zustand 0, dann bleiben die entsprechenden Baukastengene inaktiv.

Man braucht natürlich nicht bei einer binären Codierung zu bleiben, sondern kann für eine oder beide Genebenen reelle Codierungen einführen. Ein Regulatorgen, das z. B. im Zustand 0.5 ist, schaltet dann die entsprechenden Baukastengene mit einer mittleren Intensität ein, d. h., die Funktion der Baukastengene wird nur zu einem mittleren Maße aktiviert. Eine derartige Festsetzung ist ähnlich, was vorgreifend angemerkt werden soll, der Berechnung des Informationsflusses in neuronalen Netzen. Wenn also der Wert eines Steuergens $W_S = 0.5$ ist und der Wert eines mit dem Steuergen verknüpften Baukastengens $W_B = 0.3$, dann verändert das Steuergen den Wert des Baukastengens zu $W_B = 0.5 * 0.3 = 0.15$. Natürlich sind auch andere Berechnungsverfahren möglich, z. B. einfach die Addition der beiden Werte. Nach unseren bisherigen experimentellen Erfahrungen jedoch bietet sich das obige Verfahren an, mit dem man es zuerst versuchen sollte.

Eine Bewertungsfunktion für einen RGA operiert nur auf dem Baukastenvektor. Dies entspricht insofern dem biologischen Vorbild, da nur durch die Baukastengene ein Phänotyp gebildet wird und nur dessen Fitness bewertet werden kann. Ein Regulatorvektor ist nämlich für sich genommen weder gut noch schlecht, sondern immer nur in Bezug auf einen Baukastenvektor zu bewerten. Wenn eine reelle Codierung vorliegt, dann muss die Bewertungsfunktion natürlich berücksichtigen, in welchem Maß ein Baukastengen aktiviert worden ist. Ist der Wert

5 Wie bei Booleschen Netzen bezieht sich die Asymmetrie nur auf die Wechselwirkungen.

eines Steuergens $W_S = 0$, dann wird das mit dem Steuergen verknüpfte Baukastengen nicht in die Bewertung mit einbezogen.

Als genetische Operatoren fungieren beim RGA die gleichen wie bei den herkömmlichen Evolutionären Algorithmen, also Mutation und Rekombination. Hierbei ist allerdings Folgendes zu beachten: Bei den etablierten Evolutionären Algorithmen operieren die genetischen Operatoren nur auf einer Ebene, nämlich den Vektoren, die das jeweilige Problem repräsentieren – siehe die Beispiele für die ES und den GA. Beim RGA erhöht sich die Anzahl der Möglichkeiten, die genetischen Operatoren einzusetzen, in fast schon dramatischer Weise: Es gibt insgesamt sieben Möglichkeiten, die Variationen vorzunehmen, nämlich a) auf der Ebene der Regulatorvektoren, b) auf der Ebene der Baukastenvektoren, c) auf beiden Ebenen zugleich, d) eine Variation der Verknüpfungen, also ähnlich wie bei neuronalen Netzen eine Variation der Systemtopologie (s. nächstes Kapitel), e) und f) jeweils Variationen auf einer Genebene sowie der Verknüpfungen und schließlich g) Variationen beider Genebenen sowie der Verknüpfungen. Die Möglichkeit b) entspricht offensichtlich einem herkömmlichen GA oder einer ES. Es ist natürlich eine Frage des jeweiligen Problems, welche der Ebenen variiert werden soll bzw. ob auch oder nur die Verknüpfungen der Variation unterzogen werden sollen. Für die Variation der Verknüpfungen werden diese ebenfalls als Vektor geschrieben, also z. B. (1, (2, 3, 6)), falls das Steuergen 1 verknüpft ist mit den Baukastengenen 2, 3 und 6.[6]

Aufgrund der deutlich höheren Komplexität des RGA im Vergleich zu den etablierten Evolutionären Algorithmen ist es häufig notwendig, bestimmte Restriktionen einzuführen. Beispielsweise muss definiert werden, was eine elitistische Variante für ein Ersetzungsschema beim RGA bedeutet. Analog wie bei den Möglichkeiten zur Variation von RGA-Systemen sind auch hier sieben verschiedene Formen von Elitismus denkbar – je nachdem, welche der sieben verschiedenen Variationsmöglichkeiten gewählt wurde: a) Man kann eines oder mehrere der jeweils besten RGA-Systeme vollständig übernehmen, also beide Vektoren und die Verknüpfungen; b) – d) man übernimmt jeweils einen der Vektoren oder die Verknüpfungen; e) – g) man übernimmt jeweils zwei der drei Möglichkeiten. Entscheidend ist dabei immer, was noch einmal betont werden soll, die Bewertung des jeweiligen Baukastenvektors. Nach unseren bisherigen Erfahrungen und gemäß dem biologischen Vorbild ist es ratsam, entweder die Möglichkeit a) zu nehmen oder nur den besten Baukastenvektor beizubehalten, die Steuervektoren und die Verknüpfungen jedoch dabei der Variation zu überlassen. Praktisch heißt das, dass bei der letzten Möglichkeit die jeweils nächste Generation aus dem gleichen Baukastenvektor und neuen verschiedenen Steuervektoren sowie neuen verschiedenen Verknüpfungen besteht.

Die Tatsache, dass die biologische Evolution offenbar wesentlich komplexer verfährt als dies in der Modern Synthesis und damit in den etablierten Evolutionären Algorithmen angenommen wurde, ist für sich natürlich nicht unbedingt ein hinreichender Grund, einen entsprechenden Evolutionären Algorithmus zu entwickeln, der ebenfalls wesentlich komplexer ist als seine Vorgänger. Wenn es schon aus Gründen der Parametervielfalt kaum möglich ist, allgemeine Aussagen über GA und/oder ES zu gewinnen, dann ist das beim RGA naturgemäß noch wesentlich schwieriger. Die Gründe, warum wir ein derart komplexes System entwickelt haben, sind im Wesentlichen die folgenden:

---

6 Leider gelang es uns nicht trotz Nachfragen bei Genetikern, herauszufinden, welche diese Möglichkeiten die biologische Evolution bevorzugt oder ob sie vielleicht in unterschiedlichen evolutionären Phasen verschiedene Optionen ausnützt. Genetiker denken gewöhnlich nicht in derartigen mathematischen Modellen und haben diese Frage anscheinend nie untersucht.

Zum einen ist es für Simulationen der biologischen Evolution und deren Analyse im Computer natürlich unabdingbar, das Modell in seinen wesentlichen Grundzügen der Realität entsprechen zu lassen. Die etablierten Evolutionären Algorithmen sind offenbar in ihrer Grundlogik viel zu einfach, um biologische Evolution verstehen zu können. Natürlich sind GA und ES schon längst *allgemeine* Optimierungsalgorithmen geworden, deren Tauglichkeit unabhängig davon gemessen wird, inwiefern sie ihrem biologischen Vorbild entsprechen. Wenn man jedoch mit Evolutionären Algorithmen arbeiten will, um evolutionäre Prozesse nicht nur in der Biologie genauer zu verstehen, wird man nicht umhin können, sich komplexerer Systeme wie dem RGA zu bedienen.

Zum anderen bietet sich der RGA offensichtlich an, wenn man hierarchisch strukturierte Systeme wie etwa betriebliche und andere soziale Organisation modellieren und optimieren will. Man kann beispielsweise den Begriff der Ebene von Steuergenen als Steuerungsebene wörtlich nehmen und untersuchen, welche Auswirkungen eine Variation auf dieser Ebene, ggf. durch Einbezug einer Variation der Verknüpfungen, auf die Effizienz der Organisation hat. Mit „eindimensionalen" Systemen wie etwa einem GA ist das nur sehr bedingt möglich. Entsprechend lässt sich untersuchen, wie sich Variationen der Verknüpfungen, also der Organisationsstruktur, auswirken, wenn gleichzeitig geringfügige Modifikationen auf den Ebenen vorgenommen werden.

Prinzipiell kann man bei derartigen Untersuchungen auch die Anzahl der Ebenen im RGA vergrößern, also z. B. über die Steuerebene noch eine weitere setzen, die dann die obersten Steuerungen vornimmt. Die ursprüngliche Steuerungsebene wäre dann in Relation zur neuen Steuerebene selbst Baukastenebene, jedoch in Relation zur Baukastenebene immer noch Steuerungsebene. Der kombinatorischen Phantasie sind da buchstäblich keine Grenzen gesetzt.

Zum dritten könnte der RGA bei manchen Problemen deutlich schneller sein als ein GA oder eine ES – eine ES kann natürlich auch erweitert werden zu einer „RES". Wenn es beispielsweise bei manchen Problemen ausreicht, nur die Steuergene zu variieren, wäre der Optimierungsprozess wesentlich schneller, da der Steuergenvektor deutlich kleiner sein sollte als der Baukastenvektor. Es liegt auf der Hand, dass dies zu einer wesentlichen Beschleunigung der Optimierungsprozesse führen kann. Dabei brauchen die Steuergene gar nicht realen Komponenten des zu optimierenden Systems zu entsprechen, sondern können einfach als mathematische Konstrukte zur Effizienzsteigerung der Optimierungsprozesse eingeführt werden.

Schließlich ist es bei einem RGA nicht selten einfacher, sog. Constraints einzuführen. Damit ist gemeint, dass bei Optimierungsprozessen häufig bestimmte Elemente nicht verändert werden dürfen, sozusagen die Heiligen Kühe des Systems. Außerdem unterliegen die Prozesse, die optimiert werden sollen, nicht selten noch weiteren Randbedingungen, die dann durch Zusatzregeln in einem üblichen Evolutionären Algorithmus implementiert werden müssen. Derartige Constraints lassen sich in einem RGA häufig einfacher berücksichtigen, indem bestimmte Verknüpfungen gesperrt werden. Die Erforschung derartiger und anderer Möglichkeiten des RGA steht naturgemäß erst am Anfang.

Erste Experimente mit dem RGA, deren Ergebnisse natürlich noch nicht generalisiert werden können, zeigten übrigens, dass gar nicht selten die Variation der Verknüpfungen gemeinsam mit der Variation der Regulatorvektoren die besten Ergebnisse brachten.[7] Unter anderem wie-

[7] Die Experimente führte Markus Mejer im Rahmen seiner Diplomarbeit durch, der auch einen RGA mit einem GA in Bezug auf Optimierung von Raumbelegungsplänen einer Universität verglich. Der RGA war gewöhnlich dem GA in den Ergebnissen mindestens gleichwertig und nicht selten hinsichtlich der Schnelligkeit überlegen.

derholten wir das kleine Beispiel, das zur Illustration der Rekombination beim GA gebracht wurde, nämlich binäre Vektoren so zu optimieren, dass am Ende nur Vektoren mit allen Komponenten im Zustand 1 übrig blieben. Wir nahmen allerdings nicht fünfdimensionale Vektoren, sondern Vektoren mit der Dimension 1500. Bei dieser logisch simplen aber rechen-aufwendigen Aufgabe zeigte es sich, dass der RGA mit einer Variation nur der Regulator-vektoren einem Standard-GA in Bezug auf die Schnelligkeit deutlich überlegen war. Dies liegt in diesem Fall nicht nur daran, dass die Regulatorvektoren wesentlich kleiner waren als die Baukastenvektoren und deshalb deutlich weniger Zeit für die optimale Variation benötigten. Wir werden auf diese Aufgabe in 3.6 noch einmal zurückkommen. Das Beispiel zeigt vor allem, wie effektiv die Variation der Systemtopologie sein kann, die hier nach unserer Einschätzung der entscheidende Faktor war: Eine Variation von Steuervektoren ist natürlich auch immer eine Variation der Topologie, wenn auch gewöhnlich nicht so radikal wie eine Variation der Verknüpfungen selbst. Im nächsten Kapitel über neuronale Netze werden wir die Variation von Topologien systematischer betrachten, so dass dieser Hinweis hier genügen kann. Die biologische Evolution nützt dies vermutlich ebenfalls aus, nämlich nicht unbedingt die großen Baukastengenome zu variieren, sondern die viel kleineren Regulatorgenome und ggf. die Verbindungen.[8] Diese und andere erste Ergebnisse (vgl. Klüver und Klüver 2011) zeigen, dass es sich offensichtlich lohnt, der systematischen Erforschung des RGA als erfolgversprechende Erweiterung der etablierten Evolutionären Algorithmen einige Zeit und Arbeit zu widmen.

3.5 Simulated Annealing

Mit der Darstellung der Methode des Simulated Annealing, kurz SA, verlassen wir nun die heuristischen Vorgaben der Evolutionsbiologie und orientieren uns an einer ganz anderen wissenschaftlichen Disziplin, nämlich der Thermodynamik, sowie an einer auf ihr basierenden Technik der Metallbearbeitung. Deswegen ist, wie wir in der Einleitung zu diesem Kapitel bereits bemerkt haben, die Einordnung von SA unter dem Oberbegriff der evolutionären Algorithmen streng genommen nicht richtig. Allerdings stellen auch die SA-Algorithmen eine Orientierung an natürlichen und darauf aufbauenden technischen Prozessen dar. Man kann deswegen evolutionäre Algorithmen und SA gemeinsam auffassen als „naturanaloge" Optimierungsalgorithmen. Der Begriff der Naturanalogie ist ja generell für den gesamten Bereich des Soft Computing charakteristisch, wie wir in der Einleitung hervorgehoben haben.

SA geht in den Grundzügen bereits auf die fünfziger Jahre zurück und wurde vor etwas mehr als 20 Jahren von verschiedenen Mathematikern und Physikern unabhängig voneinander entwickelt. Eine gut verständliche Darstellung von einigen der frühen Entwickler findet sich bei Kirkpatrick u. a. (1983). Im Wesentlichen geht es dabei um Folgendes:

Wenn man ein Metall herstellt, wird dies in der Regel zunächst in flüssiger Form gewonnen und dann schnell abgekühlt. Dabei fällt das Material in schlecht kristallisierter Form mit nicht optimalen Eigenschaften an. Physikalisch gesprochen liegt das daran, dass durch schnelles Abkühlen die in der Schmelze frei beweglichen Metallatome sich bei der an vielen so genannten Keimen zu gleicher Zeit beginnenden Kristallisation an zufälligen Plätzen „zur Ruhe setzen" und nicht an den optimalen, durch das ideale Kristallgitter vorgegebenen Plätzen, die dem

[8] Wahrscheinlich experimentiert die Natur *abwechselnd* mit unterschiedlichen Möglichkeiten, da sich ja Veränderungen in der Evolution sowohl auf beiden Genebenen als auch bei den Verknüpfungen nachweisen lassen. Das müssen wir jedoch so als Hypothese stehen lassen, da es in der Literatur dazu, wie bemerkt, keine detaillierten Hinweise gibt.

Energieminimum des Systems entsprechen. Man spricht von polykristallinem Material mit Gitterfehlern. Physikalisch ausgedrückt: Ein Teil der Atome ist in einem lokalen Energieminimum verblieben. Das globale, absolute Energieminimum wäre ein einheitlicher, fehlerfreier Kristall. Durch erneutes Schmelzen und sehr langsames Abkühlen kann man nun erreichen, dass ein Material entsteht, das diesem Optimum näher kommt. Dieser Prozess wird in der Metallurgie als „annealing", deutsch oft als „kontrollierte Abkühlen" oder auch als „Tempern" bezeichnet. Er beruht wesentlich auf einem Effekt, der von einem der theoretischen Begründer der Thermodynamik, Ludwig Boltzmann, adäquat beschrieben wurde: Ein Atom, das sich in einem bestimmten Energiezustand E befindet, kann in einem System mit einer bestimmten (absoluten) Temperatur T mit einer gewissen Wahrscheinlichkeit p einen Zustand höherer Energie $E + \Delta E$ annehmen, die nach der Formel

$$p = e^{-\Delta E/kT} \tag{3.14}$$

berechnet wird; wobei k die so genannte Boltzmannkonstante ist, nämlich eine Naturkonstante, die Temperatur mit Energie verknüpft. e^x ist natürlich die bekannte Exponentialfunktion.[9]

Ein lokales Minimum der Energie kann man sich nun als so etwas wie eine „Mulde" in der graphischen Darstellung der Energiefunktion vorstellen, die von einem Atom in dieser Mulde nur durch „Überspringen" des Randes, also durch Anheben seiner Energie mindestens auf den Wert des Randes, verlassen werden kann. Mit anderen Worten: Es gibt eine gewisse, durch die Boltzmannfunktion gegebene Wahrscheinlichkeit, dass ein Atom in einem lokalen Energieminimum dieses wieder verlassen kann, d. h. eine Chance hat, ein tieferes oder gar das globale Minimum zu erreichen, allerdings durch den Umweg über eine zwischenzeitlich höhere Energie.

Diese physikalische Erkenntnis wird nun dafür ausgenutzt, einen Optimierungsalgorithmus zu konstruieren, der als Simulation des kontrollierten Abkühlens fungieren soll. Anders als bei den evolutionären Algorithmen geht es hier also nicht um das Erreichen eines Optimums, sondern um die systematische Suche nach einem möglichst globalen Energieminimum. Die obige Formel zur Berechnung bestimmter Wahrscheinlichkeiten wird dabei eingesetzt, um auch schlechtere Lösungen während der algorithmischen Suche nach dem jeweiligen globalen Minimum zuzulassen. Der Grund dafür ist natürlich der gleiche, aus dem schlechtere Lösungen bei den evolutionären Algorithmen zugelassen werden; sie sind die notwendige Bedingung dafür, dass ein erreichtes lokales Minimum zugunsten besserer Lösungen überhaupt wieder verlassen werden und ggf. das globale Optimum bzw. Minimum erreicht werden kann.

Formal betrachtet wird ein Optimierungsproblem, das durch eine SA-Strategie gelöst werden soll, dadurch definiert, dass man a) einen Zustands- bzw. einen Lösungsraum angibt und b) eine so genannte „objective function" definiert, was nichts anderes als eine entsprechende Bewertungs- bzw. Fitnessfunktion ist; diese wird, da sie das Analogon zur Energie beim physikalischen Vorgang darstellt, insbesondere in der deutschsprachigen Literatur gewöhnlich als „Energiefunktion" bezeichnet. c) Schließlich wird im Zustandsraum eine topologische Struktur festlegt. Die letztere Bedingung soll ermöglichen, Zustände im Lösungsraum als mehr oder weniger benachbart zu charakterisieren; visuell verdeutlichen kann man sich diese Forderung an der Umgebungscharakterisierung von Zellularautomaten.

Darüber hinaus ist ein der Temperatur T entsprechender Kontrollparameter zu definieren, der den Prozess eines SA steuert. Weil dieser Kontrollparameter beim SA keinen physikalischen

---

9 Die „transzendente" Zahl e hat in etwa den Wert e = 2.71828 ...; häufig wird die Funktion e^x auch bezeichnet mit exp x.

Sinn hat, ist es üblich, die Konstante k in der physikalischen Boltzmannfunktion gleich 1 zu setzen, so dass die Formel für die Wahrscheinlichkeit beim SA einfach zu $p = e^{-\Delta E/T}$ wird.

Hat man diese Definitionen festgelegt, läuft ein SA-Algorithmus nach einem relativ einfachen Schema ab:

(a) Definiere eine Menge der möglichen Zustände, d. h. der möglichen Lösungen; diese legen den Lösungsraum fest. Man kann sich die Menge dieser Lösungen als Mutationen einer anfänglichen Lösung vorstellen.[10]

(b) Wähle einen Anfangswert für die „Temperatur“ T und lege den Algorithmus für die „Abkühlung“ fest, d. h. das Verfahren, nach dem der Wert für T sukzessive gesenkt werden soll;

(c) wähle per Zufall eine Lösung s aus und bewerte diese mit der objective function (Energiefunktion);

(d) wähle aus dem Lösungsraum per Zufall eine „benachbarte“ Lösung s' aus und bewerte diese ebenfalls. Diese Werte seien E(s) und E(s') – ihre „Energieniveaus“.

(e) Setze $E(s) - E(s') = \Delta E$; falls $\Delta E > 0$, ersetze s durch s';

(f) falls $\Delta E \leq 0$, dann ersetze s durch s' gemäß der Wahrscheinlichkeit $p = e^{-\Delta E/T}$;

(g) reduziere T durch das Abkühlungsverfahren;

(h) iteriere die Schritte (d) – (g) mit der jeweils selektierten Lösung, bis eine Konvergenz auf einem Energieminimum erreicht ist oder ein anderes Abbruchkriterium erfüllt ist.

Ungeachtet der Einfachheit dieses Standardalgorithmus für SA sind einige Erläuterungen erforderlich:

(1) Offensichtlich handelt es sich hier wieder um ein Algorithmusschema wie beim GA und der ES. Dies ist natürlich kein Nachteil, sondern ermöglicht die vielfältige Einsetzbarkeit dieser naturanalogen Optimierungsalgorithmen. Allerdings resultiert auch hier daraus, dass ein Benutzer eines SA selbstständig die verschiedenen Parameter und Funktionen bestimmen muss, die ein SA zur Lösung des jeweiligen Problems erfordert. Wie bei den evolutionären Algorithmen stellen nämlich gewöhnlich die Codierung der möglichen Lösungen sowie die Festlegung der „objective function“, also der Bewertungsfunktion, die schwierigsten Probleme dar. Beim SA kommt noch dazu die Bestimmung eines geeigneten „Abkühlungs-“Algorithmus. Hier gibt es in der Literatur zahlreiche verschiedene Vorschläge; die einfachste Form ist die einer prozentualen Reduzierung des anfänglichen Temperaturwertes nach einer bestimmten Anzahl von Schritten, also z. B. immer um 10 %. Als Faustregel kann man sich merken, dass man a) wie im Beispiel nicht-lineare Funktionen wählen sollte und b) die Abkühlung nicht zu schnell erfolgen darf. Wie im physikalischen Vorbild braucht natürlich ein SA-Algorithmus eine Mindestanzahl an Schritten, um die gewünschten Minima zu erreichen. In der Literatur wird deswegen bei einer prozentualen Abkühlung vorgeschlagen, die Rate zwischen 1 % und 10 % festzulegen. Allerdings gilt auch hier, dass es keine Regel ohne Ausnahmen gibt. In manchen Fällen kann eine lineare Funktion bessere Werte erzielen, also eine Reduzierung der Temperatur um einen konstanten Faktor, in anderen Fällen führen erst kompliziertere, z. B. exponentielle Absenkungen zum Erfolg.

[10] In der englischsprachigen SA-Literatur wird für „Mutation“ häufig auch der etwas seltsame Begriff der „move class“ verwendet.

Abgesehen von der jeweils gewählten Abkühlungsfunktion besteht die einfachste Form der Abkühlung darin, dass nach jeder Selektion einer Lösung die Temperatur reduziert wird. Pro Temperaturstufe werden jeweils zwei Lösungen miteinander verglichen. Das ist jedoch nicht unbedingt notwendig. Auf jeder Stufe können auch mehrere Lösungen nach dem obigen Verfahren sozusagen paarweise miteinander verglichen werden und die endgültig ausgewählte wird für die nächste Stufe übernommen. Ebenso ist es auch möglich, mehrere Lösungen auf die nächste Stufe zu übernehmen.

Zusätzlich kann man schließlich eine „adaptive" Abkühlung vorsehen, bei der auf jeder Temperaturstufe, solange iterativ neue Lösungen gesucht werden, bis keine Verbesserungen mehr eintreten. Man wartet also auf jeder Stufe von T, bis der Algorithmus konvergiert und senkt erst dann die Temperatur. Dies Verfahren ist „adaptiv" in dem Sinne, dass die Anzahl der neu berücksichtigten Lösungen von Temperaturstufe zu Temperaturstufe im Allgemeinen verschieden ist und gewissermaßen vom Algorithmus selbst bestimmt wird. Dies hat offensichtlich starke Ähnlichkeiten mit der mutativen Schrittweitensteuerung bei den ES. Ebenso ist es möglich, kurzfristig die Temperatur auch wieder zu erhöhen, um lokale Energieminima verlassen zu können, was in der angelsächsischen Literatur als „restart" bezeichnet wird. Ob man die einfachste Abkühlungsmöglichkeit wählt oder eine der komplizierteren, hängt natürlich vom Problem ab. Empfehlenswert vor allem für Anfänger ist immer, mit den einfachsten Verfahren anzufangen und erst bei unbefriedigenden Ergebnissen kompliziertere zu wählen.

(2) Die Berechnung der Wahrscheinlichkeit, gemäß der entschieden wird, ob auch eine schlechtere Lösung ausgewählt wird, folgt, wie oben schon bemerkt, entsprechend dem thermodynamischen Gesetz der Boltzmann-Verteilung. Dabei gilt offenbar, dass bei sinkender Temperatur die Wahrscheinlichkeit für die Selektion einer schlechteren Lösung immer geringer wird und bei minimaler Temperatur gleich Null wird (vgl. das entsprechende Heiratsschema beim GA).

Damit folgt der SA-Algorithmus dem thermodynamischen Gesetz, dass bei sehr hohen Temperaturen Zustände mit erheblich höher liegender Energie möglich sind – die Übergangswahrscheinlichkeit p ist äußerst hoch –, und dass bei sehr niedrigen Temperaturen praktisch nur noch Wechsel in Zustände möglich sind, die niedrigere oder allenfalls geringfügig höhere Energieniveaus haben. Ähnlich wie evolutionsbiologische Modelle bei den evolutionären Algorithmen zum Teil wörtlich übernommen werden, wird auch hier ein etabliertes physikalisches Prinzip buchstäblich übernommen und eingesetzt.

Mathematisch ist dies natürlich nicht zwingend. Bei der Wahrscheinlichkeitsberechnung geht es ja letztlich nur darum, dass bei sinkenden Temperaturwerten die Wahrscheinlichkeit p ebenfalls sinkt. Dieser Effekt ließe sich am einfachsten auch dadurch erzielen, dass man zu Beginn der Berechnung T = maximaler Wert von ΔE setzt und gleichzeitig p = 1. Trivialerweise führt damit eine Reduzierung von T automatisch zu einer Reduzierung von p. Andere weniger triviale Berechnungen von p lassen sich leicht vorstellen.

M.a.W., man will erreichen, dass „schlechtere" Lösungen, die aber geeignet sein können, aus einem lokalen Minimum herauszuführen, akzeptiert werden; die Wahrscheinlichkeit dafür soll im Laufe des Optimierungsverfahrens systematisch abgesenkt werden. Man könnte im Prinzip außerdem auf eine „Temperatur" verzichten, und p direkt als Kontrollparameter verwenden, der in einem geeigneten Verfahren schrittweise abgesenkt wird.

Ungeachtet dieses relativierenden Hinweises empfehlen wir, bei eigenen Verwendungen eines SA die etablierte „thermodynamische" Berechnungsformel für p einzusetzen. Diese hat sich in zahlreichen Anwendungen von SA-Verfahren durchaus bewährt und es gibt keinen praktischen

Grund, andere Berechnungen zu verwenden, deren Nutzen für einen SA-Algorithmus nicht erforscht ist. Hingewiesen werden muss jedoch darauf, dass die Standardformel zur Wahrscheinlichkeitsberechnung nicht notwendig eine monoton fallende Funktion ergibt, da der Wert von ΔE zumindest kurzfristig auch steigen kann. Mathematisch lässt sich jedoch leicht zeigen, dass bei unendlich langsamer Absenkung der Temperatur *immer* das globale Minimum erreicht wird. Bei der praktischen Simulation kann man allerdings solange nicht warten.

(3) In der Standardliteratur zu SA wird, wie wir es auch getan haben, eine topologische Struktur des Lösungsraums gefordert, aufgrund derer man entscheiden kann, welche möglichen Lösungen der anfänglich ausgewählten Lösung „benachbart", also ähnlich sind (vgl. z. B. Salamon u. a. 2002). Dabei ist zu beachten, dass die Definition einer derartigen Nachbarschaftsstruktur unabhängig von der jeweiligen objective function erfolgen muss; Ähnlichkeit im Lösungsraum ist demnach nicht zwingend eine Ähnlichkeit des Energieniveaus. Was eine derartige Ähnlichkeit bedeuten kann, kann man sich z. B. anhand von Permutationen einer Menge klar machen: Nimmt man die sog. Grundmenge (1, 2, 3, 4, 5) als Anfangslösung für ein bestimmtes Problem (siehe unten Kapitel 3.6.4), dann ist eine Permutation P dieser Menge mit P = (1, 2, 3, 5, 4) der Grundmenge sicher ähnlicher, also benachbarter, als eine Permutation P' mit P' = (1, 3, 2, 5, 4), da im Falle von P nur eine Komponente verändert – mutiert – wurde und im Falle von P' zwei. Ähnlichkeit wird hier also definiert als die Anzahl der Mutationsschritte, die erforderlich sind, aus der Grundmenge die jeweilige Permutation zu erzeugen. Bei diesen Operationen handelt es sich übrigens um die beim GA erwähnte Inversion.

Nehmen wir nun z. B. das menschliche Genom, um wieder in die Biologie zu gehen, und betrachten zwei Genotypen, die sich lediglich in einem Gen unterscheiden. Man wird intuitiv diese beiden Genotypen als „benachbart" im Raum der Genotypen ansehen. Für die biologische Fitness der entsprechenden Phänotypen kann diese kleine Differenz jedoch dramatische Unterschiede bedeuten. Der Sprachpsychologe Pinker (1995) berichtet beispielsweise von einer Familie, bei deren Mitgliedern ein einziges Gen beschädigt war und die deswegen unfähig waren, grammatisch korrekte Sätze zu bilden. Ihre (sozio-kulturelle) Fitness war demnach drastisch eingeschränkt, obwohl ihre Genotypen nur marginal von den physisch in dieser Hinsicht normalen Menschen differierten. Ein menschlicher Genotyp enthält ca. 30.000 Gene, so dass die Abweichung bei der entsprechenden Familie lediglich 0,03 Promille beträgt. Entsprechende Phänomene lassen sich in der Dynamik sozialer Gruppen beobachten, bei denen der Austausch nur eines Mitglieds drastische Veränderungen in der Leistungsfähigkeit der jeweiligen Gruppen bewirken kann.

Es ist deshalb durchaus zu fragen, ob es für Optimierungsverfahren zwingend einer topologischen Strukturierung des Lösungsraums bedarf. Es zeigt sich, dass es manchmal genügt, die neuen Lösungen per Mutation oder entsprechenden Verfahren aus der Gesamtheit *aller* möglichen Lösungen zu generieren. Wir werden unten ein Beispiel vorstellen, das ohne topologische Strukturierung auskommt. Allerdings ist in den meisten Fällen zu empfehlen, eine topologische Strukturierung des Lösungsraums vorzunehmen. Die mathematischen Gründe dafür werden wir unten in 3.5.4 anhand eines Vergleichs der drei etablierten Optimierungsalgorithmen behandeln, nämlich GA, ES und SA.

(4) Bei einem Vergleich von SA mit den evolutionären Algorithmen fällt sofort dessen Ähnlichkeit mit den ES auf. In beiden Fällen wird bei dem jeweiligen Basismodell ein Grundtyp generiert, anschließend wird ein zweiter Typ erzeugt und dieser wird aufgrund einer entsprechenden Bewertungsfunktion mit dem Grundtyp verglichen. Welcher Typ anschließend in den nächsten algorithmischen Schritt übernommen wird, hängt sowohl bei einer ES als auch beim SA von entsprechenden Festlegungen ab. Bei beiden Algorithmen ist es ja möglich, entweder

den besseren Typ zu übernehmen oder den schlechteren. Man kann sich auch eine elitistische Variante von SA vorstellen, bei der die Berechnung der Wahrscheinlichkeit so festgelegt wird, dass praktisch immer nur der jeweils bessere Typ übernommen wird. Natürlich sind die Algorithmen selbst sehr verschieden, jedoch ihre Grundlogik ist prinzipiell die gleiche.

Ebenso ist es bei beiden Optimierungsalgorithmen möglich, wie beim GA mit größeren Populationen zu arbeiten, falls dies vom Problem her als sinnvoll erscheint. Auf die Ähnlichkeit zwischen der mutativen Schrittweitensteuerung der ES und der adaptiven Abkühlung beim SA haben wir bereits hingewiesen.

Das SA kennt allerdings kein Crossover, wie es für den GA charakteristisch ist. Man kann sich zwar ähnlich wie bei den ES vorstellen auch beim SA eine Analogie zum Crossover einzuführen, beispielsweise wie bei den ES über Mittelwertbildungen. Es ist jedoch fraglich, ob damit viel gewonnen wäre. Die Stärke von SA-Verfahren liegt offensichtlich darin, dass bestimmte Prinzipien aus der Thermodynamik in einen Optimierungsalgorithmus übersetzt worden sind. Die Effizienz von SA-Algorithmen könnte möglicherweise darunter leiden, wenn man biologische Heuristiken in das SA-Schema einbaut. Allerdings ist uns nicht bekannt, ob dies jemals versucht wurde und falls ja, mit welchem Erfolg.

(5) Es bleibt zum Abschluss dieser allgemeinen Einführungen in naturanaloge Optimierungsalgorithmen die Frage, ob es Problemklassen gibt, bei denen man möglichst den einen Optimierungstyp einsetzen soll und die anderen nicht. In dieser Allgemeinheit lässt sich die Frage leider nicht beantworten. Alle drei Typen hängen in ihrer Leistungsfähigkeit zu stark davon ab, wie gut die jeweiligen Parametereinstellungen gewählt sind: Wie kann man günstige Anfangspopulationen bzw. günstige anfängliche Individuen erzeugen, wie groß sollen beim GA die Crossover-Abschnitte sein, und bei einer ES die Mutationsrate, soll man binäre oder reellwertige Codierungen nehmen, wie hoch muss die Abkühlungsrate bei einem SA sein, damit einerseits genügend Zeit für die Konvergenz bleibt und andererseits das Gesamtverfahren nicht zu lange dauert, spielt die „Nachbarschaft“ doch eine Rolle usw. usf. „Im Prinzip“ lassen sich die Probleme, die mit naturanalogen Optimierungsalgorithmen zu lösen sind, mit jedem der drei Typen erfolgreich bearbeiten. Deswegen ist es sowohl eine Frage der Neigung, welchen Typ man bevorzugt, als auch natürlich eine Frage der Praxis, mit welchen Typen man am besten vertraut ist. Letztlich gilt für die Auswahl eines Typus und die anschließende Konstruktion eines konkreten Algorithmus der Hinweis, den Salamon, Sibani und Frost (2002, 5) gegeben haben: „The more we exploit the structure of the problem, the better.“ Das gilt natürlich auch und erst recht für den RGA.

Naturanaloge Optimierungsalgorithmen sind einsetzbar dann und nur dann, wenn man das eigene Problem strukturell verstanden hat. Dann können sie ihren Vorzug der prinzipiellen Einfachheit ausspielen und ebenso ihre Leistungsfähigkeit, die darin besteht, dass sie sämtlich dem Prinzip folgen, das Holland für den GA formuliert hat: „they are muddlin’ through“. Gerade in ihrer praktischen Offenheit für die Berücksichtigung auch scheinbarer Nachteile liegt ihre Stärke.

3.6 Analyse konkreter Modelle

Die Evolutionsstrategien sind, wie bereits erwähnt, für bestimmte Modellierungen den genetischen Algorithmen vorzuziehen, insbesondere dann, wenn die Veränderungen der Vektoren nicht radikal stattfinden sollen, m.a.W., wenn die Lern- oder Variationsprozesse *gesteuert* bzw. *kontrolliert* analysiert werden sollen. Deswegen werden wir hier sowohl Beispiele der Anwendung von ES als auch des GA zeigen. Neben den im Folgenden gebrachten Beispielen existiert freilich eine kaum noch überschaubare Fülle praktischer Anwendungen. Diese reichen von der spieltheoretischen Analyse optimaler Handlungsstrategien (Axelrod 1987) bis hin zum Design von Flugzeugtriebwerken (Holland 1992). Zusätzlich wird hier an einem Anwendungsbeispiel gezeigt, wie ein GA, eine ES und ein SA miteinander verglichen werden. Dabei wird freilich auch erneut deutlich, dass es praktisch unmöglich ist, generelle Aussagen über die relative Leistungsfähigkeit der drei „naturanalogen" Optimierungsalgorithmen zu machen. Da wir, wie bemerkt, hinsichtlich des RGA gegenwärtig nur sehr vorläufige Aussagen machen können, verzichten wir hier auf ein eigenes Beispiel, bei dem Optimierungen durch einen RGA vorgenommen wurden (vgl. jedoch Klüver und Klüver 2011). Wir überlassen es den interessierten Lesern, sich vorzustellen, wie etwa die GA- und ES-Beispiele durch einen RGA bearbeitet werden könnten.

3.6.1 Entwicklung eines Mehrkomponentenklebers durch eine ES

In der Technik finden Klebeverbindungen vielfältige Anwendung. Ein verbreiterter Typ Kleber besteht aus mehreren Komponenten; die Basis ist eine Mischung aus einem flüssigen Harz (z. B. Polyester oder Epoxid) und Härter, die nach dem Zusammenmischen innerhalb kurzer Zeit zu einem festen Kunstharz erhärten. Die wichtigste Kenngröße eines Klebers ist naturgemäß seine Endfestigkeit f_e.

Der Vorgang der Aushärtung kann durch bestimmte Stoffe, so genannte Beschleuniger, sowie durch Temperaturerhöhung verkürzt werden; das wird durch charakteristische Zeiten (Topfzeit, Zeit t_e bis Erreichen eines bestimmten Anteils der Endfestigkeit o. Ä.) gemessen. Zum Verkleben von weniger passgenauen Oberflächen mit größeren Spalten oder zum Ausfüllen von Vertiefungen (z. B. bei Karosseriereparaturen) werden dem Kleber darüber hinaus Füllstoffe zugesetzt, die unter anderem eine höhere Viskosität v_i des Klebers bewirken.

Zwischen den Parametern, die vom Anwender gewählt werden müssen, also zugesetzte Menge von Beschleuniger oder Füllstoff sowie Arbeitstemperatur, und den erwähnten Kenngrößen, also Endfestigkeit, Härtezeit und Viskosität bestehen bestimmte Beziehungen.

Im Beispiel wird angenommen, dass das Verhältnis von Harz und Härter konstant gehalten wird. Nun soll es darum gehen, einen Kleber mit bestimmten Werten für die genannten Kenngrößen durch die Zusätze und die zu wählende Arbeitstemperatur zu erzeugen.

Parameter und Kennwerte sollen als relative Größen, bezogen auf mögliche Maximalwerte, codiert werden. Die Konzentration von Beschleuniger c_B und Füllstoff c_X werden also auf die (vom Hersteller) zugelassenen Maximalwerte bezogen und variieren deshalb zwischen 0 (kein Zusatz) und 1 (maximal zugelassener Zusatz); die relative Temperatur T_{rel} liegt ebenfalls zwischen 0 (niedrigste) und 1 (höchste zugelassene Arbeitstemperatur). Entsprechend sollen auch die Kennwerte zwischen 0 (minimale Werte) und 1 (maximal erreichbare Werte) codiert werden.

Die gewünschten Eigenschaften des Klebers werden demgemäß als Zielvektor $Z = (z_1, z_2, z_3)$ mit ($0 \leq z_i \leq 1$) codiert. Mittels der ES sollen Parameter, also ein Vektor $X = (T_{rel}, c_B, c_X)$ gefunden werden, die zu einem Kleber mit Kennwerten führen, die möglichst nahe am Zielvektor liegen.[11] Hier sei gleich angemerkt, dass ein beliebig gewählter Zielvektor keineswegs

[11] Natürlich können die Optimalwerte im Prinzip auch durch Berechnungen ermittelt werden, wenn die Beziehungen zwischen Kennwerten und Parametern exakt formuliert werden. Allerdings sind die entstehenden – oft nichtlinearen – Gleichungen im Allgemeinen keineswegs trivial, vor allem, wenn die Praxis die Berücksichtigung weiterer Parameter erfordert.

immer erreichbar ist; Sie können sich leicht selbst Zielwerte ausdenken, die widersprüchlich oder unerfüllbar sind. In diesem Beispiel wird dem Zielvektor noch ein Gewichtsvektor $G = (g_1, g_2, g_3)$ zugeordnet; die Annäherung des Vektors der Kennwerte $K = (t_e, f_e, v_i)$ an den Ziel-vektor, also der „Fitnesswert", wird als Quadrat der gewichteten Euklidischen Distanz berechnet, die zu minimieren ist.

Die Beziehungen zwischen Kenngrößen und Parametern werden hier radikal vereinfacht in folgender Weise angenähert:

$$\begin{aligned} t_e &= 1*\exp(-T_{rel}*a_1)+a_2*c_x-a_3*c_B^2 \\ f_e &= 1+a_4*T_{rel}-a_5*c_x^3 \\ v_i &= 1-a_6*T_{rel}+a_7*c_x \end{aligned} \qquad (3.15)$$

mit
$a1 = 1.2$
$a_2 = 0.2$
$a_3 = 0.8$
$a_4 = 0.5$
$a_5 = 0.7$
$a_6 = 0.3$
$a_7 = 2.0$

Um das Beispiel übersichtlich zu halten, wird eine (1+10) ES mit reiner Mutation gewählt. Das heißt, dass zunächst 10 Kopien des „besten" Elternvektors generiert werden. Die Komponenten von 9 dieser kopierten Vektoren werden dann mutiert, der zehnte Vektor bleibt unverändert. Man bezeichnet das, wie beschrieben, als elitistische Variante, die den Vorteil hat, dass sich die Fitnesswerte von Generation zu Generation nicht verschlechtern können. Sie müssen allerdings auch nicht notwendig besser werden; insofern ist eine Konvergenz des Verfahrens zum Optimum hin auch in der elitistischen Variante nicht gesichert.

In Hinblick auf die Mutation wird jeder Komponente x_i des Parametervektors eine Standardabweichung σ_i zugeordnet. Die Mutation wird durch Addition einer (positiven oder negativen) Gauß-verteilten Zufallszahl mit dieser Standardabweichung zu x_i erzeugt, wobei allerdings x_i das Intervall [0.0, 1.0] nicht verlassen darf.

Die Standardabweichungen werden unter Anwendung der 1/5-Regel von Rechenberg[12] pro Schritt verkleinert (Faktor 0.99) bzw. vergrößert (Faktor 1.005).

Wenn als Anfangsvektoren

$X = (0.4, 0.2, 0.3)$ mit $\sigma = (0.05, 0.05, 0.05)$ sowie

$Z = (0.5, 0.8, 0.2)$ mit $G = (2.,1.,1.)$

gewählt werden[13], so erhält man als erste Nachkommengeneration mit den zugehörigen Fitness-Werten z. B.:

---

[12] Zur Erinnerung: Wenn weniger als 1/5 der Nachkommen bessere Fitnesswerte aufweisen, wird die Standardabweichung, also die zulässige Streuung der für die Mutation benutzten Zufallszahlen, beim nächsten Schritt vergrößert, sonst verringert.

[13] Dies bedeutet eine hohe Gewichtung für das Ziel Härtungszeit, also einen mittelschnellen Kleber.

Tabelle 3-1 Erste Nachkommengeneration (Schritt 1)

Parameterwerte:	Fitness:
(0.3996 0.1783 0.2803)	1.7320
(0.4094 0.2272 0.3214)	1.9240
(0.3960 0.2068 0.2641)	1.6506
(0.3873 0.2115 0.3170)	1.9230
(0.3544 0.2242 0.3416)	2.0840
(0.4181 0.2001 0.3068)	1.8468
(0.4116 0.1886 0.2825)	1.7316
(0.3766 0.2355 0.3013)	1.8457
(0.4091 0.2136 0.2926)	1.7798
(0.4000 0.2000 0.3000)	1.8267

Die Vektoren sind – bis auf den unverändert übernommenen Elternvektor an 10. Stelle – also jeweils durch Addition kleiner Zufallszahlen mutiert und dann bewertet worden. Der „beste" Vektor ist der dritte mit Fitness 1.6506.

Die aus diesem erzeugte nächste Generation ist dann:

Tabelle 3-2 Schritt 2

Parameterwerte:	Fitness:
(0.4418 0.2510 0.3099)	1.8372
(0.3906 0.2542 0.3065)	1.8563
(0.4145 0.2471 0.2348)	1.4927
(0.4159 0.2193 0.2821)	1.7213
(0.4115 0.1731 0.2941)	1.7920
(0.4122 0.2449 0.2847)	1.7322
(0.4057 0.2001 0.2947)	1.7951
(0.4055 0.1652 0.2522)	1.5934
(0.4074 0.1919 0.2460)	1.5584
(0.3960 0.2068 0.2641)	1.6506

Offensichtlich sind hier 3 Vektoren besser als der Elternvektor. Nach der 1/5-Regel wird die Standardabweichung nun verringert.

Die besten Vektoren der nächsten Generationen sind dann:

Tabelle 3-3 Beste Vektoren

Parameterwerte:	Fitness:
(0.3814 0.2464 0.1873)	1.3025
(0.4129 0.2344 0.1743)	1.2326
(0.3672 0.2034 0.1093)	1.0067

Eine Variation des Programms mit dem NAOP-Shell finden Sie unter:

http://www.rebask.de/qr/sc1_2/3-1.html

und so weiter.

Man sieht also die stetige Annäherung an den Zielvektor.

Mit Schritt 40 wird schließlich ein Vektor (0.4128 0.3710 0.0000) mit einer Fitness von 0.6224 erreicht, der sich nicht mehr verbessert.

Die folgenden Diagramme stellen den Verlauf dar.

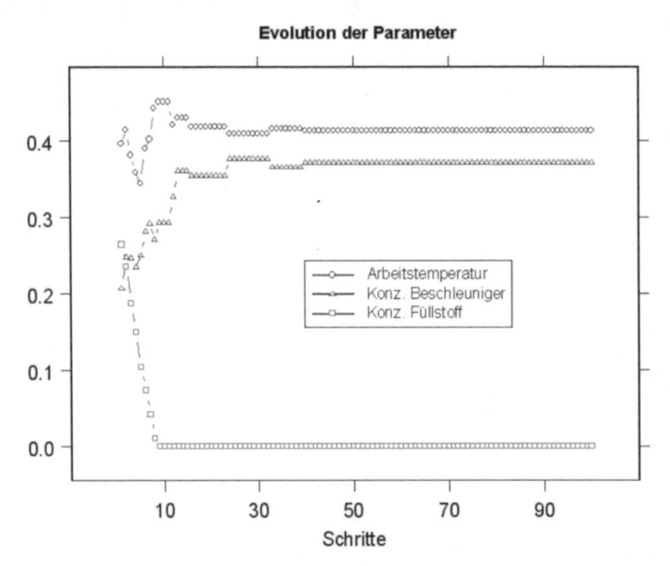

Bild 3-3 Ergebnis der Evolutionsstrategie

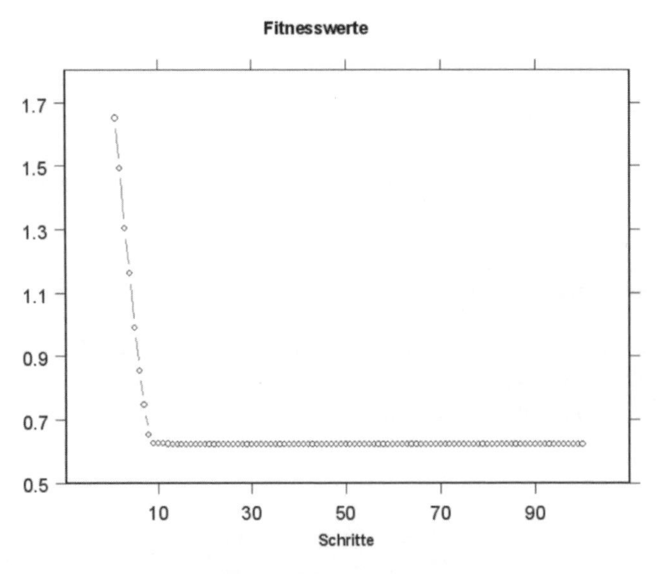

Bild 3-4 Fitnesswerte der ES

Das praktische Ergebnis der beispielhaften ES ist damit, dass die optimale Zusammensetzung des Klebers mit den gewünschten Kennwerten keine viskositätserhöhenden Füllstoffe und 37 % der maximal zulässigen Menge Beschleuniger enthält und das bei einer Arbeitstemperatur, die um 41 % der Temperaturdifferenz zwischen der minimalen und maximalen Arbeitstemperatur über der minimalen Arbeitstemperatur liegt.

Zum Verhalten einer Optimierung mit einer ES seien hier noch einige Bemerkungen angefügt: Beachten Sie, dass unterschiedliche Anfangsvektoren (erste Elterngeneration) durchaus zu verschiedenen Endergebnissen führen können. Daher ist es zweckmäßig, die Berechnungen immer mehrfach, mit verschiedenen Anfangsvektoren durchzuführen.

Wird eine nicht-elitistische Variante gewählt, kann es auch bei großer Schrittzahl immer wieder zu Verschlechterungen der Werte kommen; der Vorteil ist jedoch, wie schon mehrfach erwähnt, dass das Verfahren sich nicht so leicht in einem Nebenminimum „festläuft". Die elitistische Variante konvergiert zwar zuverlässig, vor allem wenn die Standardabweichung der Mutation schrittweise verringert wird, die Konvergenz kann aber unter Umständen ein Artefakt sein, d. h. weit entfernt vom Optimum liegen. Auch um dies Risiko zu verringern, empfehlen sich verschiedene Anfangsvektoren.

Da die ES stochastisch ist, können verschiedene Durchläufe trotz gleicher Anfangswerte und Parameter durchaus in verschiedenen Attraktoren enden. Will man reproduzierbare Ergebnisse erzeugen, muss man daher dafür sorgen, dass alle im Programm aufgerufenen Zufallsgeneratoren mit immer denselben Startwerten (seeds) beginnen und so immer dieselben Folgen von Zufallszahlen generieren.

3.6.2 Minimierung der Länge von Kabelnetzen durch einen Genetischen Algorithmus

Angenommen ein Telekommunikationskonzern will eine Anzahl von Kommunikationsgeräten bei Kunden, die über ein gewisses Gebiet verteilt sind, durch ein neuartiges, teures Breitbandkabel mit einer Verteilerstelle verbinden. Der Konzern will natürlich die Installationskosten für die Verkabelung möglichst niedrig halten und sucht dafür die optimale Lösung. Bei diesem Problem kann ein genetischer Algorithmus zur Optimierung vorteilhaft sein, da es für die Verbindungen zwischen verschiedenen Punkten bereits bei einer mäßigen Anzahl eine sehr hohe Zahl kombinatorischer Möglichkeiten gibt.

Ein einfaches Modell für dieses Problem geht von n Punkten aus, die beliebig in einem Gebiet der Ebene verteilt sind. Mit Punkt 1 wird der Ausgangspunkt des herzustellenden Netzes bezeichnet. Mathematisch formuliert hat man es also mit einem zusammenhängenden Digraphen mit n Ecken zu tun, für den bestimmte Bedingungen gegeben sind.

Erstens wird angenommen, dass die Installationskosten der Länge der zu legenden Kabel, d. h. der Summe der Länge der Kanten, die die Kabel repräsentieren, proportional sind. Das optimale Netz ist also der Graph, dessen Kantenlängensumme – ausgehend von Ecke 1 – minimal ist. Die Kantenlängen werden als Euklidische Distanzen aus den jeweiligen Koordinaten von Ecken-Paaren berechnet.

Zweitens kann unterstellt werden, dass das optimale Netz mit n Ecken genau n–1 Kanten besitzt, denn jede weitere Kante wäre für einen zusammenhängenden Graphen überflüssig und würde die Längensumme vergrößern.

Drittens sind die Kanten gerichtet, und zwar in der Weise, dass der Digraph einen Baum darstellt mit einer Quelle in Punkt 1. Von dort gibt es also nur ausgehende Kanten.

Viertens besitzt jede Ecke nur eine eingehende Kante, aber beliebig viele ausgehende Kanten (Verzweigungen).

Der Digraph wird repräsentiert durch die Adjazenzmatrix, die aufgrund der genannten Bedingungen einige spezielle Eigenschaften hat. Dies sei an dem Beispiel eines Netzes mit 5 Knoten erläutert.

A_1 und A_2 stellen 2 verschiedene Strukturen des Netzes dar.

$$A_1 = \begin{pmatrix} 0 & 1 & 0 & 1 & 0 \\ 0 & 0 & 1 & 0 & 0 \\ 0 & 0 & 0 & 0 & 0 \\ 0 & 0 & 0 & 0 & 1 \\ 0 & 0 & 0 & 0 & 0 \end{pmatrix} \qquad A_2 = \begin{pmatrix} 0 & 1 & 0 & 1 & 0 \\ 0 & 0 & 0 & 0 & 1 \\ 0 & 0 & 0 & 0 & 0 \\ 0 & 0 & 1 & 0 & 0 \\ 0 & 0 & 0 & 0 & 0 \end{pmatrix}$$

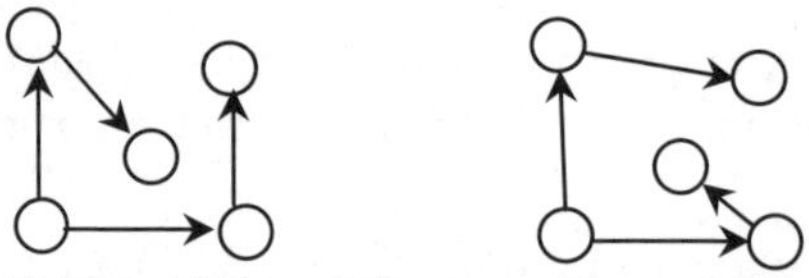

Bild 3-5 Verschiedene Adjazenzmatrizen und dazugehörige Netzstrukturen

Für die Adjazenzmatrizen gelten die Bedingungen:

1. ein Element $a_{ij} = 1$ ist zu lesen als: „von Ecke i geht eine Kante aus zur Ecke j";
2. es gibt keine Schleifen, $a_{ii} = 0$;
3. die Spalte j gibt die Anzahl der eingehenden Kanten;
4. die 1. Spalte enthält nur 0, da die Ecke 1 als Ausgangspunkt (Quelle) definiert ist;
5. jede weitere Spalte enthält nur eine 1, d. h., der Innengrad der Ecken 2 bis n ist stets 1;
6. die Zeilensumme (Außengrad) gibt an, wie viele Zweige von der jeweiligen Ecke ausgehen;
7. Zeilensumme 0 bedeutet, dass die betreffende Ecke eine Endecke (Senke) des Netzes ist.

Die Adjazenzmatrizen werden vom GA direkt als Genvektoren verwendet; die Genvektoren sind hier also zweidimensional, was bestimmte Konsequenzen für die Art der vom GA verwendeten Variationen hat. Diese Zweidimensionalität ist jedoch nicht zu verwechseln mit der Zweidimensionalität der RGA-Systeme.[14] Der GA basiert wie üblich auf zwei Operationen, Crossover und Mutation.

Crossover geschieht in diesem Beispiel durch zufallsgesteuerten Austausch von Spalten zweier Genvektoren/Adjazenzmatrizen. Im Beispiel der obigen Matrizen könnte das Crossover zwischen A_1 und A_2 etwa den Austausch der (zufällig gewählten) Spalte 2 von A_1 mit der Spalte 5 von A_2 bedeuten. Damit entstünden 2 neue Genvektoren/Matrizen:

---

[14] Eine vorteilhafte alternative Codierung ist hier möglich, weil jede Spalte der Matrix maximal eine Eins und sonst Null enthält. Man kann die Matrix deswegen zu einem Vektor komprimieren, der als Elemente die Position, also den ersten Index i der Matrix (a_{ij}) enthält; der Index j ist als Position des Elements repräsentiert. Die Matrix A_1 wird damit beispielsweise als (0,1,2,1,4) dargestellt. Durch die Darstellung als Vektor anstelle einer zweidimensionalen Matrix können die Algorithmen des Crossover sowie der Mutation in manchen Programmiersprachen erheblich beschleunigt werden.

$$A_1 = \begin{pmatrix} 0 & 0 & 0 & 1 & 0 \\ 0 & 1 & 1 & 0 & 0 \\ 0 & 0 & 0 & 0 & 0 \\ 0 & 0 & 0 & 0 & 1 \\ 0 & 0 & 0 & 0 & 0 \end{pmatrix} \quad A_2 = \begin{pmatrix} 0 & 1 & 0 & 1 & 1 \\ 0 & 0 & 0 & 0 & 0 \\ 0 & 0 & 0 & 0 & 0 \\ 0 & 0 & 1 & 0 & 0 \\ 0 & 0 & 0 & 0 & 0 \end{pmatrix}$$

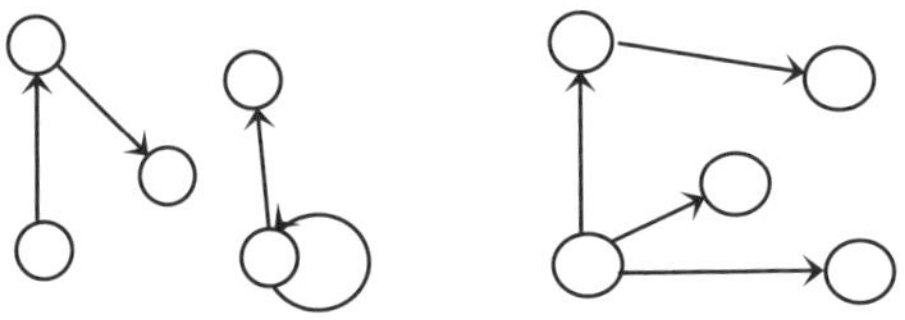

Bild 3-6 Neue Adjazenzmatrizen und dazugehörige Netzstrukturen

Wie man sofort sieht, ist A_2' ein Digraph, der den genannten Bedingungen für das Netz genügt, A_1' enthält jedoch ein Schleife a_{22}, ist also ein „unzulässiger" Digraph.

Grundsätzlich gibt es zwei Möglichkeiten, in einem GA-Programm mit einem derartigen Fall umzugehen:

1. Man kann den „unzulässigen" Digraphen/Genvektor verwerfen und das Crossover so lange wiederholen, bis ein zulässiger Genvektor erzeugt wird. Das hat den Nachteil, dass die Anzahl der Wiederholungen nicht determiniert ist, dass sogar in „pathologischen" Fällen überhaupt kein zulässiger Genvektor durch den Crossover Algorithmus möglich ist.
2. Man führt geeignete Korrekturen für den „unzulässigen" Genvektor ein. Dieser Weg wird im vorliegenden Beispielprogramm beschritten. Die Korrekturen werden weiter unten, nach der Erörterung der Mutation, genauer erläutert.

Das Crossover kann im Programm nun nicht nur durch Vertauschen eines Paares von Spalten, sondern auch durch Vertauschen weiterer Paare geschehen; hierdurch erhält man einen Parameter, der gewissermaßen die „Stärke" des Crossover reguliert.

Die Mutation geschieht im Programm einfach dadurch, dass per Zufall eine oder mehr der Spalten 2 bis n (Spalte 1 darf nur Nullen enthalten, da Knoten 1 als Quelle definiert war) des Genvektors ausgewählt werden; in diesen Spalten wird die vorhandene 1 (zur Erinnerung: in zulässigen Genvektoren gibt es nur eine 1 in diesen Spalten) gelöscht und stattdessen an einer anderen, zufälligen Position eine 0 durch 1 substituiert. Der Umfang der Mutation, also die Anzahl der zu mutierenden Genvektoren und Spalten kann wiederum durch Parameter eingestellt werden. Selbstverständlich sind auch die mutierten Genvektoren auf Zulässigkeit zu prüfen und ggf. zu korrigieren.

Die Korrekturen unzulässiger Genvektoren, die im Programm vorgenommen werden, sind die folgenden:

- Wenn ein Diagonalelement $a_{ii} = 1$ ist, wird diese 0 gesetzt und eine 1 an eine zufällige Position derselben Spalte eingesetzt.
- Wenn Knoten 1 keine Verbindung besitzt, also $a_{1j} = 0$ für alle j, dann wird in der 1. Zeile an zufälliger Position k eine 1 eingesetzt; sofern in der k-ten Spalte noch keine 1 enthalten ist.
- Bei doppelten Kanten, d. h., wenn a_{ij} **und** $a_{ji} = 1$, wird nach Zufall eine der Kanten gelöscht und dafür eine andere Kante, d. h. eine 1 in einer anderen Spalte, eingefügt.

- Schließlich wird geprüft, ob alle Knoten vom Knoten 1 aus erreichbar sind. Dazu ist die Erreichbarkeitsmatrix R zu bestimmen. Die Erreichbarkeitsmatrix ist die Matrix, die durch Addition aller Potenzen von der ersten bis zur n-ten der Adjazenzmatrix gebildet wird. Da eine k-te Potenz der Adjazenzmatrix durch ein Element $x_{ij} > 0$ anzeigt, dass ein Weg zwischen den Knoten i und j mit der Anzahl k der zu passierenden Kanten (Weglänge) existiert, gibt die Erreichbarkeitsmatrix demzufolge an, zwischen welchen Knoten überhaupt eine Verbindung irgendeiner Länge vorliegt. Bei unserem Beispiel mit maximal (n–1) Kanten und Baumstruktur genügt es, bis zur Potenz (n–1) zu addieren und festzustellen, ob *alle* Knoten Verbindung mit dem Anfangsknoten 1 haben; in dem Falle darf also die erste Zeile der Erreichbarkeitsmatrix – außer dem Element R_{11}, der Verbindung von Knoten 1 mit sich selbst – keine weitere Null enthalten.

$$R = \sum_{k=1}^{n-1} A^k \tag{3.16}$$

Da bei dem Beispielproblem die Richtung der Kanten keine Rolle spielt, mathematisch formuliert also ein schwach zusammenhängender Digraph die Bedingungen der Netzkonstruktion erfüllt, wird die Adjazenzmatrix vor der Berechnung von R symmetrisiert, d. h., für jedes a_{ij} = 1 wird auch $a_{ji} = 1$ gesetzt.

Wenn in der ersten Zeile der entstehenden Matrix R an der Position j eine Null steht, dann ist der Knoten j nicht vom Knoten 1 aus erreichbar. Im Beispielprogramm wird dies einfach dadurch korrigiert, dass eine Verbindung vom Knoten 1 zum Knoten j hinzugefügt wird; dafür wird eine etwa vorhandene andere Verbindung zum Knoten j gelöscht.

Das Beispielprogramm arbeitet mit einem Netz von 12 Knoten. Die Population der Genvektoren besteht aus 20 jeweils 12-dimensionalen Adjazenzmatrizen, von denen die jeweils 10 am besten bewerteten nach einem festgelegten Rekombinationsschema („Heiratsschema") neu kombiniert werden; dies Schema entspricht im Wesentlichen dem oben dargestellten Standardschema. Die Bewertung („Fitness-Werte") besteht wie bemerkt in der Berechnung bzw. Minimierung der Summe der Distanzen zwischen den verknüpften Knoten.

Die Beispielrechnungen haben ergeben, dass nur eine elitistische Variante des GA zu hinreichend schneller und guter Optimierung führt. Auch dann sind Schrittzahlen von 10.000 bis 20.000 für eine hinreichende Optimierung erforderlich.[15]

Die Optimierungsgeschwindigkeit hängt allerdings sehr stark von der Wahl der GA-Parameter ab wie Stärke des Crossover und der Mutation, vom Rekombinationsschema, sogar von der Reihenfolge der eingegebenen Koordinaten der Knoten und von der Wahl der Startwerte (seeds) der im Programm aufgerufenen Zufallsgeneratoren.

---

[15] Das ist allerdings bei einer Anzahl von größenordnungsmäßig 11^{11} möglichen Netzstrukturen vertretbar.

Nachfolgend werden einige beispielhafte Ergebnisse des Programms dargestellt.

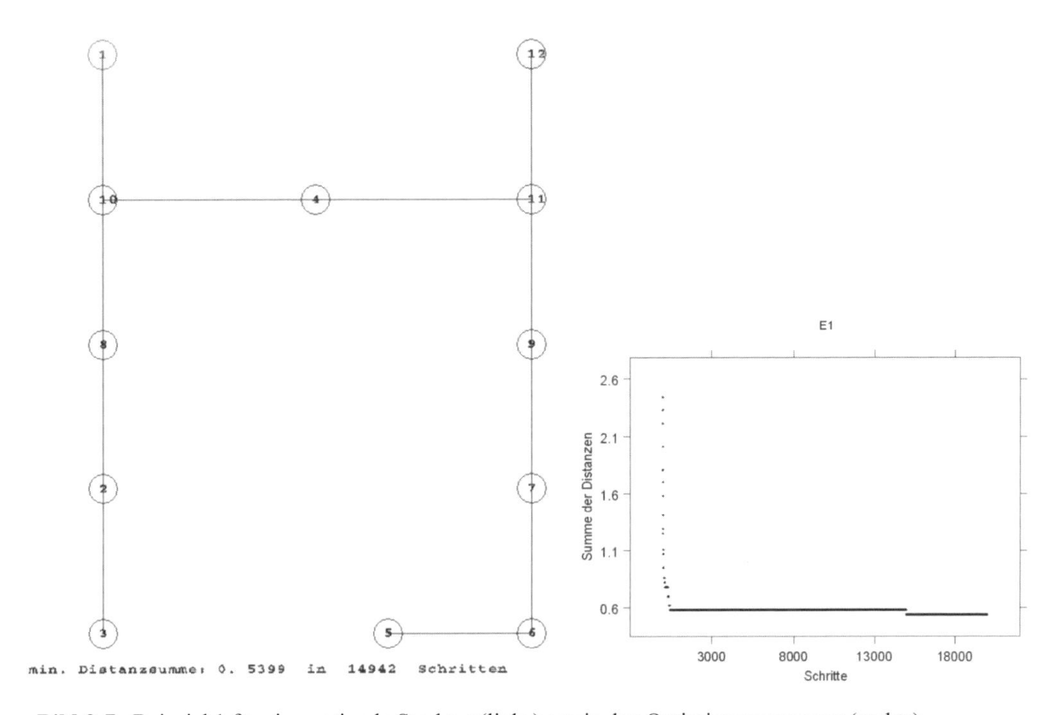

Bild 3-7 Beispiel 1 für eine optimale Struktur (links) sowie den Optimierungsprozess (rechts)

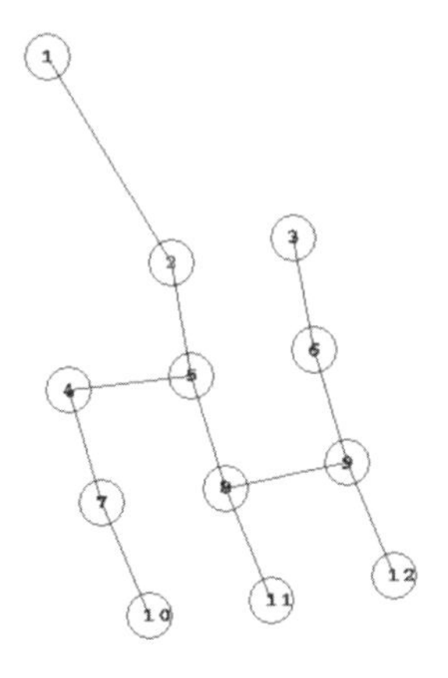

Bild 3-8 Beispiel 2 für eine optimale Struktur

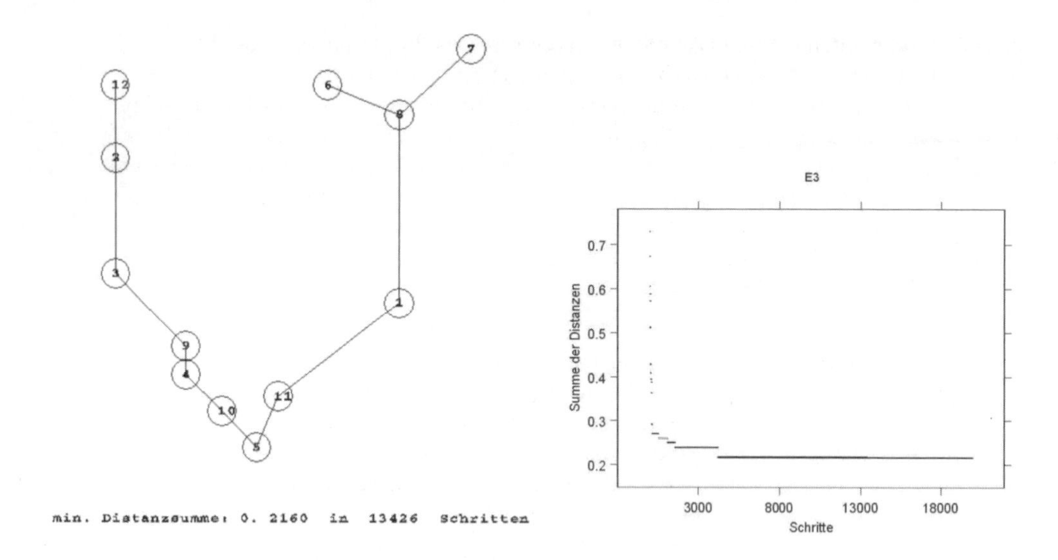

Bild 3-9 Beispiel 3 für eine optimale Struktur (links) sowie der Optimierungsprozess (rechts)

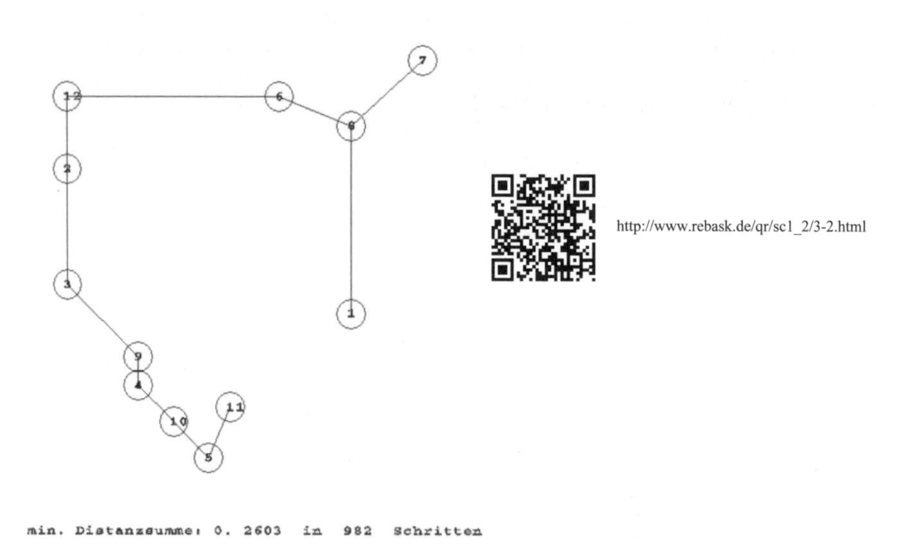

Bild 3-10 Erhaltene Struktur (nicht optimal wegen Festhängen in einem Nebenminimum)

Vor allem die erfolgreich optimierten Strukturen zeigen deutlich, dass es sich hier um ein extrem unterdeterminiertes Optimierungsproblem handelt, dass also immer verschiedene Lösungen für ein optimales Resultat existieren. Generell kann man sagen, dass dies typisch ist für die Optimierung von topologischen Strukturen unabhängig von der jeweiligen konkreten Aufgabe. Gerade bei derartigen Aufgaben kann der GA besonders wirksam sein.

3.6.3 Steuerung einer sozialen Gruppe durch einen GA, eine ES und ein SA im Vergleich

Wir haben mehrfach darauf verwiesen, dass generelle Aussagen über die relative Leistungsfähigkeit der drei dargestellten naturanalogen Optimierungsalgorithmen praktisch nicht möglich sind. Wenn wir jetzt dennoch einen Vergleich zwischen diesen verschiedenen Algorithmen – besser algorithmischen Schemata – anstellen, dann hat dies vor allem den Grund zu zeigen, wie ein und dasselbe Problem jeweils mit einem speziellen GA, einer spezifischen ES und einem entsprechenden SA bearbeitet werden kann.

Die folgenden Modelle wurden im Rahmen einer empirischen Untersuchung von aggressiven Jugendlichen entwickelt und beziehen sich auf eine Gruppe von 12 Jugendlichen in einem Heim mit unterschiedlichem, teils hohem Aggressionspotenzial. Die Jugendlichen erhalten in einem 3-wöchigem Rhythmus Wochenendurlaub, d. h., dass jeweils 4 andere Jugendliche die Gruppe am Wochenende verlassen und 8 bleiben.

Die Urlaubs- bzw. Restgruppen sollen so zusammengesetzt werden, dass das Gesamtaggressionspotenzial der 3 Restgruppen im Mittel über die Periode minimiert wird. Im Modell werden die Jugendlichen in 7 Aggressionstypen (von –3 bis +3) klassifiziert; Typ 0 gilt als Neutraltyp.

Aggressionspotenziale werden als asymmetrische Relation zwischen Paaren von je 2 Aggressionstypen in einer Aggressionswertmatrix mit Werten zwischen –2 und +2 beschrieben; dabei werden Relationen vom Typ 0 getrennt gemäß einer gesonderten Matrix ebenfalls im Bereich –2 bis +2 gewertet. Diese beiden Werte, die gleich skaliert sind, werden zusammengefasst. Das Aggressionspotenzial einer Subgruppe ergibt sich dann als Mittelwert aus den Werten der beiden Matrizen.

Bei allen drei Programmen ist die Codierung so, dass ein „Gen" beim GA und bei der ES einer Person entspricht.[16] Der Fitnesswert für eine „Generation" berechnet sich dabei aus der Günstigkeit von Kombinationen verschiedener Personen, d. h. ihrer Einteilung in Subgruppen. Eine derartige Aufteilung in Subgruppen ist dann auch eine Lösung für das SA. Dabei müssen natürlich zusätzliche Restriktionen eingeführt werden, die verhindern, dass durch Mutation und Crossover bzw. der „move class" beim SA Gruppenkombinationen entstehen, in denen manche Personen gar nicht und andere mehrfach auftreten. Diese zusätzlichen Regeln führen wir hier nicht auf, sondern überlassen sie der Kreativität unserer Leser.

Sowohl GA als auch ES werden in elitistischen und nicht elitistischen Versionen eingesetzt. Elitistisch heißt hier, dass jeweils genau eine „Elternlösung" übernommen wird, wenn diese besser ist als die Nachkommen. Die ES ist eine ($\mu+\lambda$)-Version, bei der sich die Anzahl der Eltern- und Nachkommenvektoren variabel einstellen lässt. Das SA benutzt die Standardformel zur Berechnung der Selektionswahrscheinlichkeit; die Abkühlungsrate ist in allen Fällen r = 5 %. Auf jeder Temperaturstufe wird immer nur eine Lösung von der vorangegangenen Stufe übernommen. Für das SA wurden in den ersten Testreihen keine Nachbarschaftsdefinitionen festgesetzt, da es sich hier um ein Problem handelt, bei dem ähnliche Vektoren (= Personenkombinationen) extrem unterschiedliche Fitness- bzw. Energiewerte haben können (siehe oben 3.5). Der Übersicht halber werden für jeden der hier gezeigten drei Testläufe die Parameterwerte der drei Algorithmen zusammengefasst.

[16] Die Implementation der drei Programme sowie deren experimentelle Analyse wurden durchgeführt von Christian Odenhausen und Christian Pfeiffer.

1. Vergleichsexperiment

Das Ergebnis der Testläufe zeigt das Bild 3-11:

Tabelle 3-4 Einstellungsparameter: * = Prozentuale Anzahl der zu mutierenden Gene in Bezug auf die Gesamtmenge aller Gene einer Generation; ** = Feste, im Algorithmus verankerte prozentuale Anzahl zu mutierender Gene (ein Gen pro Chromosom)

	GA	ES	SA
Anzahl Eltern	10	10	/
Anzahl Nachkommen	20	20	20
Mutationsrate (%)	5*	3,5714**	/
Genanzahl Crossover	3	/	/
Elitistisch	Nein	Nein	/
Starttemperatur	/	/	180
Abkühlungsrate (%)	/	/	5

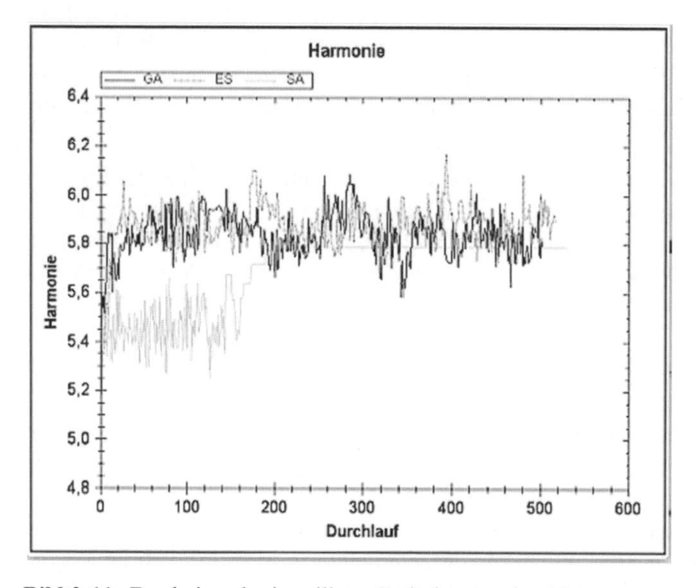

Bild 3-11 Ergebnisse des jeweiligen Optimierungsalgorithmus

Man kann erkennen, dass ES und GA relativ schnell akzeptable Werte erreichen, wobei das Crossover beim GA wahrscheinlich dafür verantwortlich ist, dass die ES schneller, d. h. ohne größere Schwankungen, befriedigende Werte erreicht. Die deutlich schlechtere Leistung des SA beruht möglicherweise auf der hohen Starttemperatur, die zu Beginn häufig schlechtere Lösungen zulässt. Wenn durch Absinken der Temperatur nur noch bessere Lösungen akzeptiert werden, kann das SA bald ungünstige lokale Optima – beim SA lokale Energieminima – nicht mehr verlassen. Außerdem ist das SA zusätzlich dadurch sozusagen im Nachteil, dass sowohl GA als auch ES in jeder Generation mehrere Nachkommen zur Verfügung haben, das SA dagegen nur eine Lösung.

2. Vergleichsexperiment

Die Tabelle zeigt wieder die neu gewählten Parametereinstellungen; sowohl ES als auch GA sind jetzt im obigen Sinne elitistisch; beim SA erfolgte keine Änderung.

Tabelle 3-5 Parametereinstellungen

	GA	ES	SA
Anzahl Eltern	10	10	/
Anzahl Nachkommen	20	20	30
Mutationsrate (%)	5*	3,5714**	/
Genanzahl Crossover	3	/	/
Elitistisch	Ja	Ja	/
Starttemperatur	/	/	180
Abkühlungsrate (%)	/	/	5

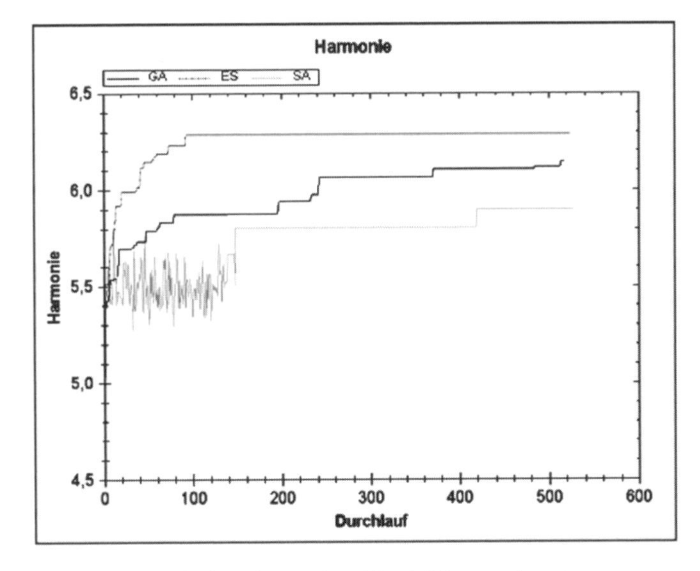

Bild 3-12 Ergebnisse des zweiten Vergleichsexperiments

Die elitistische Version von GA und ES bewirkt jetzt die erkennbare Glättung der Verlaufskurven, da Verschlechterungen jetzt nicht mehr möglich sind. Im Trend sind die Ergebnisse weitgehend denen vom 1. Vergleich kompatibel, da insbesondere beim SA nichts geändert wurde.

3. Vergleichsexperiment

Als einzige Änderung gegenüber dem 2. Experiment wurde die Abkühlungsrate beim SA von 5 % auf 3 % gesenkt. Die Ergebnisse zeigt Bild 3-13:

Tabelle 3-6 Parametereinstellungen

	GA	ES	SA
Anzahl Eltern	10	10	/
Anzahl Nachkommen	20	20	30
Mutationsrate (%)	5*	3,5714**	/
Genanzahl Crossover	3	/	/
Elitistisch	Ja	Ja	/
Starttemperatur	/	/	180
Abkühlungsrate (%)	/	/	3

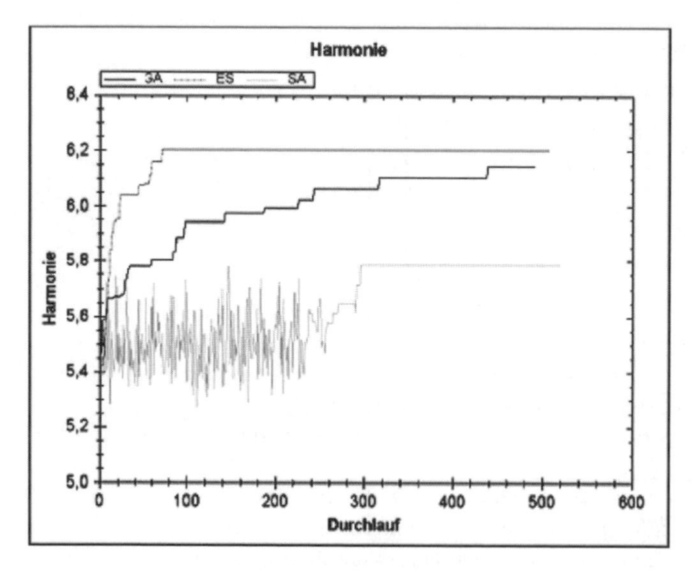

Bild 3-13 Ergebnisse des Experiments

Auch hier erreicht das SA nicht die Leistungen des GA und der ES – die Standardversion des SA reicht bei diesem Problem offensichtlich nicht aus. Insgesamt ist hier die ES derjenige Algorithmus, der am besten abschneidet. Dies entspricht auch unseren allgemeinen Hinweisen in 3.3, dass bei rein lokalen Veränderungen die ES häufig die günstigste Optimierungsstrategie ist. Hier ist allerdings zusätzlich an unseren Hinweis in 3.5 zu erinnern, dass ein nicht topologisch strukturierter Lösungsraum für SA-Verfahren ein Problem darstellen kann, d. h. keine günstigen Konvergenzprozesse erlaubt. Möglicherweise könnte die zusätzliche Einführung einer topologischen Nachbarschaftsrelation hier dem SA zu besseren Ergebnissen verhelfen.

Um diese Hypothese zu testen, wurden zwei erweiterte Versionen des verwendeten SA-Algorithmus konstruiert, die zusätzlich zu der beschriebenen einfachen Version jeweils eine bestimmte Topologie des Lösungsraums enthalten. Die erste Topologie besteht einfach darin, dass wie in 3.5 bereits angedeutet, „Nähe“ zweier Lösungen, d. h. Zusammensetzung der Gruppen, über die Anzahl der vertauschten Elemente in den Vektoren definiert wird. Eine Lösung, bei der in Relation zu einer Ausgangslösung nur eine Person vertauscht wird, ist der ersten Lösung also näher als eine dritte Lösung, bei der zwei oder mehr Personen vertauscht werden. Der entsprechende Auswahlalgorithmus im SA generiert demnach gezielt Lösungen, die nicht mehr als einen Permutationsschritt von der Anfangslösung entfernt sind, und wählt unter diesen per Zufall aus.

Bei der zweiten Version wird die oben erwähnte Matrix als Kriterium für „Nähe“ herangezogen: Nach der Generation einer Anfangslösung wird in dieser Lösung per Zufall eine Person ausgewählt. Anschließend berechnet das Programm die Person, deren Matrix-Werte mit denen der ersten Person am meisten übereinstimmen. Dies geschieht durch Verwendung der Standardabweichung; ausgewählt wird demnach die Person, die die geringste Standardabweichung in ihrer Matrix zur ersten Person hat. Das Austauschen dieser zweiten Person mit der ersten ergibt dann die neue Lösung, mit der das SA wie üblich fort fährt. Eine neue Lösung ist demnach der alten umso ähnlicher, also im Lösungsraum benachbarter, je mehr sich die ausgetauschten Personen in ihrer Matrix ähneln. Topologische „Nähe“ kann demnach bei derartigen Problemen sehr unterschiedliche Sachverhalte repräsentieren; im ersten Fall wird eine rein formale Definition angewandt, im zweiten Fall werden zusätzlich, ähnlich wie in der Physik, „inhaltliche“ Kriterien für eine Definition topologischer Relationen verwendet.

Zwei typische Resultate werden in der folgenden Abbildung gezeigt:

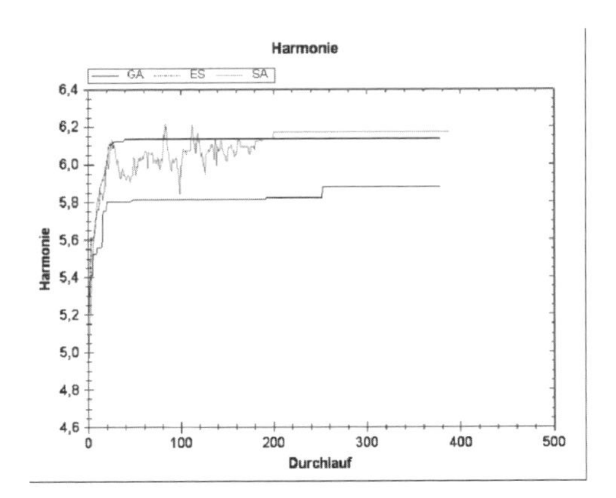

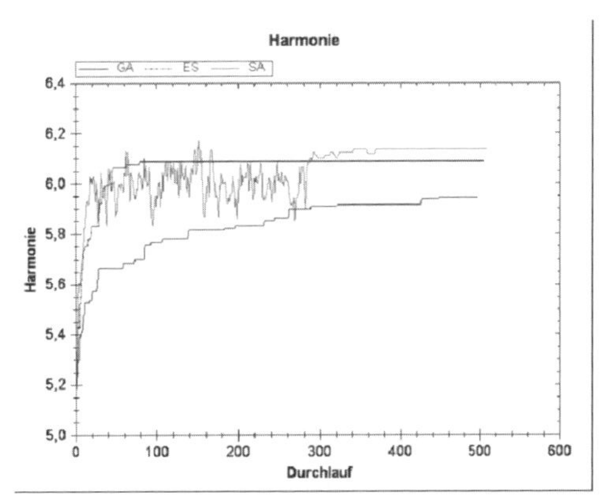

Bild 3-14 Topologieänderungen beim SA

Zur Erläuterung muss angemerkt werden, dass in beiden Fällen die elitistischen Versionen des GA und der ES verwendet wurden, was an der Glätte der Verlaufskurven auch zu erkennen ist. Bei beiden Graphiken fällt sofort auf, dass nicht nur die Konvergenzkurve des SA deutlich glatter ist als in der Version ohne Topologie, sondern dass vor allem die Optimierungswerte des SA sich geradezu dramatisch verbessert haben. Während in der ursprünglichen Version das SA nie die Werte des GA und der ES erreichte, übertreffen jetzt beide Versionen des SA die Werte von GA und ES deutlich. Da bis auf die zusätzliche Einfügung einer Topologieversion alles andere gleich blieb, muss demnach die Topologie die Verbesserung bewirkt haben. Die erste topologische Version ist übrigens in allen Tests die beste, was das nächste Bild zeigt:

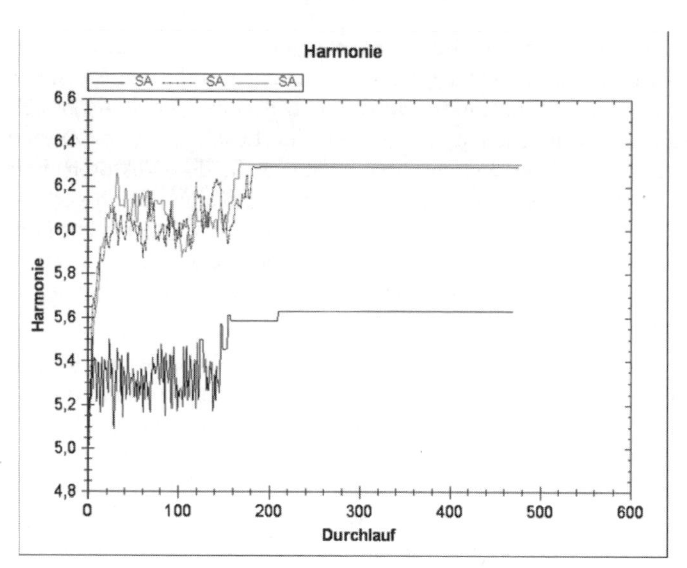

Bild 3-15 Ergebnisse nach den Topologieänderungen beim SA im Vergleich

Wie ist nun diese auffällige Verbesserung der SA-Werte zu erklären? Um dies etwas systematischer zu betrachten, gehen wir noch einmal auf die physikalische Begründung für die Topologieforderung zurück.

Wir haben erwähnt, dass in der Physik angenommen werden kann, dass räumlich (in der Festkörperphysik) und/oder zeitlich (in der Physik der Gase) benachbarte Zustände auch ein ähnliches Energieniveau haben. Mathematisch lässt sich diese gut bestätigte Annahme dadurch charakterisieren, dass es eine Abbildung bzw. Funktion f gibt, die Punkte des Lösungsraumes auf entsprechende Punkte des „Bewertungsraumes" abbildet, d. h. auf das entsprechende Intervall der reellen Zahlen, das die Bewertungen für die jeweiligen Lösungen enthält. Die physikalische Annahme besagt nun, dass f „stetig" ist und zwar sogar „global stetig". Eine stetige Funktion ist, topologisch gesprochen, eine solche, bei der Umgebungen von Punkten in einem Raum auf entsprechende Umgebungen von Punkten eines anderen Raumes abgebildet werden. Im Fall der globalen Stetigkeit gilt dies für alle Punkte der beiden Räume, d. h., die Abbildung hat keine „Lücken".[17]

Wenn es eine derartige Abbildung gibt, dann hat die Topologie des Lösungsraumes offenbar so etwas wie eine Steuerungsfunktion: Indem durch die Topologie definiert wird, welche Lösungen ausgewählt werden sollen, um den Vergleich zur ersten durchzuführen, bleiben die neuen Lösungen immer in der Nähe der ersten *hinsichtlich ihrer Werte.* M.a.W., auch wenn durch die Boltzmann-Wahrscheinlichkeit schlechtere Lösungen ausgewählt werden, dann sind deren Werte immer in der Nähe des Wertes der besseren Lösung. Damit wird garantiert, dass die Konvergenzkurve sehr bald immer glatter wird und keine dramatischen Veränderungen bei den neuen Werten auftauchen. Das kann man an den neuen SA-Versionen sehr gut erkennen. Eine Topologie des Lösungsraumes hat damit eine ähnliche Funktion wie die Verwendung

[17] Etwas genauer definiert: Seien R und R' zwei topologische Räume, also Mengen, auf denen eine Umgebungsbeziehung definiert ist. Sei $x \in R$, sei U eine Umgebung von x und sei f eine Abbildung von R in R'. Dann ist f stetig wenn gilt, dass f(U) eine Umgebung von f(x) in R' ist. Es gibt noch detailliertere Definitionen für Stetigkeit, aber diese genügt hier vollständig.

elitistischer Versionen bei GA und ES, auch wenn die Topologie natürlich nicht garantiert (und auch nicht garantieren soll), dass die jeweils beste Lösung erhalten bleibt. Die Ähnlichkeit jedoch, mit der sich diese beiden verschiedenen Verfahren auf das Verhalten der Optimierungsalgorithmen auswirken, ist auffallend.

Ebenso wie die Einführung elitistischer Versionen garantiert die Topologie bei bestimmten Problemklassen zusätzlich, dass relativ rasch günstige Werte erreicht und dann nicht mehr verlassen werden. Dies kann man sich anhand des erwähnten biologischen Begriffs der Fitness-Landschaft klar machen, bei der Berggipfel Optima darstellen und die Täler Minima. Wenn diese Landschaft nicht zu sehr „zerklüftet" ist, also die jeweiligen Optima nicht zu sehr verschieden sind, dann besteht ein hinreichend gutes Konvergenzverhalten schon darin, eines der lokalen Optima zu erreichen, da dies meistens den jeweiligen Problemanforderungen genügt. Durch elitistische Versionen sowie eine entsprechende Topologie beim SA wird garantiert, dass ein derartiges Optimum praktisch immer erreicht werden kann.[18]

Die „topologielose" Version des SA dagegen hatte in dem obigen Sinne keine Steuerung, sondern durch die reine Zufallsgenerierung der neuen Lösungen musste sie praktisch immer wieder von vorne anfangen. Dies erklärt sowohl die geringe Glätte der Optimierungskurve in den längeren anfänglichen Phasen als auch das niedrige Optimierungsniveau: Da im Verlauf des Abkühlungsprozesses die Wahrscheinlichkeit für die Selektion schlechterer Lösungen immer geringer wurde, musste das SA sich auf den niedrigen Optimierungswerten stabilisieren, die es bis dahin erreicht hatte. Es hatte gewissermaßen nicht genügend Zeit, bessere Werte zu erreichen, bevor nur noch die guten Lösungen selektiert wurden. Damit konnten jedoch ungünstige lokale Optima nicht mehr verlassen werden. Wir hatten schon darauf verwiesen, dass ein Grund für das schlechte Abschneiden der ersten SA-Version in einem zu schnellen Abkühlungsprozess liegen könnte. Bei den topologischen Versionen des SA dagegen konnte immer auf dem schon Erreichten aufgebaut werden, so dass auch der Abkühlungsprozess sich nicht mehr negativ auswirkte: Die günstigen Optima waren schon erreicht, als die Temperatur auf ein Minimum gesenkt wurde.

Wir haben nun in 3.5 gezeigt, dass die Annahme einer stetigen Funktion z. B. bei biologischen oder sozialen Problemen durchaus nicht erfüllt sein muss, sondern dass es „Lücken" in der Abbildung geben kann, also Fälle, bei denen räumliche Nähe im Lösungsraum keine Nähe im Bewertungsraum bedeutet. Das ist auch sicher der Fall bei dem Problem, auf das die verschiedenen Optimierungsalgorithmen angewandt wurden; wir haben es demnach hier mit nur „lokal stetigen" und nicht „global stetigen" Abbildungen zu tun. Derartige „Lücken" nennt man „Unstetigkeitsstellen" oder auch „Singularitäten". Dennoch wirkte sich die Topologie in der dargestellten Weise positiv aus. Dies ist nur dadurch zu erklären, dass die Anzahl der Singularitäten in beiden Topologieversionen nicht sehr hoch sein kann.

M.a.W., die Wahrscheinlichkeit ist in beiden Fällen ziemlich hoch, dass bei einer anfänglich generierten Lösung die jeweils neue benachbarte Lösung auch einen ähnlichen Wert bei der Bewertungsfunktion hat. Ist dies der Fall, dann wirkt sich die Topologie hier ebenfalls in der erläuterten Weise positiv aus; einzelne Singularitäten stören zwar das Konvergenzverhalten kurzfristig, werden jedoch in ihrer negativen Wirkung sofort wieder aufgefangen, wenn die nächsten Lösungen in der Bewertung wieder der Topologie des Lösungsraumes entsprechen. Da die Boltzmann-Wahrscheinlichkeit, schlechtere Lösungen zu wählen, ja immer geringer wird, spielen vereinzelte Singularitäten sehr bald praktisch keine Rolle mehr.

[18] Daraus folgt dann auch, dass bei stark zerklüfteten Fitness-Landschaften elitistische Verfahren allgemein nicht günstig sein müssen.

Natürlich muss mathematisch genau unterschieden werden zwischen global und nur lokal stetigen Funktionen. Beim SA jedoch zeigt sich, dass *praktisch* eine nur lokal stetige Abbildung zwischen Lösungs- und Bewertungsraum sich wie eine global stetige Funktion auswirkt, vorausgesetzt, die Anzahl der Singularitäten ist nicht allzu hoch. Eine Topologie, die nur durch eine lokal stetige Funktion auf den Bewertungsraum abgebildet werden kann, wirkt sich, wie man anhand einfacher Beispiele rasch verdeutlichen kann, immer positiv aus, wenn die Anzahl der Singularitäten relativ zur Anzahl der möglichen Lösungen kleiner ist als die Anzahl der Werte, die von dem Wert einer anfänglichen Lösung relativ weit entfernt sind.

Gibt es z. B. 10 Lösungen, deren Werte im Intervall von 1–10 ganzzahlig definiert sind, ist der Wert der ersten Lösung W = 1, der zweiten W = 2 usf. und beginnt man z. B. mit Lösung Nr. 5, dann ist deren Wert W = 5. Wählt man nun per Zufall eine zweite Lösung aus, dann ist die Wahrscheinlichkeit p, eine Lösung mit einem nahem Wert (+1 oder –1) zu erhalten, offenbar p = 2/9. Bei einer entsprechenden Topologie mit einer global stetigen Abbildung würde dagegen natürlich immer die Lösung 4 oder 6 selektiert werden. Falls diese Topologie nun eine Singularität hat, dann ist die Wahrscheinlichkeit p, diese als nächste Lösung zu erhalten, offenbar p = 1/9 und damit die Wahrscheinlichkeit, eine Lösung zu erhalten, deren Werte zur ersten Lösung benachbart ist, p = 1 – 1/9 = 8/9. Man kann rasch ausrechnen, bei wie vielen Singularitäten sich eine bestimmte Topologie nicht mehr lohnt, oder umgekehrt gesagt, dass sich die Definition einer passenden Topologie in den meisten Fällen lohnt.

Es sei jedoch noch einmal betont, dass auch diese Ergebnisse nicht einfach verallgemeinert werden dürfen. Die Vielzahl der jedes Mal einzustellenden Parameter verbietet es schlicht, hier generelle Aussagen zu treffen; insbesondere hat natürlich auch die Einführung von Topologien beim SA nicht bewiesen, dass dies das immer beste Verfahren ist. Eine topologische Version des SA wird vermutlich bei stark zerklüfteten Fitness-Landschaften nicht mehr so günstig operieren (siehe Fußnote 18). Es gilt das, was wir am Schluss von 3.5 erwähnt haben: Man wähle die Optimierungsstrategie, bei der man sich am meisten zu Hause fühlt.

Inhaltlich sei abschließend darauf hingewiesen, dass anhand dieser Modelle gezeigt wurde, wie sich neue Dimensionen im Kontext der Subgruppenbildung eröffnen können: Gerade in derart schwierigen sozialen Situationen, in denen sich das Experimentieren mit Jugendlichen aus sehr vielen Gründen verbietet, kann anhand der Simulationsergebnisse vorsichtig getestet werden, ob die vom Programm gefundenen Lösungen auch tatsächlich in der Realität funktionieren. Dies ist insbesondere dann relevant, wenn die Betreuer in mehrfacher Hinsicht in die Gruppensituation involviert sind und nicht die nötige Distanz entwickeln können, um bessere Gruppenzusammenstellungen zu finden. In weiteren empirischen Untersuchungen ist die Validität der Programme durch einen unserer Doktoranden mit zufrieden stellenden Ergebnissen bereits überprüft worden.[19]

Diese Beispiele zeigten, dass auch in sozialen Bereichen in gewisser Hinsicht Steuerungen durch den Einsatz von evolutionären Algorithmen möglich sind. Selbstverständlich können derartige Programme in der sozialen Praxis nur sehr vorsichtig eingesetzt werden, da bei derartigen Prozessen auch noch andere Faktoren zu berücksichtigen sind, insbesondere Faktoren, die mit den jeweiligen Persönlichkeiten zusammenhängen. Diese können jedoch auch durch Erweiterung der Programme in Betracht gezogen werden. Als Hilfestellung für Praktiker jedoch können derartige Programme bald ebenso wichtig werden, wie es z. B. Expertensysteme in zahlreichen Anwendungsbereichen jetzt schon sind.

---

[19] Die Ergebnisse wurden mittlerweile in der Doktorarbeit von Matthias Herrmann veröffentlicht (vgl. Herrmann 2008).

3.6.4 Ein Vergleich zwischen GA und RGA

Der RGA ist, wie bereits bemerkt, ein neues System, dessen Möglichkeiten von uns noch systematisch erforscht werden. Deswegen lassen sich gegenwärtig nur sehr vorläufige Hinweise zu seinen grundsätzlichen Eigenschaften, sprich Optimierungsverhalten, geben. Um Ihnen jedoch eine erste Verdeutlichung der Operationen mit einem RGA zu geben, kommen wir noch einmal auf das in 3.4 angesprochene kleine Beispiel zurück, nämlich die „Optimierung" von binär codierten Vektoren; diese sollen am Ende möglichst viele Komponenten mit 1, im besten Fall nur noch Werte mit 1, enthalten. Zur besseren Visualisierung wählten wir Baukastenvektoren mit jeweils 100 Komponenten, die zufällig generiert werden.

Für dies kleine Problem sahen wir vor, dass nur die Steuervektoren variiert werden sollen, die ebenfalls binär codiert sind. Bei den Experimenten wurden einmal 10 Regulatorgene verwendet und beim zweiten Experiment nur noch 3. Die Verknüpfungen wurden ebenfalls zufällig generiert, wobei natürlich vorgesehen ist, dass zu jedem Baukastengen auch tatsächlich ein Steuergen vorhanden ist, das das Baukastengen ein- bzw. abschaltet. Die Größe der Population beträgt 50.

Zum Vergleich wurde zusätzlich ein GA mit der gleichen Population eingesetzt, wobei der GA natürlich nur auf den Baukastenvektoren operiert. In den Vergleichsexperimenten erhielten der RGA und der GA jeweils die gleiche Anfangspopulation. Eine derartige Anfangspopulation zeigt Bild 3-16; jede Zeile auf dem Bild ist ein Baukastenvektor. Dabei haben die weißen Komponenten den Wert 1, die dunklen dann natürlich den Wert 0. Eine vollständigere Übersicht der verschiedenen Experimente zeigt das entsprechende Video; dort finden Sie auch die jeweiligen Optimierungskurven und die Angabe der jeweils erforderlichen Iterierungen.

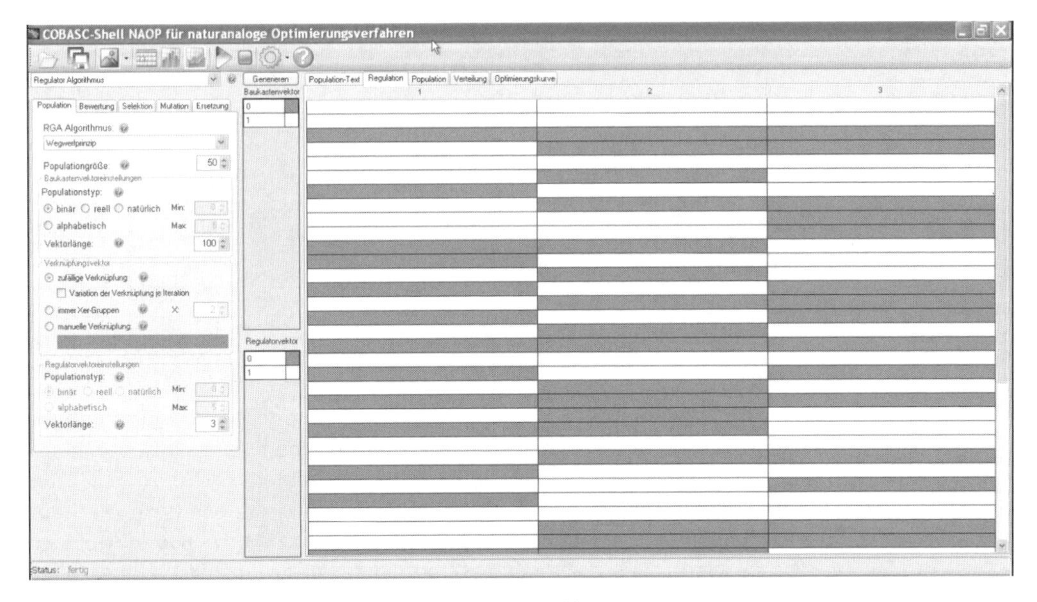

Bild 3-16a Anfangspopulation des RGA: Regulatorgene[20]

[20] Die Implementation dieser RGA-Version erfolgte durch David Pachula.

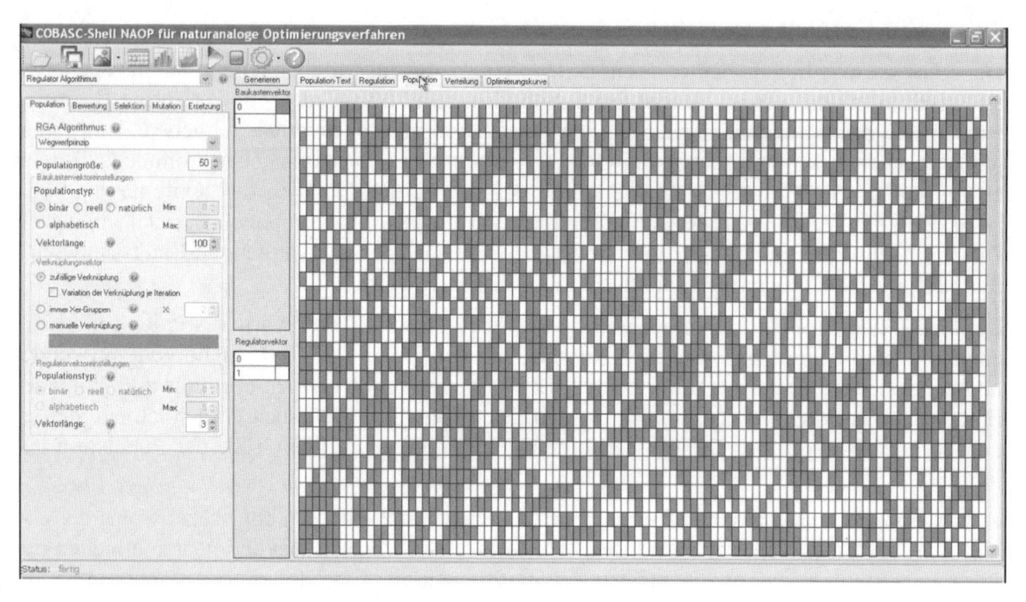

Bild 3-16b Anfangspopulation des RGA

Beide Systeme, der RGA und der GA, konnten selbstverständlich diese kleine Aufgabe lösen. Ein typisches Lösungsbild zeigt Bild 3-17:

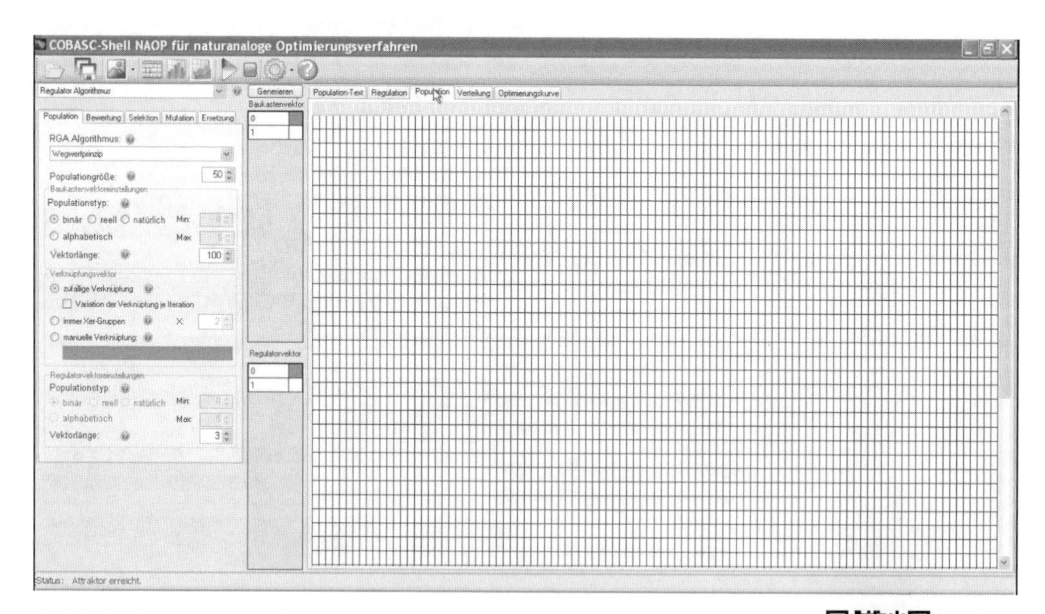

Bild 3-17 Endzustand nach der Optimierung durch den RGA

http://www.rebask.de/qr/sc1_2/3-3.html

Bei diesen Experimenten schnitt der RGA stets besser ab, d. h. er war deutlich schneller als der GA. Interessanterweise war die RGA-Version, bei der nur drei Regulatorgene eingesetzt wurden, signifikant schneller als die Version mit 10 Regulatorgenen. Das ist bei diesem einfachen Problem auch nicht besonders verwunderlich, da es ja ausreicht, nur drei Regulatorgene auf 1 zu bringen. Im Extremfall bei der Verwendung nur eines Regulatorgens würde ja bereits eine Mutation dieses Gens von 0 auf 1 erreichen, dass alle Baukastengene sofort auf 1 gesetzt werden; dies gilt natürlich nur, sofern die obige Bedingung erfüllt ist, dass alle Baukastengene mit einem Regulatorgen, in diesem Fall dem einzigen, verbunden sind. Insofern kann dies kleine Beispiel nur zur Verdeutlichung des Konstruktionsprinzips des RGA dienen. Man kann jedoch auch daran sehen, dass die biologische Evolution durch die Variation von Steuergenen sehr viel effektiver ablaufen kann als es in der Modern Synthesis angenommen werden konnte.[21]

---

[21] Es gab häufig Berechnungen, nach denen die Zeit seit Entstehen der ersten Lebensformen bis heute nicht ausgereicht haben könnte, die vielfältigen Lebensformen hervorzubringen, und zwar als religiös inspirierter Versuch, die Darwinsche Evolutionstheorie zu widerlegen (vgl. Dawkins 1987). Der RGA macht die Schnelligkeit der Evolution durchaus wahrscheinlich.

4 Modellierung lernender Systeme durch Neuronale Netze (NN)

4.1 Biologische Vorbilder

Ähnlich wie die evolutionären Algorithmen orientiert sich die Grundlogik der (künstlichen) neuronalen Netze (NN) an biologischen Prozessen, nämlich an den basalen Operationen des Gehirns. Die Funktionsweise des Gehirns ist bis zum heutigen Tage nicht vollständig aufgeschlüsselt worden; das hängt bekanntlich damit zusammen, dass wir es mit einem äußerst komplexen und hochgradig parallel arbeitenden Organ zu tun haben.

Für die Entwicklung der Neuronalen Netze (NN) sind zunächst die bahnbrechenden Arbeiten von McCulloch und Pitts (1943) zu erwähnen, die sich die Funktionsweise des Gehirns wie folgt vorstellten: Ein Neuron ist eine Art Addierer der ankommenden Impulse, die durch die Dendriten aufgenommen werden. Die Aktivitäten werden mit einer bestimmten Gewichtung im Soma summiert und, sofern die Summe einen bestimmten Schwellenwert überschreitet, wird die Information durch das Axon weitergeleitet. Der Kontakt zu anderen Neuronen findet über Synapsen statt. Diese können die kontaktierten Neuronen hemmen bzw. erregen. Ein weiterer Schritt war die Erkenntnis, dass nicht Energie, sondern Information übertragen und verarbeitet wird.

Somit verstanden McCulloch und Pitts die Art, wie die natürlichen Neuronen Informationen verarbeiten, als logische Schaltelemente bzw. Verknüpfungen, mit denen sich insbesondere die Grundoperationen der Aussagenlogik modellieren lassen.

Es war zu der Zeit auch nahe liegend, die Informationsverarbeitung im Gehirn mit den Prinzipien der Aussagenlogik zu verbinden, da einerseits die Kombination einfacher Elemente zu komplexeren Verknüpfungen als eine der Grundlagen des menschlichen Denkens unter anderem schon durch den Philosophen und Mathematiker Gottlob Frege erkannt war, andererseits Shannon und Weaver begannen, die mathematische Informationstheorie in den Grundzügen zu entwickeln und schließlich der Behaviorismus zeigte, dass durch einfache Konditionierungen (logisch ausgedrückt Verknüpfungen) komplexe Verhaltensweisen produziert werden können. Insofern lag die Idee von Pitts und McCulloch sozusagen in der Luft, ohne dass damit jedoch ihre bahnbrechende Leistung gemindert werden soll.

Auf der Basis dieser Überlegungen ist es nun möglich, einfache künstliche neuronale Netze zu konstruieren, bei denen die Aktivitätsausbreitung innerhalb des Systems sehr gut analysiert werden kann. Derartige Modelle ähneln Booleschen Netzen (BN), mit dem Unterschied, dass die Adjazenzmatrix reell kodiert werden kann, damit eine unterschiedliche Gewichtung in der Informationsübertragung berücksichtigt werden kann. Anders gesagt: Während bei Booleschen Netzen die Adjazenzmatrix nur ausdrückt, ob überhaupt eine Verbindung vorliegt, kann man durch reelle Codierungen zusätzlich festlegen, mit welcher positiven oder negativen Stärke eine vorliegende Verbindung wirkt bzw. wirken soll. Zur Verdeutlichung erfolgt eine graphische Darstellung eines „natürlichen" Neurons und eines abstrakten Neurons:

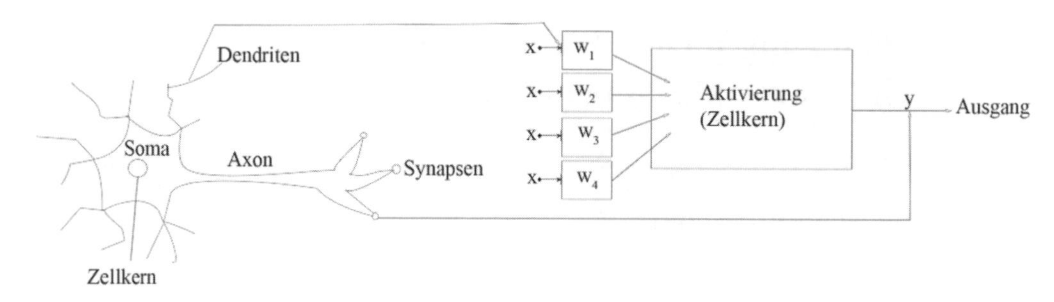

Bild 4-1 Darstellung eines natürlichen (linke Seite) und eines formalen Neurons (rechte Seite)

Wie es sich aber zeigte, waren die Funktionen des Gehirns nicht hinreichend im Modell erfasst, da zwar die Informationsübertragung als Aktivitätsausbreitung damit gut erklärt werden kann, jedoch nicht die Lernfähigkeit. Diese bedeutet hier vor allem, dass die Art der Aktivitätsausbreitung verändert werden kann, je nach zu lernendem Problem natürlich.

Entscheidend waren diesbezüglich die auf dem Philosophen und Psychologen William James aufbauenden Arbeiten von Donald Hebb (1949), der ein allgemeines Modell der Lernprozesse im Gehirn postulierte, das seitdem in den Grundzügen molekularbiologisch bestätigt wurde. Hebb hat sich mit der Funktionsweise von Nervenzellen beschäftigt und stellte eine Regel auf, die vom Grundprinzip sehr einfach ist:

> "When an axon of cell A is near enough to excite a cell B and repeatedly or persistently takes part in firing it, some growth process or metabolic change takes place in one or both cells such that A's efficiency, as one of the cells firing B, is increased." (Hebb 1949, 62)

Damit wurde eine der wichtigsten Lernregeln formuliert, die in unterschiedlichen Variationen in verschiedenen NN-Modellen vorhanden ist (vgl. unter anderen Zell 2000). Etwas anschaulicher formuliert kann man sich diese Regel von Hebb auch so vorstellen, dass die Verbindungen zwischen den Zellen A und B sich so verändern: Wenn ständig A auf B einwirkt, dann wird im Verlauf des entsprechenden Lernprozesses die Wirkung von A auf B größer. Entsprechend verringert sich eine ursprüngliche Einwirkung von A auf B oder verschwindet ganz, wenn die Aktivierung von A aus irgendwelchen Gründen auf B keine Wirkung mehr ausübt. Noch anschaulicher: Wenn die Verbindung zwischen A und B über längere Zeiträume nicht genutzt wird, stirbt diese Verbindung gewissermaßen ab – B wird praktisch vergessen.

Für die Entwicklung künstlicher NN sind noch einige zusätzliche Eigenschaften des Gehirns von Bedeutung, die hier jedoch nur kurz angesprochen werden: Die Neuronen (Neuronenverbände) sind in unterschiedlichen Schichten angeordnet, die hierarchischen Prinzipien gehorchen können. Es gibt jeweils Verknüpfungen (Verbindungen) zwischen den einzelnen Schichten, die wiederum durch bestimmte Neuronen gewährleistet sind (Dudel u. a. 2001). Auch die Codierung der Informationen spielt eine wesentliche Rolle, die sowohl bei dem biologischen Vorbild als auch bei den künstlichen Netzen zum Teil sehr komplex sein kann.

Da die Materie der neuronalen Netze sehr umfangreich ist, werden wir in dieser Arbeit nur einige ausgewählte Netzwerke thematisieren und nicht alle verschiedenen Typen darstellen. Leser/innen, die sich für weitere Details interessieren, seien auf die von uns genannte Spezialliteratur verwiesen. Wir konzentrieren uns hier auf die wichtigsten Grundtypen, die als repräsentativ für das gesamte Feld der neuronalen Netze angesehen werden können, und vor allem auf die Grundlogik, insoweit sie allen Typen neuronaler Netze gemeinsam ist. Zusätzlich stellen wir ein von uns entwickeltes neues Lernparadigma dar, das insbesondere zur Konstruktion eines neuen selbstorganisiert lernenden Netzwerks führte.

4.2 Grundbegriffe und Grundlogik

Wesentliche Schwierigkeiten für das Verständnis neuronaler Netze liegen vor allem darin, dass es eine für den Anfänger kaum übersehbare Vielfalt unterschiedlicher Typen von NN gibt, die alle ihre Besonderheiten haben und bei denen nur sehr schwer auszumachen ist, warum sie gerade so und nicht anders konstruiert wurden. Um den Einstieg zu erleichtern, entwickelten wir eine etwas andere Form des Zugangs, die im Folgenden präsentiert wird.

NN sind eine bestimmte Form, komplexe Prozesse „konnektionistisch", d. h. als formales Netz, zu modellieren und zu simulieren. Eine relativ einfache Form der „Netzwerklogik" stellen die Booleschen Netze (BN) bzw. deren einfachere Verwandten, die Zellularautomaten dar (siehe Kapitel 2). Man kann BN ohne Beschränkung der Allgemeinheit als *die* elementare Grundform jeder Netzwerkmodellierung bezeichnen; gleichzeitig haben wir gezeigt, dass BN universale Modellierungsmöglichkeiten bieten. In der Praxis freilich ist es häufig vorteilhafter, die etwas komplexeren Modelle der neuronalen Netze zu verwenden.

Informationen über BN sind, wie gezeigt wurde, in zwei Blöcken enthalten. Zum einen gibt es die Interaktions- oder Übergangsregeln – die Booleschen Funktionen –, in denen festgelegt ist, wie bestimmte Einheiten interagieren, d. h., wie bestimmte Einheiten auf andere einwirken und wie auf sie selbst eingewirkt wird. Im einfachsten binären Fall mit K = 2, d. h. zwei Einheiten, die auf eine dritte einwirken, sind dies die zweistelligen Junktoren der Aussagenlogik wie Implikation, Konjunktion und Disjunktion.

Zum anderen gibt es die Information über die Topologie des BN in Form der Adjazenzmatrix, in der festgelegt ist, welche Einheiten überhaupt miteinander interagieren und ob diese Interaktionen symmetrisch sind; bei ZA geschieht dies bekanntlich durch Angabe der Umgebung. Ein BN ist damit vollständig bestimmt und man kann über die so genannten Ordnungsparameter feststellen, welche Dynamiken ein bestimmtes BN *grundsätzlich* generieren kann. Die *spezifische* Trajektorie eines BN wird dann im Einzelfall durch den jeweiligen Anfangszustand mitbestimmt.

Aus diesem universalen Grundmodell lassen sich durch spezielle Ergänzungen und Variationen alle möglichen Typen von NN erzeugen. Zur Verdeutlichung wird zunächst auf die Adjazenzmatrix zurückgegriffen, um die allgemeine Topologie neuronaler Netze zu erläutern.

4.2.1 Topologie, Funktionen und Schwellenwerte von NN

Die Adjazenzmatrix eines BN ist immer binär, da es nur darum geht, ob die einzelnen Einheiten überhaupt miteinander in Wechselwirkung stehen – das kann auch für die Wechselwirkung einer Einheit mit sich selbst gelten.

Im Kapitel über Fuzzy-Methoden werden wir darstellen, dass in vielen Fällen von komplexen Problemen nicht ein einfaches „entweder – oder" gilt, sondern ein „mehr oder weniger". Entsprechend bedeuten stochastische Regeln, wie bei den oben beschriebenen stochastischen Zellularautomaten, ein „mehr oder weniger" an Wahrscheinlichkeit der Regelausführung. Wenn man diesen sehr realitätsadäquaten Gedanken auf die Topologie von Netzwerkmodellen anwendet, dann ergibt sich eine reell codierte Adjazenzmatrix, in der die Komponenten jetzt ein „mehr oder weniger" an Interaktion bedeuten. Eine 0 in der Matrix bedeutet nach wie vor, dass keine Interaktion stattfindet; eine 1 in der Matrix repräsentiert eine höchstmögliche Interaktion, falls es sich um eine reelle Codierung mit Werten zwischen 0 und 1 handelt.

Häufig codiert man diese erweiterte Matrix auch mit reellen Werten zwischen +1 und –1, also nicht wie bei Fuzzy- und Wahrscheinlichkeitswerten zwischen 0 und 1. Der Grund dafür ist, dass man mit einer Codierung im Intervall (–1, +1) unterscheiden kann zwischen Wechselwirkungen, die den Einfluss der wirkenden bzw. „sendenden“ Einheiten mehr oder weniger verstärken (excitatorisch) oder abschwächen (inhibitorisch); die verstärkenden Wechselwirkungen werden als Werte zwischen 0 und +1, die abschwächenden als Werte zwischen –1 und 0 codiert.

Durch diese Codierung enthält die erweiterte Adjazenzmatrix offensichtlich bereits wesentlich mehr Informationen als eine einfach binär codierte. Es ist jetzt möglich, zusätzlich das Maß und die Art der Interaktionen bereits in der Matrix zu repräsentieren. Bei binär codierten Adjazenzmatrizen müssen derartige Informationen durch die eigentlichen Interaktionsregeln festgelegt werden.

In der Neuroinformatik, dem auf NN spezialisierten Zweig der allgemeinen Informatik, spricht man jedoch nicht von (erweiterten) Adjazenzmatrizen, sondern von *Gewichtsmatrizen* und bezeichnet deren Elemente als *Gewichte* w_{ij} (von englisch weight). Die Gewichte geben also an, wie die Interaktionen zwischen den Einheiten modifiziert werden sollen. Diese Bezeichnung, die sich an dem biologischen Gehirnvorbild orientiert, wird im Folgenden ebenfalls verwendet, wobei jedoch festgehalten werden muss, dass man es hier mit einer erweiterten Adjazenzmatrix zu tun hat. Entsprechend werden die Elemente oder Einheiten des Netzwerks selbst als (künstliche) Neuronen bezeichnet.

Zusätzlich zur Adjazenz- bzw. Gewichtsmatrix sind Interaktionsregeln erforderlich, die gewöhnlich einheitlich für das gesamte Netzwerk festgelegt werden. Dies ist normalerweise anders bei BN, wo es sehr unterschiedliche Regeln im Netzwerk geben kann, um die kombinatorische Vielfalt der BN auszunutzen. Bei neuronalen Netzen mit reell codierten Gewichtsmatrizen ist dies meistens nicht erforderlich: Die Gewichtsmatrix selbst enthält bereits einen Teil der Festlegungen und Differenziertheiten, die sonst durch verschiedene Regeln bestimmt werden müssen. Deswegen reichen hier einheitliche Interaktionsregeln gewöhnlich aus; man erhält also schon einen Vereinfachungsvorteil gegenüber BN durch die erweiterte Codierung der Adjazenzmatrix.

Bei neuronalen Netzen wird jedoch zuweilen eine Unterscheidung eingeführt, die bei BN keine Rolle spielt: Man unterscheidet zwischen Regeln bzw. Funktionen, die das Aussenden eines Signals *von den einzelnen Einheiten* festlegen – den so genannten *Propagierungsfunktionen* (auch *Inputfunktion* genannt) – und den Funktionen, die festlegen, wie das empfangene Signal in der „Empfängereinheit“ verarbeitet wird; dies sind die *Aktivierungsfunktionen.*

Der Grund für diese Unterscheidung liegt darin, dass die sendenden und empfangenden Neuronen nicht als binär oder ganzzahlig codierte Einheiten dargestellt werden, die ihren Zustand in diskreten Schritten ändern, sondern dass der Zustand ebenfalls reell codiert wird, der sich entsprechend „mehr oder weniger“ stark durch die Interaktion mit anderen Einheiten ändert. Dabei nimmt man an, dass Einheiten einen Input oder ein Signal, das sie empfangen haben, auch anders weiterleiten können, als ihr eigener Zustand ausdrückt. Ist z. B. ein sendendes Neuron im Zustand 0.5, dann kann das Signal, das es aussendet, z. B. die Stärke 0.7 haben.

Die Propagierungsfunktion (Inputfunktion) hat demnach die Aufgabe, den Zustand eines jeweiligen Neurons zu einem bestimmten Zeitpunkt zu beschreiben, somit den so genannten Nettoinput für jedes Neuron j zu berechnen. Dazu werden alle ankommenden Eingänge o_i mit den Verbindungsgewichten (w_{ij}) multipliziert und anschließend aufsummiert. Formal:

$$net_j = \sum_i w_{ij} * o_i \qquad (4.1)$$

Dies ist eine lineare Propagierungsfunktion, die sehr häufig verwendet wird und die offenbar der Grundidee von McCulloch und Pitts entspricht. Es sei jedoch darauf hingewiesen, dass es auch andere Propagierungsfunktionen gibt, die hier allerdings nicht weiter dargestellt werden.

Bei BN wird der Zustand einer sendenden Einheit einfach weitergegeben und nach den Interaktionsregeln von der Empfängereinheit verarbeitet, d. h., der Zustand der Empfängereinheit geht in einen anderen über. Bei NN, die auch in dieser Hinsicht eine Generalisierung der BN sind, muss das nicht so einfach sein. Entsprechend legen die *Aktivierungsfunktionen* F_j (auch *Transferfunktionen* genannt) fest, wie der Zustand einer Empfängereinheit durch Signale der Sendeeinheiten, die ggf. diese Signale modifiziert haben, neu bestimmt wird. Je nach Architektur jedoch wird häufig auf die Unterscheidung zwischen Propagierungs- und Aktivierungsfunktionen verzichtet und nur mit Aktivierungsfunktionen gearbeitet; die sendenden Neuronen geben dann ihren Zustand als Signal weiter wie es bei den BN geschieht. Bei künstlichen Neuronen spricht man ebenfalls in Orientierung am biologischen Modell von *Aktivierungszuständen.*

Eine sehr häufig verwendete lineare Aktivierungsfunktion ist die folgende: Es seien a_i die Aktivierungszustände der Neuronen i, die auf ein bestimmtes Neuron j einwirken, und w_{ij} seien die „Gewichte" der Verbindungen zwischen den Neuronen i und dem Neuron j, also die Maße für die Stärke der Interaktionen. Dann ergibt sich der Zustand a_j des empfangenden Neurons als

$$a_j = \sum a_i * w_{ij}. \tag{4.2}$$

Die Zustände der sendenden Einheiten werden mit den jeweiligen Gewichtswerten multipliziert, die die Verbindungen zum empfangenden Neuron charakterisieren, und anschließend aufsummiert. Man erkennt sofort die Parallele zur obigen linearen Propagierungsfunktion. Es sind auch andere Aktivierungsfunktionen denkbar und gebräuchlich; man kann z. B. mit logischen Funktionen (BF) arbeiten wie in einem gewöhnlichen BN.

Genau betrachtet handelt es sich also um eine andere Darstellung der Propagierungsfunktion und somit des Nettoinputs; in diesem Fall wird auf eine Unterscheidung verzichtet:

$$a_j = net_j. \tag{4.3}$$

Wird der Zeitpunkt mit einbezogen, bei dem jeweils ein bestimmter Zustand vorliegt, lautet die allgemeine Funktion:

$$a_j(t+1) = F_j(a_j(t), net_j(t+1)), \tag{4.4}$$

wobei F_j die jeweilige Aktivierungsfunktion ist, $a_j(t+1)$ den neuen und $a_j(t)$ den alten Aktivierungszustand beschreiben; dies gilt entsprechend für den Nettoinput. Auch hier gilt, dass unterschiedliche Aktivierungsfunktionen möglich sind (daher die allgemeine Bezeichnung F_j), auf die wir hier vorerst nicht näher eingehen. Mit anderen Worten: Der Zustand eines Neurons zu einem neuen Zeitpunkt t + 1 ergibt sich a) aus der Aktivierungsfunktion F und zwar aus dem Zustand zum Zeitpunkt t sowie b) aus dem Nettoinput zum Zeitpunkt t +1.

Ein weiterer wesentlicher Aspekt für die Konstruktion von NN ist die Einführung von *Schwellenwerten* (auch *Schwellwertfunktion* genannt). Die Schwellenwerte bestimmen, ob ein Neuron (oder Neuronenverbund) die Aktivität an andere weiter gibt oder nicht, operieren also als eine Art logischer Schalter. Wird ein bestimmter Schwellenwert nicht überschritten, passiert praktisch nichts. In den verschiedenen NN-Modellen spielen die Schwellenwerte insbesondere bei der Ausgabefunktion (siehe unten) eine Rolle; die Schwellenwerte werden meistens durch ein θ (gesprochen theta, der griechische Buchstabe für das th) dargestellt:

$a_j = net_j$ wenn $net_j > \theta$

$a_j = 0$ sonst (4.5)

Eine zusätzliche Funktion ist die so genannte *Ausgabefunktion* f_j (Outputfunktion), die hier lediglich erwähnt wird, da der Einfachheit halber gewöhnlich die Ausgabefunktion gleich der Aktivierungsfunktion gesetzt wird, die Ausgabefunktion also streng genommen die Identitätsfunktion ist:

$$o_j = a_j \tag{4.6}$$

In dem Fall muss also der Zustand des sendenden Neurons größer als der jeweilige Schwellenwert sein, um überhaupt eine Aktivierungsausbreitung zu erzeugen.

Eine zusammenfassende Darstellung des formalen Neurons sieht wie folgt aus:

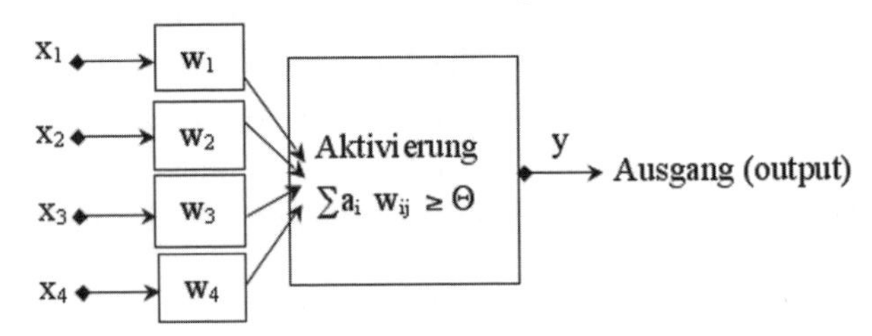

Bild 4-2 Vereinfachte Darstellung der Funktionsweise eines NN

Zur Illustration der allgemeinen einführenden Charakterisierungen soll an einem ersten Beispiel demonstriert werden, wie sich die von den BN bekannten logischen bzw. Booleschen Funktionen in neuronalen Netzen darstellen lassen. Als Beispiel wird ein NN mit 2 Elementen genommen, durch das jeweils die Negation und die Tautologie dargestellt werden. Es ist gewiss nicht zufällig, dass viele der frühen Arbeiten mit NN sich mit der Darstellung der Booleschen Funktionen beschäftigt haben: Wenn man zeigen kann, dass NN die Grundlagen der mathematischen Logik verarbeiten – und lernen (siehe unten) – können, dann ist dies ein Beleg dafür, dass sich mit NN im Prinzip beliebig komplexe Sachverhalte, sofern sie überhaupt formalisierbar sind, darstellen und berechnen lassen. Man kann dies auch so ausdrücken, dass dadurch eine prinzipielle Äquivalenz zwischen den (universalen) Booleschen Netzen und den neuronalen Netzen bewiesen wird. Die Werteverteilungen für beide Funktionen seien kurz dargestellt:

Negation:

1 0

0 1

Tautologie:

1 1

0 1

Einfach ausgedrückt: Ist der Zustand der sendenden Einheit (links) gleich 1 bzw. 0, dann ist bei der Negation der Zustand der empfangenden Einheit (rechts) gleich 0 bzw. 1; bei der Tautologie wird offensichtlich der Zustand der empfangende Einheit gleich 1, unabhängig von dem Zustand der sendenden Einheit.

Im Falle der Negation wird also ein Eingabeneuron X_1 bestimmt, das zwei Zustände haben kann, nämlich aktiv = 1 und inaktiv = 0. Das Ausgabeneuron Y_1 soll nach der Berechnung der Aktivität den entsprechenden Wert darstellen, nämlich 0 bei einem aktiven Inputneuron und 1 bei einem nicht aktivem Neuron. Um korrekte Ausgaben zu erhalten, muss die Aktivität eines Neurons einen Schwellenwert (θ) überschreiten; θ wurde in diesem Fall mit $\theta \geq 0$ festgelegt.

Als Gewichtswert wird –1.0 gewählt (ein inhibitorischer Wert), wobei von der linearen Aktivierungsfunktion ausgegangen wird, um das Modell möglichst einfach zu halten. Dementsprechend ist die Ausgabefunktion die Identitätsfunktion.

Im Falle der Tautologie wird dasselbe Prinzip angewandt mit dem Unterschied, dass der Gewichtswert mit 1.0 bestimmt wird (excitatorischer Wert); die Einheiten sind jetzt X_2 und Y_2.

Die folgende Graphik soll diese Vorgehensweise veranschaulichen:

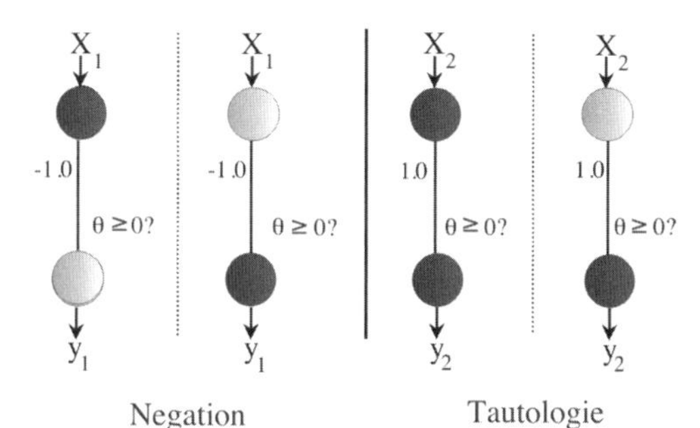

Bild 4-3
Darstellung der einstelligen Funktionen Negation a) Fall 1: $X_1 = 1$; b) Fall 2: $X_1 = 0$ und Tautologie: a) Fall 1: $X_2 = 1$; b) Fall 2: $X_2 = 1$

Negation:

Für den ersten Fall gilt (wobei schwarz für aktiv = 1 und weiß für inaktiv = 0 steht):

$$(\text{Input}_1 * \text{Gewicht } w_{ij}) = (1 * (-1)) = -1$$

Da das Ergebnis $< \theta$ ist, wird der Ausgabeneuron nicht aktiviert und somit ist der Ausgabewert = 0.

Für den zweiten Fall gilt:

$$(\text{Input}_2 * \text{Gewicht } w_{ij}) = (0 * (-1)) = 0,$$

somit wird das Ausgabeneuron aktiviert, da der Schwellenwert erreicht wird.

Entsprechend lässt sich die Aktivierung für das zweite Beispiel, die Tautologie, nachrechnen.

Anhand dieser kleinen Übung wird ersichtlich, warum die Gewichtswerte nicht für beide Booleschen Funktionen gleich gewählt worden sind, nämlich –1.0 für die Negation und 1.0 für die Tautologie. Dies liegt natürlich daran, dass die beiden Booleschen Funktionen unterschiedlich operieren, nämlich in einem Fall die Werte umkehren (Negation) und im anderen Fall die Werte immer auf 1 bringen. Man kann sich das auch so vorstellen, dass die Negation als logische Funktion gewissermaßen ein Pendant zur Multiplikation mit –1 darstellt; die Tautologie freilich hat kein arithmetisches Pendant.

4.2.2 Erweiterungen: Einschichtige und mehrschichtige Modelle

Für die Konstruktion neuronaler Netze sind zusätzliche Erweiterungen notwendig, die die Struktur bzw. Topologie der Netzwerke verändern. Von diesen erwähnen wir drei noch explizit, nämlich die Einführung stochastischer Elemente, die hier nur skizziert werden, zum zweiten einschichtige und mehrschichtige Modelle sowie drittens feed-forward und feed-back Modelle, die unter 4.2.3 näher erläutert werden.

Zum einen kann man, wie erwähnt, die Aktivierungs- und Propagierungsfunktionen stochastisch festlegen. Wie meistens bei der Einführung stochastischer Elemente in Optimierungsalgorithmen, und darum handelt es sich bei NN auch, wie noch zu sehen sein wird, dient dies dazu, das vorzeitige Erreichen eines lokalen Optimums zu verhindern. Ob das sinnvoll und notwendig ist, ist von den jeweiligen Problemen abhängig. Die praktischen Erfahrungen mit NN in den letzten beiden Jahrzehnten haben allerdings gezeigt, dass in den weitaus meisten wichtigen Anwendungsfällen die Verwendung deterministischer Propagierungs- und Aktivierungsfunktionen ausreicht. Wir werden deswegen diese Erweiterung der Grundlogik hier nicht weiter behandeln.

Zum anderen kann und muss man bestimmen, welche Neuronen des gesamten Netzes externe Signale aufnehmen und welche Neuronen nach Abschluss des Lernvorgangs die Lösung repräsentieren (der Lernvorgang wird ausführlich in 4.2.4. behandelt). Damit ist Folgendes gemeint: Wenn man sich ein NN graphisch veranschaulichen will, dann ergibt sich z. B. folgendes Bild:

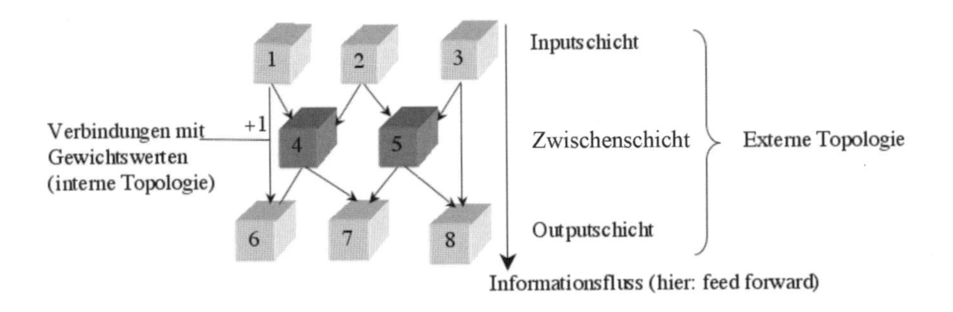

Bild 4-4 Graphische Darstellung einer möglichen Netzwerktopologie

Die Operationen eines NN, also gewissermaßen die von ihm zu bearbeitenden Aufgaben, werden üblicherweise dadurch gestartet, dass das NN einen bestimmten Vektor als „Input" erhält. Zum Beispiel erhielten die einfachen Netzwerke in den obigen Beispielen (Tautologie und Negation) jeweils 1 oder 0 als Input, demnach eindimensionale Vektoren.

Als erstes müssen jetzt die „Inputneuronen" bestimmt werden, also die Neuronen, die auf die externe Vorgabe durch Aktivierung ihrer Zustände reagieren. Diese Neuronen, die auch alle Einheiten des NN sein können, werden als *Eingabeschicht (Inputschicht)* bezeichnet.

In Bild 4-4 sind dies die Einheiten 1, 2 und 3. Das NN verarbeitet die externe Vorgabe nach der dargestellten Grundlogik und realisiert einen Endzustand (Attraktor), der ein Ergebnis in Bezug auf eine gestellte Aufgabe repräsentiert. Dies Ergebnis, das z. B. beim überwachten Lernen ständig durch Vergleich mit einem extern vorgegebenen Vektor – dem Zielvektor – erreicht werden muss, muss im NN repräsentiert sein und d. h. durch die Aktivierungszustände wieder vorher bestimmter Neuronen.

Diese Neuronen – im Extremfall wieder alle – bilden dann die *Ausgabeschicht (Outputschicht)* In der obigen Abbildung sind das die Einheiten 6, 7 und 8. Da die Einheiten 4 und 5 weder Teil der Eingabe- noch der Ausgabeschicht ist, bilden sie eine so genannte *Zwischenschicht,* die häufig auch sehr missverständlich als „verborgene Schicht" (hidden layer) bezeichnet wird. Verborgen ist daran jedoch gar nichts, sondern die Einheiten 4 und 5 haben lediglich keine *direkte* Beziehung zur „Umwelt" des NN, sondern nur indirekt über die Eingabe- bzw. Ausgabeschicht. Das BN-Beispiel in 2.4.4 ist übrigens eine Variante eines dreischichtigen feed forward Netzes.

Der logisch einfachste Fall ist der, dass alle Neuronen sowohl als Eingabe- wie auch als Ausgabeschicht dienen. Hier muss auf eine etwas irritierende Doppeldeutigkeit des Begriffs „Topologie" eines NN verwiesen werden: Häufig wird als Topologie die Gliederung eines NN in derartige Schichten bezeichnet; hybride NN, die z. B. mit einem GA gekoppelt sind, werden dann häufig in *dieser Hinsicht* zusätzlich modifiziert. Eine sehr glückliche Bezeichnung ist das nicht, da die Topologie eines NN im strengen (mathematischen) Sinne durch die Gewichtsmatrix definiert wird.

Zur Vermeidung von Konfusionen sollte man besser von interner Topologie (Gewichtsmatrix) und extern orientierter Topologie (Schichten) sprechen: die letztere ist nichts anderes als die Festlegung, welche Neuronen auf die externe Umwelt *direkt* reagieren (Eingabeschicht) und welche nur indirekt über andere Neuronen (Zwischenschicht(en)), sowie die Festlegung, welche Neuronen den Output, d. h. die nach außen gegebene Problemlösung, repräsentieren. Wir werden diese Unterscheidung immer hervorheben.

Die interne Topologie wird, wie wir zeigten, üblicherweise durch eine Gewichtsmatrix repräsentiert (es geht mathematisch gesehen auch anders). Es bietet sich deswegen an, die extern orientierte Topologie ebenfalls durch eine „externe" Adjazenzmatrix zu repräsentieren, deren Dimensionen einerseits die Neuronen sind und zum anderen die Eingabe- und Ausgabeschichten. Bezogen auf die Netzwerktopologie in Bild 4-4 sieht eine derartige Matrix folgendermaßen aus:

	1	2	3	4	5	6	7	8
Eingabe	1	1	1	0	0	0	0	0
Ausgabe	0	0	0	0	0	1	1	1

Eine 0 für eine Einheit in beiden Zeilen der Matrix bedeutet dann, dass diese zu einer „verborgenen" Schicht gehört; die externe Adjazenzmatrix ist normalerweise nicht quadratisch, sondern bei n Neuronen eine 2∗n-Matrix.

Häufig werden auch mehrere Zwischenschichten bzw. „verborgene" Schichten eingeführt. Dies bedeutet nichts anderes, als dass zusätzliche Neuronen bestimmt werden, die mit der Eingabeschicht sowie mit der Ausgabeschicht nur indirekt über andere Neuronen zusammenhängen. Dies ist jedoch streng genommen keine Erweiterung der extern orientierten Topologie, sondern besagt, dass in der Gewichtsmatrix für die Neuronen der zusätzlichen Zwischenschicht(en) ausschließlich Nullen als Gewichtswerte zu und von den Neuronen der Eingabe- und Ausgabeschicht enthalten sind. Zusätzliche Zwischenschichten besagen demnach nur, *dass* in der Gewichtsmatrix eine derartige Verteilung von Gewichtswerten vorliegt. Damit ergibt sich, dass die Informationen über *zusätzliche* Zwischenschichten Teile der internen Topologie sind. Wenn wir uns z. B. vorstellen, dass die Einheiten 4 und 5 in unserem kleinen Beispiel in verschiedenen Schichten angeordnet werden sollen, also z. B. Einheit 4 als 1. Zwischenschicht und Einheit 5 als 2., dann wären in der Gewichtsmatrix die Gewichtswerte von Einheit 4 zu den Einheiten der Ausgabeschicht jeweils 0 und die Gewichtswerte der Einheit 5 zu den Einheiten der Eingabeschicht jeweils ebenfalls 0 – vorausgesetzt, dass eine entsprechende Codierung gewählt wurde.

Entsprechendes gilt für die unterschiedlichen Dynamiken neuronaler Netze (siehe unten nächstes Subkapitel). Auch diese Unterschiede bestehen nur in unterschiedlichen Verteilungen von Gewichtswerten in der Matrix. Man kann hieran erkennen, dass und warum die Gewichtsmatrix die wichtigste Grundlage für alle Netzwerktypen ist, aus der sich bereits ein großer Teil der wesentlichen Informationen über ein bestimmtes Netzwerk gewinnen lässt.

Um die Bedeutung von Zwischenschichten zu verdeutlichen, soll eines der bekanntesten Probleme behandelt werden, das in der Literatur zu NN immer wieder thematisiert wird, nämlich die Abbildung der XOR-Funktion in einem NN. Dies Beispiel ist deswegen so wichtig gewesen, weil es ursprünglich eine prinzipielle Grenze der Leistungsfähigkeit von NN zu demonstrieren schien.

Die XOR-Funktion unterscheidet sich von den meisten anderen Booleschen Funktionen in mehrfacher Hinsicht, unter anderem in Bezug auf den P-Parameter, und ist eine nicht kanalisierende Funktion (siehe Kapitel 2.3.). Deswegen lässt sie sich nicht so einfach in einem NN realisieren, wie z. B. die bereits thematisierten einstelligen Junktoren. Historisch betrachtet war die Lösung dieses Problems entscheidend für die weitere Entwicklung der NN; dies ist erst gelungen, als Minsky und Papert (1969) die Einführung einer Zwischenschicht (hidden layer) vorgeschlagen haben, wodurch die Entwicklung mehrschichtiger Netzwerke grundsätzlich begonnen hatte. Die Darstellung der Disjunktion und Konjunktion durch ein NN beispielsweise lässt sich nämlich auch ohne Zwischenschichten realisieren. Zur Erinnerung noch einmal die „Wahrheitsmatrix" der XOR-Funktion $\underline{\vee}$:

$\underline{\vee}$	1	0
1	0	1
0	1	0

Gegeben sei ein Netzwerk, das zwei Inputvariablen x_1 und x_2 und eine Outputvariable y enthält. Die verbindende Boolesche Funktion $f(x_1,x_2) = y$ sei die XOR-Funktion. Man kann relativ leicht feststellen, dass diese Funktion nicht in einem NN darstellbar ist, das nur über diese drei Einheiten verfügt. (Probieren Sie es selbst einmal aus, indem Sie etwa mit den Gewichtswerten 0, –1 und +1 arbeiten.) Demnach kann hier als erste Möglichkeit mit einer Zwischenschicht, bestehend aus zwei zusätzlichen Elementen z_1 und z_2, sowie drei Schwellenwerten θ_1, θ_2 und θ_3 gearbeitet werden; als zweite Möglichkeit genügt es auch, mit einer Zwischenschicht mit nur einem Zwischenelement zu arbeiten.[1]

Zur Verdeutlichung haben wir lediglich die Einheiten des NN graphisch dargestellt; man muss jetzt nach dem bereits bekannten Schema die Einheiten unterschiedlich aktivieren, um alle „Inputmöglichkeiten" (x_1 und x_2) durchzuspielen. Die beiden Schwellenwerte (θ_1 und θ_2) entscheiden jeweils über die Aktivierungswerte der Zwischeneinheiten z_1 und z_2, d. h., sie transformieren das Ergebnis der Aktivierungsfunktion in Bezug auf z_1 und z_2. Zwischen z_1 sowie z_2 und y gibt es erneut einen Schwellenwert (θ_3) und bestimmte Gewichtswerte, wie auch zwischen x_1 sowie x_2 und z_1 und z_2. Die Graphik zeigt die Topologie der beiden NN:

[1] Der Vollständigkeit halber sei noch erwähnt, dass die Notwendigkeit einer Zwischenschicht für die Darstellung der XOR-Funktion „nur" für den Fall von sog. feed forward Netzen gilt (siehe unten), also Netze, bei denen es nur Verbindungen von der Eingabeschicht und ggf. über Zwischenschichten zur Ausgabeschicht gibt. Führt man z. B. auch Verbindungen zwischen den Neuronen in der Eingabeschicht ein, dann kann man ohne Zwischenschicht auskommen. Das hat einer unserer Studierenden, nämlich Robert Hetka, gezeigt.

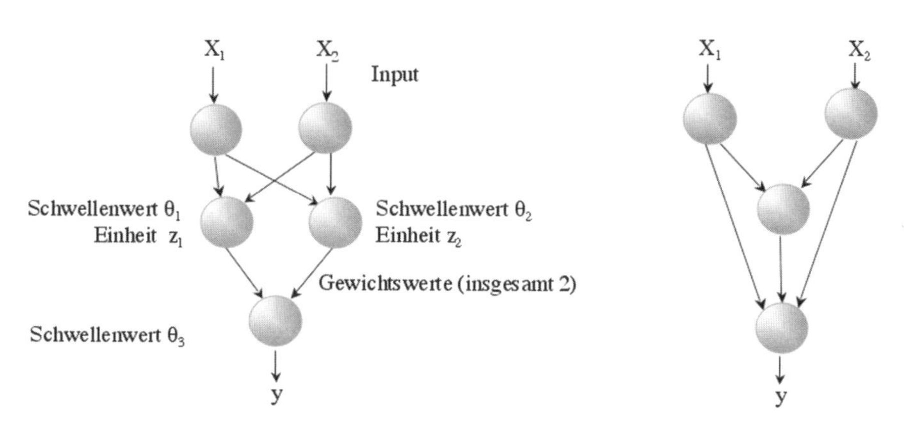

Bild 4-5 Zwei mögliche Lösungen des XOR: auf der linken Seite sind 2 Elemente in der Zwischenschicht, auf der rechten Seite reicht ein Element in der Zwischenschicht, sofern zusätzlich direkte Verbindungen zwischen der Eingabe- und Ausgabeschicht vorhanden sind.

Wir haben diese Darstellung bewusst so allgemein gehalten, um Ihnen die Möglichkeit zu geben, selbst einmal auszuprobieren, mit welchen Schwellen- und Gewichtswerten die beiden Netze jeweils die XOR-Aufgabe lösen können.

Anhand dieser Beispiele kann zusätzlich auf ein Problem hingewiesen werden, nämlich, dass es durchaus schwierig sein kann, eine günstige Anzahl der Elemente in einer Zwischenschicht zu bestimmen. Je nachdem ob zu wenig oder zu viele Elemente vorhanden sind, kann es passieren, dass das NN keine Lösung für ein Problem findet oder die Trainingsphase verlängert wird – dies gilt auch für die Anzahl der Schichten. Man sollte daher grundsätzlich mit einer kleineren Topologie beginnen und diese sukzessive erweitern, insbesondere dann, wenn keine Topologie bekannt ist, die für eine bestimmte Aufgabe am besten geeignet ist (Mohratz und Protzel 1996). Dies Problem ist auch der Grund dafür, dass schon relativ früh damit experimentiert wurde, die externe Topologie von NN durch zusätzliche Optimierungsalgorithmen wie etwa genetische Algorithmen zu modifizieren; wir wiesen bereits darauf hin.

4.2.3 Feed forward und feed back Netzwerke

Schließlich kann man die „Richtung" der Aktivierungsprozesse eines NN entsprechend der Gliederung in Schichten unterschiedlich definieren – man spricht hier von feed forward NN und feed back NN. Mit feed forward ist gemeint, dass ein NN einen externen Input erhält, diesen verarbeitet und so einen Aktivierungsvektor in der Ausgabeschicht realisiert. Deren Aktivierungswerte werden als neuer Input an die Einheiten der Eingabeschicht gegeben, der Verarbeitungsprozess läuft wieder in Richtung der Ausgabeschicht ab und so weiter, bis eine Lösung bzw. ein Attraktor erreicht worden ist. Alternativ dazu wird auch häufig festgelegt, dass nur einmal der Aktivierungsfluss von der Eingabeschicht an die Einheiten der Ausgabeschicht verläuft; der entsprechende Aktivierungswert der Ausgabeneuronen ist dann bereits der endgültige Output. Dies ist insbesondere für lernende Systeme wichtig.

Beim feed back Verfahren besteht der Unterschied darin, dass sich nach Erreichen der Ausgabeschicht die Richtung sozusagen umdreht: Die Einheiten der Ausgabeschicht senden jetzt ihre Aktivierungen über die Einheiten der Zwischenschichten – falls vorhanden – zur Eingabeschicht, die darauf mit einer einschlägigen Veränderung ihrer Zustandswerte reagiert, diese wieder über die Einheiten der Zwischenschichten zur Ausgabeschicht sendet, etc. Dies stellt jedoch nur eine Möglichkeit dar (siehe Bild 4-6). Häufig genügt es, diesen feed back Prozess nur einmal durchlaufen zu lassen, also einmal zur Ausgabeschicht, dann zurück zur Eingabeschicht und dann noch einmal zur Ausgabeschicht.

Da auch dieser Punkt in der Literatur häufig nicht genau formuliert wird, muss darauf hingewiesen werden, dass die Unterschiede zwischen diesen beiden Verfahren insbesondere bei der Veränderung der Gewichtswerte während der Lernprozesse relevant werden. Technisch gesehen läuft ein feed forward Verfahren darauf hinaus, dass man nur die Gewichtswerte der Verbindungen „von oben nach unten" berücksichtigt; will man demnach ein feed forward Netzwerk konstruieren, was für viele Fälle durchaus ausreicht, braucht man im Grunde nur die Werte in der Gewichtsmatrix oberhalb der Hauptdiagonale zu bestimmen; die übrigen Werte können auch auf Null gesetzt werden und werden im Lernprozess nicht verändert.

Bei einem feed back Verfahren müssen alle Werte berücksichtigt werden, so dass beim feed forward Verfahren demnach nur eine Hälfte der Gewichtsmatrix zur Berechnung herangezogen wird, beim feed back Verfahren dagegen die gesamte Matrix. Dies war oben gemeint, als wir darauf verwiesen haben, inwiefern auch die Informationen über die Richtung der Netzwerkdynamik praktisch immer schon in der Gewichtsmatrix sowie den Regeln für ihre Variation enthalten sind (siehe unten).

Es muss hier zusätzlich darauf verwiesen werden, dass wieder einmal eine unglückliche Terminologie vorliegt. Streng genommen sind *alle* NN feed back Systeme, wenn man diesen Ausdruck in seiner normalen Bedeutung, nämlich der der „Rückkoppelung" verwendet. Das gleiche gilt für ZA oder BN. Hier geht es um einen sehr speziellen Fall von Rückkoppelung, nämlich um die Umkehrung der Aktivierungsausbreitung. *Diese* sehr spezielle Bedeutung von feed back gibt es nur bei NN, obwohl man natürlich derartige Richtungsänderungen auch bei BN oder ZA einführen kann, falls es bei einem entsprechenden Problem als sinnvoll erscheint.

Die folgende graphische Darstellung veranschaulicht beide Informationsflüsse:

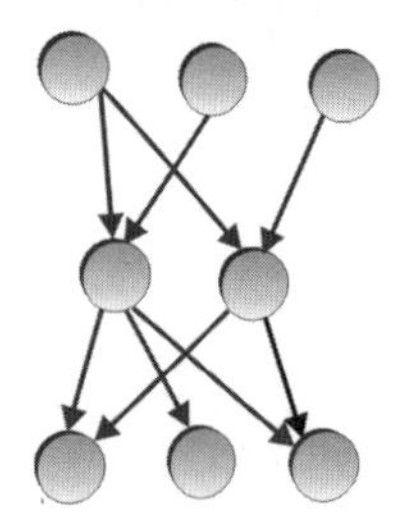

a) feed forward Netz

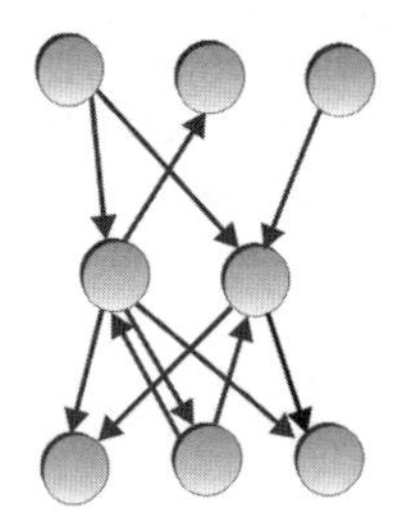

b) feed back Netz

Bild 4-6 Feed forward und feed back Netzwerke im Vergleich

Es muss betont werden, dass dies lediglich zwei von vielen Möglichkeiten sind, Netzwerke zu konstruieren. Z. B. breitet sich bei so genannten rekurrenten Netzwerken die Aktivierung nicht nur „vertikal" aus, also direkt von Schicht zu Schicht wie bei den feed forward und feed back Verfahren, sondern auch „horizontal", d. h., die Aktivierungsausbreitung verläuft auch zwischen den Neuronen einer Schicht. Dies wird insbesondere bei den so genannten interaktiven Netzwerken ausgenutzt.

4.2.4 Lernregeln

Durch Topologie und Interaktionsregeln lässt sich ein NN ebenso festlegen wie ein „normales" BN, aus dem bisher durch Erweiterung und teilweise auch durch Vereinfachung die Grundlogik von NN erzeugt worden ist. Allerdings fehlt noch eine, vielleicht sogar *die* wesentliche Komponente: NN werden schließlich vor allem konstruiert, um *lernende bzw. adaptive Algorithmen* zu erhalten.

Im ersten Kapitel über komplexe Systemdynamiken wurde gezeigt, dass lernende bzw. adaptive Systeme neben Topologie und Interaktionsregeln zusätzlich Metaregeln zur Modifizierung der Interaktionsregeln und/oder der Topologie erfordern und außerdem eine Bewertungsfunktion: Nur wenn lernende Systeme ständig Rückmeldungen hinsichtlich ihres Entwicklungserfolges erhalten, können sie gezielte Korrekturen in Bezug auf ihre eigene Struktur vornehmen.

Das ist bei neuronalen Netzen nicht anders als bei individuell lernenden Menschen oder bei sich evolutionär entwickelnden biologischen Gattungen, wo die Selektion die entsprechende Rückmeldung übernimmt. Man muss demnach die bisher betrachteten NN also noch durch Einfügung von Metaregeln hybridisieren, obwohl man das bei NN gewöhnlich nicht so nennt, und es müssen außerdem Bewertungsfunktionen vorgesehen werden.

Da man bei NN aufgrund des neurobiologischen Vorbildes meistens nicht von Adaptation sondern von Lernen spricht, nennt man die erforderlichen Metaregeln üblicherweise *Lernregeln.* Diese bestehen gewöhnlich darin, dass sie die Gewichtsmatrix *in Abhängigkeit vom Lernerfolg* modifizieren, bis der gewünschte Erfolg – die Problemlösung, das Optimum, das Minimum bzw. der Attraktor im Lösungsraum – erreicht ist. Es gibt freilich auch Formen des Lernens, die ohne ständige Rückmeldungen auskommen. Diese werden wir ebenfalls betrachten.

Man kann hier erneut sehen, wie vorteilhaft die oben dargestellte Erweiterung der Codierung in der ursprünglichen Adjazenzmatrix ist: Man braucht gewöhnlich die Interaktionsregeln nicht zu modifizieren, sondern es genügt eine zielgerichtete Variierung der Topologie. Einige Standardlernregeln werden wir bei der Darstellung von verschiedenen Grundtypen neuronaler Netze vorstellen; zur Beschleunigung des Konvergenzverhaltens, d. h. des Erreichens einer Problemlösung bzw. eines Lernerfolges, werden häufig noch zusätzliche Algorithmen ad hoc eingeführt.

Die einfachste Lernregel ist die Lernregel von Donald Hebb, die in der Einleitung zu diesem Kapitel bereits kurz erwähnt worden ist. Zur Erinnerung sei kurz noch einmal darauf hingewiesen: Ist ein Axon der Zelle A nahe genug an einer Zelle B, um diese immer wieder zu erregen, dann findet eine metabolische Veränderung in einer der beiden Zellen (oder in beiden) statt, so dass die Effektivität der Zelle A gesteigert wird, um die Zelle B zu erregen. Entsprechend gilt umgekehrt, dass Verbindungen zwischen A und B abgebaut werden, wenn keine Aktivierung von B durch A erfolgt (falls vorher Verbindungen bestanden haben).

Formal wird die Größe der Veränderung mit Δw_{ij} dargestellt und damit die Veränderung des Gewichtswerts w von der Einheit i zur Einheit j:

$$\Delta w_{ij} = \eta \, a_j o_i \, , \tag{4.7}$$

wobei η die so genannte *Lernrate* ist, a_j der Aktivierungswert des empfangenden Neurons und o_i der Ausgang (Output) des sendenden Neurons. Unter dem Begriff der Lernrate, die hier als numerischer Wert erscheint, kann man sich einen Faktor vorstellen, der die individuellen Lernprozesse steuert, z. B. individuelle Fähigkeiten bzw. Begabungen. Die Lernrate wird je nach Problem festgelegt, meistens handelt es sich um einen reellen Wert $0 < \eta < 1$.

Die Bewertungsfunktionen richten sich danach, wie schon im Kapitel über evolutionäre Algorithmen erwähnt, ob es sich um *überwachtes* Lernen oder *nicht überwachtes* Lernen handelt. Beim überwachten Lernen wird das zu erreichende Ziel normalerweise in Form eines Zielvektors dargestellt; die Aufgabe eines überwacht lernenden NN besteht dann darin, die Distanz zwischen dem Zielvektor und einem Vektor zu minimieren, der durch die Zustände aller Neuronen oder eines Teilvektors der Zustände gebildet wird (siehe unten); häufig dienen dazu die Aktivierungswerte der Ausgabeschicht. Berechnet wird dies z. B. durch die im vorigen Kapitel erwähnten Verfahren.

Bei dem überwachten Lernen, das sehr häufig für so genannte assoziative Netzwerke verwendet wird, wird in vielen Fällen die Delta-Lernregel oder nach deren Erfindern Widrow und Hoff (1960) auch *Widrow-Hoff-Regel* genannt verwendet. Diese berücksichtigt die Differenz zwischen dem tatsächlich erreichten und dem erwünschten Ergebnis. Daraus ergibt sich:

$$\Delta w_{ij} = \eta\,(t_i - a_j)o_i = \eta o_i \delta_j \tag{4.8}$$

wobei η erneut die Lernrate ist, t_i steht für die Komponente des Lehrmusters (Zielvektor), das dem empfangenden Neuron i zugeordnet ist, a_j ist der Aktivierungswert des empfangenden Neurons, o_i der Ausgang des sendenden Neurons und δ_j die Differenz zwischen dem aktuellen Aktivierungswert a_j des Outputneurons und der erwarteten Aktivierung t_i. Aus der Formel wird ersichtlich, dass hier explizit ein Lehrmuster (Zielvektor) vorgegeben wird, das für die Evaluation herangezogen wird. Da die Differenz zwischen Zielvektor und faktisch erreichtem Vektor durch den griechischen Buchstaben δ (= delta) gemessen wird, heißt diese Regel Delta-Regel; das Δw_{ij} in der obigen Gleichung, also das Maß der Veränderung von w_{ij}, ist übrigens ebenfalls ein „Delta", nämlich der groß geschriebene Buchstabe.

Es sei hier lediglich darauf hingewiesen, dass diese Lernregel bei mehrschichtigen Modellen modifiziert werden muss. Die am häufigsten verwendete Regel ist die *Backpropagation*-Regel, die einer generalisierten Delta-Lernregel entspricht. In diesem Fall ist die Berechnung der δ_j wie folgt (Zell 2000, 86):

$$\delta_j = \begin{Bmatrix} f'_j(\text{net}_j)(t_j - o_j) & \text{falls j eine Ausgabezelle ist} \\ f'_j(\text{net}_j)\sum_k(\delta_k w_{ik}) & \text{falls j eine verdeckte Zelle ist} \end{Bmatrix}, \tag{4.9}$$

wobei der Index k über alle direkten Nachfolgezellen der aktuellen Zelle j läuft. „Generalisiert" ist diese Regel in der Hinsicht, dass sie bei Netzwerken mit beliebig vielen Schichten angewandt werden kann.[2] Inhaltlich besagt diese Regel, dass die Gewichtswerte zwischen der Zwischenschicht und der Ausgabeschicht wie im Fall der Delta-Regel modifiziert werden und dass der Modifizierungswert sozusagen an die Gewichtswerte zwischen der Eingabe- und der Zwischenschicht in veränderter Form „zurück geschoben" werden (daher der Name).

Es gibt zwischenzeitlich eine Vielzahl von Variationen dieser einfachen Lernregeln und andere, die zur Fehlerminimierung entwickelt wurden. Auch hier kann auf die einschlägige Literatur verwiesen werden. Auf eine besondere Lernregel, die zuweilen auch als Ausgabefunktion verwendet wird, werden wir jedoch im Folgenden eingehen:

Beim *nicht überwachten* Lernen, das vor allem bei den so genannten ART-Netzen (die hier nicht näher behandelt werden) und der Kohonen-Karte (siehe unten) angewandt wird, werden *systemimmanente* Bewertungskriterien angewandt. Vereinfacht gesprochen geht es darum, dass das NN nach dem so genannten „Winner-take-all"-Prinzip die Neuronen auswählt, die die höchsten Aktivierungszustände haben und die übrigen Neuronen um die „selektierten Gewin-

---

2 Eine detaillierte Darstellung der exakten Berechnung im Fall der Backpropagation-Regel findet sich z. B. in Schmidt et al. 2010.

ner“ in so genannten Clustern, d. h. topologisch angeordneten Gruppen bzw. Anhäufungen, gruppiert. Etwas genauer: Nach jeweils einem Eingabesignal wird das Neuron ausgewählt, das den höchsten Aktivierungszustand hat; dies ergibt bei mehreren Eingabesignalen gewöhnlich auch mehrere selektierte Neuronen. Diese Neuronen bilden dann die Clusterzentren. Dadurch wird insbesondere gewährleistet, dass nach erfolgter Lernphase neue Signale, die einem bereits eingegebenen Signal ähnlich sind, auch wieder den entsprechenden Cluster aktivieren. Derartige „Clusterungen“ von Einheiten lassen sich auch bei Zellularautomaten und Booleschen Netzen finden; wir hatten im 2. Kapitel dafür ein Beispiel gegeben, wie lokale Attraktoren in Clustern von Zellen eines stochastischen ZA entstehen.

Bei dem Winner-take-all-Prinzip gilt, dass die jeweiligen Entfernungen der nicht selektierten Neuronen zu ihren Clusterzentren minimiert werden sollen. Damit ist gemeint, dass die Gewichtsverbindungen zwischen den entsprechenden Einheiten vergrößert werden – eine Variante des Prinzips von Hebb. Ein Attraktor ist erreicht, wenn sich die Entfernungen in den Clustern zwischen den Zentren und den anderen Neuronen nicht mehr verändern. Man verwendet also gewissermaßen die Geometrie der Netzwerke als Bewertungsdimension.

Technisch heißt das also, dass alle nicht selektierten Neuronen gemäß ihren eigenen Aktivierungszuständen den jeweiligen selektierten Neuronen (den Clusterzentren) zugeordnet werden, also den selektierten Neuronen, deren Aktivierungszustände ihnen am ähnlichsten sind. Anschließend werden die Gewichtswerte der Verbindungen zwischen den einzelnen Neuronen und ihren Zentren systematisch erhöht und die Gewichtswerte der Verbindungen zu den anderen Clusterzentren sowie den nicht zum eigenen Cluster gehörigen Neuronen reduziert.

Für die Veränderung der Gewichtswerte gilt entsprechend:

$$w_{ij}(t+1) = w_{ij}(t) + \eta(o_i - w_{ij}(t)), \tag{4.10}$$

wobei die Lernrate η einen Wert > 0 hat; ansonsten entsprechen die Symbole denen bei der Hebbschen Lernregel. Es sei jedoch auf den Unterschied hingewiesen, dass in diesem Fall das Ergebnis der Multiplikation der Gewichtswerte w_{ij} mit der Lernrate zusätzlich zu dem Gewichtswert addiert wird.

Es sei der Vollständigkeit halber erwähnt, dass zusätzlich das *verstärkende Lernen* (reinforcement learning) als Regel verwendet wird, die praktisch zwischen dem überwachtem und nicht überwachtem Lernen anzusiedeln ist: Der Lehrer gibt in diesem Fall nicht das Ziel vor, sondern lediglich die Meldung, ob das Ergebnis besser als bisher geworden ist oder nicht (Zell, 2000). Dies entspricht im Prinzip dem bereits bekannten Lern- bzw. Optimierungsverfahren bei den evolutionären Algorithmen und beim Simulated Annealing, wo das System ebenfalls lediglich die Rückmeldung bekommen kann, ob die bewerteten Vektoren besser oder schlechter geworden sind, gemessen am jeweiligen Fitnesswert (siehe Kapitel 3). Daher ist es nicht verwunderlich, dass häufig genetische Algorithmen bzw. Simulated Annealing verwendet werden, um die Parameter neuronaler Netze zu verändern (Braun, 1997). Eine andere Möglichkeit, verstärkendes Lernen zu realisieren, besteht darin, dass sich das System ein „Bild“ von dem erwünschten Ergebnis macht. Entsprechend werden die tatsächlichen Ergebnisse verglichen, ob sie besser oder schlechter als das Bild sind. Die genaue Beschreibung zu diesem Verfahren findet sich bei Jordan und Rumelhart (2002) unter dem Stichwort „distal learning“. Es muss jedoch darauf – wieder einmal – verwiesen werden, dass häufig nur die eine oder die andere Möglichkeit zur Definition des verstärkenden Lernens verwendet wird, was das Verständnis nicht unbedingt erleichtert.

Die Vorgehensweise bei der Realisierung eines überwacht lernenden Netzwerkes kann in Form eines Pseudocodes für die üblichen Standardfälle wie folgt beschrieben werden:

(a) bestimme einen Vektor, der als Lehrmuster interpretiert wird (der Einfachheit halber binäre Werte);

(b) bestimme die Inputeinheiten (ebenfalls der Einfachheit halber binäre Werte);

(c) gehe von einem feed-forward Netzwerk aus mit einer Eingabeschicht, ggf. einer Zwischenschicht und einer Ausgabeschicht;

(d) bestimme die Schwellenwerte;

(e) bestimme die Lernregel;

(f) generiere zufällig reelle Gewichtswerte;

(g) wähle die lineare Aktivierungsfunktion und als Ausgabefunktion die Identitätsfunktion;

(h) überprüfe das Ergebnis (output) anhand des Lehrmusters;

(i) ist das Ergebnis ungleich dem Lehrmuster, verändere die Gewichtswerte solange bis Ergebnis = Lehrmuster bzw. die Differenz hinreichend klein ist.

Da der Prozess der Veränderung von Gewichtswerten unter Umständen nicht unmittelbar nachvollziehbar ist, seien noch einige zusätzliche Hinweise gegeben: Um relativ schnell ein zufrieden stellendes Ergebnis zu erreichen, muss überprüft werden, ob das Ergebnis einer Netzwerkkomponente (output) größer oder kleiner ist als die entsprechende Komponente im Lehrmuster. Sollte das Ergebnis der Netzwerkkomponente 0 sein, das erwünschte Ergebnis im Lehrmuster ist aber 1, dann sollte der Gewichtswert um einen bestimmten Wert (den angegebenen Wert der Lernrate) vergrößert werden. Entsprechend muss der Gewichtswert verkleinert werden, falls das erwünschte Ergebnis 0 sein sollte, jedoch 1 als Ergebnis des Outputs vorliegt. Ist das aktuelle Ergebnis mit dem erwünschten identisch, wird der Gewichtswert natürlich nicht verändert.

Entsprechend kann auch der Schwellenwert automatisch variiert werden: Je nach Differenz kann dieser minimal vergrößert oder verkleinert werden.

Mit den Festlegungen der Topologie (= Gewichtsmatrix), der extern orientierten Topologie (Schichten), der Interaktionsregeln (= Propagierungs-, Aktivierungs- und Ausgabefunktion), der Architektur der Metaregeln (= Lernregel) und der Bewertungsfunktion (nicht überwacht oder überwacht) ist die Grundstruktur eines lernenden NN determiniert.

Es sei noch einmal betont, dass die obigen Unterscheidungen zwischen Richtungskonstanz (feed forward) und Richtungsänderung (feed back) sich auch bei einfachen BN realisieren lassen; das Gleiche gilt für die anderen Zusätze hinsichtlich Lernregeln, Bewertungsfunktionen und Schichtengliederungen. Damit ist auch schon experimentiert worden (Patterson 1995). Wir weisen nur deswegen noch einmal darauf hin, um festzuhalten: NN sind praktisch eigentlich nichts anderes als generalisierte BN mit den erwähnten Zusätzen zur Ermöglichung von Lernfähigkeit. In beiden Fällen wird ausgenützt, dass zum Teil sehr unterschiedliche Probleme sich darstellen lassen als „Vernetzung" von bestimmten Einheiten und dass damit bei aller möglichen Verschiedenheit der jeweiligen inhaltlichen Probleme diese sich auf eine gleichartige Weise bearbeiten lassen.

4.2.5 Ein allgemeines Lernparadigma

Wenn man sich die hier behandelten etablierten Lernregeln betrachtet, dann fallen bei aller Leistungsfähigkeit dieser Regeln gewissermaßen zwei Schönheitsfehler auf. Zum einen sind die Regeln vor allem für die Fälle des überwachten Lernens einerseits und die des nicht überwachten bzw. selbstorganisierten Lernens andererseits nicht sehr einheitlich, obwohl sich alle wichtigen Lernregeln auf das mehrfach erwähnte Prinzip von Hebb beziehen. Das „Winner take-all"-Prinzip der Kohonen-Karte etwa hat mit der Delta-Regel nicht viel gemeinsam, obwohl die Berechnungen vergleichsweise ähnlich sind. Zum anderen sind die Lernregeln methodisch dadurch gekennzeichnet, dass in allen die Aktivierungs- bzw. Outputwerte sozusagen zweimal vorkommen: Einmal werden diese Werte dazu verwendet, die entsprechenden Gewichtsveränderungen zu berechnen, und zum anderen erscheinen die Outputwerte als Ergebnis der variierten Gewichtswerte. Das ist natürlich kein logischer Zirkel, da es sich jeweils um die Outputwerte zu verschiedenen Zeitpunkten handelt. Dennoch ist dieser Ansatz etwas unelegant, da in der Sprache der Experimentalmethodik die Outputwerte einmal als Bestandteil der unabhängigen Variablen genommen werden – die Berechnungsformel – und zum anderen als abhängige Variable erscheinen – die veränderten Outputwerte als Ergebnis der Lernprozesse.

Zur Vermeidung dieser beiden Defizite entwickelten wir ein allgemeines Lernparadigma, das a) für sämtliche Lernformen angewandt werden kann und b) ohne die Outputwerte in den eigentlichen Berechnungsverfahren für die jeweiligen Regeln auskommt. Natürlich müssen auch hier spezielle Regeln für die einzelnen Lernformen entwickelt werden, die sich jedoch alle aus dem allgemeinen Paradigma ableiten lassen. Da auch wir uns am Prinzip von Hebb orientieren, lautet dies Paradigma in der allgemeinen Form

$$\Delta w_{ij} = \pm c * | (1 - w_{ij}(t) | , \qquad (4.11)$$

wobei c eine Konstante ist, die der Lernrate η in den obigen Lernregeln für das überwachte und verstärkende Lernen entspricht (für $0 \leq w_{ij} < 1$). Der Faktor $| (1 - w_{ij}(t) |$ fungiert als „Dämpfungsfaktor", der verhindern soll, dass die Veränderungen zu groß werden.

Das Schema (4.11) ist auch gleichzeitig die Lernregel für das verstärkende Lernen. Beim überwachten Lernen wird, wie oben dargestellt, die Differenz zwischen einem Zielvektor und den faktischen Werten des Outputvektors berücksichtigt. Die entsprechende Lernregel für zweischichtige Netze lautet dann

$$\Delta w_{ij} = c * | (1 - w_{ij}(t) | * \delta \qquad (4.12)$$

δ ist natürlich die Differenz zwischen dem Outputvektor und dem Zielvektor.

Bei dreischichtigen (bzw. mehrschichtigen) Netzen lautet die Formel (gewissermaßen in Analogie zur Backpropagation-Regel):

$$\Delta w_{ij} = \begin{cases} c * \left|\left(1 - w_{ij}(t)\right)\right| * \delta, \text{ falls j eine Ausgabezelle ist} \\ \dfrac{\sum_k \Delta w_{jk}}{n * p}, \text{ falls j eine verdeckte Zelle ist} \end{cases} \qquad (4.13)$$

In dieser Regel ist p ein „Proportionalitätsfaktor", der die Veränderungen der Gewichtswerte zwischen Input- und Zwischenschicht proportional zu den Veränderungen der Gewichtswerte zwischen der Zwischenschicht und der Ausgabeschicht berechnet. In Gleichung (4.13) bezeichnet n die Anzahl der Gewichtswerte w_{jk}; es wird also mit dem arithmetischen Durchschnitt gearbeitet. Der Proportionalitätsfaktor p wird gewöhnlich als natürliche Zahl genommen; in unseren Experimenten hat sich häufig $p = 2$ als vorteilhaft erwiesen.

Sämtliche Lernregeln kommen offenbar ohne die Outputwerte aus. Die Regel (4.13) ist auch deutlich einfacher als die Backpropagation-Regel, die nach unseren didaktischen Erfahrungen häufig nur schwer zu vermitteln ist.

Erste Vergleichsexperimente mit den neuen Regeln, die wir zusammenfassend als ERS (Enforcing Rules Supervised = Verstärkungsregeln für Überwachung) bezeichnen, zeigten, dass bei großen Netzen im Fall des Lernens eines Musters die ERS deutlich effektiver abschnitten als die etablierten Regeln; bei einigen Mustern, die von dreischichtigen Netzen gelernt werden sollten, brauchte die Backpropagation-Regel mehrere hundert Schritte, während die ERS mit weniger als 10 Lernschritten auskam. Allerdings gilt dies erfreuliche Resultat nur bedingt für das Lernen mehrerer Muster (vgl. für einen derartigen Fall das Beispiel 4.5.1). Hier ist anscheinend noch einiges an Forschungsarbeit zu leisten.

Allerdings haben wir bereits zeigen können, dass im Fall zweischichtiger Netze alle Booleschen Funktionen, die wie AND und OR mit zweischichtigen Netzen gelernt werden können, gleichzeitig ziemlich schnell und zuverlässig mit dem neuen Lernparadigma gelernt werden konnten. Einige Probleme stellen sich – mal wieder – bei XOR und der Äquivalenz bei dreischichtigen Netzen.

Die Form des nicht überwachten bzw. selbstorganisierten Lernens wird unten detailliert dargestellt anhand des von uns entwickelten SEN (Self Enforcing Network), so dass wir hier nur darauf zu verweisen brauchen. Festzuhalten ist, dass es wahrscheinlich möglich ist, beide eingangs angesprochenen Probleme mit dem universalen Lernschema erfolgreich zu beheben.

Experimente unserer Studenten haben übrigens gezeigt, dass bei den traditionellen Lernregeln (und möglicherweise auch bei unseren neuen) die Reihenfolge der zu lernenden Muster durchaus eine Rolle spielt. Wenn man die Reihenfolge der Eingaben wie meistens üblich zufällig generiert, dann kann es bei einer bestimmten Reihenfolge den gewünschten Lernerfolg geben, bei einer anderen jedoch nicht. Wir haben noch keine Regularität für dies Problem entdecken können, also welche Reihenfolgen günstig sind und welche nicht. Da dies Problem bisher in den üblichen Lehrbüchern nicht erwähnt wird, weisen wir hier trotz der Vorläufigkeit unserer Resultate darauf hin. In der Anwendung kann es bei missglückten Lernprozessen von daher durchaus sinnvoll sein, den Prozess mit veränderten Reihenfolgen zu wiederholen.

4.2.6 Exkurs: Graphentheoretische Darstellung neuronaler Netze

Wir hatten zu Beginn dieses Kapitels darauf verwiesen, dass es in dem vielfältigen Bereich neuronaler Netze häufig sehr schwierig ist, eine allgemeine Übersicht im Dickicht der verschiedenen Modelltypen zu behalten. Um diese Übersicht auf eine zusätzliche Weise zu ermöglichen, sollen die wesentlichen Grundeigenschaften von NN in einer etwas anderen Terminologie dargestellt werden, nämlich in der der Graphentheorie. Leser, die an dieser etwas formaleren Darstellung nicht interessiert sind, können diesen kleinen Exkurs auch übergehen, da die folgenden Themen auch so verständlich sind (bzw. sein sollen). Wir empfehlen natürlich auf jeden Fall auch die Lektüre dieses Exkurses gerade Leser/-innen, die nicht systematisch an das Denken in formalen Strukturen gewöhnt sind.

Verschiedene Typen von NN sind von uns mehrfach graphisch dargestellt worden, um durch die Visualisierung eine bessere Verständlichkeit zu ermöglichen. Gleichzeitig demonstrieren diese graphischen Veranschaulichungen, dass man NN auch als spezielle Anwendungsfälle einer allgemeinen mathematischen Theorie auffassen kann, nämlich der so genannten Graphentheorie.[3]

Betrachten wir noch einmal ein einfaches feed forward NN mit vier Einheiten, die folgendermaßen miteinander verknüpft sind:

---

[3] Die Ähnlichkeit der Begriffe „Graphik“ und „Graph“ ist natürlich kein Zufall und man möge dies nicht als unfreiwilligen Kalauer missverstehen.

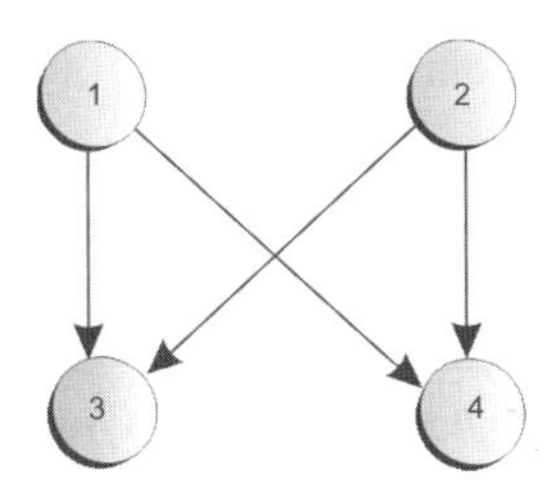

Bild 4-7 Feed forward NN mit vier Einheiten

Wir können dabei annehmen, dass die Einheiten 1 und 2 die Eingabeschicht darstellen sowie die Einheiten 3 und 4 die Ausgabeschicht. Diese Visualisierung lässt sich jetzt sozusagen direkt in eine strenge mathematische Darstellung, nämlich in einen so genannten Graphen übersetzen:

Unter einem Graphen wird eine Menge von Elementen verstanden, den so genannten Knoten (englisch edges), die alle oder zum Teil durch so genannte Kanten (englisch vertices) verbunden sind. In unserem Beispiel haben wir also vier Knoten und vier Kanten, nämlich die Verbindungen zwischen den Einheiten 1 und 3 sowie 2 und 4. Da es sich um ein feed forward Netz handelt, gibt es nur diese Kanten, also keine zwischen 3 und 1 oder 4 und 2. Da in diesem Fall die Richtung entscheidend ist, spricht man von einem *gerichteten Graphen* (englisch directed graph) bzw. Digraph.

Da man in der Theorie allgemeiner Strukturen Kanten als spezielle Relationen zwischen zwei Knoten auffassen kann (genauer gesagt topologische Relationen), lässt sich eine Kante K_{AB} zwischen zwei Knoten A und B auch schreiben als $K_{AB} = (A, B)$, womit nichts anderes ausgedrückt wird als dass eben eine solche Kante existiert. Kanten lassen sich demnach darstellen als Elemente der Paarmenge $E \times E$, wenn E die Menge der Knoten ist und $E \times E$ das cartesische Produkt der Menge E mit sich selbst die Menge aller geordneten Paare (A, B) mit $A, B \in E$ darstellt. Der Begriff des „geordneten" Paares verweist darauf, dass die Reihenfolge der Knoten relevant ist. Wenn wir nun die Menge aller Kanten als V bezeichnen, dann gilt offenbar, dass $V \subseteq E \times E$ und wir definieren einen gerichteten Graphen G als

$$G = (E, V). \tag{4.14}$$

Zwei Graphen $G_1 = (E_1, V_1)$ und $G_2 = (E_2, V_2)$ sind *isomorph*, wenn es eine bijektive Abbildung gibt, so dass für alle $(A, B) \in E_1$ gilt:

$$f(A, B) = (f(A), f(B)). \tag{4.15}$$

Anders gesagt: Jede Kante von G_1 wird auf genau eine Kante von G_2 abgebildet. Da f bijektiv ist, enthalten G_1 und G_2 genau gleich viele Knoten und Kanten; sie sind in einem topologischen Sinne also strukturgleich, auch wenn ihre geometrische Form durchaus verschieden sein kann. Der Graph unseres obigen kleinen Netzes z. B. ist isomorph zu dem folgenden Graph:

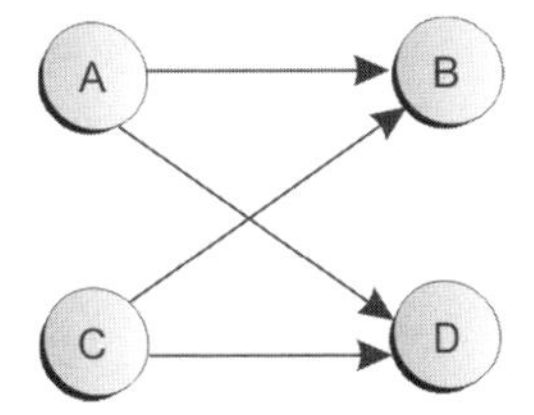

Bild 4-8 Isomorphe Darstellung des Graphen aus Bild 4-7

wenn man als Kanten definiert (A, B), (C, D), (A, D) sowie (B, C) und f als f(1) = A, f(3) = B, f(2) = C und f(4) = D. Man sieht sofort, dass die obige Isomorphiebedingung erfüllt ist.

Ohne nähere Erläuterung weisen wir nur darauf hin, dass isomorphe Graphen von einem Graph aus durch spezielle Permutationen der Adjazenzmatrizen erzeugt werden können.

Bei NN sind, wie wir gezeigt haben, die Adjazenzmatrizen selbst reell codiert, also mit Gewichten versehen. In so einem Fall spricht man nicht nur von gerichteten, sondern zusätzlich noch von gewichteten Graphen. Vollständig muss man demnach NN als gerichtete und gewichtete Graphen bezeichnen. Da gewichtete Graphen jedoch auch gerichtet sind, werden NN zuweilen auch nur als gewichtete Graphen bezeichnet.

Für die Darstellung der Aktivierungsausbreitung in einem NN können wir auf die im 1. Kapitel eingeführte Darstellung der Dynamik komplexer Systeme zurückgreifen. Wenn wir entsprechend der dortigen Konvention die Menge aller Input-, Aktivierungs- und Outputfunktionen einschließlich der durch die Gewichtsmatrix ausgedrückten Topologie als f bezeichnen, dann führt f offenbar einen bestimmten Zustand des Graphen, also des NN, in einen anderen über, also f(Z(G)) = Z'(G). Diese Abbildung ist häufig nicht bijektiv, wie man sich am Fall der linearen Aktivierungsfunktion

$$a_j = \sum a_i * w_{ij}. \tag{4.16}$$

klar machen kann. Da es sich hier um lineare arithmetische Operationen handelt, kann man nur bedingt zurückrechnen. Bereits die Einführung einer Schwellwertfunktion wie

$$a_j = net_j \text{ wenn } net_j > \theta$$

$$a_j = 0 \text{ sonst} \tag{4.17}$$

macht es im allgemeinen Fall offensichtlich unmöglich, einen einmal erreichten Zustand eindeutig auf den vorherigen Zustand zurück zu beziehen. Der Schwellenwert θ lässt ja weitgehend offen, wie groß net_j tatsächlich war. Die Abbildung f ist damit kein Isomorphismus mehr, sondern „nur" noch ein topologischer Homoeomorphismus, für den die Bedingung (4.15) zwar erfüllt ist, aber nicht die der Bijektivität.

Wenn wir uns nun den Lernregeln zuwenden, dann haben wir es dabei, wie bereits bemerkt, mit einem speziellen Fall von Metaregeln zu tun, also Regeln, die selbst auf Regeln operieren und diese verändern. In den allermeisten Fällen geht es dabei um Variationen der Gewichtsmatrix, also der internen Topologie und nur diese Fälle werden wir hier behandeln. Eine Lernregel L lässt sich demnach auffassen als eine Abbildung L(W) = W', wenn W und W' die Gewichtsmatrizen vor bzw. nach Anwendung der Lernregel bezeichnen. In der Gewichtsmatrix werden sowohl die Anzahl der Knoten als auch die Anzahl der Kanten sowie deren Gewichtungen repräsentiert. Dabei können die von uns dargestellten Lernregeln zwar nicht die Anzahl der Knoten, aber durchaus die Anzahl der Kanten modifizieren. Bei der linearen Aktivierungsfunktion z. B., sofern diese neben Schwellwertfunktionen als einzige Interaktionsfunktion eingesetzt wird, bedeutet ein Gewichtswert $w_{ij} = 0$, dass zwischen den Einheiten i und j keine Verbindung (= Kante) besteht. Wird nun durch die Anwendung einer bestimmten Lernregel $w_{ij} \neq 0$, dann ist damit dem Graphen eine neue Kante (i,j) hinzugefügt worden. Entsprechend kann durch einen veränderten Gewichtswert $w_{rs} = 0$ eine Kante (r,s) entfernt werden, falls vor der Anwendung der Lernregel $w_{rs} \neq 0$ war. Eine Lernregel L, verstanden jetzt als Abbildung zwischen zwei Graphen, ist demnach im allgemeinen Fall kein graphentheoretischer Isomorphismus, da die Anzahl der Kanten verändert werden kann.[4]

Allerdings, und das macht die Angelegenheit auf einen ersten Blick etwas verwirrend, können bestimmte Lernregeln wie z. B. die Delta-Regel, als bijektive Abbildungen zwischen den verschiedenen Gewichtsmatrizen und damit der Struktur der entsprechenden Graphen aufgefasst werden. Die Delta-Regel

$$\Delta w_{ij} = \eta\,(t_i - a_j)o_i = \eta o_i \delta_j \tag{4.18}$$

besteht ähnlich wie die lineare Aktivierungsfunktion aus einfachen arithmetischen Operationen, die sämtlich umgekehrt werden können. Man kann demnach aus einer durch die Delta-Regel modifizierten Gewichtsmatrix sofort und eindeutig die ursprüngliche Matrix berechnen (falls Input- und Outputschicht gleich viele Neuronen haben). Damit haben wir den Fall, dass eine Lernregel L zwar kein *graphentheoretischer* Isomorphismus sein muss, wohl aber im *mengentheoretischen* Sinne eine bijektive Abbildung.

Wir führen diese allgemeinen Überlegungen hier nicht weiter, da sie eher für reine Mathematiker von Interesse sind. Gezeigt werden sollte hier lediglich, dass es in der Tat möglich ist, neuronale Netze als verschiedene Realisierungen gleicher allgemeiner, wenn auch etwas abstrakter Strukturen zu verstehen.

4.2.7 Informationsverarbeitung in neuronalen Netzen

Häufig wird als ein besonderer Vorzug neuronaler Netze genannt, dass diese „robust" bzw. „fehlertolerant" sind. Gemeint ist damit gewöhnlich, dass neuronale Netze nach erfolgtem Trainingsprozess nicht nur die gelernten Eingaben korrekt mit dem entsprechenden Muster assoziieren, sondern dass auch fehlerhafte Eingaben von dem Netz erkannt und mit dem gewünschten Muster assoziiert werden können – sofern der Fehler, d. h. die Abweichung von der „eigentlichen" Eingabe nicht zu groß ist. Diese positive Eigenschaft neuronaler Netze wird auch nicht selten als „Generalisierungsfähigkeit" bezeichnet: Verschiedene Eingaben werden vom Netz als zusammengehörig erkannt, nämlich in Bezug auf das gleiche Muster. Wir haben diese Form der Generalisierungsfähigkeit systematisch in anderen Kontexten untersucht (vgl. Klüver und Klüver 2011 a).

Um diese Vorzüge der NN zu verstehen, müssen wir auf die in Kapitel 1 dargestellten Eigenschaften komplexer dynamischer Systeme, insbesondere den Begriff des Attraktionsbecken, zurückkommen. Das Attraktionsbecken eines Attraktors ist definiert als die Menge aller Anfangszustände, deren Trajektorien in diesem Attraktor enden; veranschaulichen kann man sich dies mit verschiedenen Quellen, die sämtlich in den gleichen See fließen. Bei großen Attraktionsbecken werden viele verschiedene Anfangszustände in den gleichen Attraktor überführt; kleine Attraktionsbecken bewahren dagegen die Unterschiedlichkeit der meisten Anfangszustände, indem unterschiedliche Attraktoren generiert werden. Die Größe der Attraktionsbecken eines Systems ist demnach ein Maß dafür, wie stark das System die Unterschiedlichkeit verschiedener Anfangszustände erhält. Anders gesagt: Bei Attraktionsbecken, die größer als 1 sind, verwischt die Systemdynamik gewissermaßen die Unterschiede zwischen den Anfangszuständen in einem Attraktionsbecken.

---

[4] Dabei kann der Fall auftreten, dass bei $w_{ij} = 0$ zwischen i und j keine Kante existiert, für $w_{ji} \neq 0$ jedoch eine Kante zwischen j und i. Man sieht, wie wichtig die Definition von NN als gewichtete und damit gerichtete Graphen ist.

Der Anfangszustand eines NN lässt sich dadurch definieren, dass dem NN ein bestimmter Input gegeben wird. Wenn man sich ein einfaches feed forward Netz vorstellt, dann sind dessen Neuronen bis auf die aktivierten Inputneuronen zu Beginn im Aktivierungswert Null. Die entsprechenden Funktionen generieren die entsprechende Netzdynamik und erzeugen einen bestimmten Output. Dieser Output, bei dem die Dynamik des Netzes endet, lässt sich als dessen Endzustand betrachten, also quasi als einen Punktattraktor. Wenn nun verschiedene Inputs den gleichen Output generieren, dann liegen diese Inputs offenbar im gleichen Attraktionsbecken des Outputs. Die bei größeren Attraktionsbecken zu konstatierende „Fehlertoleranz" des entsprechenden NN erklärt sich damit aus einer allgemeinen Eigenschaft komplexer dynamischer Systeme, nämlich daraus, dass Attraktionsbecken mit mehr als einem Element alles andere als selten sind. Bei Systemen der Komplexitätsklassen 1 und 2 (siehe oben Kapitel 1) sind derartige Attraktionsbecken sogar die Regel.

Mit dieser Begrifflichkeit lässt sich übrigens auch die Fähigkeit von Menschen erklären, bestimmte Wahrnehmungen als vertraut wieder zu erkennen, obwohl sich diese zwischenzeitlich verändert haben. Stellen wir uns eine ältere Tante vor, die wir nach einiger Zeit wieder treffen. Obwohl die Tante in der Zwischenzeit ihre Frisur und ggf. auch ihr sonstiges Styling verändert hat, erkennen wir sie gewöhnlich ohne Probleme wieder. Das neue Bild der Tante ist ein Element des gleichen Attraktionsbeckens wie das des älteren Bild der Tante. Wieder erkennen heißt demnach, dass neue Wahrnehmungen im gleichen Attraktionsbecken liegen wie bestimmte ältere.

Hier muss allerdings auf einen mathematisch sehr wichtigen Aspekt hingewiesen werden: Die Möglichkeit, ein NN mit relativ großen Attraktionsbecken zu erhalten, setzt voraus, dass die Funktionen des NN nicht streng monoton sind. Man kann nämlich mathematisch ziemlich einfach zeigen, dass bei streng monotonen Funktionen zwischen Input- und Outputschicht immer eine bijektive Abildung existiert: Jedem Input wird genau ein Output zugeordnet. Deswegen gelten die obigen Überlegungen „nur" für streng monotonen Funktionen, z. B. bei Schwellenwerten. Daraus wiederum kann man ableiten, dass die Prozesse im Gehirn nicht streng monotonen sein können, da die „realen" biologischen Netze über Generalisierungsfähigkeiten verfügen. Das jedoch entspricht durchaus empirischen Erkenntnissen über das Gehirn; aus unseren Überlegungen kann man auch erkennen, warum die empirischen Erkenntnisse mathematisch angebbare Gründe haben.

Wir haben ein Maß für die Fehlertoleranz von NN dadurch definiert, dass wir die Proportion von Endzuständen (= Attraktoren) zu den möglichen Anfangszuständen des NN berechnen. Hat also ein NN – oder ein anderes komplexes dynamisches System – m mögliche Endzustände und n mögliche Anfangszustände, dann ist das Maß MC (= meaning generating capacity) = m/n.[5] MC = 1/n, falls alle Anfangszustände den gleichen Attraktor generieren, es also nur ein einziges großes Attraktionsbecken gibt, MC = 1, falls alle verschiedenen Anfangszustände unterschiedliche Attraktoren generieren, die Attraktionsbecken also nur ein Element enthalten. NN sind demnach sehr fehlertolerant, wenn ihr MC-Wert sehr klein ist, und sehr sensitiv gegenüber kleinen Veränderungen der Inputwerte, falls der MC-Wert relativ hoch ist. Da wie bemerkt, Systeme mit vergleichsweise einfachen Dynamiken gewöhnlich über große Attraktionsbecken verfügen, wozu feed forward Netze gehören, ist es nicht erstaunlich, dass diese über kleine MC-Werte verfügen und damit *meistens* die Eigenschaft der Fehlertoleranz aufweisen. Das ist jedoch nicht zwangsläufig der Fall wie z. B. bei streng monotonen Funktionen.

5 Wir haben dies Maß aus theoretischen Gründen als MC bezeichnet, die hier nicht weiter erläutert werden können (vgl. Klüver und Klüver 2011 a).

Wir konnten nun zeigen (Klüver und Klüver 2011 a), dass der MC-Wert eines NN mit bestimmten topologischen Eigenschaften des NN zusammenhängt. Untersucht wurde dies an feed forward Netzen; es spricht jedoch einiges dafür, dass derartige Zusammenhänge auch für NN mit anderen Strukturen gelten.

Die Topologie von NN wird, wie bemerkt, im wesentlichen durch die Gewichtsmatrix bestimmt; die Variationen der Gewichtsmatrix definieren, wie wir gezeigt haben, auch die verschiedenen Lernprozesse der NN. Man kann nun die Gewichtsmatrizen verschiedener NN dadurch charakterisieren, dass man die Varianz der Matrizen bestimmt (vgl. die ähnliche Überlegung zur neuen Version des v-Parameters in Kapitel 2). Die Varianz wird, grob gesprochen, definiert als die Abweichung der Werte innerhalb einer Menge von einer „Gleichverteilung“: Je ungleicher die Werte sind, desto größer ist die Varianz und umgekehrt (für genaue Details vgl. jedes Lehrbuch über Statistik). Nach unseren Untersuchungen gibt es nun folgenden Zusammenhang:

Je größer die Varianz einer Gewichtsmatrix ist, desto kleiner ist der MC-Wert des NN und desto größer sind entsprechend die Attraktionsbecken.

Eine Einschränkung ist hier unbedingt am Platze: Der in unseren Experimenten festgestellte Zusammenhang zwischen Varianz und MC-Werten ist „nur“ ein statistischer, da man immer wieder Ausnahmen feststellen kann (bzw. muss). Diese statistische Korrelation ist jedoch hoch signifikant, so dass man a) annehmen kann, dass ein NN mit hoher Fehlertoleranz (= kleinen MC-Werten) sehr wahrscheinlich auch einen niedrigen Varianzwert für die Gewichtsmatrix hat – und umgekehrt, und b) dass bei einer Gewichtsmatrix mit niedriger Varianz das NN sehr wahrscheinlich auch niedrige MC-Werte hat – und umgekehrt.

Diese Ergebnisse sind in dem Sinne intuitiv plausibel, dass man sich leicht vorstellen kann, wie relativ gleiche Gewichtswerte, also eine relativ homogene Topologie, die Unterschiede zwischen verschiedenen Informationsflüssen sozusagen verwischen, ungleiche Gewichtswerte jedoch die Unterschiede erhalten und ggf. sogar verstärken. Die Ergebnisse zeigen jedoch auch, dass NN nicht notwendig fehlertolerant sein müssen. Wenn man also aus bestimmten praktischen Gründen NN mit einer hohen Fehlertoleranz haben will, muss man offenbar auf deren Varianz achten, die nicht zu groß sein darf; das Gleiche gilt, wenn man NN einsetzen will, die auf kleine Inputveränderungen mit unterschiedlichen Outputs reagieren sollen, also sensitiv gegenüber verschiedenen Anforderungen reagieren. Inwiefern durch diese Überlegungen das Training von NN beeinflusst wird und werden kann, ist gegenwärtig noch Gegenstand von weiteren Untersuchungen. Zumindest lässt sich jetzt schon festhalten, dass man NN in einigen ihrer wichtigsten Eigenschaften durchaus auch etwas theoretischer verstehen kann.

Die in Kapitel 2 erwähnten Ergebnisse bezüglich Boolescher Netze sind weitgehend analog zu den dargestellten Resultaten bei NN: Je gleichförmiger die Werte in der Adjazenzmatrix verteilt sind, desto kleiner sind die MC-Werte und umgekehrt. Wir haben zwar bei unseren Experimenten mit BN nicht das Varianzmaß verwendet, da dies bei binären Adjazenzmatrizen nicht sehr sinnvoll ist, sondern eine Variante (Klüver und Klüver 2011). Das Prinzip jedoch ist gleich und deswegen kann man vermuten, dass unsere Ergebnisse generell für dynamische Netze gelten, also nicht nur für feed forward NN. Die Plausibilität dieser Vermutung ergibt sich nicht zuletzt aus dem mehrfach erwähnten universalen Charakter von BN. Hier scheint es um sehr allgemeine Gesetzmäßigkeiten zu gehen.

4.3 Modelle des nicht überwachten bzw. selbstorganisierten Lernens

Für praktische Anwendungen ist es immer die Ausgangsfrage, ob man entweder mit überwacht lernenden Netzen oder mit nicht überwacht lernenden arbeiten will bzw. muss. Für den ersten Anwendungsfall reichen einschlägige feed forward Netze praktisch immer aus; wir haben uns deswegen auch in den bisherigen Darstellungen vor allem auf diese Netze konzentriert. Für nicht überwachtes Lernen wurde bisher vorwiegend die Kohonen-Karte (SOM = Self Organazing Map) eingesetzt; als Alternative für bestimmte Anwendungen haben wir in der letzten Zeit das Self Enforcing Network (SEN) konstruiert, das sich in zahlreichen Anwendungsfällen bereits bewährt hat. Da bisher der Typus des überwachten Lernens im Vordergrund stand, wenden wir uns nun dem nicht minder wichtigen Typus des nicht überwachten bzw. selbstorganisierten Lernens zu und stellen die beiden entsprechenden Netzwerkmodelle näher dar.

Selbstorganisierende Karte

Das nicht überwachte bzw. selbstorganisierte Lernen, wie wir im Folgenden häufig sagen werden, findet ohne *direkte* Rückmeldung statt, im Gegensatz zum überwachten oder auch dem verstärkenden Lernen. Natürlich muss auch beim selbstorganisierten Lernen das Ergebnis der Lernprozesse immer wieder auf dessen Plausibilität hin überprüft werden, aber vergleichbar wie bei Zellularautomaten operieren die selbstorganisiert lernenden Systeme gewissermaßen nur nach systemimmanenten Kriterien. Ob die Ergebnisse sinnvoll sind, kann nachträglich durch eine externe Evaluation festgestellt werden; die Logik der selbstorganisierten Lernprozesse bleibt davon jedoch unbeeinflusst.

Das wichtigste und praktisch am häufigsten verwendete Netzwerkmodell, das nach dem Prinzip des nicht überwachten Lernens operiert, ist die mehrfach erwähnte Kohonen-Karte bzw. Selbstorganisierende Karte (self organizing map = SOM).

Bei der Kohonen-Karte handelt es sich um einen zweischichtigen Musterassoziierer, nämlich der Inputschicht und dem sog. Kohonen-Gitter, wobei im Gegensatz zu den bisher betrachteten Modellen keine explizite Vorgabe in Form eines Zielvektors existiert. Das bedeutet, dass das Netzwerk eine interne Selbstorganisation durchführt, die vom Benutzer nicht direkt vorgegeben wird.

Da der Algorithmus insgesamt sehr umfangreich und nicht ganz einfach zu verstehen ist, werden hier lediglich die wesentlichen Aspekte dargestellt. Die Beispiele in diesem Kapitel und dem über hybride Systeme zu Anwendungen von SOM veranschaulichen die Operationsweise noch zusätzlich etwas.

Gegeben seien Eingabevektoren, die nach bestimmten Kriterien abgebildet werden sollen. Das Lernen in der SOM findet nun dadurch statt, dass ein n-dimensionaler Eingabevektor $X = (x_1,...,x_n)$ vollständig mit jedem Neuron der Kohonenschicht verbunden ist und über entsprechende Gewichtsvektoren $W_j = (w_{1j},...,w_{nj})$ verfügt. Zu beachten ist also, dass der Eingabevektor nicht, wie bei anderen Netzwerktypen möglich, als die eigentliche Eingabeschicht fungiert. Diese ist die Kohonen-Schicht, die gleichzeitig als Ausgabeschicht fungiert. Wir haben demnach hier streng genommen ein einschichtiges Netzwerk, das zusätzlich mit einem Eingabevektor verknüpft ist.

Die Propagierungsfunktion lautet:

$$net_j = \sum w_{ij} * o_i + \theta_j, \qquad (4.19)$$

wobei o_i der output des sendenden Neurons ist und θ_j ein Verbindungsgewicht zu einem Eingabevektor.

Als Aktivierungsfunktion wird in diesem Fall die so schon erwähnte sigmoide Funktion verwendet

$$a_j = F_j\left(net_j\right) = \frac{1}{1+\exp\left(-net_j\right)} \tag{4.20}$$

(exp (x) ist die Exponentialfunktion, siehe oben Kapitel 3.5).

Die Ausgabefunktion ist die Identitätsfunktion.

Zunächst muss gemäß dem oben dargestellten Winner-take-all-Prinzip ein „Gewinnerneuron" bestimmt werden, indem das Neuron z gesucht wird, dessen Gewichtsvektor W_z dem Eingabevektor X am ähnlichsten ist

$$\left\|X - W_z\right\| = \min_j \left\|X - W_j\right\|, \tag{4.21}$$

wobei $X = (x_1,......,x_n)$ und $W_j = (w_{1j},.....,w_{nj})$. Im nächsten Schritt wird das Erregungszentrum bestimmt:

$$\sum_i w_{iz} * o_i = \max_j \sum_i w_{ij} * o_i \text{, wobei gilt:}$$

$$\left\|x - w_{ij}\right\| = \left(\sum_i \left(x_i - w_{ij}\right)^2\right)^{\frac{1}{2}}. \tag{4.22}$$

Für die Beeinflussung der Verbindungen, die näher am Erregungszentrum z sind, wird die „Mexican-Hat-Funktion" h_{iz} verwendet:

$$h_{iz} = \exp\left(\frac{-(j-z)^2}{2*\sigma_z^2}\right). \tag{4.23}$$

j–z ist der Abstand vom Neuron j zum Erregungszentrum z und

σ_z ist der Radius, innerhalb dessen die Einheiten verändert werden.

Die endgültige Anpassung der Gewichtswerte erfolgt entsprechend:

$$w_j(t+1) = w_j(t)+\eta(t) * h_{iz}(x(t) - w_j(t)); \; j \in \sigma_z$$

$$w_j(t+1) = w_j(t) \text{ sonst} \tag{4.24}$$

$\eta(t)$ ist eine zeitlich veränderliche Lernrate, eine monoton fallende Funktion mit

$$0 < \eta(t) < 1. \tag{4.25}$$

Es sei darauf verwiesen, dass es sich hier lediglich um eine Möglichkeit handelt, SOM zu konstruieren. Eine Übersicht über verschiedene SOM findet sich bei Ritter u. a. (1991). Für praktische Anwendungen ist ein SOM gewöhnlich noch mit einem Visualisierungsalgorithmus versehen (vgl. die Anwendungsbeispiele in 4.5).

Das Self Enforcing Network (SEN)

Nicht zuletzt aufgrund der relativen Kompliziertheit der SOM-Algorithmen entwickelten wir das SEN, dessen wesentliche Lernregel aus dem in 4.2.5 dargestellten allgemeinen Lernparadigma abgeleitet ist. Es handelt sich also um eine Lernregel, die ohne die Berücksichtigung der verschiedenen Outputwerte auskommt (im Gegensatz zum SOM). Das SEN ist prinzipiell für Klassifikationszwecke sowie die Ordnung von Daten entwickelt worden, was in einem Anwendungsbeispiel in Kapitel 4.5 deutlich werden wird.

Ein SEN besteht aus drei gekoppelten Teilen:

a) Es gibt eine sog. semantische Matrix, in der logisch-semantische Beziehungen zwischen den verschiedenen Objekten enthalten sind, die vom SEN geordnet werden sollen. Wenn man z. B. als inhaltliche Basis für die semantische Matrix eine übliche Datenbank verwendet, dann sind in der Matrix insbesondere die Beziehungen zwischen Objekten und Attributen enthalten, also die Information darüber, ob ein spezielles Objekt A über ein Attribut X verfügt. Wenn es nur darum geht, ob ein Attribut vorliegt oder nicht, reicht eine binäre Codierung aus – 1 für „liegt vor", 0 für „liegt nicht vor". Will man zusätzlich ausdrücken in welchem Maße ein Attribut vorliegt – stark, mittel, schwach etc. . –, dann wird die Matrix reell codiert, gewöhnlich mit Werten zwischen 0 und 1. Ein Beispiel für eine binär codierte Matrix, das von Ritter und Kohonen (1989) stammt, zeigt die folgende Graphik. Ritter und Kohonen haben diese Technik für selbstorganisiert lernende Netze, nämlich SOM, u. W. zuerst verwendet; der Begriff der semantischen Matrix ist von uns eingeführt worden.

	Adler	Kuh	Löwe
fliegt	1	0	0
Fleischfresser	1	0	1
Säugetier	0	1	1

b) Der zweite Teil eines SEN ist das eigentliche Netzwerk. Es handelt sich, ähnlich wie die sog. Hopfield-Netze, um ein einschichtiges „rekurrentes Netzwerk", bei dem prinzipiell alle Neuronen miteinander verbunden sein können. Die unten dargestellte Lernregel operiert allerdings so, dass nur bestimmte Neuronen Verbindungen mit Gewichtswerten ungleich Null haben können.

Die Gewichtsmatrix enthält vor Beginn des eigentlichen Lernvorgangs nur Werte w = 0. Die Neuronen des Netzwerks repräsentieren die Objekte, in diesem kleinen Beispiel also die Begriffe für die drei Tiere, sowie die Attribute. Das Netz hat demnach in diesem extrem einfachen Beispiel sechs Einheiten (das Originalbeispiel von Ritter und Kohonen ist wesentlich größer, aber wir bringen hier nur einen Ausschnitt).

Die Aktivierungsfunktion eines SEN kann optional eingestellt werden. Man kann die einfache *lineare Aktivierungsfunktion* wählen:

$$A_j = \sum A_i * w_{ij}, \tag{4.26}$$

wobei A_j der Aktivierungswert des „empfangenen" Neurons j ist, A_i die Aktivierungswerte der „sendenden" Neuronen i und w_{ij} die Gewichtswerte zwischen den Neuronen i und j. Diese sehr einfache Funktion ist vermutlich die biologisch plausibelste und hat wegen ihrer Einfachheit den Vorzug, dass sie das Verständnis der Netzwerkprozesse wesentlich erleichtert. Bei großen und insbesondere rekurrenten Netzwerken, in denen viele Neuronen miteinander direkt verbunden sind, hat sie jedoch den Nachteil, dass wegen der Linearität die Aktivierungswerte schnell sehr groß werden können. Dann ist man gezwungen, zusätzliche „Dämpfungsparameter" einzubauen, die verhindern, dass die Aktivierungswerte über einen bestimmten Schwellenwert wachsen – gewöhnlich. Dies ist freilich ein nicht nur mathematisch sehr unelegantes Verfahren, sondern auch gerade für Benutzer, die mit derartigen Netzen nicht vertraut sind, reichlich schwierig, die passenden Parameterwerte einzustellen. Wir haben deswegen zwei Varianten der linearen Aktivierungsfunktion entwickelt und in das SEN implementiert:

$$A_j = \sum A_i * w_{ij} / k \tag{4.27}$$

Bei dieser Variante, der „*linearen Mittelwertfunktion*", wird die Dämpfung der Aktivierungswerte einfach dadurch realisiert, dass eine Mittelwertbildung vorgenommen wird (k ist die Anzahl der sendenden Neuronen). Bei vorgegebenem A_i zwischen 0 und 1 und w_{ij} im gleichen Intervall, bleiben die A_j gewöhnlich unter 1 und nur in Extremfällen zwischen 1 und 2.

$$A_j = \sum \lg 3\left(A_i + 1\right) * w_{ij}. \tag{4.28}$$

Diese Variante lässt sich als „*linear logarithmisch*" bezeichnen. Bei Ausgangswerten der Gewichte w_{ij} und der Aktivierungswerte A_i zwischen 0 und 1 werden die logarithmischen Werte natürlich negativ; deswegen ist der Summand +1 hinzugefügt. Da dies Werte zwischen 1 und 2 ergibt, haben wir als logarithmische Basis 3 genommen. Die bisherigen Erfahrungen zeigten, dass meistens die linear-logarithmische Funktion die stabilsten Ergebnisse liefert.

Zusätzlich ist es möglich, die erwähnte sigmoide Funktion zu verwenden, die jedoch nach unseren experimentellen Erfahrungen häufig keine befriedigenden Ergebnisse liefert, d. h. das Netzwerk stabilisiert sich häufig nicht.

Die Gewichtsmatrix für ein SEN enthält, wie bemerkt, zur Beginn nur Gewichtswerte w = 0. Die Gewichtswerte, mit denen ein SEN für eine bestimmte Aufgabe arbeitet, werden aus der semantischen Matrix gemäß folgender einfacher Lernregel generiert:

$$w(t+1) = w(t) + \Delta w \text{ und}$$

$$\Delta w = c * v_{sm}. \tag{4.29}$$

Die Konstante c ist wieder eine Lernrate, die gewöhnlich als c = 0.1 gesetzt wird; v_{sm} ist der entsprechende Wert in der semantischen Matrix. Falls die semantische Matrix binär codiert ist wie im obigen Beispiel, dann ist offensichtlich $\Delta w = 0$ oder $\Delta w = c$. Im Fall reeller Kodierungen, die bei praktischen Anwendungen häufig sinnvoller sind, werden die Gewichtswerte entsprechend festgesetzt.

Eine Gewichtsmatrix, die aus der einfachen semantischen Matrix im obigen Beispiel generiert wird, sieht dann so aus:

	Adler	Kuh	Löwe
fliegt	0.1	0	0
Fleischfresser	0.1	0	0.1
Säugetier	0	0.1	0.1

Falls diese Werte noch keinen hinreichenden Lernerfolg ergeben, wird der Lernschritt wiederholt, so dass die Werte 0 bleiben und die Werte von 0.1 auf 0.2 erhöht werden. Gewöhnlich reichen diese Werte nach unseren Erfahrungen aus; nur in seltenen Fällen müssen die Gewichtswerte auf 0.3 oder höher gesetzt werden.

Vor Beginn einer Netzwerkoperation sind die Aktivierungswerte A_i aller Neuronen auf 0 gesetzt. Eine Simulation wird dadurch gestartet, dass bestimmte Neuronen mit einem extern eingegebenen numerischen Wert größer als Null aktiviert werden; gewöhnlich ist dies ein Wert in der Größenordnung von 0.1 oder 0.2. Das Netzwerk erreicht dann einen Attraktor, meistens einen Punktattraktor, der die endgültigen Aktivierungswerte für alle Neuronen festlegt. Bei Klassifizierungsaufgaben werden meistens die Neuronen extern aktiviert, die die Attribute eines Objekts repräsentieren, das in Bezug auf bereits vorhandene Objekte eingeordnet werden soll. Wenn also beispielsweise in das obige einfache Netz eine neue Eingabe eingefügt und durch das Netz eingeordnet werden soll, etwa „Eule" mit den Attributen „fliegt", „nicht Säugetier", „Fleischfresser", dann wird das Neuron „Eule" zusätzlich in das Netz eingegeben und die Neuronen „fliegt" sowie „Fleischfresser" werden extern aktiviert.

c) Der dritte Teil eines SEN ist ein Visualisierungsteil. Dieser besteht darin, dass die Stärke der Endaktivierungen das Maß dafür ist, wie ähnlich die verschiedenen Objekte einander sind. Haben zwei Objekte eine annähernd gleiche oder nur gering verschiedene Endaktivierung, dann gelten sie als ähnlich und umgekehrt. Der Visualisierungsalgorithmus transformiert die Ähnlichkeiten in geometrische Distanzen, wobei räumliche Nähe eine semantische Ähnlichkeit ausdrückt und größere räumliche Distanzen ein hohes Maß an Unähnlichkeit. Wenn man etwa sich räumlich vorstellen will, wohin „Eule" relativ zu den anderen drei Tieren gehört, dann wird vom Visualisierungsalgorithmus das Neuron „Eule" ins Zentrum des Gitters platziert, das auf dem Monitor erzeugt wird; die anderen Tiere, d. h. natürlich ihre Repräsentationen durch Neuronen, werden dann von „Eule" gewissermaßen in ihre Richtung gezogen. Am Ende platzieren sich die Neuronen um die „Eule" herum, wobei in diesem Fall „Adler" ganz nahe an „Eule" sein dürfte und „Kuh" relativ entfernt.

Es ist noch darauf zu verweisen, dass ein SEN bei praktischen Anwendungen gewöhnlich mit sog. Referenztypen arbeitet. Dies bedeutet, dass bestimmte Objekte jeweils fest vorgegeben sind, an denen sich die vom Benutzer erstellten Eingaben orientieren. Das wird am Beispiel in 4.5.2 noch verdeutlicht werden; in einem SOM Beispiel wird ebenfalls nach dieser Methode vorgegangen.

Die Formel für die Berechnung der Distanz zwischen zwei Objektneuronen ist übrigens einfach durch die Berechnung der Differenz zwischen den Endaktivierungswerten der beiden Neuronen definiert.

4.4 Zusammenfassung und „Neurogenerator"

Wie in der Einleitung zu diesem Subkapitel bereits erwähnt, gibt es unterschiedliche Modelle neuronaler Netze, die aus der Wahl der jeweiligen Topologie, Lernregeln, Funktionen, Anwendungen etc. resultieren. In der Literatur gibt es keine einheitliche Klassifizierung der unterschiedlichen Modelle, daher gehen wir von den wesentlichen Eigenschaften neuronaler Netze aus, um zu zeigen, nach welchen Gesichtspunkten Klassifizierungen vorgenommen werden können.

1. Die wesentlichen Eigenschaften im Sinne einer *Anwendung* sind:
    a) Musterassoziation (z. B. Heteroassoziative Speicher, feed forward Netze)
    b) Mustererkennung (z. B. Hopfield und wieder feed forward Netze)
    c) Optimierung (z. B. Hopfield, Selbstorganisierende Karte bzw. Kohonen-Karte (SOM))
    d) Ordnung implizit vorgegebener Daten (z. B. SOM und Self Enforcing Network (SEN)
    e) Klassifizierung (SOM und SEN)
    f) Prognose (z. B. Boltzmann-Maschine und feed forward Netze)

2. Klassifizierung nach *Lernverhalten*:
   a) überwacht (z. B. assoziative Netzwerke)
   b) nicht überwacht (z. B. SOM und SEN)
   c) verstärkend
3. Richtung des Informationsflusses:
   a) feed forward Netzwerke (z. B. assoziative Speicher, SOM)
   b) feed back Netzwerke (z. B. Hopfield, BAM, Interaktive Netze)
4. Deterministisch vs. stochastisch:
   a) deterministisch (alle bisher erwähnten Typen)
   b) stochastisch (z. B. die so genannte Boltzmann-Maschine)

Für spezielle Netze wie z. B. Hopfield Netze oder die Boltzmann-Maschine verweisen wir auf die einschlägige Spezialliteratur. Im Gegensatz zur ersten Auflage, wo zwei Spezialfälle noch näher dargestellt wurden, verzichten wir hier auf eine nähere Betrachtung und zwar vor allem deshalb, weil sich immer wieder gezeigt hat, dass man bei überwachtem Lernen gewöhnlich mit feed forward Netzen auskommt und bei nicht überwachtem Lernen mit einem SOM oder neuerdings mit einem SEN.[6]

In einer tabellarischen Übersicht, die man als Basis für einen Pseudocode nehmen kann, sei schließlich der Prozess der Erzeugung von NN aus BN noch einmal dargestellt. Wir haben dies Verfahren als „Neurogenerator“ bezeichnet, der leisten soll, Benutzern genau den Netzwerktypus zu generieren, der für das jeweilige Problem besonders gut geeignet ist. Die Basisidee dabei ist, dass der Neurogenerator als lernendes System konzipiert ist, das sozusagen selbst erprobt, welchen Netzwerktypus der Benutzer jeweils braucht:

- Konstruiere ein BN mit hinreichend vielen Einheiten; lege die BF (Booleschen Funktionen) nicht fest, sondern nur die Adjazenzmatrix.
- Codiere die Adjazenzmatrix mit reellen Werten zwischen –1 und +1.
- Definiere die Aktivierungsfunktion und ggf. auch die Propagierungsfunktion – deterministisch oder stochastisch.
- Definiere die Lernregel.
- Lege fest, ob überwachtes Lernen oder nicht überwachtes Lernen erfolgen soll; definiere die Bewertungsfunktion (z. B. Euklidische Distanz).
- Bestimme die extern orientierte Topologie, also die Gliederung des NN in Schichten.
- Bestimme die Richtung der Dynamik – z. B. feed forward.

Ein einfacher Prototyp des Neurogenerators ist mittlerweile von zwei unserer Studenten entwickelt und implementiert worden. Dieser Prototyp ist in der Lage, selbstständig ein feed forward Netz, das überwacht lernt, zu generieren, das sämtliche Boolesche Funktionen, einschließlich der XOR-Funktion (siehe oben) darstellen kann.[7]

---

6 Die in der ersten Auflage dargestellten heteroassoziativen Speicher entsprechen mathematisch weitgehend den sog. BAM-Netzen; diese werden im Kapitel über hybride Systeme näher dargestellt.

7 Die Entwickler waren Lars Lindekamp und Fabian Figge; wesentlich erweitert wurde er durch Kai Timmermann und Daniel Tang.

Abschließend sei noch kurz darauf verwiesen, dass NN naturgemäß insbesondere überall dort eingesetzt werden, wo es um Lernen in irgendeiner Form geht. Das betrifft z. B. den Bereich der Robotik, wo es um die Entwicklung von Maschinen geht, die ihre Aufgaben durch „individuelles" Lernen zu erledigen haben und vorgegebene Lösungen optimieren sollen. Eine schwedische Elektrofirma brachte 2003 einen mit NN versehenen Staubsauger auf den Markt, der die Wohnung seines Besitzers selbst durch Lernen erfasst und anschließend selbstständig die Wohnung reinigen kann. Ähnlichen Prinzipien folgen Roboter, die in verseuchten Umgebungen gefährliche Aufgaben erledigen und dies dort selbst lernen, wo ihnen keine direkten Verhaltensregeln gegeben werden können.

Der zweite wichtige Bereich ist der der Mustererkennung und -assoziation; hier werden z. B. bei Sprachübersetzungsprogrammen und automatischer Bildauswertung NN an Beispielen trainiert, um anschließend ähnliche Muster korrekt klassifizieren und wieder erkennen zu können.

Schließlich – aber die Anwendungsliste ist verlängerbar – können insbesondere nicht überwacht lernende Netze wie die SOM eingesetzt werden, um einerseits Optimierungs- bzw. Approximationsprobleme wie das z. B. das berühmte Problem des Handlungsreisenden (TSP) sehr effektiv zu bearbeiten und andererseits aus vorgegebenen Datenmengen Regeln abzuleiten, um ggf. Prognosen über das Verhalten bestimmter Systeme zu ermöglichen. So wurden NN für die Prognose von Aktienkursen verwendet, obwohl hier der Erfolg eher zweifelhaft ist. Optimierungsprobleme jedoch sind durch NN dieses Typs sehr gut zu bearbeiten, was z. B. sowohl für Logistikfirmen als auch für die Steuerung von Produktionsprozessen von entscheidender Bedeutung ist.

4.5 Analyse konkreter Modelle

4.5.1 Lernen digitaler Anzeigen[8]

Digital operierende Messinstrumente wie z. B. Uhren, Waagen, Thermometer oder Barometer arbeiten gewöhnlich mit einer so genannten Segment-LED bzw. mit mehreren; LED heißt „Light Emitting Diode", also etwa „Licht emittierende Diode". Konkret bedeutet das, dass die gemessenen numerischen Werte wie etwa die Uhrzeit durch eine LED repräsentiert werden, deren Angaben dann dem Benutzer dargestellt werden. Wenn man etwa, wie in diesem Beispiel, die Ziffern von 0 bis 9 durch eine LED repräsentieren will, kann man dies durch eine 7-Segment-LED bewerkstelligen. Dabei kann das Problem auftreten, dass die Muster, die durch den Zustand einer LED realisiert werden, „verrauscht" sein können, d. h., sie werden nur unvollständig an den Übertragungsalgorithmus weitergegeben oder sind nur unvollständig in der LED generiert worden. Durch die zusätzliche Einführung eines neuronalen Netzes ist es dann möglich, eine korrekte Weitergabe zu gewährleisten, wenn das Netz nach entsprechendem Training in der Lage ist, fehlerhafte Muster trotzdem korrekt weiter zu leiten.

Das Programm soll lernen, die Anzeige einer 7-Segment-LED in Binärzahlen umzuwandeln. Die LED-Anzeige dient dabei der Darstellung der Zahlen von 0 bis 9. Dazu wird ein feed forward Netz verwendet, das bei einem überwachten Lernverfahren den Backpropagation-Algorithmus nutzt. Offenbar handelt es sich hier um die Aufgabe, unterschiedliche Muster einander zuzuordnen, also um ein heteroassoziativ operierendes Netz. Wir wiesen im vorigen Subkapitel bereits darauf hin, dass heteroassoziative Aufgaben durch unterschiedliche Netzwerktypen bearbeitet werden können.

[8] Das Programm wurde entwickelt und implementiert durch Markus Gebhardt.

Das neuronale Netz besteht aus mindestens drei Schichten (Eingabe-, Zwischen- und Ausgabeschicht). Jedes Neuron einer Schicht ist mit jedem Neuron der vorangegangenen und nachfolgenden Schicht verbunden und nur mit diesen; es gibt demnach nur Verbindungen zwischen Neuronen der Eingabeschicht (Input-Layer) zur Zwischenschicht (Hidden-Layer) und Verbindungen der Neuronen der Zwischenschicht zur Ausgabeschicht (Output-Layer). Zur Bestimmung der Aktivierung eines Neurons wird die Sigmoid-Aktivierungsfunktion verwendet, die wir zur Erinnerung noch einmal darstellen:

$$a_j = F_j(net_j) = \frac{1}{1+\exp\left(-net_j\right)}. \tag{4.30}$$

Die Eingabeschicht dient zur Aufnahme der Aktivierungszustände der LED-Segmente, die für jede darzustellende Zahl unterschiedlich sind. Der Zustand eines Segments ist binär codiert (1 = „leuchtend", 0 = „nicht leuchtend"). Folglich kann die gesamte Aktivierung der LED als Input-Vektor repräsentiert werden, dessen Elemente die Zustände 0 und 1 annehmen. Zur Verdeutlichung wird in Bild 4-9 das Segment dargestellt:

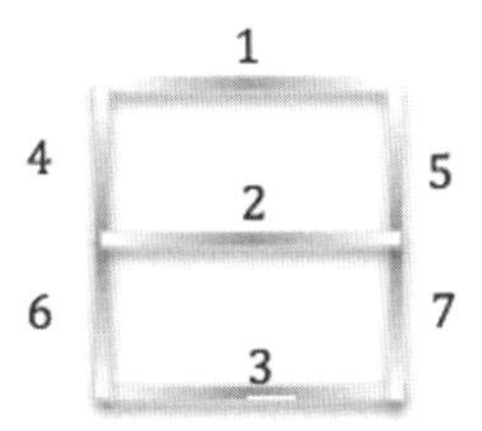

Bild 4-9 Darstellung der LED

Man sieht, dass die LED die Form einer stilisierten 8 hat (siehe Bild 4-10). Entsprechend wird die Zahl „8" dadurch repräsentiert, dass alle Segmente leuchten, also im Zustand 1 sind (siehe die Beispielstabelle unten). Eine 3 würde repräsentiert werden dadurch, dass die Segmente 1, 2, 3, 5 und 7 im Zustand 1 sind, die anderen beiden im Zustand 0, also dunkel bleiben. Eine Vektordarstellung von drei Zuständen der LED wäre dann die folgende Tabelle.

Tabelle 4-1 Beispiel: Input-Vektoren einer 7-Segment-LED

Input-Vektor	**angezeigte Dezimalzahl in der LED**
(1,0,1,1,1,1,1)	0
(1,1,1,0,1,0,1)	3
(1,1,1,1,1,1,1)	8

Die Anzahl der Neuronen der Eingabeschicht ist bestimmt durch die Anzahl der Segmente der LED (bei einer 7-Segment-LED existieren folglich 7 Inputneuronen). Jedes Neuron der Eingabeschicht ist somit einem Segment zugeordnet. Die Aktivierung eines Neurons entspricht der Aktivierung des zugehörigen Segments.

Die Ausgabeschicht präsentiert die Lösung des Netzes. Sie enthält vier Neuronen, die in eine vierstellige Binärzahl überführt werden, um die Zahlen von 0 bis 9 repräsentieren zu können (jedes Neuron der Ausgabeschicht entspricht einer Stelle der Binärzahl). Die Überführung der

Aktivierungszustände der vier Output-Neuronen in eine Binärzahl wird mit Hilfe einer Schwellenwert-Funktion vorgenommen: Wenn der Aktivierungswert des Output-Neurons > 0.5 ist, dann ist die Ausgabe = 1, sonst 0. Die Binärzahl wird anschließend für die Ausgabe an den Benutzer in eine Dezimalzahl gewandelt.

Das Programm ermöglicht die Eingabe folgender Parameter:

- Anzahl der Inputneuronen (wahlweise 7, 14, 21, 28, 35, 42 oder 49),
- Anzahl der Neuronen in der Zwischenschicht,
- Anzahl der Zwischenschichten,
- Lernrate,
- Momentum,
- maximal zulässige Abweichung vom Zielwert über alle Musterpaare (erlaubter Fehler),
- Initialisierung der Gewichtsmatrix.

Die Lernrate, das Momentum, ein zusätzlicher Parameter sowie die maximal zulässige Abweichung vom Zielwert (erlaubter Fehler) können ebenfalls durch den Benutzer festgelegt werden. Eine Initialisierung der Gewichtsmatrix kann per Zufall erfolgen oder durch die Vergabe eines Seed-Wertes, der eine konstante Zahlenfolge für die Gewichtswerte vorsieht. Dies ermöglicht das Experimentieren mit verschiedenen Eingabeparametern, bei einer gleich bleibenden Anfangsbelegung der Verbindungsgewichte.

Das Training des neuronalen Netzes erfolgt mit Hilfe des Backpropagation-Verfahrens. Dazu werden in jedem Lernschritt alle Trainingsdaten, bestehend aus den Aktivierungen der Segmente für die Zahlen von 0 bis 9, als Eingabemuster an das Netz angelegt. Die zugehörigen Ziel- bzw. Ausgabemuster entsprechen den jeweils vierstelligen Binärzahlen, welche durch die Aktivierungen der LED-Segmente als Dezimalzahl repräsentiert werden. Das Training an den entsprechenden Binärzahlen erfolgt deshalb, um eine hinreichende Unterschiedlichkeit der Zielmuster zu gewährleisten. Anschließend wird die Binärzahl in die entsprechende Dezimalziffer umgewandelt.

Tabelle 4-2 Trainingsdaten einer 7-Segment-LED

Eingabemuster	**Zielmuster**	**Dezimalzahl**
(1,0,1,1,1,1,1)	(0,0,0,0)	0
(1,1,1,0,1,0,1)	(0,0,1,1)	3
(1,1,1,1,1,1,1)	(1,0,0,0)	8

Eine mögliche Umsetzung des Programms, von Sascha Geeren entwickelt, finden Sie unter:

http://www.rebask.de/qr/sc1_2/4-1.html

Durch das Training lernt das neuronale Netz, die vorgegebene Menge der Eingabemuster möglichst fehlerfrei auf die Zielmuster abzubilden. Zur Berechnung der Abbildungsfähigkeit wird in jedem Lernschritt der mittlere quadratische Fehler für alle Trainingsdaten berechnet.

Als Beispiel zeigen wir in Bild 4-10 das Testen der Erkennungsleistung bei Verrauschungen: Wie aus der Abbildung ersichtlich wird, ist das trainierte Netz in der Lage, aus der LED-Aktivierung eine „8“ zu erkennen, obwohl diese zu 50 % verrauscht ist. Unterhalb der LED-Anzeige sind die drei besten Übereinstimmungen der Netzausgabe mit den Zielmustern der Zahlen von 0 bis 9 ersichtlich.

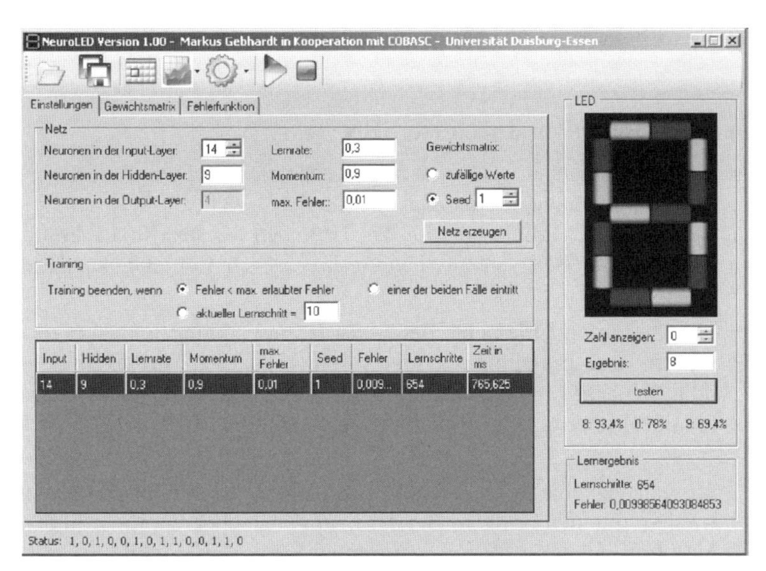

Die Version von Markus Gebhardt finden Sie unter:

http://www.rebask.de/qr/sc1_2/4-2.html

Bild 4-10 Lernerfolg bei einem verrauschten Muster

Probleme der Wiedererkennung von verrauschten Mustern sind in vielen Bereichen anzutreffen. Gerade bei derartigen Problemen haben sich hetero- oder autoassoziativ operierende Netze immer wieder bewährt, da diese damit eine der wesentlichen menschlichen Kognitionsfähigkeiten, nämlich die der bildhaften Wahrnehmung erfolgreich simulieren können. Die mathematischen Aspekte dieser Fähigkeit von NN sind in 4.2.6 näher betrachtet worden.

Ein weiterführender Hinweis zu dem Trainingsverfahren ist hier noch wesentlich. Das hier mit der Backpropagation-Regel verwendete Trainingsverfahren lässt sich als *Einzelschrittlernen* bezeichnen. Gemeint ist damit, dass jedes Musterpaar, das trainiert werden soll, einzeln gelernt wird, wobei beim Training die entsprechenden Fehler für jedes Musterpaar in die Lernregel eingesetzt wird. Dies Trainingsverfahren ist in dem Sinne Standard, dass es meistens verwendet wird; gerade Anfängern in Bezug auf NN wird generell empfohlen (auch von uns), es zuerst mit diesem Verfahren zu versuchen.

Es gibt jedoch noch ein anderes Verfahren, nämlich das sog. *kumulative Lernen*. Dies besteht, vereinfacht gesagt, darin, dass jedes Trainingspaar einmal auf den Fehler untersucht wird, den eine zufällig generierte Gewichtsmatrix in Bezug auf das Zielmuster produziert. Bei n Trainingspaaren ergibt dies maximal n Fehler. Der eigentliche Trainingsprozess wird pro Musterpaar jetzt nicht mit den „individuellen" Fehlern durchgeführt, sondern mit einem „akkumulierten" Fehler (daher der Name). Dies ist gewöhnlich einfach der arithmetische Mittelwert aller einzelnen Fehler, also

$$\delta_a = \sum \delta_e / n, \tag{4.31}$$

wenn δ_a den akkumulierten Fehler bezeichnet und δ_e die einzelnen Fehler. Dieser akkumulierte Fehler wird für das Training der einzelnen Musterpaare verwendet, wobei gewöhnlich nach jedem Trainingsschritt die einzelnen Fehler neu berechnet werden, woraus sich dann der neue akkumulierte Fehler ergibt und so fort.

Dies Trainingsverfahren ist insbesondere bei größeren Datenmengen zu empfehlen, da der gesamte Trainingsprozess dadurch gewöhnlich wesentlich beschleunigt werden kann. Einer unserer Diplomanden hat dies Verfahren erfolgreich angewandt, um zur Erstellung von sog.

Lastkurven beim Verbrauch von Erdgas über 900 Musterpaare mit einem dreischichtigen feed forward Netz zu trainieren.[9]

4.5.2 Auswahl von Vorgehensmodellen durch ein SEN

Seit längerem ist es im Projektmanagement in praktisch allen größeren Firmen und/oder Behörden üblich, zur Planung von Projekten sog. Vorgehensmodelle zu verwenden. Wie der Name schon sagt handelt es sich dabei um Orientierungen für das Vorgehen bei der Durchführung von Projekten. Speziell bei Projekten für Softwareentwicklung lassen sich Vorgehensmodelle wie folgt charakterisieren:

„Ein Vorgehensmodell stellt Methoden und Elemente der Softwareentwicklung inklusive des Projektmanagements zu Prozessen und Projektphasen eines standardisierten Projektablaufs zusammen." (Hindel et al., 2009, S. 14) Für nähere Beschreibungen der verschiedenen Modelle verweisen wir auf die einschlägige Literatur zum Projektmanagement sowie auf Klüver und Klüver 2011 b.

Es gibt mittlerweile eine Fülle von verschiedenen Vorgehensmodellen, die für Projektplaner und -manager das folgende Problem mit sich bringen: Bei der kaum übersehbaren Vielzahl der Modelle ist einsichtig, dass eine Entscheidung für ein bestimmtes Vorgehensmodell bzw. gegen andere Vorgehensmodelle oft sehr schwierig sein kann. Dies gilt vor allem für Projektmanager, denen dies Gebiet noch relativ unvertraut ist. Aus diesem Grund haben drei Studenten von uns ein spezielles SEN implementiert, das eine Auswahl von Vorgehensmodellen ermöglicht. Der Grundgedanke ist dabei der folgende:[10]

Es wurden 14 Standardmodelle ausgewählt und durch insgesamt 63 Attribute („Kriterien") charakterisiert. Dabei wurde eine reell codierte semantische Matrix konstruiert, in der die Werte jeweils angeben, ob ein Attribut überhaupt einem Vorgehensmodell zugeschrieben werden kann (ein Wert ungleich Null in der Matrix) und wenn ja, in welchem Maße. Zur Verdeutlichung dieses Vorgehens zeigen wir in der folgenden Abbildung einen Ausschnitt aus der Matrix, die als Ganzes natürlich zu groß für eine Abbildung ist (14 * 63 Elemente):

Elemente der IT VM	CRYSTAL	ASD	FDD	DSDM	SE	LSD	RUP	V-Modell 97	V-Modell XT
Variablen v	Extreme Pro	Scrum (deut	Crystal ist nic	Adaptive So	Feature Driv	Dynamic Sy	Simultaneou	Lean softwa	Der Rational Un
Flexibilität									
Einsatzflexibilität	0,8	1	0,7	0,3	0,7	0,8	0,7	0,3	0,5
Standardsoftware-Einschränkungen z.B. SAP-Nähe von ARIS	0	0	0	1 (Produkte v	0	0	0,8 (von IBM)	0	0
Sind Vorgehensmodelle Benchmark-fähig, d.h. Aufnehmen von /Erweitern durch Kennzahlen	0,3 (tendenzi	0,3	0,3	0,7	0	0,3	0,5	0,5	1
Können Vorgehensmodelle bestehende Benchmarksysteme (z.B. CMMI, ITIL, ...) unterstützen	0	0,3	0	1 (ist kompat	0	n.a.	0,7 (Using R	0,5	0,7
Anpassbarkeit von VM an das Unternehmen	0,5	0,7	0,7	0,5 (eher für	0	0,7	0,3 (eher um	0,3	0,7
· Konfigurierbarkeit (zur Objektgliederung, Analyse zu die Grundbestandteile, Synthese der Grundbestandteile zu höheren Baugruppen, Kombinationsmöglichkeiten und Kombinationsstatus)	0,1	0	0,7	0,7 (hat ein c	1	0,8	0,5	0,3	1
dezentrale Organsisation	0	0,1	0,1	0,3	0,7 (Da bei S	0,1	0,7 (für große	0,5	0,7

Bild 4-11 Teil der semantischen Matrix zur Oberkategorie Flexibilität

9 Lesern, die an diesem Trainingsverfahren oder auch an dem Problem selbst interessiert sind, stellen wir die einschlägige Diplomarbeit von Dmitriy Mangul gerne zur Verfügung.

10 Es handelt sich um Mathis Christian, Michel Ouedraogo und Nils Zündorf.

Je höher die Werte in der Matrix sind, desto stärker kann das entsprechende Attribut dem Vorgehensmodell zugeordnet werden; „Einsatzflexibilität“ beispielsweise kann dem Vorgehensmodell Scrum im maximalen Maße zugeordnet werden.

Hier ist selbstverständlich auf ein methodisches Problem aufmerksam zu machen. Die Validität des gesamten Systems, also SEN, steht und fällt mit den Werten in der semantischen Matrix. Diese sind von den Konstrukteuren aufgrund von Literaturrecherche und eigenen praktischen Erfahrungen als Projektmanager sowie als Softwareentwickler im IT-Bereich zweier großer Firmen (siehe unten) aufgestellt worden; eine empirische Validierung der Ergebnisse von SEN, auf die wir unten hinweisen werden, demonstriert, dass die Werte in der Matrix zumindest ein hohes Maß an Plausibilität aufweisen. Dennoch geht hier unvermeidbar eine subjektive Komponente in die Systementwicklung ein, da natürlich andere Experten bezüglich der Vorgehensmodelle auch andere Werte für besser halten können. Falls man dies spezielle SEN für allgemeine Verwendung frei geben will, müssten beispielsweise durch Verfahren ähnlich der Delphi-Methode die Matrixwerte noch intersubjektiv überprüft werden. Dies methodische Problem der Intersubjektivität stellt sich allerdings natürlich so oder ähnlich für jeden Einsatz von Software bei derartigen Problemen.

Aus der semantischen Matrix wird dann nach den beschriebenen Lernregeln die Gewichtsmatrix für das eigentliche Netzwerk erstellt. Für eine Benutzung des SEN fungieren dabei die verschiedenen Vorgehensmodelle als „Referenztypen“, d. h., sie stellen gewissermaßen den Bezugsrahmen für die Eingaben eines Benutzers dar. Auf der Oberfläche des SEN erhält nun ein Benutzer die Möglichkeit, selbst anzugeben, welche Attribute er von einem gewünschten Vorgehensmodell erwartet und wie wichtig diese für ihn sind; die Wichtigkeit wird wie in der semantischen Matrix durch numerische Werte repräsentiert. Der Gedanke hier ist natürlich, dass ein Benutzer zumindest allgemein weiß, was er von einem für ihn geeigneten Vorgehensmodell erwartet, dass er jedoch nicht weiß, welches verfügbare Vorgehensmodell diesen Bedürfnissen entspricht. Für die Visualisierung der Ergebnisse von SEN wird die Eingabe des Benutzers im Zentrum der graphischen Darstellung platziert.

Der Start von SEN erfolgt durch eine externe Aktivierung der Neuronen, die die Eingabe des Benutzers repräsentieren. Dabei werden die externen Aktivierungswerte vom Benutzer nach der Relevanz der verschiedenen Attribute für ihn ausgewählt; ein hoher Aktivierungswert bedeutet demnach eine hohe Relevanz des Attributs für den Benutzer. Nach einigen Durchläufen stabilisiert sich das Netz, d. h. es erreicht einen Punktattraktor. Der Benutzer hat jetzt die Möglichkeit, sich diese Ergebnisse numerisch zeigen zu lassen, was jedoch einige Vertrautheit mit derartigen Systemen verlangt. Deswegen bezeichnen wir diese Möglichkeit als „Expertenansicht“. Für normale Benutzer ohne Kenntnisse derartiger Systeme ist die Visualisierung vorteilhafter, die von Beginn an der Aktivierung von SEN gezeigt wird. Zu Beginn ist, wie bemerkt, die Benutzereingabe im Zentrum, und die Referenztypen sind nach dem Zufallsprinzip an der Peripherie des Bildes angezeigt. Bild 4-12 zeigt dies.

Nach dem Start von SEN werden die Referenztypen mehr oder weniger stark von dem Zentrum, also der Benutzereingabe, „angezogen“. Der Benutzer kann diesen dynamischen Prozess verfolgen – entweder als automatisch ablaufender Prozess oder als manuell gesteuerter, der den Vorgang Schritt für Schritt sichtbar macht. Wenn das Netzwerk seinen Endzustand erreicht hat, findet natürlich auch auf dem Monitor keine Veränderung mehr statt. Die verschiedenen Vorgehensmodelle sind dann in unterschiedlichen Abständen zum Zentrum platziert; dabei ist dann das Vorgehensmodell für den Benutzer das am besten geeignete, das dem Zentrum am nächsten ist. Dies Modell weist dann nämlich die meisten der Attribute auf, insbesondere auch in der Wichtigkeit für den Benutzer, die vom Benutzer eingegeben worden sind. Bild 4-13 zeigt die Endzustände von SEN auf der Basis einer Eingabe, die einem realen Fall entspricht.

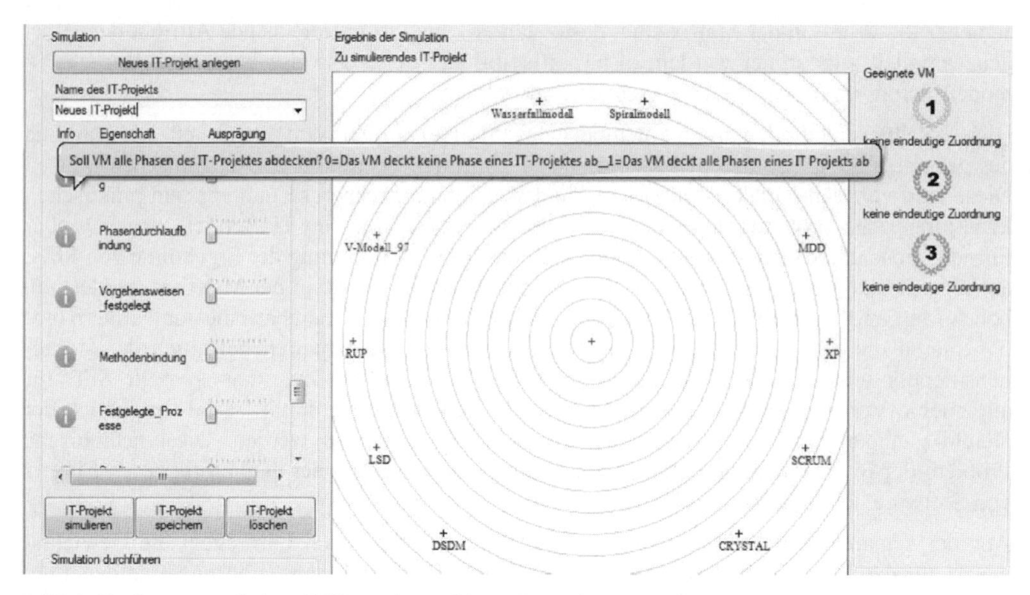

Bild 4-12 Startzustand eines SEN zur Auswahl von Vorgehensmodellen

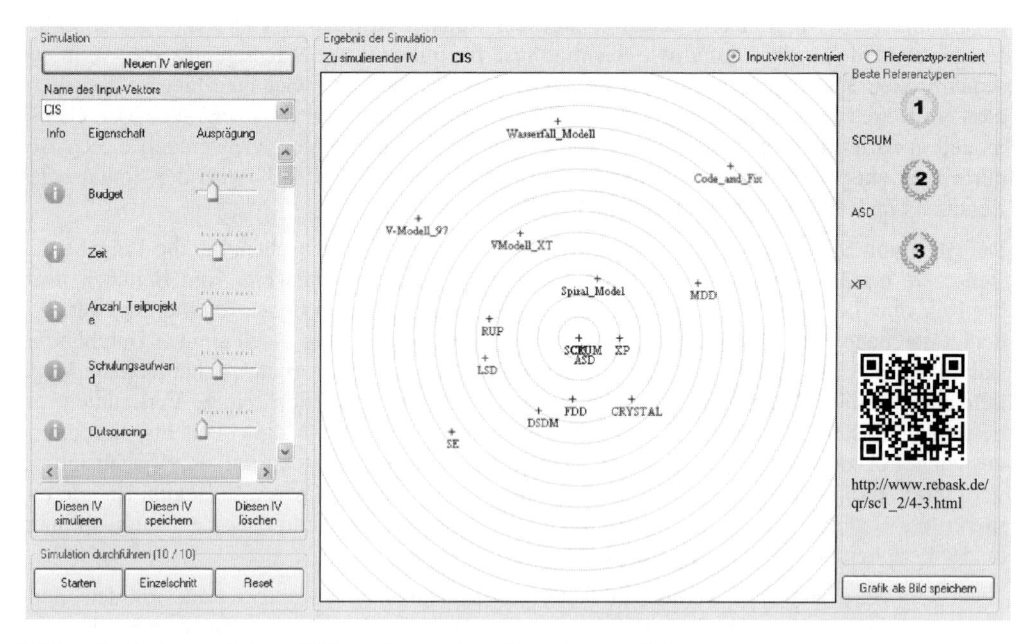

Bild 4-13 Endzustand eines SEN zur Auswahl von Vorgehensmodellen

Da die verschiedenen Vorgehensmodelle zum Teil sehr ähnlich sind, sind die meisten von ihnen relativ dicht um das Zentrum platziert. Man kann jedoch erkennen, dass Scrum von dem System als das am besten geeignete ausgewählt wurde. Diese Auswahl und die zweit- und drittplatzierten Modelle werden zusätzlich verbal angegeben (rechts oben im Bild).

Die in Bild 4-13 gezeigte Auswahl entspricht einer Eingabe, die von einem der Studierenden vorgenommen wurde, die dies SEN implementiert hatten. Er hatte als Projektmanager in einem

IT-Unternehmen solche Kriterien als Eingabe ausgewählt, die nach seiner Einschätzung für das Unternehmen tatsächlich erforderlich waren. Nach einiger Mühe und Recherchen konnte er dann selbst – sozusagen manuell – Scrum als das am besten geeignete Vorgehensmodell auswählen (nach seinen Angaben brauchte er dazu fünf Manntage). Nachdem dies SEN erstellt worden war, wurde durch SEN nicht nur seine eigene Arbeit bestätigt, sondern SEN hatte auch das tatsächlich in der Firma verwendete Vorgehensmodell ausgewählt (innerhalb von einigen Sekunden). Auch die beiden anderen von SEN gewählten nachfolgenden Kandidaten waren in der Firma als gute Möglichkeiten diskutiert worden. Dies ist zumindest ein plausibles Argument für die empirische Validität dieses SEN. Zusätzlich wurde für einen anderen Bereich der Firma, in dem noch kein Vorgehensmodell festgelegt war, eine andere Eingabe erstellt. Das von SEN daraufhin vorgeschlagene Vorgehensmodell wird gegenwärtig in der Firma ernsthaft geprüft, nicht zuletzt deswegen, weil keiner der Beteiligten auf die Idee gekommen war, gerade dies Modell zu verwenden.

Eine weitere Eingabe erfolgte auf der Basis der Bedürfnisse einer anderen Softwarefirma und wurde von dem zweiten Studierenden vorgenommen, der dort bereits als Softwareentwickler arbeitet. Auch hier lieferte SEN einen Vorschlag, nämlich das Vorgehensmodell RUP, das in diesem Unternehmen tatsächlich eingesetzt wird. Ebenso waren die Kandidaten 2 und 3 in dieser Firma ernsthaft in Erwägung gezogen worden.

Diese Ergebnisse zeigen, dass ein SEN für derartige Aufgaben sehr gut geeignet ist, insbesondere für Benutzer, die sich im Bereich der Vorgehensmodelle noch nicht gut auskennen. Aufgrund der überprüften empirischen Validität der Ergebnisse ist die Konstruktion dieses SEN als positiv zu bewerten. SEN kann demnach gerade für Praktiker eine wesentliche Hilfe sein.

4.5.3 Auswahl von Standorten für Offshore-Windkraftanlagen durch ein SEN

Im Zeitalter der Diskussionen über Klimaveränderungen durch insbesondere den Einfluss von Energiegewinnung auf der Basis fossiler Brennstoffe braucht zur Relevanz dieses Problems nicht viel gesagt zu werden. Durch den Beschluss der Bundesregierung aufgrund der Katastrophe von Fukushima im Frühjahr 2011, bis zum Jahr 2022 alle Atomkraftwerke abschalten zu lassen, ist die Wichtigkeit der sog. regenerativen Energien noch gesteigert worden. In einem Land wie Deutschland, in dem die Möglichkeiten der Solarenergie aus klimatischen Gründen relativ begrenzt sind, muss als eine der Hauptquellen regenerativer Energien die Windkraft gelten. Allerdings ist auch deren Potential dadurch begrenzt, dass in vielen Regionen Deutschlands eine hinreichende Windenergie nicht gesichert ist. Deswegen entstanden schon relativ früh Pläne, nicht nur an Küstenregionen, sondern sogar im Meer Windkraftanlagen zu errichten (Offshore-Anlagen). Mittlerweile (Herbst 2011) ist die erste deutsche Offshore-Anlage vor der ostfriesischen Insel Borkum in Betrieb; bekanntlich wird noch eine größere Anzahl weiterer Offshore-Anlagen benötigt.[11]

Einer unser Studenten, Tobias Weller, stellte für seine Masterarbeit in Energiewirtschaft aus der verfügbaren Literatur sowie durch Befragungen von Experten aus der Energiewirtschaft eine Liste von a) sieben möglichen Standorten für neue Offshore-Anlagen in Nord- und Ostsee und b) 10 Attributen (= Kriterien) für die relative Eignung der Standorte zusammen. Die zweite Liste enthält Kriterien wie Entfernung von der Küste, Wassertiefe, Erreichbarkeit des nächsten Hafens, mögliche Anbindung an bereits existierende Stromnetze für den Transport der Energie, hinreichende Entfernung zu nahe gelegenen Naturschutzgebieten usf. Bereits aus diesen Beispielen wird deutlich, dass sich die Kriterien in gewisser Weise zum Teil widersprechen: Bei-

[11] Im „Spiegel" Nr. 43, 2011 kann man nachlesen, was für immense logistische Probleme mit dem Betrieb einer Offshore-Großanlage verbunden sind.

spielsweise kann optimale Küstennähe eine nicht zulässige Verletzung von Naturschutzgebieten wie z. B. das ost- und nordfriesische Wattenmeer bedeuten.

Die aus diesen Daten konstruierte semantische Matrix zeigt Bild 4-14:

Semantische Matrix

	Wassertiefe	Kuestenentfernung	Gesamtleistung	Haefen	Genehmigungen	Netzanschluss	Naturschutz	Fundamente	Gesellschaftliche_A	Einflusszone
Alpha_Ventus	0.5	0.0	1.0	0.5	1.0	0.7	0.3	0.3	0.3	1.0
Butendieck	0.7	0.3	0.3	0.3	1.0	1.0	0.5	0.7	1.0	1.0
Nordergruende	1.0	0.7	0.3	1.0	1.0	0.7	0.0	0.7	0.0	0.5
Baltic_1	0.7	0.7	0.0	0.3	1.0	1.0	0.3	0.7	0.3	0.5
Ventotec-Ost_2	0.3	0.5	0.5	0.3	1.0	1.0	0.7	0.0	0.7	1.0
Arkona-Becken-Suedost	0.5	1.0	1.0	0.3	1.0	1.0	0.7	1.0	0.7	1.0

Bild 4-14 Semantische Matrix der möglichen Standorte und ihrer Attribute

Die Anwendung des SEN auf dies Problem unterscheidet sich methodisch von dem ersten Beispiel; deswegen haben wir auch dies Beispiel ausgewählt, abgesehen natürlich von dessen aktueller praktischer Relevanz. Es wurde ein idealer Standort konstruiert, der möglicherweise so gar nicht existiert, also ein Standort, der alle Kriterien in optimaler Weise erfüllt. Dieser ideale Standort fungiert für das SEN als Referenztyp, der diesmal ins Zentrum des Visualisierungsgitters platziert wird. Die tatsächlichen Standorte sind zu Beginn der Simulation an der Peripherie nach dem Zufallsprinzip angeordnet und werden im Verlauf der Simulation mehr oder weniger nahe an das Zentrum gezogen.

Zur Erinnerung: Im Beispiel mit den Vorgehensmodellen sind die Referenztypen zu Beginn an der Peripherie und werden in der Simulation zum Zentrum gezogen; dort ist die Eingabe des Benutzers platziert. Dies Vorgehen bezeichnen wir als „Input Centered Modus“. Für die Auswahl der besten Standorte wird dagegen der Referenztyp – in diesem Beispiel eine Idealkonstruktion – ins Zentrum gesetzt; deswegen wird dies Vorgehen als „Reference Type Centered Modus“ bezeichnet. Das entsprechende Ergebnis zeigt Bild 4-15:

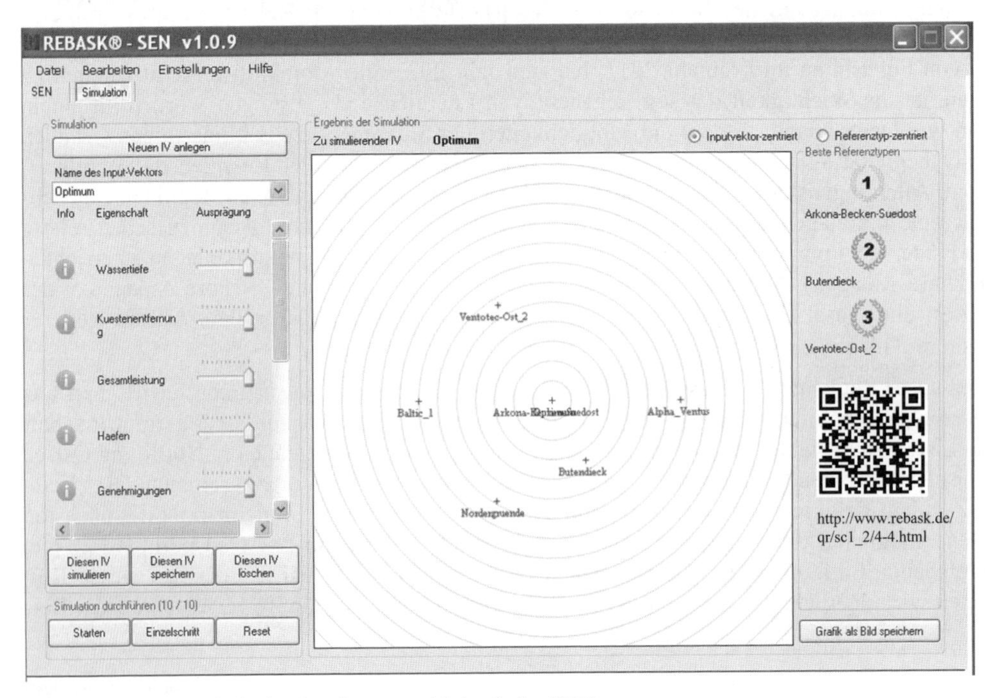

Bild 4-15 Das Ergebnis der Standortauswahl durch das SEN

Der Sinn dieses methodischen Vorgehens besteht natürlich darin, dass ein tatsächlicher möglicher Standort um so besser geeignet ist, je ähnlicher er dem idealen Standort ist. Wie im ersten Beispiel werden zusätzlich die drei besten Standorte oben rechts im Bild verbal angegeben.

Die Ergebnisse des SEN wurden anschließend Experten aus Energieunternehmen vorgelegt, die die Ergebnisse als äußerst plausibel bezeichneten. Ein methodischer Vergleich der SEN-Ergebnisse mit denen einer Standardsoftware für derartige Probleme, nämlich dem sog. AHP (Analytic Hierarchy Process) zeigte zusätzlich, dass die entsprechenden Ergebnisse in fast allen Fällen äquivalent sind; bei Abweichungen wurden die SEN-Ergebnisse von den Experten als plausibler beurteilt. SEN war außerdem gewöhnlich wesentlich schneller und insbesondere deutlich benutzerfreundlicher.

4.5.4 Direktmarketing und Data-Mining durch eine SOM und ein SEN[12]

In einer allgemeinen Bedeutung umfasst Direktmarketing alle Marktaktivitäten, „die sich direkter Kommunikation und/oder des Direktvertriebs bzw. des Versandhandels bedienen, um Zielgruppen in individueller Einzelansprache gezielt zu erreichen“ (Bonne, 1999, 9). Ebenfalls von Bedeutung ist die individuelle Kontaktherstellung durch eine mehrstufige Kommunikation (Dallmer u. a., 1991; Bonne, 1999). Es ist freilich nicht ganz einfach, dies befriedigend zu realisieren, da sich hier zahlreiche technische Probleme ergeben.

In der heutigen Zeit werden unterschiedliche Marketingmaßnahmen sehr intensiv eingesetzt, wodurch sich die Frage stellt, auf welche Weise (potenzielle) Kunden noch erreicht werden können. Insbesondere das Internet wurde sehr schnell für Direktmarketing entdeckt und es ist nicht verwunderlich, dass rechtliche Bestimmungen notwendig sind, da z. B. E-Mail-Empfänger regelrecht mit unerwünschten Werbemaßnahmen zugeschüttet wurden und werden.

Durch den immer größer werdenden Konkurrenzkampf ist es einerseits verständlich, dass die Werbung sehr intensiv betrieben wird, andererseits sind die Kosten für Werbemaßnahmen genau zu kalkulieren. Dies bedeutet, dass man einerseits so viele Kunden wie möglich mit bestimmten Werbemaßnahmen erreichen möchte, andererseits jedoch auch nur die Kunden, die auf bestimmte Werbungen auch tatsächlich ansprechen. Mit anderen Worten, gesucht sind Verfahren, die die potenziellen Kunden nach bestimmten Kriterien zu Gruppierungen oder Clustern zusammenfassen. Es ist demnach nahe liegend, entsprechend geeignete Verfahren anzuwenden, um die Effizienz der Werbung bei den Kunden zu steigern, die Kosten jedoch zu senken. Neben den klassischen statistischen Analyseinstrumenten bieten sich Data-Mining-Verfahren an, die zusätzlich zu Statistik und Datenanalyse auch die Techniken der Künstlichen Intelligenz verwenden.

Welche Technik favorisiert wird, ist eine Frage der Erfahrung und des Aufwands. Anhand der Klassifikation bzw. Segmentierung von Kunden, worum es hier geht, lässt sich beispielsweise zeigen, dass generell ganz unterschiedliche Techniken angewendet werden können wie z. B. neben klassischen Analyseverfahren auch *Zellularautomaten*. Im ersten Fall müssen die *Regeln der Zuordnung* von Kunden formuliert werden; im zweiten Fall werden *Muster* von unterschiedlichen Kunden vorgegeben und die Klassifikation entsteht anhand der Ähnlichkeiten zu den vorgegebenen Mustern.

Data Mining wird angewendet, um unbekannte Informationen aus (großen) Datenmengen zu finden. Sehr allgemein kann man dies Problem auch so ausdrücken, dass spezielle Datenmengen *implizite* Ordnungen enthalten, die durch Data Mining Verfahren *explizit* und damit verwendbar gemacht werden. Neben klassischen Analyseverfahren statistischer Art werden für

---

12 Eine ausführlichere Darstellung der SOM Simulationen findet sich in Stoica-Klüver 2008.

Data Mining auch überwacht lernende Netzwerke für Mustererkennung und Musterzuordnung, Prognose und Klassifikation im weitesten Sinne verwendet (Wiedmann u. a., 2001).

Für Data Mining ist die Bildung semantischer Netze – wenn auch nicht unter diesem Begriff – die Voraussetzung für einige Bereiche der Abhängigkeitsanalyse, Klassifikation sowie Segmentation, die nach unterschiedlichen Kriterien gebildet werden. Grundsätzlich handelt es sich bei der Bildung semantischer Netzwerke um Netze, die anhand von (lexikalischem) Wissen als Graphenstrukturen semantischer Relationen konstruiert werden. Das wohl bekannteste Beispiel eines semantischen Netzes, das Hierarchiestrukturen berücksichtigt, ist von Collins und Quillian (1969) beschrieben worden. Diese Vorgehensweise ist z. B. für die Entwicklung von Assoziationsregeln sowie von Entscheidungsbäumen für Klassifikationen im Data Mining von Bedeutung. Mit den konnektionistischen Ansätzen (durch neuronale Netze) wird versucht, sich einerseits mehr den Prozessen im Gehirn zu nähern, als es durch eine einfache Darstellung durch Graphen möglich ist, und andererseits die individuellen Unterschiede zwischen Menschen zu berücksichtigen.

Rosch (1973) führte nun den Begriff des „*Prototyps*" ein, der besagt, dass für eine semantische Kategorie ein bestimmtes Exemplar als das Typische bzw. Exemplarische betrachtet wird. Der Prototyp steht im Zentrum einer Kategorie, atypische Exemplare hingegen liegen am Rand. Ein sehr kleiner Hund beispielsweise, der einer besonderen Züchtung angehört wie etwa ein Pekinese und kaum noch Ähnlichkeiten mit einem Schäferhund aufweist, würde demnach lediglich am Rande der Kategorie Hund erscheinen, sofern der Schäferhund als das typische Exemplar der Kategorie Hund betrachtet wird. Das hat zur Folge, dass es im Allgemeinen reicht, den Namen einer Kategorie zu hören, damit Menschen automatisch an das typische Exemplar denken oder mit anderen typischen Exemplaren assoziieren. Der Prototyp gilt somit als Bezugspunkt für die Einordnung von Objekten in eine Kategorie. Man muss dabei allerdings berücksichtigen, dass die Bildung von Prototypen kulturabhängig ist – nicht in jeder Kultur würde ein Schäferhund als Prototyp für „Hund" verwendet werden. Außerdem spielen individuelle Besonderheiten zusätzlich eine Rolle: Die Besitzerin eines Dackels wird ziemlich sicher diesen als Prototyp für „Hund" nehmen. Diese individuellen Abhängigkeiten bei der Bildung von Prototypen sind jedoch für das unten dargestellte Modell ein Vorzug.

Da der Begriff des Prototypen in mehrfacher Hinsicht ambivalent ist und wir bei diesem methodischen Vorgehen meistens auch gar nicht kognitionswissenschaftliche Probleme zu bearbeiten haben (vgl. die beiden SEN Beispiele) haben wir den allgemeineren Begriff des Referenztypen gewählt; die SOM operiert in diesem Beispiel ebenso mit Referenztypen wie das SEN. Ähnlich wie im SEN Beispiel mit der Standortwahl fungieren hier die Referenztypen als normative Bezugspunkte, d. h. die Referenztypen von Kunden müssen nicht unbedingt genauso in der Realität erscheinen.[13]

Da es hier darum geht, die Funktionsweise und die Grundlogik für die Modellierung mit einer SOM zu erläutern, werden der Einfachheit halber lediglich verhaltensorientierte Kriterien von Kunden betrachtet, mit dem Schwerpunkt auf Preisverhalten (Preisklasse, Kauf von Sonderangeboten) und Produktwahl (Markentreue, Markenwechsel). Dafür haben wir verschiedene Referenztypen entwickelt, deren Definition nach unserer Einschätzung erfolgt ist; diese ist jedoch nicht beliebig, sondern entspricht etablierten Erkenntnissen über Kundenverhalten. Für eine bessere Übersichtlichkeit wurde zwar auf eine umfangreiche Erfassung aller möglichen

---

13 Für Kenner der klassischen Soziologie: Es würde sich hier auch der Begriff des „Idealtypen" anbieten, der als methodisches Prinzip von dem großen Soziologen Max Weber bereits zu Beginn des 20. Jahrhunderts eingeführt wurde.

zusätzlichen Kriterien verzichtet, die Referenztypdefinition kann jedoch nach Bedarf modifiziert und erweitert werden.

Für das Modell wurden folgende Referenztypen von Kunden definiert:

Referenztyp A:

- Innovationen werden verfolgt und sofort gekauft
- Der Kauf von Produkten erfolgt spontan (die Sachen werden nicht unbedingt benötigt)
- Die Werbung beeinflusst das Kaufverhalten
- Die direkte und persönliche Werbeansprache (durch E-Mails oder Post) ist erfolgreich

Referenztyp B:

- Innovationen werden in der Umgebung gesehen und darauf hin gekauft
- Die Werbung beeinflusst das Kaufverhalten

Referenztyp C:

- Innovationen werden nur gekauft, wenn sie im Preis reduziert werden
- Der Kauf erfolgt grundsätzlich gezielt im Bezug auf Waren, die konkret gebraucht werden
- Die Werbung beeinflusst das Kaufverhalten
- Die Marke wird je nach Angebot gewechselt
- Die Höhe des Preises ist sehr wichtig

Referenztyp D:

- Der Kauf von Produkten erfolgt spontan (die Sachen werden nicht unbedingt benötigt)
- Sonderangebote werden gekauft, auch wenn die Sachen nicht benötigt werden
- Die Werbung beeinflusst das Kaufverhalten
- Die Marke wird je nach Angebot gewechselt

Referenztyp E:

- Der Kauf erfolgt grundsätzlich gezielt im Bezug auf Waren, die konkret gebraucht werden
- Werbung beeinflusst das eigene Kaufverhalten überhaupt nicht
- Man bleibt stets bei derselben Marke
- Die Höhe des Preises ist sehr wichtig

Nachdem die jeweiligen Referenztypen definiert wurden, haben 20 Personen einen Fragebogen zum eigenen Kaufverhalten ausgefüllt. Bei den befragten Personen handelt es sich um ehemalige Studierende und aktuelle Diplomanden von uns. In diesem Fall können soziodemografische Faktoren abgeleitet werden (Alter und Geschlecht wurden ebenfalls erhoben), diese werden im Modell jedoch nicht näher betrachtet. Die Tatsache, dass alle Probanden sich ohne wesentliche Schwierigkeiten in dem Fragebogen einordnen konnten, ist natürlich kein Beweis für eine strenge Validität der Referenztypen, aber ein nicht unwichtiger Indikator.

Das Neuronale Netz

Für das Modell wurde eine so genannte Ritter-Kohonen-Karte (Ritter and Kohonen 1989) gewählt, deren besondere Leistungsfähigkeit wie beim SEN in der Verwendung einer semantischen Matrix besteht. Damit ist gemeint, dass die Aufgabe einer Ritter-Kohonen Karte darin besteht, aus bestimmten semantischen Merkmalen, durch die verschiedene Begriffe charakterisiert sind, „Begriffscluster" zu bilden, d. h., die Begriffe jeweils zu Begriffsklassen zusammenzufassen. Die Selbstorganisierende Karte erhält Eingaben der Art „Kunde A, der alle Innovationen kauft", „Kunde C, der Innovationen nur im Angebot kauft", „Kunde D, bei dem Werbemaßnahmen nicht erfolgreich sind", etc. Diese Eingaben werden in einer semantischen Matrix folgendermaßen codiert – die Beispiele hier sind fiktiv:

Tabelle 4-3 Semantische Matrix

	Innovationen werden immer gekauft	Innovationen werden in der Umgebung gesehen und daraufhin gekauft	Kauf von Innovationen nur im Angebot	Der Kauf von Produkten erfolgt spontan	Werbung beeinflusst das Kaufverhalten
Kunde A	1	–1	–1	–1	1
Kunde B	–1	1	1	1	1
Kunde C	–1	–1	1	–1	1
Kunde D	–1	–1	–1	–1	–1

etc.

Mit anderen Worten, Kunde A kauft immer Innovationen (1), braucht deshalb keine Umgebungsanregungen (–1), orientiert sich auch nicht an Sonderangeboten (–1), kauft auch nicht spontan (–1), aber lässt sich von Werbung beeinflussen (1). Es handelt sich hier um eine so genannte bipolare Codierung. Zu beachten ist dabei, dass in dieser Matrix nur die „realen", wenn auch hier fiktiven Kunden enthalten sind, und noch kein Referenztyp.

Eine derartige semantische Matrix ist die Voraussetzung dafür, dass die Selbstorganisierende Karte auch tatsächlich mit der Klassifizierung beginnen kann; die Daten sind noch, um die obige Formulierung noch einmal aufzugreifen, in einer impliziten Ordnungsstruktur.

Wenn man nun einen Referenztyp explizit einfügt, werden die Kunden entsprechend der allgemeinen Darstellung um diesen Referenztypen geordnet. In einer SEN-Visualisierung bedeutet dann die Nähe eines Kunden zu dem Referenztyp, dass dieser Kunde dem Referenztyp weitgehend entspricht; eine größere Distanz besagt dann natürlich, dass der entsprechende Kunde dem Referenztyp ziemlich unähnlich ist. Dies ist anders bei der hier gewählten SOM-Visualisierung: Die Kunden, die dem jeweiligen Referenztyp (im Beispiel unten C) ähnlich sind, werden durch hellgraue Farbe markiert; „dunkle" Kunden sind dem Referenztyp unähnlich, kommen also nicht als einschlägige Kundentypen in Frage.

Bei der Implementierung des Modells werden einem Benutzer zwei Optionen geboten:

1. Man hat die Möglichkeit, sich die Referenztypen auf der Karte anzeigen zu lassen, und
2. die Referenztypen werden nicht auf der Karte angezeigt, sondern dienen der typspezifischen Clusterung der Kunden.

Im ersten Fall besteht das Vorgehen darin, dass die Kunden, die dem jeweiligen Referenztypen am ähnlichsten sind, entsprechend in dessen unmittelbarer Umgebung angezeigt werden. In diesem Fall erfolgt die Klassifizierung automatisch, d. h. ohne weitere Mitwirkung des Benutzers, wobei mitunter die Kunden nicht eindeutig eingeordnet werden, die Ähnlichkeiten zu mehreren Referenztypen aufweisen. In diesem Fall werden die Kunden in etwa gleiche Distanz zu den Referenztypen gesetzt, die diesen Kunden jeweils am ähnlichsten sind. Zusätzlich zu der rein automatischen Clusterbildung kann der Benutzer ein bestimmtes Attribut wie z. B. „Werberesistenz“ anklicken. Die einzelnen Attribute sind durch spezielle Farben gekennzeichnet. Wird also ein bestimmtes Attribut angeklickt, werden die Kunden in das entsprechende Farbfeld auf der Karte oder außerhalb platziert, je nachdem ob sie das Attribut aufweisen oder nicht.

Im zweiten Fall kann der Benutzer einen bestimmten Referenztyp anklicken; dann zeigt die Farbmarkierung, wer jeweils zu einem Referenztypen als zugehörig gilt. Die Referenztypen sind bei dieser Option jeweils durch eine bestimmte Farbe gekennzeichnet – nicht die Attribute wie bei der ersten Option. Die Kunden werden dann je nach Ähnlichkeit zu dem angeklickten Referenztyp in das entsprechende Farbfeld eingeordnet oder auch nicht, wenn die Ähnlichkeit nicht hinreichend groß ist. Wir zeigen allerdings nur ein Beispiel für den ersten Fall, da dies Verfahren gewöhnlich aussagekräftig genug ist. Der Vorteil beim zweiten Verfahren besteht zuweilen darin, dass die Zuordnung zu den Referenztypen gezielter erfolgen kann.

Das Problem bei beiden Verfahren besteht bei einer manuellen Dateneingabe darin, dass die Zuordnung bei einer größeren Datenmenge recht mühsam ist. Hier bietet sich eine Automatisierung auf jeden Fall an, die wir für verschiedene SEN Anwendungen auch schon realisiert haben.

Wir zeigen beispielhaft die Operationsweise des SOM anhand der Klassifizierung der Kunden mit ihren realen Daten in Bezug auf den Referenztyp C; dem Video können Sie die entsprechenden Klassifizierungen bezüglich der anderen Typen entnehmen.

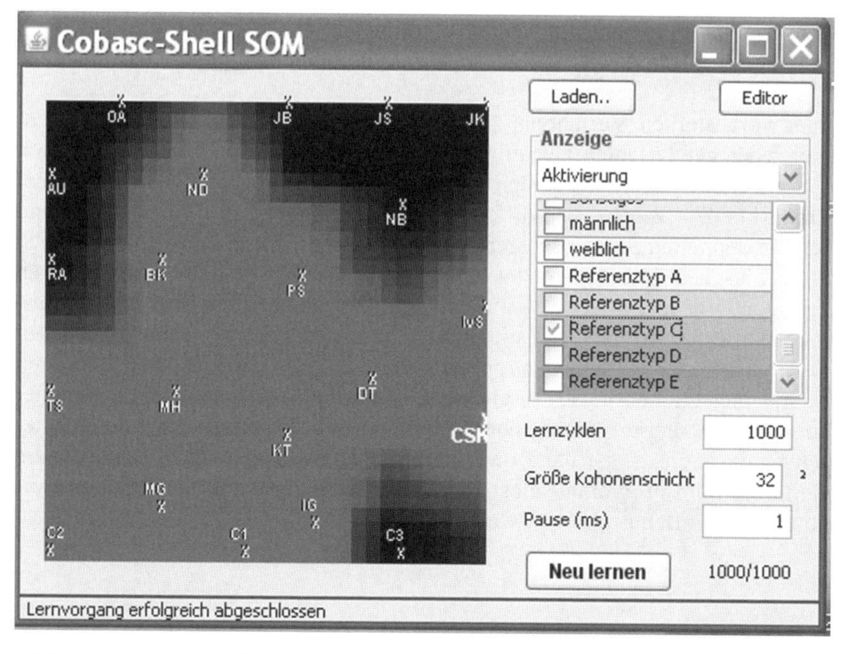

http://www.rebask.de/qr/sc1_2/4-5.html

Bild 4-16 Einordnung der Kunden in Bezug auf Referenztyp C

Wie bemerkt sind die „ähnlichen“ Kunden grau markiert, die anderen dunkel.

Die gleiche Kundenklassifizierung wurde nun mit einem SEN durchgeführt; das zeigt Bild 4-17; auch hier sind die anderen Referenztypen im Video zu sehen.

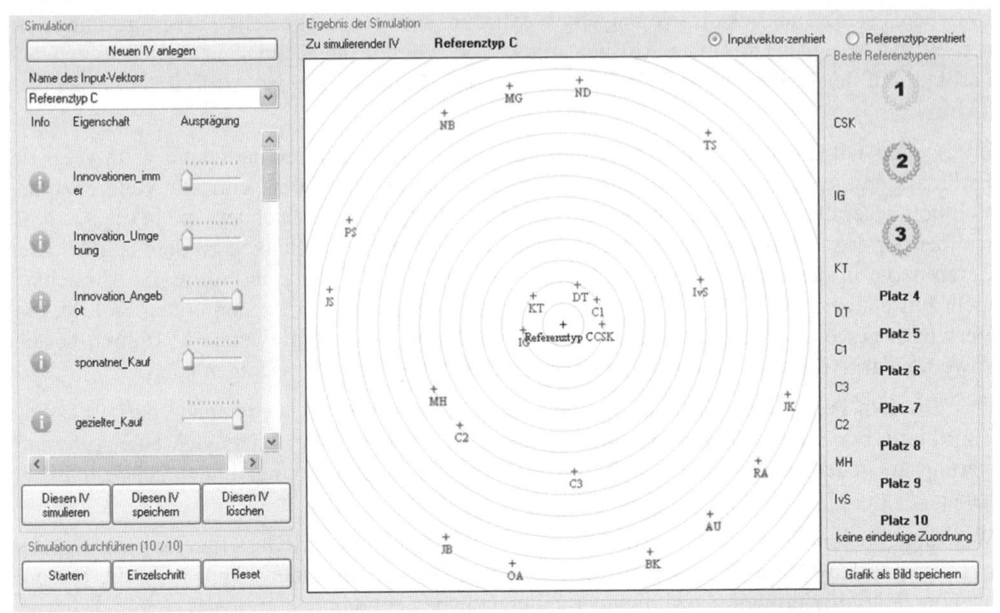

Bild 4-17 SEN Klassifizierung der Kunden in Bezug auf Referenztyp C

Der Vorteil des hier vorgestellten Verfahrens zur Kundenklassifizierung besteht zum einen darin, dass man mit jeder gewünschten Genauigkeit die Klassifizierung einzelner oder auch mehrerer Kunden vornehmen kann. Die beiden Optionen, die entsprechend auch bei einem SEN realisiert werden können, zeigen, wie differenziert dies möglich ist. Zum anderen sind beide Systeme in einem doppelten Sinne benutzerfreundlich: Man kann sie benutzen, ohne sich Gedanken über die technischen und mathematischen Aspekte machen zu müssen, nach denen die Operationen erfolgen. Vor allem jedoch kann ein Benutzer die gewünschten Klassifikationskriterien, nämlich die Referenztypen, selbst erstellen, ohne auf teure Experten angewiesen zu sein. Erfahrene Unternehmer wissen nicht selten genau, wie sie ihre Kunden einordnen müssten. Die Systeme bietet ihnen diese Möglichkeit. Natürlich sollte auch ein erfahrener Unternehmer seine eigenen Kriterien ständig überprüfen und ggf. diese mit Experten auf diesem Gebiet kritisch analysieren. Es ist dann ohne technischen Aufwand leicht möglich, die Referenztypendefinition(en) im Programm selbst zu verändern. In diesem Sinne kann das System sozusagen sich mit seinen Benutzern weiter entwickeln.

5 Fuzzy-Mengenlehre und Fuzzy-Logik

In der Einleitung und im ersten Kapitel dieser Studie haben wir mehrfach darauf verwiesen, dass die Darstellung der einzelnen Soft Computing Modellierungen sich systematisch an dem im ersten Kapitel erläuterten universalen Modellierungsschema orientiert. Dies ist vor allem deswegen erforderlich, um die offenkundigen Zusammenhänge zwischen den auf einen ersten Blick sehr unterschiedlichen „Basismodellen" zu verdeutlichen.

Fuzzy-Methoden lassen sich in dies allgemeine Schema nicht so ohne weiteres einordnen, da sie nicht so sehr als spezifische Basismodelle wie die bisher behandelten angesehen werden können, sondern streng genommen nur in Verbindung mit anderen Modellierungsverfahren praktisch sinnvoll sind. Dies bedeutet, dass sie als spezielle Berechnungsmethoden in den Basismodellen verwendet werden. Die „Fuzzyfizierung" (siehe unten) bestimmter formaler Modelle ist immer „nur" eine Erweiterung spezieller Techniken und kein eigener Modellierungsansatz per se. Dennoch darf in einer allgemeinen Darstellung von Soft Computing Modellen die Behandlung von Fuzzy-Methoden nicht fehlen. Dies gilt nicht nur deswegen, weil sich längst mit dem Konzept des Soft Computing eben auch die Fuzzy-Methoden verbinden, sondern vor allem, weil sich der äußerst missdeutbare Begriff des „Soft" besonders gut an den Fuzzy-Methoden verdeutlichen lässt: Es sind mathematisch-logische Verfahren, wenn auch etwas anderer Art, als man üblicherweise erwartet. So seltsam ein Begriff wie „Fuzzyness" bzw. „Unschärfe" in Kontexten anmutet, in denen es um die Analyse bestimmter mathematischer, nämlich algorithmischer Verfahren geht, so deutlich wird bei näherer Beschäftigung damit, dass es sich um sowohl relativ einfache als auch plausible Erweiterungen bekannter logischer und mengentheoretischer Begriffe handelt.

Neben der Relevanz dieser Verfahren für das Thema dieser Einführung sind Fuzzy-Methoden außerdem durchaus nicht einfach ein esoterisches Gebiet der Logik und Mathematik, sondern längst Bestandteil unserer technisierten Alltagswelt: Beispielsweise ist eine der Waschmaschinen in unserem Besitz mit der schönen Bezeichnung „Fuzzydigitronic" ausgezeichnet, was immer das auch genau bedeuten mag. Seit mehr als 10 Jahren übrigens werden in Japan bereits vollautomatische U-Bahnzüge mit Fuzzy-Systemen gesteuert. Es ist zwar sicher übertrieben, wenn einer der Pioniere der Fuzzy-Methoden, der Informatiker Bart Kosko, eines seiner Bücher mit dem plakativen Titel „Die Zukunft ist Fuzzy" ausgestattet hat, was mindestens ambivalent zu verstehen ist. Dennoch ist die praktische Bedeutung von Fuzzy-Methoden jetzt schon so, dass sie in einer allgemeinen Darstellung von Soft Computing Verfahren nicht fehlen dürfen.

Ein kleiner Lektürehinweis ist hier (leider) angebracht: Bei der Darstellung der wesentlichen Begriffe werden wir häufig nicht umhin kommen, einige mengentheoretische und logische Grundlagen vorauszusetzen; zuweilen geben wir im Text einige Zusatzdefinitionen. Für Leser/-innen, die mit mathematischer Logik und Mengenlehre nicht vertraut sind, empfehlen wir unser im Vorwort erwähntes Buch zu den mathematisch-logischen Grundlagen der Informatik sowie natürlich jede andere gute Einführung in dies Gebiet.

5.1 Einführung in die Grundbegriffe: Von der Unschärfe der Realität

Wir beginnen mit den Fuzzy-Mengen und schließen daran die Fuzzy-Logik an. Die Reihenfolge ist eigentlich beliebig, da beide Konzeptionen parallel entwickelt wurden und in ihrer Gleichartigkeit auch in einer anderen Reihenfolge dargestellt werden können. Aber irgendwie muss man ja anfangen.

Das Konzept der Fuzzy-Mengenlehre (fuzzy set theory) oder auch der Theorie der unscharfen Mengen als Orientierung für die Fuzzy-Logik sowie als Erweiterung der klassischen Mengenlehre ist von dem Mathematiker Zadeh in den Grundlagen bereits in den sechziger Jahren entwickelt worden (das englische Wort fuzzy ist am besten im Deutschen mit „unscharf" wiederzugeben). Seine Ideen wurden relativ rasch von einzelnen Logikern und Linguisten aufgenommen und zum Teil weiter entwickelt; dennoch wurde die Fuzzy-Mengenlehre insgesamt eher als ein Fremdkörper in der Mathematik und Informatik angesehen. Es blieb vor allem japanischen Ingenieuren überlassen, seit Beginn der achtziger Jahre des letzten Jahrhunderts die Ideen von Zadeh aufzunehmen und diese vor allem im Bereich der Steuerung technischer Anlagen durch Fuzzy-Systeme einzusetzen; dies nennt man entsprechend auch Fuzzy-Control. Mittlerweile werden Fuzzy-Methoden nicht nur in technischen Kontexten verwendet, sondern auch zur Optimierung von KI-Systemen wie die Expertensysteme und die neuronalen Netze eingesetzt; bei letzteren spricht man dann von „Neuro-Fuzzy-Methoden".

Die Grundidee von Fuzzy-Mengen bzw. unscharfen Mengen, wie wir im Folgenden sagen werden, ist die folgende:

Seit dem Begründer der klassischen Mengenlehre Georg Cantor werden Mengen definiert als „Zusammenfassungen wohl unterschiedener Objekte". Daraus ergibt sich insbesondere die Konsequenz, dass bei einer gegebenen Menge M ein Element x entweder eindeutig zur Menge M gehört oder nicht. Ein Objekt, das an uns vorbei fliegt, ist entweder ein Vogel oder nicht; falls nicht, ist es entweder ein Insekt oder nicht; falls nicht, ist es entweder ein Flugzeug oder nicht etc. Diese Konsequenz haben wir natürlich auch ständig stillschweigend unterstellt, wenn wir bei den verschiedenen Soft Computing Verfahren von „Mengen" gesprochen haben.

Klassische Kognitionstheorien vertraten generell die Ansicht, dass die wahrnehmbare Welt von uns in Hierarchien von Begriffen gegliedert ist, die sich sämtlich genau bzw. „scharf" voneinander unterscheiden lassen. Entsprechend operiert ja auch die herkömmliche mathematische Logik mit genau unterschiedenen Wahrheitswerten, nämlich 0 und 1, falsch oder wahr (vgl. z. B. die binären Booleschen Funktionen). Allerdings ist diese Grundannahme aus philosophischer und kognitionstheoretischer Sicht häufig bezweifelt worden, da Menschen eben auch in „unscharfen" Begriffen wie „mehr oder weniger" denken und sprechen. Wir sind es ja auch im Alltag durchaus gewöhnt, dass Objekte nicht unbedingt in genau eine Kategorie passen. Ist ein Teilnehmer von „Wer wird Millionär", der 10 000 Euro gewonnen hat nun „reich" oder nicht? Er ist es „mehr oder weniger", da „Reichtum" wie viele unserer Alltagsbegriffe, vom jeweiligen Kontext abhängt. In einem Millionärsklub ist unser Gewinner „weniger reich", unter Verkäufern von Obdachlosenzeitungen sicher „mehr". Hier sind klassische Mengenlehre und Logik nur noch sehr bedingt anzuwenden. Erst die Erweiterung der klassischen Mengenlehre und Logik durch Zadeh gab die Möglichkeit, eine Mathematik des „Unscharfen" zu entwickeln.

Wir können eine *unscharfe Menge* jetzt folgendermaßen definieren:

Gegeben sei eine Teilmenge A einer Grundmenge G, $A \subseteq G$.

Für jedes $x \in A$ wird eine *Zugehörigkeitsfunktion* (ZGF) $\mu_A \in R$ bestimmt (gesprochen mü-a), mit $0 \leq \mu_A(x) \leq 1$; bei diesem Intervall nennt man **A** eine *normalisierte unscharfe Menge*, da auch andere Intervalle möglich sind. Wir werden im Folgenden immer eine normalisierte unscharfe Menge meinen, wenn wir nur von unscharfer Menge reden.

Dann ist die unscharfe Menge **A** eine Menge geordneter Paare der Form

$$\mathbf{A} = \{(x, \mu_A(x))\} \tag{5.1}$$

mit $x \in A$ und $\mu_A(x) \in [0,1]$.

Falls gilt $\mu_A(x) = 1$ oder $\mu_A(x) = 0$ für alle $x \in A$, nennen wir **A** eine scharfe Menge (engl. crisp set).

Eine Menge, wie sie in der traditionellen Mengenlehre üblicherweise verwendet wird, ist also in gewisser Weise ein Grenzfall von unscharfen Mengen, nämlich eine scharfe Menge mit $\mu_A(x) = 1$ für alle $x \in A$; man verzichtet dann auf die Angabe der $\mu_A(x)$.

Der *Betrag* einer unscharfen Menge **A** ist die Summe der μ-Werte aller ihrer Elemente, also

$$| \mathbf{A} | = \Sigma\mu_A(x); \tag{5.2}$$

als relativen Betrag || A || bezeichnet man den arithmetischen Mittelwert des Betrags, also

$$\| \mathbf{A} \| = | \mathbf{A} | / n, \tag{5.3}$$

falls n die Anzahl der Elemente von A mit $\mu_A > 0$ ist.

Bei dieser Definition ist Folgendes zu beachten: Eine ZGF μ_A –, diese Symbolik hat sich praktisch etabliert –, ist immer in Bezug auf dic Menge $A \subseteq G$ definiert. Die ZGF legt also für jedes Element x von A fest, in welchem Maße x zu A gehört. Je näher $\mu_A(x)$ am Wert 1 liegt, desto mehr gehört x dann zu **A**, je näher $\mu_A(x)$ bei 0 liegt, desto weniger gehört x zu **A**.

Die Menge $A = \{x \in A \mid \mu_A(x) > 0\}$ wird auch als Trägermenge (engl. support) von **A** bezeichnet.

Einige Autoren rechnen Elemente mit $\mu_A(x)=0$ nicht zur unscharfen Menge, benutzen also nur die Trägermenge; das macht jedoch beispielsweise die Definition einiger Operationen wie der Bildung der Vereinigungsmenge (siehe unten) umständlicher. Praktisch laufen beide Definitionen auf das Gleiche hinaus.

Die Definition der unscharfen Menge als Teilmenge eines cartesischen Produkts ist zugleich die Definition einer Funktion, nämlich gerade der ZGF. Deswegen definieren wieder andere Autoren die unscharfe Menge nur als $\{\mu_A(x)\}$. Die gewählte Darstellung durch geordnete Paare hat den Vorteil, dass sie für beliebige Grundmengen, auch z. B. solche ohne Ordnung, verwendbar ist.

Eine unscharfe Menge **A** ist nach obiger Definition also eine Teilmenge des cartesischen Produkts $A \times R$, genauer eine Teilmenge des cartesischen Produkts der Menge A mit der Menge der reellen Zahlen im Intervall [0,1]. Nicht die Elemente der Menge A, sondern geordnete Paare aus einem Element $x \in A$ und einem zugehörigen $\mu_A(x)$ sind also Elemente von **A**. (Das cartesische Produkt zweier Mengen M und N wird definiert als die Menge aller geordneter Paare (x, y) mit $x \in M$ und $y \in N$, wobei „geordnet" bedeutet, dass es auf die Reihenfolge ankommt.)

Man kann durchaus weitere unscharfe Mengen **B** und **C** auf derselben Menge A definieren mit entsprechenden Zugehörigkeitsfunktionen μ_B und μ_C, die ganz andere Werte für ein und dasselbe Element $x \in A$ haben können. Man sieht daran, dass letztlich die Festlegung der Zugehörigkeitsfunktion der entscheidende Schritt bei der Konstruktion unscharfer Mengen ist.

Die unscharfen Mengen sollen an einem einfachen Beispiel illustriert werden, das den Alltagsbezug dieser abstrakten Konzepte veranschaulicht:

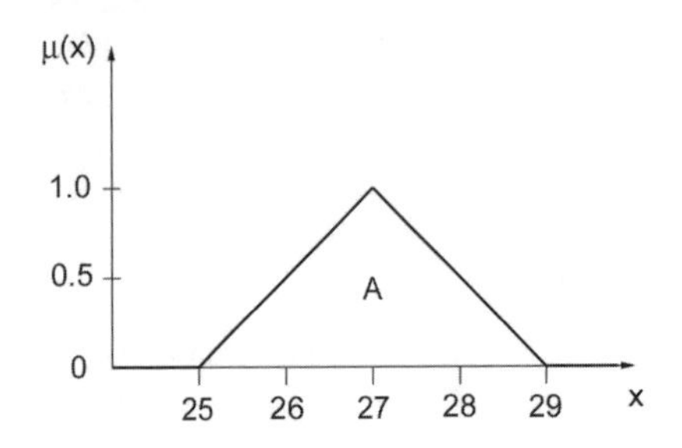

Bild 5-1
Eine ZGF als symmetrische Dreieckskurve

Die Graphik veranschaulicht eine unscharfe Menge **A**, nämlich eine Menge von Temperaturen in Grad Celsius, die die Eigenschaft „ungefähr 27 Grad“ besitzen. Die Menge $A \subseteq G$ sei – muss aber nicht – als beschränkt auf das Intervall von 25 bis 29 Grad angenommen; sie kann als prinzipiell unendlich definiert werden mit Temperaturen als reellen Zahlen im Intervall (25,29). Die Grundmenge G ist natürlich die Menge aller zulässigen Temperaturwerte. Wir werden die Menge **A** hier als endliche Menge verwenden, wobei wir annehmen, dass unser Thermometer nur mit der Genauigkeit von 0.5 Grad ablesbar ist.

A ist dann wie folgt definiert:

$$\mathbf{A} = \{(25;0),(25.5;0.25),(26;0.5),(26.5;0.75),(27;1),(27.5;0.75),(28;0.5),(28.5;0.25),(29;0)\}.$$

(Diese Schreibweise stellt die Elemente mit den zugehörigen μ-Werten für die jeweiligen Mengen dar.) Man sieht hier übrigens den Vorteil, den die Definition einer unscharfen Menge als cartesisches Produkt bringt, nämlich die Möglichkeit, die unscharfe Menge als Kurve – hier als Dreieckskurve – zu visualisieren.

Die Temperaturen 25 und 29 mit $\mu_A(x) = 0$ werden hier zur Menge **A** gezählt.

Die ZGF ist definiert als

$$\mu(x) = 1 - 0.5 \cdot \left|(x - 27)\right| \text{ im Intervall } [25, 29] \tag{5.4}$$

Eine andere Form der ZGF ist in Bild 5-2 gegeben:

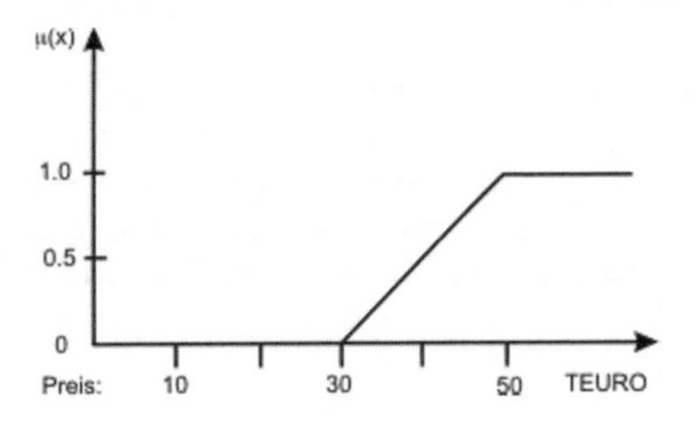

Bild 5-2
Eine ZGF für die unscharfe Menge „Luxusautos“

Hier geht es um die unscharfe Menge „Luxusautos“. Als Grundmenge A ist die Menge der Preise für Autos, die es auf dem Markt gibt, gewählt, also eine Teilmenge der natürlichen Zahlen (wenn wir nur auf ganze Euro aufgerundete Preise verwenden).

Die Festsetzung der ZGF ist, wie Sie an diesem Beispiel sofort bemerken werden, kein mathematisches, sondern ein soziales bzw. psychologisches Problem: die ZGF ist immer das Ergebnis eines menschlichen Entscheidungsprozesses.

Man könnte selbstverständlich auch, das sei hier ausdrücklich erwähnt, als Grundmenge einfach die Autotypen (als Namen) nehmen; dann lässt sich allerdings die ZGF nicht so einfach als Funktionsgrafik darstellen, sondern nur als Tabelle. Auch setzt die Anwendung von Mengenoperationen (siehe unten) auf unscharfen Mengen voraus, dass mindestens eine Ordnungsrelation unter den Elementen der Grundmenge besteht. Im Allgemeinen wird man versuchen, als Grundmengen Teilmengen der reellen Zahlen zu verwenden, so wie wir es hier in unseren Beispielen tun.

Natürlich können eleganter aussehende ZGF verwendet werden, etwa „Glockenkurven“:

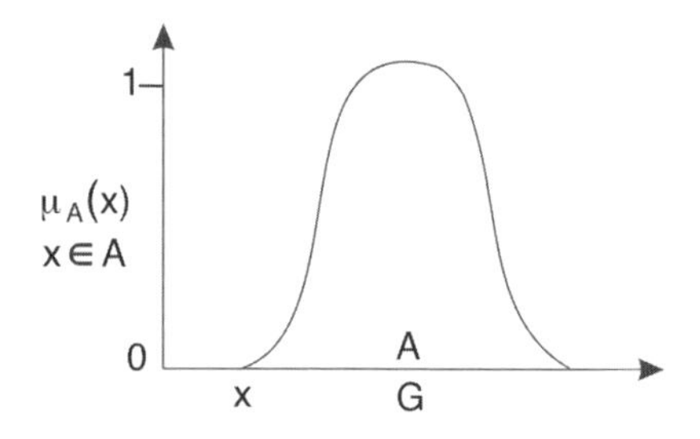

Bild 5-3
ZGF als Glockenkurve

Oder ganz anders:

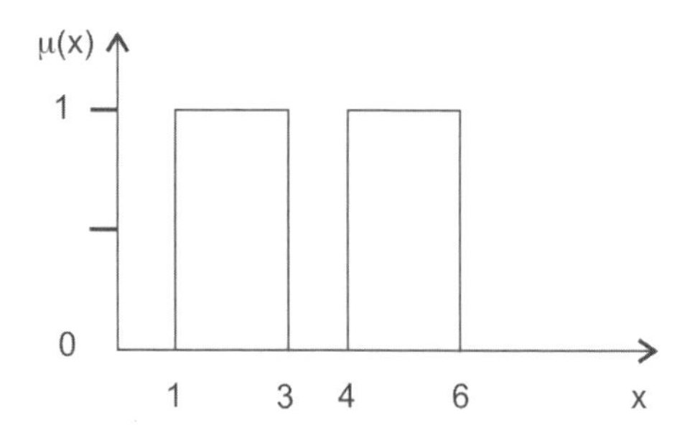

Bild 5-4
Mögliche ZGF

Bei der Anwendung der unscharfen Mengen versucht man jedoch im Allgemeinen, mit möglichst einfachen ZGF wie den Dreiecks- oder Trapez-Funktionen auszukommen.

Dass eine Definition unscharfer Mengen, wie sie oben angegeben ist, insbesondere auch im sozialen Bereich sinnvoll sein kann, kann man sich an weiteren Beispielen aus unserem Alltagsdenken klar machen:

Stellen Sie sich eine Gruppe von Menschen vor, die ihre Interaktionen danach realisieren, welche Gefühle sie füreinander haben. Nun ist es gewöhnlich nicht so, dass man einen anderen Menschen entweder vollständig sympathisch oder vollständig unsympathisch findet. Normalerweise mag man den einen Menschen „etwas mehr“, den anderen „etwas weniger“, einen dritten „noch etwas weniger“ etc.

In der empirischen Sozialforschung trägt man diesem Umstand Rechnung durch Skalierungen, d. h. Konstruktion einer „Sympathieskala“ in beliebiger Differenziertheit, auf die man den Sympathiewert, den ein Mensch für einen anderen Menschen hat, einträgt.

Mengentheoretisch entspricht dies genau dem Konzept der unscharfen Mengen: Gegeben sei als Grundmenge G die Menge aller mir bekannten Menschen und als Teilmenge A die Menge aller (mir) sympathischen Menschen. Dann gilt für jeden Bekannten x, dass

$$0 \leq \mu_A(x) \leq 1, \tag{5.5}$$

d. h. jeder Bekannte ist „mehr oder weniger“ sympathisch bzw. unsympathisch. Für die jeweiligen Lebensgefährten(innen) lgf gilt nebenbei bemerkt hoffentlich (!) $\mu_A(lgf) = 1$; für die – hoffentlich nur wenigen – Feinde f gilt entsprechend $\mu_A(f) = 0$.

Die klassischen mengentheoretischen Operatoren bestehen bekanntlich darin, aus einer oder mehreren (scharfen) Mengen neue (scharfe) Mengen zu erzeugen. So ist z. B. der Durchschnitt zweier Mengen M und N – $M \cap N$ – definiert als die Menge, die aus genau den Elementen besteht, die M und N gemeinsam haben. Deswegen spricht man in der Mathematik auch von einer „Algebra“ der Mengen; in der aus der Schule bekannten Algebra geht es z. B. darum, durch Operationen wie die Addition, Subtraktion oder Multiplikation aus zwei Zahlen eine neue zu erzeugen. Entsprechend geht es bei Operatoren der unscharfen Mengen darum, aus vorgegebenen unscharfen Mengen neue unscharfe Mengen zu erzeugen und die Unschärfe der neuen Mengen zu bestimmen. Dies bedeutet, dass man aus den vorgegebenen Zugehörigkeitsfunktionen ZGF_i der Ausgangsmengen die ZGF-Werte für die Elemente der neuen Menge berechnet.

Die auch in diesem Zusammenhang wichtigsten Operatoren sind die der Vereinigung, der Durchschnittsbildung, der Komplementbildung und die Bildung des cartesischen Produkts.

Für die Kombination dieser Operatoren gelten bekannte (für Mengentheoretiker) Gesetze, nämlich Kommutativität sowie Assoziativität von Durchschnitt und Vereinigung, die beiden Distributivgesetze für die Kombination von Durchschnitt und Vereinigung und die De-Morganschen-Regeln der Komplementbildung von Vereinigung und Durchschnitt.

Unscharfe Mengen erlauben die Anwendung dieser – und anderer – Operatoren, wobei es natürlich immer darum geht, aus der Unschärfe der Ausgangsmengen nach bestimmten Berechnungsregeln die Unschärfe der Ergebnismenge(n) zu bestimmen.

Für unscharfe Mengen erhalten wir die folgenden Definitionen:

A und **B** seien unscharfe normalisierte Mengen auf ein und derselben Grundmenge G mit μ_A und μ_B als ZGF.

Dann gilt für die Vereinigungsmenge

$$\mathbf{A} \cup \mathbf{B} = \{(x, \mu_{A \cup B}(x)) \mid \mu_{A \cup B} > 0 \text{ für alle } x \in A \cup B\} \text{ und}$$

$$\mu_{A \cup B}(x) = \max(\mu_A(x), \mu_B(x)). \tag{5.6}$$

max (a,b) ist der größte Wert von a und b oder mehr Elementen; entsprechend ist min (a,b) der kleinste (siehe unten).

Der Operator sei wieder an einem Beispiel verdeutlicht: Bild 5-5 zeigt unscharfe Mengen **A** und **B**, die durch die Eigenschaften „ungefähr 27 Grad“ und „ungefähr 29 Grad“ beschrieben sind.

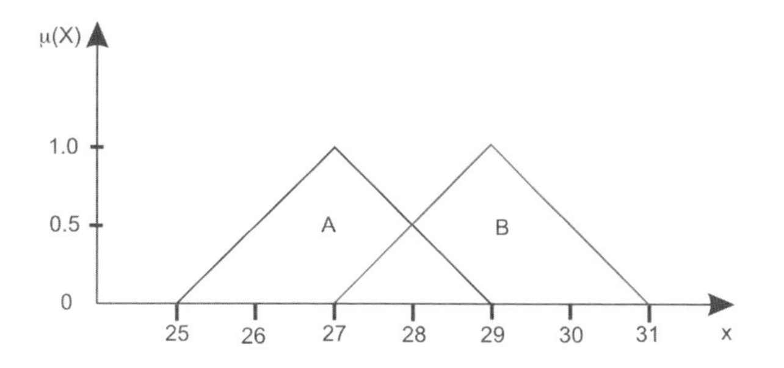

Bild 5-5
Unscharfe Mengen

A wurde oben definiert als

$$\mathbf{A} = \{(25;0),(25.5;0.25),(26;0.5),(26.5;0.75),(27;1),(27.5;0.75),(28;0.5),(28.5;0.25),(29;0\}.$$

Für **B** gilt entsprechend:

$$\mathbf{B} = \{(27;0),(27.5;0.25),(28;0.5),(28.5;0.75),(29;1),(29.5;0.75),(30;0.5),(30.5;0.25),(31;0)\}.$$

(Zur Abkürzung sind hier und im Folgenden die weiteren Elemente (29.5;0),(30;0) usw. mit $\mu = 0$ für **A** und entsprechend (26.5;0),(26;0) usw. für **B** weggelassen.)

Dann ist

$$\mathbf{A} \cup \mathbf{B} = \{(25.5;0.25),(26;0.5),(26.5;0.75),(27;1),(27.5;0.75),(28;0.5),(28.5;0.75),(29;1),(29.5;0.75),(30;0.5),(30.5;0.25)\}.$$

Die ersten 5 Elemente (in dieser Schreibweise) stammen von der Menge **A**, die letzten 5 von der Menge **B**, während das mittlere Element mit (28;0.5) identisch in beiden Mengen ist.

Wenn also bei einer Vereinigung von **A** und **B** Elemente mit gleichem x in beiden Mengen auftreten, dann wird ein derartiges Element nur einmal genommen und zwar mit dem größten μ -Wert.

Beachten Sie, dass bei dieser Definition nur Elemente $(x, \mu_{A\cup B}(x))$ mit $\mu_{A\cup B}(x) > 0$ zur Vereinigungsmenge gezählt werden.

Für den Fall scharfer Mengen A und B mit jeweiligen μ-Werten = 1 für alle Elemente von A oder B erhält man offensichtlich die klassische Definition, nämlich die Vereinigungsmenge von A und B als die Menge, die alle Elemente von A *und* von B enthält.

Da die Vereinigung von Mengen prädikatenlogisch dem „ODER" entspricht, kann die Menge **A** $\cup$ **B** in diesem Beispiel sprachlich als die unscharfe Menge aller Temperaturen, die ungefähr 27 oder ungefähr 29 Grad entsprechen, bezeichnet werden.

Entsprechend wird der Durchschnitt der Mengen **A** und **B**:

$$\mathbf{A} \cap \mathbf{B} = \{(x, \mu_{A\cap B}(x)) | \mu_{A\cap B}(x) > 0, \text{ für alle } x \in A \cap B\} \text{ und}$$

$$\mu_{A\cap B}(x) = \min(\mu_A(x), \mu_B(x)). \quad (5.7)$$

Für die obige Beispielsmengen **A** und **B** erhält man dann

$$\mathbf{A} \cap \mathbf{B} = \{(27.5;0.25),(28;0.5),(28.5;0.25)\}.$$

Da der Durchschnitt von Mengen prädikatenlogisch dem „UND“ entspricht, kann die Menge $\mathbf{A} \cap \mathbf{B}$ hier sprachlich als die unscharfe Menge aller Temperaturen, die ungefähr 27 und ungefähr 29 Grad entsprechen, bezeichnet werden.

Für den Fall, dass A und B scharfe Mengen sind, also die μ-Werte gleich 1 sind für alle jeweiligen Elemente der beiden Teilmengen, ergibt sich wieder die klassische Definition; der Durchschnitt von A und B ist also die Menge, die alle die Elemente enthält, die sowohl in A als auch in B enthalten sind.

Die Komplementmenge $\mathbf{A}^C$ zu einer Menge **A** ergibt sich ebenfalls sehr einfach:

$$\mathbf{A}^C = \{(x, \mu_{A^C} \mid \mu_{A^C} > 0 \text{ für x für alle } x \in \mathbf{A}^C)\} \text{ sowie}$$

$$\mu_{A^C}(x) = 1 - \mu_A(x), \tag{5.8}$$

was in dieser Definition natürlich nur für normalisierte Mengen Sinn macht.

Das Komplement entspricht der logischen Negation, da eine Komplementmenge A^C zu einer gegebenen Menge A definiert ist als die Menge, die alle die Elemente enthält, die *nicht* zu A gehören.

Um sich eine anschauliche Vorstellung der Komplementmenge zu machen, überlegen Sie sich anhand von Bild 5-2, wie die ZGF für die Komplementmenge „nicht Luxusauto“ aussieht.

Man kann sich an einfachen Beispielen rasch klar machen, dass und warum das Prinzip der „doppelten Komplementarität“, also $\mathbf{A}^{CC} = \mathbf{A}$, auch für unscharfe Mengen gelten muss. Etwas weniger evident ist die Gültigkeit der beiden Distributivgesetze sowie der De-Morganschen-Regeln.

Zur Erinnerung bzw. Verdeutlichung seien die beiden Distributivgesetze angeführt:

$$A \cup (B \cap C) = (A \cup B) \cap (A \cup C), \text{ sowie}$$

$$A \cap (B \cup C) = (A \cap B) \cup (A \cap C), \tag{5.9}$$

Wobei, wie bereits verwendet, $\cap$ die Durchschnittsbildung und $\cup$ die Vereinigung zweier Mengen bedeuten.

Die De-Morganschen-Regeln lauten (bei scharfen Mengen):

$$(A \cup B)^C = A^C \cap B^C, \text{ sowie}$$

$$(A \cap B)^C = A^C \cup B^C. \tag{5.10}$$

Hingewiesen werden soll zusätzlich darauf, dass im Fall der Komplementbildung auch eine generalisierte Definition der ZGF verwendet wird:

$$\mu_{A^C}(x) = (1 - \mu_A(x)) / (1 + \lambda\, \mu_A(x) \text{ und}$$

$$0 \leq \lambda \leq \infty, \tag{5.11}$$

wobei $\lambda = 0$ auf die oben definierte einfache Form führt.

Das cartesische Produkt $\mathbf{A} \times \mathbf{B}$ wird wie folgt berechnet:
Seien $(x, \mu_A(x)) \in \mathbf{A}$ und $(y, \mu_B(x)) \in \mathbf{B}$, **A** und **B** unscharfe Mengen.
Das cartesische Produkt ist wieder eine unscharfe Menge mit

$$\mathbf{A} \times \mathbf{B} = \{ (x, y), \mu_{\mathbf{A} \times \mathbf{B}}(x, y)\} \text{ und}$$

$$\mu_{\mathbf{A} \times \mathbf{B}}(x, y) = \min(\mu_{\mathbf{A}}(x), \mu_{\mathbf{B}}(y)). \tag{5.12}$$

Natürlich gelten alle diese Definitionen auch für Verknüpfungen von mehr als zwei Mengen und werden entsprechend angewandt.

Lassen Sie sich nicht dadurch verwirren, dass eine unscharfe Menge **A** selbst als cartesisches Produkt definiert wurde. Das cartesische Produkt zweier unscharfer Mengen ist demnach das cartesische Produkt zweier cartesischer Produkte.

Schließlich soll noch der Begriff der unscharfen Teilmenge einer unscharfen Menge definiert werden.

Wir sagen, dass **A** Teilmenge von **B** ist, wenn gilt:

$$\mu_A(x) \leq \mu_B(x) \text{ für alle } x \in G \tag{5.13}$$

der gemeinsamen Grundmenge von **A** und **B**.

Insbesondere ist damit die leere Menge ∅ Teilmenge jeder unscharfen Menge, da dann für alle $x \in G$ per definitionem gilt:

$$\mu_\varnothing(x) = 0, \tag{5.14}$$

so dass (5.13) offenbar immer erfüllt ist.

Es ist nun auch möglich, den Begriff der unscharfen Zahl zu bilden, was auf einen ersten Blick etwas paradox erscheinen mag. Man kann sich eine unscharfe Zahl vorstellen als eine „normale“ scharfe Zahl, sagen wir 23, mit einem bestimmten „Toleranzbereich“. Etwas genauer lautet die Definition:

Sei **N** eine unscharfe Teilmenge von **R**, der Menge der reellen Zahlen. **N** ist eine unscharfe Zahl, wenn mindestens ein $x = a$ existiert mit $\mu_N(a) = 1$ und wenn die ZGF $\mu_N(x)$ konvex ist, d. h. wenn für alle $x, y, z \in \mathbf{R}$ mit $x \leq z \leq y$ gilt:

$$\mu_N(z) \geq \min(\mu_N(x), \mu_N(y)). \tag{5.15}$$

Bild 5-6 Zulässige unscharfe Zahlen

Die Definition der unscharfen Zahl bedeutet anschaulich, dass deren ZGF nur *ein* Maximum besitzen darf und dass dieses den Wert $\mu_N(x) = 1$ an mindestens einem Punkt bzw. in einem nicht unterbrochenen Intervall erreichen muss; man sieht an den Beispielen in Bild 5-6, dass dieses Maximum durchaus in mehreren Punkten erreicht werden kann (streng genommen sogar in unendlich vielen).

Ist die ZGF z. B. dreiecksförmig und symmetrisch mit $\mu_N(a) = 1$ und $a - l = r - a$ (siehe oben), dann gilt:

$$\mu_N(x) = 0 \text{ für } x \leq l,$$

$$\mu_N(x) = 0 \text{ für } x \geq r \text{ und}$$

$$\mu_N(x) = 1 - |(a - x)| / (a - l). \tag{5.16}$$

Man kann mit unscharfen Zahlen prinzipiell ebenso rechnen wie mit den gewohnten scharfen Zahlen. Für die Addition zweier unscharfer Zahlen **N** und **M** gilt folgende Definition:

$$\mathbf{N} + \mathbf{M} = \{((z), \mu_{N+M}(z))\} \text{ mit } (x,y) \in N \times M \text{ und}$$

$$\mu_{N+M}(z) = \sup[\min(\mu_N(x), \mu_M(y))| \, x,y \in R \wedge x + y = z] \tag{5.17}$$

wobei natürlich auch **N** = **M** für die Addition zugelassen ist.

Entsprechend lässt sich eine „unscharfe" Multiplikation definieren:

$$\mathbf{N} * \mathbf{M} = \{((z), \mu_{N*M}(z))\} \text{ mit } (x,y) \in N \times M \text{ und}$$

$$\mu_{N*M}(z) = \sup[\min(\mu_N(x), \mu_M(y))| \, x,y \in R \wedge x * y = z] \tag{5.18}$$

sowie die Multiplikation einer unscharfen Zahl **N** mit einer scharfen Zahl c:

$$c * \mathbf{N} = \{(c * x), \mu_N(x)\} \text{ mit } (x, \mu_N(x)) \in \mathbf{N}. \tag{5.19}$$

Es gibt in der Informatik übrigens seit längerem ein Berechnungsverfahren, das dem des Rechnens mit unscharfen Zahlen sehr ähnlich ist, nämlich die so genannte Intervallarithmetik. Ähnlich wie unscharfe Zahlen durch Mengen (und die ZGF natürlich) und damit durch Abschnitte auf der Zahlengraden definiert sind, geht es in der Intervallarithmetik vereinfacht gesagt darum, Intervalle von Werten so zu bestimmen, dass bei Unkenntnis der exakten Werte zumindest ausgesagt werden kann, in welchem Intervall der exakte Wert liegen muss. Die Werte aus einem solchen Intervall liegen dann hinreichend nahe am exakten Wert, so dass ein beliebiger Wert aus dem Intervall genommen werden kann. Auch die Berechnungsverfahren für die Intervalle sind dem der Berechnung unscharfer Zahlen sehr ähnlich. Die Intervallarithmetik spielt insbesondere bei Bestimmungen von Fehlertoleranzen eine wesentliche Rolle.

Der Begriff der unscharfen Zahl wird bei praktischen Anwendungen vor allem dann wichtig, wenn die ZGF selbst unscharf ist. Man spricht dann von einer Ultrafuzzy-Menge. Gemeint ist damit, dass die ZGF einer unscharfen Menge **A** keine scharfen, d. h. eindeutigen, Werte für die $\mu_A(x)$, $x \in G$ liefert, sondern nur unscharfe Zahlen, d. h. Intervalle.

Dies kann z. B. dann auftreten, wenn es darum geht, bestimmte Personen einer Gruppe mit Sympathiewerten zu belegen; dies Beispiel haben wir schon gebracht. Aus der Sicht einer einzigen Person ist es natürlich möglich, jede andere Person mit scharfen Werten der persönlichen „Sympathiezugehörigkeitsfunktion" zu besetzen.

Anders ist es jedoch, wenn es um die Meinungen verschiedener Personen über andere Personen geht. Man kann dies auch als Bildung einer Ultrafuzzy-Menge auffassen in dem Sinne, dass jeder beurteilten Person eine unscharfe Menge als „Sympathieintervall" zugeordnet wird. Graphisch lässt sich dies als übereinander gelagerte Kurven der ZGF_i der verschiedenen beurteilenden Personen verstehen; rechnerisch ließe sich dann beispielsweise der Gesamtsympathiewert einer einzelnen beurteilten Person als der arithmetische Mittelwert der unscharfen Einzelsympathiewerte bestimmen. Wir überlassen es Ihnen, sich zu überlegen, wie man den (unscharfen!) Mittelwert zweier unscharfer Zahlen wohl bestimmen kann und zwar anhand der obigen Definition der Addition und der Multiplikation mit einer reellen Zahl.

Wir können also mengentheoretisch – und damit natürlich auch logisch – zwischen drei möglichen Fällen unterscheiden:

- Scharfe Mengen bzw. zweiwertige Aussagen mit Ja oder Nein.
- Unscharfe Mengen mit scharfen ZGF, d. h. $\mu(x)$ ist immer eine scharfe Zahl, im Allgemeinen eine Zahl $0 \leq \mu(x) \leq 1$.
- Ultrafuzzy-Mengen bzw. Kombinationen von unscharfen Aussagen mit unscharfen ZGF; die μ-Werte eines Elements bilden eine unscharfe Zahl.

Die bisher gebrachten Definitionen sind sozusagen die Standardversion der Theorie unscharfer Mengen, mit denen man im Allgemeinen auch ganz gut auskommt. Da, wie eingangs bemerkt, die Fuzzy-Mengenlehre früh insbesondere von Ingenieuren verwendet wurde, kam man rasch darauf, für einige der Operatoren andere Definitionen einzuführen, die sich aus pragmatischen Gründen zuweilen anbieten. Bevor wir diese Erweiterungen kurz darstellen, die insbesondere bei den unscharfen Inferenzregeln und der Defuzzyfizierung von Werten interessant werden, wollen wir auf eine mögliche Konfusion aufmerksam machen, die sich in Bezug auf die Begriffe „Unschärfe" und „Wahrscheinlichkeit" ergeben kann.

5.2 Ein Begriffsexkurs: Wahrscheinlichkeit und Unschärfe

Im alltäglichen Sprachgebrauch ist es gewöhnlich nicht erforderlich, sich Gedanken über die Unterschiede zwischen Begriffen wie „Unschärfe" oder, wie es zuweilen auch heißt: „Vagheit", und dem Konzept der Wahrscheinlichkeit zu machen. Das Eintreten eines Ereignisses, das wir nur mit einer niedrigen Wahrscheinlichkeit prognostizieren können, ist für uns sicher hochgradig vage bzw. unscharf hinsichtlich seiner Möglichkeiten; entsprechend versteht uns jeder normale Zuhörer, wenn wir die Unschärfe in Bezug auf die Sympathie einem Dritten gegenüber beschreiben mit „wahrscheinlich mag ich ihn nicht".

Die genaue Betrachtung der obigen Definitionen vermitteln dagegen das Bild, dass man hier sehr wohl Unterscheidungen treffen muss, obwohl praktisch „Wahrscheinlichkeit" und „Unschärfe" auch zusammenhängen.

„Wahrscheinlichkeit" bezieht sich immer auf eine Prognose eines Ereignisses unter vielen möglichen anderen in der Zeit oder im Raum, über das nur probabilistische Informationen vorliegen.

Die Lottokombination meines Freundes ist nur eine unter ca. 14 Millionen anderen und wird daher bei der nächsten Ziehung nur mit entsprechend geringer Wahrscheinlichkeit 6 Richtige ergeben.

Wenn der Physiker eine Messung macht, die mit Messfehlern behaftet sein kann, so wird sein Messwert nur mit einer gewissen Wahrscheinlichkeit genau richtig sein. Die Quantentheorie lehrt uns sogar, dass der Aufenthaltsort eines hinreichend kleinen Teilchens nicht exakt, sondern immer nur mit einer gewissen Wahrscheinlichkeit bestimmt ist.

Wahrscheinlichkeit bezieht sich demnach auf den Grad an Sicherheit, mit der wir sagen können, wann oder wo ein bestimmtes Ereignis eintreten wird oder eingetreten ist – in dem Sinne handeln Wahrscheinlichkeitsaussagen immer von der Zeit oder vom Raum. Dabei ist die Menge der möglichen Ereignisse, also z. B. die Menge der möglichen Kombinationen beim Lotto, gewöhnlich exakt bestimmt.

„Unschärfe" dagegen, wie sie oben definiert wurde bezieht sich auf Eigenschaften der Phänomene selbst bzw. unserer Wahrnehmung. Der Preis eines Autos „ist" unscharf hinsichtlich der

Kategorie „teures Auto“, da für Normalverdiener vermutlich sowohl der Porsche Boxter als auch der ca. sechsmal teurere Maybach von Daimler in diese Kategorie fallen. In dem Sinne bilden die „teuren Waren“ eine unscharfe Menge.

Die Unterschiede zwischen Wahrscheinlichkeit und Unschärfe sind jedoch nicht nur erkenntnistheoretische Spitzfindigkeiten, sondern sie sind auch für die Praxis bedeutsam und haben eine mathematische Basis.

Wie schon bemerkt, haben Wahrscheinlichkeiten etwas mit exakt definierbaren Mengen von möglichen Ereignissen zu tun. Mathematisch sind Wahrscheinlichkeiten für das Eintreten eines einzelnen Ereignisses E Abbildungen von einer Menge von Teilmengen – nämlich Teilmengen der Menge aller möglichen für das infrage stehende Problem relevanten Ereignisse E_i – in das Intervall [0,1] der reellen Zahlen:

$$p(E_i) : (E_i) \rightarrow [0,1] \tag{5.20}$$

Die Abbildung wird als Wahrscheinlichkeit bezeichnet, wenn überdies gewisse Axiome gelten, z. B. dass die Summe aller Wahrscheinlichkeiten der Teilmengen gleich 1, also gleich der Gewissheit, sein soll.

So ist jede Kombination von 6 Gewinnzahlen im Lotto eine Teilmenge der Menge aller Sechser-Kombinationen 49 Lottozahlen (ca. 13 Millionen), und jeder dieser Teilmengen ist eine geringe und gleiche Wahrscheinlichkeit des Eintretens zugeordnet. Die Summe aller dieser Wahrscheinlichkeiten ist 1, denn mit Gewissheit werden ja 6 Zahlen gezogen.

Unscharfe Mengen bzw. Zahlen beruhen hingegen auf einer Abbildung von Elementen einer Grundmenge – dies ist häufig eine Teilmenge der reellen Zahlen – auf das genannte Intervall:

$$\mu(x) : x \in G \rightarrow [0,1] \tag{5.21}$$

Diese Tatsachen haben natürlich Konsequenzen für die Aussagen, die jeweils die Wahrscheinlichkeitstheorie und die Fuzzy-Mengen-Theorie machen können. Dies können wir hier nur an einem kleinen Beispiel verdeutlichen:

Bild 5-7 zeigt zwei unscharfe Zahlen (zur Vereinfachung als „Rechteckzahlen“). Falls man dieselben Graphen als Wahrscheinlichkeiten interpretiert, haben wir es mit zwei Gleichverteilungen von Zahlen zu tun; diese können z. B. mit zwei Zufallsgeneratoren erzeugt werden, die gleich verteilt die Zahlen 1, 2, 3 oder 4, 5, 6 auswählen.

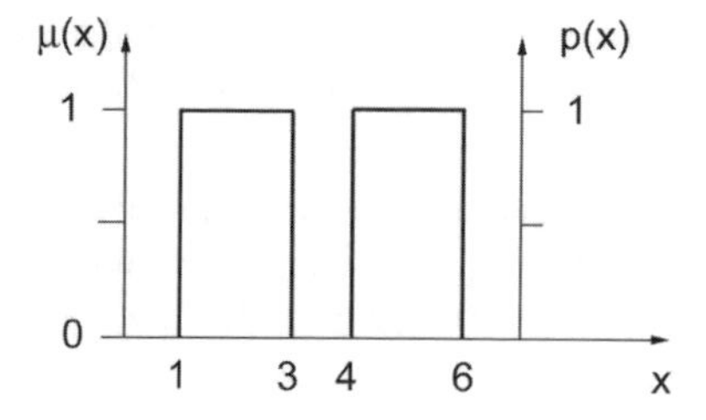

Bild 5-7
Zwei unscharfe Zahlen bzw. Gleichverteilungen

Wenn die beiden unscharfen Zahlen nach der oben eingeführten Definition addiert werden, so ergibt sich die unscharfe Zahl in Bild 5-8:

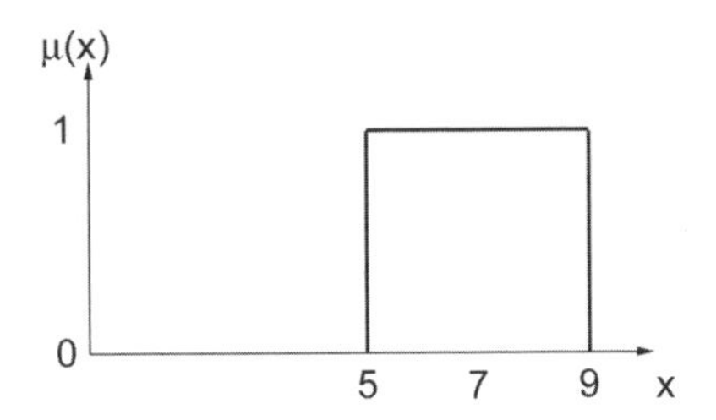

Bild 5-8
Summe der obigen unscharfen Zahlen

Ein völlig anderes Bild wird erhalten, wenn wir die Wahrscheinlichkeiten der möglichen Ergebnisse bei der Addition der beiden Gleichverteilungen betrachten:

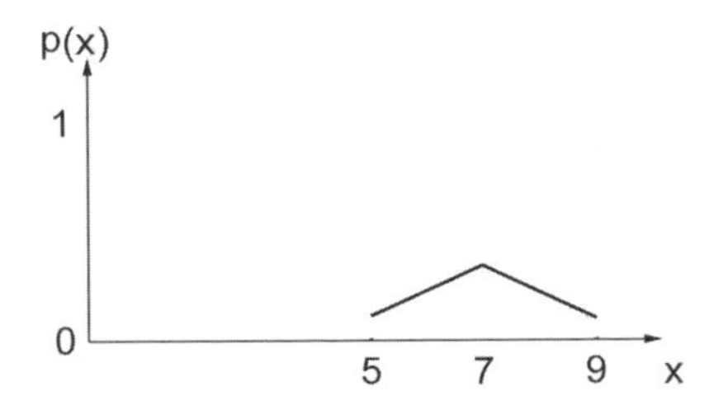

Bild 5-9
Wahrscheinlichkeiten der Summen

Unter den 9 möglichen Kombination zweier der gleichverteilten Zahlen zu einer Summe sind die zur Summe 7 (1+6, 2+5, 3+4) die häufigsten und wahrscheinlichsten mit p = 3/9.

Mit diesem Beispiel können die kategorialen Unterschiede zwischen Wahrscheinlichkeitstheorie und Fuzzy-Theorie nur angedeutet werden. Was sich ebenfalls daran andeutet, ist, dass die Wahrscheinlichkeitstheorie zu präziseren Aussagen fähig ist als die Fuzzy-Theorie, aber dass sie auch präzisere Ausgangsdaten verlangt.

Gleichwohl hängen beide Theorien auf andere Weise zusammen, und zwar alles andere als nur theoretisch: So sehr es zutrifft, dass weite Bereiche unseres Denkens, unserer Bewertung von Objekten und unserer Wahrnehmung eher durch unscharfe Kategorisierungen geprägt sind, so sehr gilt auch, dass irgendwann auf der Basis unser unscharfen Einschätzungen eine Prognose für das Eintreten eines bestimmten Ereignisses erwartet wird oder dass eine bestimmte Handlung erfolgen muss.

Die Unschärfe einer Menge, mit der man ein bestimmtes Objekt kategorisieren kann, hat per se keine prognostische Qualität; sie sagt allein beispielsweise noch nicht, welches Auto ein bestimmter Normalverdiener kaufen wird.

Zweifellos wird sich ein Normalverdiener in seinem Kaufverhalten wahrscheinlich davon leiten lassen, welchen μ-Wert er einem bestimmten Auto in Bezug auf „teuer“ zuordnet. Je höher der μ-Wert, desto unwahrscheinlicher der Kauf, wenn man von anderen Faktoren absieht, und umgekehrt für die Einordnung von Autos in die Kategorie „preiswert“.

Entsprechend wird sich ein Angehöriger a einer Gruppe wahrscheinlich einem anderen Gruppenmitglied b gegenüber freundlich – noch ein unscharfer Begriff – verhalten, wenn der ZGF-Wert $\mu_{sym}(b)$ nahe 1 liegt.

Mit anderen Worten.: Wenn in Bezug auf ein Objekt oder ein System wie Autos oder Bekannte ein bestimmter ZGF-Wert, auf welche Kategorie bezogen auch immer, ausgesagt werden kann, dann lässt sich häufig, wenn natürlich auch nicht immer, eine entsprechende Wahrscheinlichkeit dafür angeben, dass bestimmte Ereignisse eintreten oder auch nicht.

Im Handlungs- und Entscheidungsbereich erfolgt schließlich notwendig eine Rückkehr von unscharfen Zuordnungen zur scharfen binären Logik des Entweder-Oder: Ein Auto wird gekauft oder nicht, eine unsympathische Person wird höflich behandelt oder nicht. Welches dieser beiden Ereignisse eintritt, kann a priori nur mit einer gewissen Wahrscheinlichkeit angegeben werden und darüber sagt dann die Zuordnung zu der entsprechenden unscharfen Menge etwas aus.

Dies Problem übrigens, dass in der Handlungspraxis bei Menschen und technischen Systemen doch wieder eine binäre Logik operiert, wird von Fuzzy-Experten unter dem Stichwort der Defuzzyfizierung (siehe unten) behandelt. Es geht dabei offensichtlich um die Transformation von der Fuzzy-Logik bzw. Fuzzy-Mengenlehre zu scharfen Werten, wobei es einige etablierte Techniken gibt. Das jedoch soll in diesem allgemeinen Begriffsexkurs nicht weiter dargestellt werden.

5.3 Variationen der Operatoren und unscharfe Logik

Bei den bisher vorgestellten Definitionen der Operatoren für unscharfe Mengen handelt es sich, wie wir hervorgehoben haben, um Erweiterungen der bekannten Operatoren für scharfe Mengen. Wie bei den meisten Erweiterungen formaler Konzepte ist es prinzipiell fast immer möglich, auch etwas andere Erweiterungen vorzunehmen; welche man letztlich verwendet, hängt von den konkreten Problemen ab.

Dies gilt nebenbei gesagt auch für die in 5.2 definierten arithmetischen Operationen mit unscharfen Zahlen.

Die mengentheoretischen Operatoren kann man auch anders aber logisch äquivalent verstehen als die Definitionen für unscharfe Logikoperatoren, also die unscharfe Vereinigung als das logische unscharfe ODER, die Durchschnittsbildung als das unscharfe UND und die Komplementbildung als unscharfe Negation. Logische Operatoren kombinieren neue Aussagen aus vorgegebenen Aussagen. Dann lassen sich auch andere Bestimmungen für die Unschärfe von Aussagen definieren, die aus unscharfen Aussagen zusammengesetzt werden, als die bereits eingeführten Definitionen.

Dies kann vor allem dann interessant sein, wenn man die Prinzipien einer unscharfen Logik auf die Konstruktion von Expertensystemen anwendet und mit den unscharfen Logikoperatoren IF-THEN-Regeln konstruiert. Das wird in den nächsten Abschnitten behandelt.

Da es im praktischen Handeln und Denken häufig unterschiedliche Formen gibt, unscharfe Aussagen und Erkenntnisse miteinander zu verknüpfen, bietet es sich an, alternative Definitionen zu den oben definierten so genannten Standardoperatoren (unten als (a) aufgeführt) zur Verfügung zu haben. Das bedeutet mathematisch gesehen natürlich, dass die Erweiterung der klassischen, „scharfen" Logik zur unscharfen Logik nicht eindeutig ist.

Eine mögliche Erweiterung der Komplementbildung, also der logischen Negation, ist mit der Hinzufügung des λ-Wertes bei der Komplementbildung bereits in (5.11.) dargestellt worden.

Die Durchschnittsbildung bzw. das logische UND ist bisher definiert worden mit der Berechnung des μ-Wertes als

(a) Minimum:

$$\mu_{A \cap B}(x) = \min(\mu_A(x), \mu_B(x)). \tag{5.22}$$

Eine zweite Möglichkeit ergibt sich folgendermaßen:

(b) Algebraisches Produkt:

$$\mu_{A \cap B}(x) = \mu_A(x) * \mu_B(x). \tag{5.23}$$

Schließlich kann man noch das so genannte beschränkte Produkt verwenden, das etwas missdeutbar so heißt:

(c) Beschränktes Produkt:

$$\mu_{A \cap B}(x) = \max(0, (\mu_A(x) + \mu_B(x) - 1)). \tag{5.24}$$

In der Praxis werden meistens die Definitionen (a) und (b) verwendet.

Das logische ODER bzw. die Vereinigung unscharfer Mengen hatten wir definiert als

(a) Maximum:

$$\mu_{A \cup B}(x) = \max(\mu_A(x), \mu_B(x)). \tag{5.25}$$

Alternative Möglichkeiten sind

(b) Algebraische Summe:

$$\mu_{A \cup B}(x) = \mu_A(x) + \mu_B(x) - \mu_A(x) * \mu_B(x). \tag{5.26}$$

Schließlich kann man auch mit der so genannten beschränkten Summe arbeiten.

(c) Beschränkte Summe:

$$\mu_{A \cup B}(x) = \min(1, (\mu_A(x) + \mu_B(x)). \tag{5.27}$$

Die Begriffe „algebraische Summe“ bzw. „Produkt“ etc. beschreiben also unterschiedliche Möglichkeiten, die Unschärfewerte der Ergebnisse von Mengenoperationen bzw. logischen Kombinationen von Aussagen zu berechnen; im Gegensatz zu den üblichen Verwendungen von „Summe“ oder „Produkt“ handelt es sich also nicht um die algebraischen Operationen. Eine Bestimmung von unscharfen logischen Schlussfolgerungen finden Sie unten.

Eine unscharfe bzw. Fuzzy-Logik ist demnach insbesondere dadurch charakterisiert, dass es nicht genau zwei Werte („wahr“ und „falsch“) gibt, sondern im Prinzip beliebig viele. Natürlich ist es in der Praxis fast immer ausreichend, nur eine kleine Menge an Werten zur Verfügung zu haben. Es sei hier nur generell darauf hingewiesen, dass Logikerweiterungen praktisch immer darauf hinauslaufen, die Anzahl der möglichen Wahrheitswerte für die Aussagen und deren Kombinationen zu erhöhen.

In diesem Zusammenhang muss auch noch auf Folgendes verwiesen werden: Bei Erweiterungen eingeführter mathematische Begriffe achtet man normalerweise darauf, dass die erweiterten Begriffe den gleichen Gesetzmäßigkeiten unterliegen wie die ursprünglichen engeren. Wir haben z. B. gesehen, bzw. Sie sollten sich selbst überlegen, dass die Gesetze der klassischen Mengenoperationen auch gelten, wenn man die beiden Definitionen (a) für Durchschnitt und Vereinigung verwendet, also insbesondere die Distributivgesetze und die De-Morganschen-Regeln.

Entsprechend kann man leicht zeigen, dass die Gesetze der „scharfen“ Arithmetik für die Definitionen der unscharfen Zahl und der entsprechenden Rechenoperationen gelten. Ob dies auch für die zusätzlichen Definitionen bei Durchschnitt und Vereinigung gilt, ist von vornherein nicht ausgemacht, sondern muss – falls sie gelten – in jedem Fall speziell bewiesen werden. Tatsächlich gelten einige der bekannten Gesetze der scharfen Mengenlehre bei den alternativen Definitionen so nicht, was wir hier nicht im Detail vorführen wollen.

Wir haben übrigens bei der Definition der neuen Operatoren auf die Unterscheidung zwischen mengentheoretischen und logischen Operatoren verzichtet, da ihre Definition ein und dieselbe ist. Natürlich heißt das nicht, dass wir damit erklären wollen, dass Logik und Mengenlehre identisch sind.

Mathematisch gesehen führt die Tatsache, dass bei manchen Erweiterungen, d. h. unterschiedlichen Möglichkeiten der Berechnung der jeweiligen μ-Werte bestimmte mengentheoretische Gesetze gelten, aber manche nicht, zu unterschiedlichen Fuzzy-Mengentheorien und Fuzzy-Logiken. Man muss deshalb immer genau angeben, mit welchen Versionen aus welchen Gründen man jeweils arbeitet; das jedoch ist in der Wissenschaft ohnehin eine Selbstverständlichkeit.

Es sei noch eine kleine Zusatzbemerkung für mathematisch Interessierte gegeben:

Die Definitionen des Rechnens mit unscharfen Zahlen zeigen, dass wir mit diesen Überlegungen in einen wohl bekannten und traditionsreichen Zweig der Mathematik zurückkehren, nämlich dem der algebraischen Topologie. Das Rechnen mit unscharfen Zahlen ist nämlich eigentlich das Rechnen mit ihren „Umgebungen", d. h. den Unschärfeintervallen. Dies ergibt eine Kombination von algebraischen und topologischen Strukturen. So ist es z. B. leicht möglich, einen unscharfen Morphismus zu bestimmen, d. h. eine Abbildung, die Unschärfen von der Urmenge gewissermaßen in die Bildmenge transportiert, indem topologische Relationen innerhalb von Unschärfeintervallen erhalten bleiben. Beispielsweise kann man die Definition der unscharfen Addition als eine derartige Abbildung verstehen. In dem Sinne lassen sich unscharfe Morphismen als ein Spezialfall von Homoeomorphismen auffassen, die in der allgemeinen Topologie verwendet werden. Außerdem kann man einen Morphismus, der die Relationen zwischen den Unschärfewerten von zwei unscharfen Mengen erhalten soll, weitgehend ähnlich definieren, wie Morphismen zwischen Verbänden oder anderen algebraischen Strukturen.

Weiter soll das allerdings nicht ausgeführt werden, da wir damit aus dem Bereich des Soft Computing herauskommen und uns mit strukturtheoretischer Mathematik beschäftigen müssten. Aus diesem Hinweis sollten Sie auch „nur" lernen, dass unscharfe Mathematik eigentlich nichts Geheimnisvolles ist, sondern dass man dabei nicht selten auf – für mathematische Kenner – gute alte Bekannte stoßen kann.[1]

5.4 Unscharfe Relationen

Bei unserem Ausflug in die Welt des Unscharfen sei zusätzlich kurz die Möglichkeit behandelt, mit unscharfen Relationen zu arbeiten. Dies ist besonders für die Konstruktion von Programmen relevant, die mit so genannten Inferenzregeln arbeiten, also Regeln, die logische Schlüsse ausführen (Inferenz lässt sich mit „Ableitung" im logischen Sinne übersetzen). Derartige Systeme sind insbesondere die so genannten Expertensysteme; wir werden dies unten an einem Beispiel erläutern.

Unscharfe Relationen sind gewissermaßen wieder nur Erweiterungen der klassischen logischen Pendants.

Aus der scharfen Relation x = y für reelle Zahlen wird dadurch beispielsweise die Relation „x ist ungefähr gleich y", was durch eine Zugehörigkeitsfunktion der Art

[1] Dies haben wir etwas ausführlicher in unserer erwähnten Einführung in die „Mathematisch-logischen Grundlagen der Informatik" behandelt.

$$\mu_R(x, y) = e^{-(x-y)2} \quad (5.28)$$

ausgedrückt werden kann.

Bei der Implikation, also der Inferenzregel „wenn, dann", kann diese Erweiterung zur „Fuzzy-Implikation" beispielsweise so aussehen:

[wenn X ein A, dann Y ein B] (x, y)

$$= \mathrm{Impl}(\mu_A(x), \mu_B(y))$$

$$= \min(1, 1 - (\mu_A(x) + \mu_B(y)). \quad (5.29)$$

Eine unscharfe Relation ist nichts anderes als eine Teilmenge eines cartesischen Produkts von unscharfen Mengen. Den Unterschied zwischen unscharfen und scharfen Relationen kann man sich deshalb leicht auch an einer Matrizen-Darstellung klar machen: Während scharfe Relationen durch binäre Matrizen repräsentiert werden, wie die bei Booleschen und neuronalen Netzen thematisierten Adjazenzmatrizen, sind die Matrixelemente bei unscharfen Relationen reelle Zahlen, nämlich μ-Werte; sie ähneln damit den Gewichtsmatrizen bei neuronalen Netzen. Diese Ähnlichkeit ist natürlich nicht zufällig, da die Gewichtswerte bei neuronalen Netzen beschreiben, ob eine Informationsübertragung „mehr oder weniger" stark – oder gar nicht – durchgeführt wird.

Nehmen wir wieder ein sehr einfaches Beispiel, die unscharfe Relation „ist Käufer von" zwischen der Menge B {Verkäuferin, Lehrerin, Manager}, die jeweils bestimmte μ-Werte in der unscharfen Menge „**Besserverdienende**" besitzen, und der Menge L {Twingo, Passat, A8} in der unscharfen Menge „**Luxusautos**". Die Relation könnte etwa durch diese Matrix-Darstellung ausgedrückt werden:

$$\begin{pmatrix} 0.9 & 0.1 & 0.1 \\ 0.5 & 0.5 & 0.0 \\ 0.0 & 0.1 & 0.9 \end{pmatrix}, \quad (5.30)$$

wobei die Elemente von B in den Zeilen, die von L in den Spalten eingetragen sind; die Werte in der Relations-Matrix stehen natürlich in bestimmten Beziehung zu den jeweiligen Zugehörigkeitswerten zu den Grundmengen. Hiermit werden wir uns aber nicht weiter befassen, da es nun um die Verkettung von Relationen gehen soll.

Bei prädikatenlogisch oder auch mengentheoretisch formulierten Inferenzregeln geht es stets darum, bestimmte Relationen zwischen den einzelnen Teilen eines logischen Schlusses herzustellen wie z. B. bei den Klassenbildungen in Syllogismen[2]; dabei handelt es sich dann um Relationen von Relationen, nämlich den Klassen. Wenn man nun nur unscharfe Relationen zur Verfügung hat, wie in vielen Wissensbereichen, müssen natürlich auch die μ-Werte für deren Kombination berechnet werden können.

Die wichtigste Technik dabei ist die so genannte Max/Min-Methode bzw. Max-min-Verkettung. Sie ist eine Anwendung der Verknüpfungsregel für unscharfe Relationen, die für scharfe Relationen üblicherweise so definiert ist, dass man mehrere Relationen in einer bestimmten Reihenfolge, nämlich von rechts nach links, nacheinander anwendet.

2 Wenn man einen klassischen Syllogismus als Beispiel nimmt wie etwa „Alle Hunde sind Säugetiere" und „alle Säugetiere sind Wirbeltiere" und daraus schließen kann „alle Hunde sind Wirbeltiere", dann beruht die Gültigkeit dieses Schlusses darauf, dass drei logische Klassen, nämlich „Hunde", „Säugetiere" sowie „Wirbeltiere" in bestimmten Beziehungen – Relationen – zueinander stehen.

Gegeben seien zwei Relationen R und S mit den jeweiligen Wertebereichen

$$R(x,y) \subseteq A \times B, \text{ und } S(y,z) \subseteq B \times C. \qquad (5.31)$$

Dann ist die Relation S·R(x,z), also die „verkettete" Relation S·R zwischen x und z, definiert durch

$$S(R(x,y),z). \qquad (5.32)$$

Angewandt wird dies Prinzip gewöhnlich bei Abbildungen, also eindeutigen Relationen; bei nicht eindeutigen Relationen macht dies Prinzip nicht immer praktisch Sinn. Bei unscharfen Relationen jedoch ist es immer möglich, eine Verknüpfung herzustellen, was wir hier für die max-min-Verkettung kurz vorführen wollen.

Eine max-min-Verkettung für die Relationen **R** und **S** ist definiert mit

$$\mu_{S \cdot R}(x,z) = \max[\min(\mu_R(x,y), \mu_S(y,z)) \text{ für alle } y \in B]. \qquad (5.33)$$

Die „Maximierung der Minima" ist im allgemeinen Fall deswegen erforderlich, weil Relationen, wie bemerkt, nicht eindeutig sein müssen und deshalb mehrere y-Werte eine gleiche Abbildung von x- Werten auf z-Werte ermöglichen können. IF-THEN-Regeln liefern ja im allgemeinen Fall keine mathematischen Abbildungen bzw. Funktionen, sondern logische Relationen; die max-min-Verkettung trägt diesem praktischen Vorzug aber mathematischen Nachteil von Regeln dieses Typs Rechnung.

Eine sehr ähnliche, ebenfalls häufig verwendete Berechnungsweise ist die so genannte Max-Prod-Verkettung, in der die Minimumbildung der max-min-Verkettung durch das algebraische Produkt ersetzt wird. Formal ergibt dies

$$\mu_{S \cdot R}(x,z) = \max[(\mu_R(x,y) * \mu_S(y,z)) \text{ für alle } y \in B]. \qquad (5.34)$$

Fuzzy-Methoden haben ihre praktische Wichtigkeit vor allem in den Bereichen von Experten- und Steuerungssystemen bewiesen. Eine der wichtigsten und frühesten Anwendungen im technischen Bereich ist unter dem Begriff „Fuzzy Control" bekannt, worauf wir eingangs bereits verwiesen hatten.

Wir skizzieren dies Verfahren kurz am Beispiel eines Raumthermostaten, der je nach herrschender Raumtemperatur und Tageszeit die Heizung angemessen regeln soll. Natürlich misst der Thermostat nicht Fuzzy-Werte, sondern eine präzise Temperatur und eine genaue Zeit. Die erste Stufe des Fuzzy-Control besteht also in einer Zuordnung von μ-Werten zu diesen scharfen Messwerten; diese Abbildung scharfer Werte auf das System der relevanten unscharfen Mengen, hier etwa zu den unscharfen Mengen **„kalt"** und **„Nacht"**, nennt man Fuzzyfizierung. Danach werden die Inferenzregeln angewendet; diese werden aus umgangssprachlichen Regeln, z. B. einer Regel wie „wenn der Raum wenig abgekühlt ist und es ist tiefe Nacht, dann wird kurz die Heizung angestellt" abgeleitet in Fuzzy-Regeln übersetzt. Die Anwendung der Regeln resultiert natürlich in Fuzzy-Werten, die durch ein mathematisch-präzises Verfahren, die Defuzzyfizierung, in scharfe Werte transformiert werden müssen. Die Heizung wird ja nicht durch die Angabe „kurz einschalten", sondern durch scharfe Werte z. B. für die Einschaltdauer oder Maximal-Temperatur gesteuert.

Anhand der Fuzzyfizierung von Expertensystemen und den so genannten Neuro-Fuzzy-Verfahren werden wir dies etwas systematischer behandeln.

5.5 Experten- und Produktionssysteme sowie Defuzzyfizierungen

Fuzzy-Methoden bieten wie eingangs erwähnt, zahlreiche Anwendungsmöglichkeiten, die vor allem in der Kombination mit anderen Basistechniken wirksam werden. Auf die Möglichkeit, Fuzzy-Zellularautomaten zu konstruieren und damit so etwas wie eine unscharfe Kombinatorik zu realisieren, werden wir am Ende dieses Kapitels durch das Beispiel eines Fuzzy-ZA noch zurückkommen; am Ende des vorigen Kapitels ist bereits auf die so genannten Neuro-Fuzzy-Methoden verwiesen worden, die sich aus einer Kombination von Fuzzy-Methoden und neuronalen Netzen ergeben (unter anderen Bothe 1998). Die bekannteste Verwendungsart, die den Fuzzy-Methoden auch in Technik und Wirtschaft zum Durchbruch verhalf, ist freilich die „Fuzzyfizierung" von so genannten Expertensystemen.

Expertensysteme sind ursprünglich ein Produkt der Forschungen über Künstliche Intelligenz (KI); sie repräsentieren den so genannten symbolischen KI-Ansatz, da es hier darum geht, menschliches Wissen und insbesondere das von Experten in symbolischer Form darzustellen, d. h., gewöhnlich als sprachliche Begriffe und einschlägige Kombinationsregeln. Neuronale Netze dagegen repräsentieren den so genannten subsymbolischen KI-Ansatz, da das Wissen hier meistens nicht symbolisch codiert wird (siehe oben). Expertensysteme sind gewöhnlich charakterisiert durch eine *Wissensbasis,* die üblicherweise aus zwei Teilen besteht, nämlich den *Fakten* und den *Regeln* (Herrmann 1997; Görtz 1993).

Fakten stellen das eigentliche Wissen dar und lassen sich einfach als eine Datenbank verstehen. Die Regeln dagegen repräsentieren die Art, in der ein Experte mit dem Wissen problemlösend umgeht. Expertensysteme werden demnach eingesetzt zur Unterstützung bei der Lösung spezifischer Probleme auf der Basis bestimmten Wissens. Das Problem bei der Konstruktion von Expertensystemen, wenn man spezielle menschliche Problemlösungsfähigkeiten mit ihnen modellieren will, besteht vor allem in der Konstruktion der Regeln: Menschliche Experten können zwar gewöhnlich gut angeben, über welches Wissen sie in Form von Fakten verfügen, aber sie können nur sehr bedingt erläutern, wie sie dies Wissen für Problemlösungen anwenden.

Eines der ersten und berühmtesten Expertensysteme ist das in den achtziger Jahren konstruierte medizinische Diagnosesystem MYCIN (vgl. auch das Diagnosebeispiel im vorigen Kapitel). Als Fakten waren in MYCIN implementiert a) Krankheitssymptome, b) bestimmte Krankheiten und c) mögliche Behandlungen. Die Regeln bestehen in der Kombination von Symptomen mit Krankheiten sowie Therapien. Eine Anfrage an MYCIN in Form einer Angabe von Symptomen liefert dann bestimmte Krankheiten als Ursachen – ggf. mit Wahrscheinlichkeitswerten versehen – sowie Vorschläge für Therapien. Am Ende des vorigen Kapitels haben wir gezeigt, dass man derartige Diagnosesysteme allerdings auch durch neuronale Netze konstruieren kann.

Die nahezu zahllosen Expertensysteme, die es mittlerweile vor allem in Wirtschaft und Technik gibt, operieren im Prinzip nach diesem Muster: Vorgelegt werden bestimmte Eingaben (= Fakten), die z. B. bei technischen Kontrollsystemen Temperatur- und Druckwerte sein können; die Regeln des Expertensystems, gewöhnlich als Inferenzregeln bezeichnet, verarbeiten die Eingaben und geben darauf Ausgaben z. B. in Form von Antworten auf Anfragen, Steuerungsbefehle bei Kontrollaufgaben u. Ä. m.

Die Bezeichnung „Expertensysteme" für diese Systeme ist nebenbei gesagt nicht sehr glücklich, da es sich bei derartigen Systemen nicht unbedingt um Wissens- und Problemlösungsmodellierungen menschlicher Experten handeln muss. Steuerungssysteme für einfache technische Anlagen wie z. B. Heizungsregler erfüllen dies Kriterium nur sehr bedingt. Logisch korrekter wäre es, von *wissens*- bzw. *regel*basierten Systemen zu sprechen oder noch allgemeiner von

Produktionssystemen, wobei die Inferenzregeln aufgefasst werden als Regeln zur Produktion bestimmter Ausgaben auf der Basis einschlägiger Eingaben. Da sich der Begriff der Expertensysteme jedoch auch im Bereich der Fuzzy-Logik durchgesetzt hat, werden auch wir ihn ohne weitere Kommentare verwenden.

Fuzzy-Expertensysteme bestehen nun, vereinfacht gesagt, darin, dass a) sowohl die im System implementierten Fakten als auch die Fakten als Eingaben fuzzyfiziert sind. Damit ist gemeint, dass jedem Fakt ein μ-Wert zugeordnet ist; diese Zuordnung erfolgt im System auf der Basis einer implementierten ZGF. Weiter werden b) die Inferenz- bzw. Produktionsregeln, deren logische Grundstruktur von den im System zu lösenden Problemen abhängig ist, ebenfalls fuzzyfiziert, d. h., dass sie Verfahren zur Berechnung der μ-Werte für die Ausgaben enthalten. Dies ist im vorigen Subkapitel anhand einiger gebräuchlicher Verfahren dargestellt worden. Schließlich müssen c) die Ausgaben „defuzzyfiziert“ werden, also in eindeutige „scharfe“ Werte rückübersetzt werden, um Entscheidungen treffen zu können und Handlungsanweisungen anzugeben.

Bei der Konstruktion von Fuzzy-Expertensystemen müssen demnach sowohl Fuzzyfizierung der Fakten bzw. Eingaben sowie der Inferenzregeln als auch Methoden der Defuzzyfizierung festgelegt werden.

Dies Verfahren kann an einem einfachen Beispiel erläutert werden. Man stelle sich ein Expertensystem zur Entscheidungshilfe bei Aktienkäufen bzw. -verkäufen vor, das sowohl die aktuelle Bewertung von Aktien als auch den Aktienbestand des Käufers berücksichtigen soll. Als Fakten liegen demnach im System vor der Bestand an Aktien zweier Firmen A und B; als Eingaben – „Eingangsvariable“ – fungieren die Börsennotierungen der Aktien. Aufgrund der Verkäufe bzw. Käufe variieren die Bestände, so dass das System im Verlauf verschiedener Aktientransaktionen die jeweilig aktuellen Bestände ebenfalls als Eingabevariable zu berücksichtigen hat. Die Werte dieser Variablen werden unscharfen Mengen zugeordnet wie „sehr niedrig“, „mittel niedrig“, „durchschnittlich“, „mittel hoch“ und „sehr hoch“ für die Börsenwerte der Aktien sowie entsprechend „sehr wenig“, „wenig“, „mittel“, „viel“ und „sehr viel“ für die Bestände. Die letzteren seien proportional definiert, d. h. ein hoher Bestand an Aktien A bedeutet relativ viel im Vergleich zum Bestand B. Ausgaben sollen Kauf- und Verkaufsempfehlungen sein unter Analyse der beiden Variablenmengen; die Empfehlungen sind selbst unscharfe Mengen, die entsprechend bezeichnet werden wie „viel kaufen“, „gar nichts unternehmen“, „wenig verkaufen“ etc.

Als Inferenzregeln werden dann – mehr oder weniger gut begründete – Kombinationen der beiden Variablenmengen und Empfehlungen für Transaktionen eingegeben. Derartige Regeln könnten beispielsweise lauten:

R_1: IF Wert Aktien A „mittel niedrig“ AND Bestand Aktien A „mittel“

THEN Kauf „mittel“ Aktien A;

also eine relative Beibehaltung der Bestandsproportionen in der Hoffnung auf einen Kursanstieg der Aktien A.

R_2: IF Wert Aktien B „sehr niedrig“ AND Bestand Aktien B „mittel“

THEN Kauf „viel“ Aktien B.

Offenbar ist diese Regel für nicht konservative Anleger empfehlenswert, auf Deutsch Zocker.

Bei derartigen Regeln muss darauf geachtet werden, dass die verschiedenen (sinnvollen) Kombinationen von Werten, Beständen und Empfehlungen in den Regeln enthalten sind. Natürlich können die Regeln auch Disjunktionen mit OR sein wie z. B.

R3: IF Wert Aktien A „hoch“ OR (Wert Aktien A mittel AND
Bestand Aktien A „sehr hoch“)
THEN Verkauf Aktien A „mittel“.

Diese Regel gilt für Vorsichtige, die ihre Bestände gerne streuen, also das Risiko diversifizieren.

Die Fuzzyfizierung der Eingangsvariablen, also die Definition der jeweiligen unscharfen Mengen in unscharfen Zahlenwerten, orientiert sich in diesem Fall an den Vermögensverhältnissen des Aktionärs. Das gleiche gilt für die Ausgaben des Systems und damit für die Defuzzyfizierung.

Bei lediglich zwei Firmen ist es sicher kaum erforderlich, ein spezielles Expertensystem zu konstruieren. Anders ist es jedoch, wenn man sich einerseits z. B. auf alle wichtigen Firmen einer oder mehrerer Branchen beziehen will, andererseits der Markt so schwankt, dass insbesondere die Variablen für die Aktienwerte sich ständig verändern und drittens man selbst nicht sehr viel Zeit mit den Abwägungen hinsichtlich der verschiedenen Aktien verbringen will und kann. Ein solide konstruiertes Fuzzy-System kann hier durchaus Entscheidungsentlastungen bringen; nicht zuletzt ist es, wenn man es erst einmal hat, bedeutend preiswerter als die Dienste eines Brokers.

Insbesondere kann ein derartiges System durch zusätzliche Algorithmen auch dazu gebracht werden, die Erfolge bzw. Misserfolge der Transaktionen dadurch mit zu berücksichtigen, dass die jeweilige Größe des einsetzbaren Kapitals in Abhängigkeit von der Erfolgsgeschichte zu veränderten Fuzzyfizierungen der Eingangs- und Ausgabevariablen führt. Damit kommt man in den Bereich lernender Systeme, was das Thema der beiden vorigen Kapitel war; es sei hier nur angemerkt, dass selbstverständlich auch Expertensysteme, ob fuzzyfiziert oder nicht, auch lernfähig gemacht werden können (Herrmann 1997). Das wohl immer noch berühmteste Beispiel für lernende Expertensysteme sind die „classifier systems“ von Holland (Holland et al. 1986), nämlich eine Kombination von regelbasierten Systemen und genetischen Algorithmen.

Die Fuzzyfizierung eines derartigen Expertensystems hat vor allem den offensichtlichen Vorteil, dass das System mit Toleranzen arbeitet und nicht auf kleine Kurs- und Bestandsschwankungen sofort reagieren muss. Es kann sozusagen in Ruhe etwas abwarten, wie sich kurzfristige Marktveränderungen entwickeln. Eben dieser „Toleranzvorteil“ von Fuzzy-Systemen wird auch in vielen technischen Bereichen genützt, bei denen allerdings die Fuzzyfizierung vor allem der Eingangsvariablen ein Problem für sich darstellt. Ein einfaches Fuzzy-System zur Steuerung von Ampelschaltungen stellen wir am Ende dieses Kapitels vor.[3]

Die Implementation von Kontroll- und Entscheidungsprozessen in Form von Expertensystemen, also IF-THEN-Regeln und logischen Operatoren, hat neben ihrer Einfachheit gegenüber klassischen mathematischen Darstellungen in Form von Gleichungen auch noch den Vorzug, dass die IF-THEN-Darstellungen sehr übersichtlich die Berücksichtigung aller möglichen Einzelfälle gestatten.

---

3 Aus den Wirtschaftsteilen der einschlägigen Zeitungen und Zeitschriften kann man seit einigen Jahren immer wieder erfahren, dass gerade die großen Anlagefonds längst mit Programmen arbeiten, die bereits auf kleinere Kursschwankungen mit Verkäufen bzw. Käufen reagieren und dadurch häufig genau die Markttendenzen verstärken, auf die die Programme reagieren. Für die Gesamtmärkte wäre es vermutlich besser, wenn hier Fuzzy-Systeme eingesetzt würden, die nicht sofort auf kleine Schwan-kungen reagieren. Dies jedoch scheint nach unseren Informationen leider nicht der Fall zu sein.

Ein Fuzzy-Control System z. B., das bei einer technischen Anlage sowohl Temperatur in Grad Celsius als auch den Druck in bar berücksichtigen soll, kann als Standardregel eine AND-Konjunktion haben: IF Temperatur „hoch" AND Druck „hoch" THEN Anlage herunterfahren. Ein menschlicher Operator wird die Anlage sicher schon herunterfahren, wenn zwar die Temperatur deutlich unter der kritischen Grenze liegt, der Druck jedoch bereits problematisch geworden ist. Ein scharfes AND wird dies bei einem normalen Expertensystem nicht bewirken. Eine entsprechend vorsichtige Fuzzyfizierung der Temperatur- und Druckwerte bzw. mögliche Modifizierungen des AND-Operators können dies sehr wohl.

Wir bemerkten oben, dass schon bei „scharfen" Expertensystemen gewöhnlich das Hauptproblem in der Definition der Inferenzregeln liegt. Das kleine Aktienbeispiel hat dies deutlich gemacht; insbesondere ist hier fraglich, wer denn wohl der Aktien„experte" ist – der Risikoanleger oder der Vorsichtige? Bei Fuzzy-Expertensystemen tritt noch das Problem der Regelunschärfe hinzu oder genauer das Problem, wie die Unschärfe der Eingangsvariablen auf die Ausgabevariablen abgebildet werden sollen. Allgemein gibt es dazu mehrere Standardverfahren, die wir oben erläutert haben (vgl. auch Bothe 1998; Traeger 1994).

Die IF-THEN-Regeln wie in dem kleinen Aktienbeispiel sind nichts anderes als Relationsbestimmungen zwischen den Variablen für die Werte der Aktien x, denen der Bestandswerte y und den Ausgabewerten z. Die genaue Berechnung der μ-Werte für die Ausgaben hängt jetzt von den jeweiligen logischen Operatoren ab, die in den Regeln verwendet werden, was hier nicht weiter dargestellt werden soll.

Schließlich muss noch das Problem der Defuzzyfizierungen angesprochen werden, die, wie mehrfach bemerkt, aus unscharfen Ergebnismengen eindeutige Anweisungen oder Empfehlungen herstellen sollen. Auch hier gibt es unterschiedliche Vorgehensweisen.

Wenn die Anweisungen und Empfehlungen lediglich binären Charakter haben sollen wie „Kaufen oder nicht", „Abschalten oder nicht", ist streng genommen *kein spezielles* Defuzzyfizierungsverfahren erforderlich, da es dann genügt, die jeweiligen Toleranzgrenzen, also die Grenzen der zulässigen μ-Intervalle festzulegen. Anders sieht das jedoch aus, wenn es detailliertere Anweisungen und Empfehlungen sein sollen wie z. B. „setze den Druck auf 0,3 bar" oder „kaufe 340 Aktien A".

Die mathematisch einfachste Methode, die hier zur Defuzzyfizierung angewandt werden kann, ist die so genannte „mean of maximum" Methode, bei der einfach der Mittelwert der Maxima der Ergebnismenge gebildet wird. Ist z. B. die Ergebnismenge in dem Aktienbeispiel ein Intervall zwischen 100 und 300 und liegen die μ-Maxima bei 40, 100 und 250, dann wäre nach dem Mean-of-Maximum-Verfahren die Empfehlung offensichtlich 130 – Kaufen oder Verkaufen.

Mathematisch aufwändiger ist die „Schwerpunktmethode" (center of gravity, center of area). Bei diesem Verfahren geht es darum, den Schwerpunkt der Ergebnismenge zu bestimmen, der dann das eindeutige Ergebnis ist. Derartige Schwerpunktberechnungen erfolgen nach mathematischen Standards und sind für integrierbare Funktionen nach den bekannten Formeln durchzuführen. Ob man diese oder noch andere Verfahren wählt, ist weitgehend eine Frage der praktischen Verwendungen der Expertensysteme (Traeger 1994).

Fuzzy-Methoden haben ihre praktische Wichtigkeit vor allem in den Bereichen der Experten- und Steuerungssysteme bewiesen. Gleichzeitig zeichnet sich immer mehr ein Trend ab, die Vorzüge neuronaler Netze – siehe Kapitel 4 – mit denen von Fuzzy-Methoden zu verbinden. Noch relativ wenig erforscht dagegen sind die Möglichkeiten, die sich für den Einsatz von Fuzzy-Methoden bei anderen Simulationsmodellen für komplexe Prozesse bieten. Auch mathematisch ist hier noch längst nicht alles geklärt, wie die Hinweise am Ende von 5.3 andeuteten. Auf jeden Fall dürfte diese wesentliche Technik des Soft Computing in wissenschaftlicher Theorie wie in der Praxis ihre Bedeutung noch steigern.

Neben der Fuzzyfizierung von Expertensystemen wird vor allem die erwähnte Fuzzyfizierung neuronaler Netze intensiv untersucht. Wegen der wachsenden Bedeutung dieses Bereichs sollen diese als *Neuro-Fuzzy-Methoden* bezeichnete Vorgehensweisen etwas näher dargestellt werden (Bothe 1998; Patterson 1995; Carpenter und Grossberg 2002).

Die häufigste Verwendung von Fuzzy-Methoden bei NN besteht darin, diese auf das Lernen bzw. Assoziieren von Mustern anzuwenden. Dies geschieht dadurch, dass ein Fuzzy-NN zuerst auf die dargestellte Weise(n) bestimmte Muster lernt und anschließend die verschiedenen gelernten Muster in einzelne Klassen einteilt. Wenn ein neues Muster präsentiert wird, kann das NN dies Muster als „mehr oder weniger" ähnlich in Bezug auf gelernte Klassen von Mustern einordnen. Die Fuzzyfizierung besteht demnach darin, dass sowohl die gelernten Muster als auch die neuen als unscharfe Mengen definiert werden, womit eine verfeinertere Einordnung neuer Muster möglich wird.

Eine Variante dieses Vorgehens lässt sich bei den sog. Heteroassoziierern anwenden. Diese NN lernen, zu einem Teilmuster ein anderes Teilmuster zu assoziieren. Bei einer Fuzzyfizierung der verschiedenen Teilmuster ist es dem heteroassoziierenden NN möglich, auch solche Teilmuster einem gelernten anderen Teilmuster zuzuordnen, das von den gelernten Teilmustern „mehr oder weniger" abweicht. Entsprechend kann man bei BAM (Bi-directional Associative Memory)-NN verfahren (Kosko 1988; vgl. auch Kapitel 6).

Eine zusätzliche Neuro-Fuzzy Methode besteht darin, die Lernrate – z. B. η – nicht als scharfe, sondern als unscharfe Zahl zu definieren (eine unscharfe Zahl ist selbst eine Menge), je nach Problem die Elemente dieser Menge auf die einzelnen Gewichtswerte zu verteilen und diese damit lokal unterschiedlich zu variieren. Häufig lässt sich das Konvergenzverhalten derartiger NN dadurch deutlich verbessern. Dies ist offenbar analog zu den Verwendungsmöglichkeiten von evolutionären Strategien (ES) bei Optimierungsproblemen: Diese haben ihren Vorzug auch darin, dass mit ihnen lokal verschiedene Variationen erfolgen können (siehe Kapitel 3).

Terminologisch wird zuweilen auch die Regelgenerierung für Fuzzy-Expertensysteme (siehe oben) unter Neuro-Fuzzy-Methoden aufgeführt (Patterson 1995). Hier geht es jedoch nicht um die Fuzzyfizierung von NN, sondern um deren „Zubringerdienste" für ein Fuzzy-System. Das Prinzip ist jedoch den üblichen Verfahren der Regelgenerierung durch NN völlig analog (vgl. dazu Klüver und Klüver 2011 a).

Bisher u. W. nicht untersucht, wurde eine weitere Fuzzyfizierungsmöglichkeit, nämlich die der externen Adjazenzmatrix. Diese ist, wie im Kapitel 4 dargestellt, binär codiert. Eine Fuzzyfizierung dieser Matrix bedeutet, dass jetzt ein künstliches Neuron „mehr oder weniger" zu einer Eingabeschicht, einer Ausgabeschicht oder einer Zwischenschicht gehört. Wahrscheinlich kann man das im vorigen Kapitel angesprochene Problem, jeweils die günstigste extern orientierte Topologie zu finden, mit einer Fuzzyfizierung ebenfalls erfolgreich bearbeiten lassen.

5.6 Darstellung und Analyse konkreter Modelle

Fuzzy-Methoden sind, wie bemerkt, gegenwärtig schon längst keine Seltenheit mehr, insbesondere in Verbindung mit Expertensystemen und zunehmend auch mit neuronalen Netzen. Verhältnismäßig selten jedoch sind bisher Kombinationen von Fuzzy-Methoden und Zellularautomaten bzw. Booleschen Netzen. Deswegen soll zur zusätzlichen Illustration der vielfältigen Verwendungsmöglichkeiten von Fuzzy-Methoden eine Fuzzy-Variante des bereits im 2. Kapitel dargestellten ZA OPINIO gezeigt werden. Anschließend wird ein Fuzzy-Expertensystem vorgeführt, das zur Steuerung von Ampelschaltungen an Autobahnzufahrten dient. Da Fuzzy-Expertensysteme nach wie vor die wichtigste Anwendung von Fuzzy-Methoden darstellen, wird abschließend noch skizziert, wie sich diese auf einen ganz anderen Bereich anwenden lassen, nämlich die Simulation von Expertenrunden gemäß der sog. Delphi-Methode.

5.6.1 Die Modellierung von Wahlverhalten mit einem Fuzzy-ZA

Zur Erinnerung: OPINIO ist ein stochastischer ZA, mit dem unter anderem die Meinungsbildung von Individuen in Abhängigkeit von ihrer jeweiligen (sozialen) Umgebung simuliert werden kann. Der Zustand einer Zelle repräsentiert in diesem vereinfachten Modell eine bestimmte Meinung, die man sich im Spektrum von „radikal links“ bis „radikal rechts“ platziert vorstellen kann. Aus den Zuständen der Umgebung wird ein Gesamtwert berechnet; dieser führt in Abhängigkeit vom vorherigen Zustand der Zentralzelle mit einer bestimmten Wahrscheinlichkeit dazu, dass sich der Zustand, d. h. die politische Meinung der Zentralzelle ändert.

Es ist jetzt verhältnismäßig einfach, eine Fuzzy-Variante zu OPINIO zu entwickeln, mit der sowohl bestimmte politische Meinungsbildungsprozesse als auch durch geeignete Defuzzyfizierungsregeln ein daraus resultierendes Wahlverhalten simulieren und im Endeffekt prognostizieren kann. Einschränkend muss jedoch bemerkt werden, dass das im Folgenden dargestellte Modell nicht empirisch an realen Umfragedaten validiert worden ist. Das ist gegenwärtig auf der Basis der üblicherweise veröffentlichten Daten auch nicht möglich, da keine Angaben über die sozialen Milieus der Befragten gemacht werden.

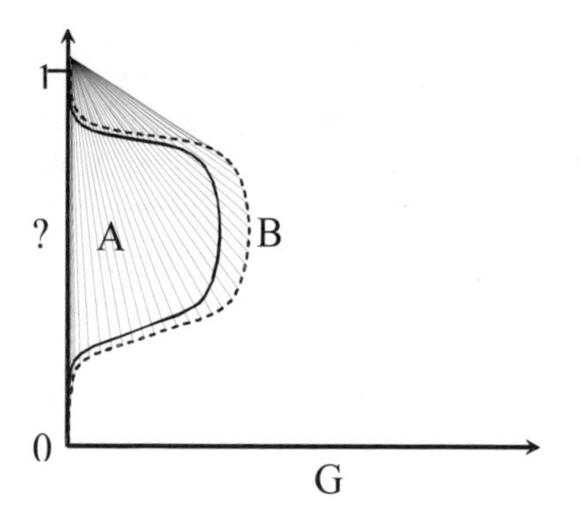

Bild 5-10
ZGF: um 270° gedrehte Glockenkurve.
B wird im Bezug auf die individuelle Bereitschaft geändert.

Die Basis für den ZA „Fuzzy-OPINIO“ ist eine deterministische Variante der geschilderten stochastischen Version, d. h. die Übergangsregeln werden mit der Wahrscheinlichkeit p = 1 festgesetzt. Der Zustand einer Zelle wird jetzt als unscharfe Menge definiert, die, wie in dieser Arbeit üblich, als normalisierte Menge definiert ist. Da der Zustand eine bestimmte Meinung repräsentiert, liegt es nahe, die Menge inhaltlich zu definieren als z. B. „sich mehr oder weniger politisch in der Mitte zu betrachten“. Da sowohl entsprechende Umfragen als auch das faktische Wahlverhalten der Bevölkerung demonstrieren, dass sich in der politischen Mitte – wie immer man sie auch inhaltlich genau charakterisiert – eine Häufung der Meinungen ergibt, bietet sich die entsprechende ZGF als Glockenkurve an mit $\mu_A = 1$ für rechtsradikale und niedrige μ_A-Werte für linksradikale politische Einstellungen. Grafisch lässt sich dies als um eine zu 270° gedrehte Glockenkurve darstellen, wobei G die Menge aller Individuen in der fraglichen Gesellschaft ist und **A** die unscharfe Submenge derjenigen Bürger mit einem bestimmten politischen Bewusstsein. $\mu_A = 0$ bedeutet, dass ein Individuum keine politische Meinung hat.

Der Anfangszustand der ZA-Zellen wird demnach durch einen bestimmten μ-Wert festgelegt, wobei bei der Initialisierung die Gaußverteilung für die gesamten Zellen zu berücksichtigen ist. Innerhalb dieser Beschränkung werden die Anfangszustände gleichverteilt zufällig generiert. Für die Fuzzyfizierung der Übergangsregeln, die in der zugrunde liegenden Basisversion deterministisch sind, wird eine zweite unscharfe Menge **B** konstruiert, die die Beeinflussbarkeit der einzelnen Individuen repräsentiert. Die entsprechende ZGF wird wieder als (jetzt normal gelegte) Glockenkurve definiert, da auch in dieser Hinsicht eine Normalverteilung innerhalb der Bevölkerung angenommen werden kann. Dabei bedeutet $\mu_B = 1$ eine extrem hohe Beeinflussbarkeit und entsprechend niedrige μ_B-Werte eine geringe. Hält ein Individuum unbeirrbar an seiner Meinung fest, dann ist $\mu_B = 0$, ungeachtet der Meinungsbildungen in seiner Umgebung. Obwohl anzunehmen ist, dass faktisch die Beeinflussbarkeit umgekehrt proportional mit der Radikalität der eigenen Meinung zusammenhängt – je radikaler, desto weniger beeinflussbar – werden bei „normalen" Simulationen, also Simulationen mit zufällig gegriffenen Anfangswerten, die Werte für die Beeinflussbarkeit ebenfalls innerhalb der Gaußschen Normalverteilung nach Zufall festgesetzt.

Die Übergangsregeln legen einfach fest, dass die arithmetischen Durchschnittswerte der Zustände der Umgebungszellen gebildet werden. Dieser Wert gibt dann die Richtung der Zustandsveränderung an. M.a.W.: Ist z. B. der aktuelle Zustand einer Zelle Z = 0.5 und der Mittelwert liegt bei 0.8 (weit politisch rechts), dann erhöht sich der Zustand der Zentrumszelle. Entsprechend wird eine Meinungsänderung zur politischen Linken berechnet. Offenbar geht es wieder um eine totalistische Regel. Die individuelle Beeinflussbarkeit wird derart berücksichtigt, dass der Grad an Beeinflussbarkeit multipliziert mit der Differenz zwischen der eigenen Meinung und der Durchschnittsmeinung der Umgebung der eigenen Meinung zugefügt wird. Der neue Zustand Z' ergibt sich somit aus dem Zustand der Zentrumszelle Z, dem Durchschnittswert der Umgebung D(U) und den Grad der Beeinflussbarkeit b der Zentrumszelle:

$$Z' = Z + (D(U) - Z) * b. \tag{5.35}$$

Die Zustandsveränderung der Zellen lässt sich auch durch den so genannten Gamma-Operator berechnen, der sich als eine Mischung zwischen dem UND- und dem ODER-Operator auffassen lässt. Sei d = D(U) – Z, dann ergibt sich der neue Zustand Z' in diesem Falle als

$$Z' = Z + (|d|*b)^{0.5}*[1-(1-|d|)*(1-b)]^{0.5}. \tag{5.36}$$

Alternativ lässt sich der Zustand auch über das Produkt berechnen:

$$Z' = Z+ |d|*b. \tag{5.37}$$

Da derartige Simulationsmodelle nicht nur die Prozesse der eigentlichen Meinungsbildung darstellen sollen, sondern darüber hinaus auch das daraus resultierende faktische (Wahl)Verhalten, müssen noch Defuzzyfizierungsregeln hinzugefügt werden. Dies geschieht am einfachsten derart, dass den möglichen Zuständen – politisches Bewusstsein – ein spezifisches Parteienspektrum zugeordnet wird. Da die in μ-Werten codierten Zustandswerte zwischen 0 – keine Meinung –, 0.1 – weit links – und 1 – weit rechts – liegen, kann man einfach festlegen, dass z. B. eine Partei wie die SPD das *unscharfe* Intervall 0.1 – 0.5 besetzt, die Grünen das ebenfalls unscharfe Intervall 0.4 – 0.56, die CDU/CSU das Intervall 0.4 – 0.8, die FDP das Intervall 0.7 – 0.86 sowie der Republikaner das Intervall 0.9 – 0.95. (Man kann sich auch pragmatisch auf 2 Großparteien in der Mitte und 2 Randparteien beschränken.)[4] Allerdings sind diese Intervall-festlegungen etwas willkürlich und müssten bei empirischen Validierungen differenzierter und realitätsadäquater durchgeführt werden, im Idealfall durch repräsentative Befragungen der Wähler, wie diese die Parteien in entsprechende Intervalle einteilen. Da die Intervalle unscharfe Mengen bilden, wird festgelegt, dass die ZGF jeweils in der Mitte des Intervalls ihr Maximum hat, bei der SPD also beispielsweise in den Werten 0.3 und 0.31.

Defuzzyfizierung bedeutet nun, dass nach einer bestimmten Zahl von Simulationsschritten oder nach Erreichen eines einfachen Attraktors (Periode $1 \leq k \leq 4$) der aktuelle Zustand einer Zelle darauf überprüft wird, welchem Maximum eines Parteienintervalls der eigene Zustand am nächsten ist, also

$$Z - \text{Max(Part. X)} = \text{Min} \tag{5.38}$$

mit der Bedingung, dass der Wähler sich in mindestens einem Intervall wiederfinden muss, also $Z \in I(P_X)$ für mindestens eine Partei X.

Diese Partei X wird dann gewählt bzw. in Umfragen als die aktuell höchste Wahlpräferenz genannt. Wahlabstinenz kann in diesem Modell nur erfolgen, wenn $Z = 0$ ist, also kein politisches Bewusstsein vorhanden ist. Bei einem Modell, bei dem die Parteienintervalle sich stärker überlappen als im obigen einfachen Modell, kann Wahlabstinenz auch dann erfolgen, wenn diese einfache Minimumberechnung kein eindeutiges Ergebnis hat, sondern eine gleichgroße Distanz zu mehr als einer Partei vorliegt. So könnte man z. B. festlegen, dass das Intervall der FDP ein Subintervall der CDU/CSU darstellt und dass beide ein gemeinsames Maximum haben. Dann könnte der Wähler sich in der Situation des aus der antiken Logik bekannten Esels von Buridan befinden, der bei völlig gleichwertigen Möglichkeiten, nämlich zwei praktisch identischen Heuhaufen, sich für keine entscheiden konnte; konsequenterweise ist der Esel dann verhungert. Entsprechend kann man die Möglichkeit der Wahlabstinenz zusätzlich erhöhen, indem größere Abstände zwischen den Parteiintervallen festgelegt werden und der Wähler sich mit einer gewissen Wahrscheinlichkeit in keinem Intervall wiederfinden kann. Schließlich lässt sich ergänzend einführen, dass der Abstand zum Maximum des entsprechenden Parteiintervalls einen bestimmten Schwellenwert nicht überschreiten darf, da in dem Fall eine zu schwache Zugehörigkeit zu einer Partei nicht ausreicht, um diese dann auch zu wählen.

Die Ergebnisse der Simulationen werden durch die folgenden Screenshots gezeigt. Wie aus den Screenshots zu erkennen ist, hat sich die Meinung der Wähler durchaus verändert: Hätten zu Beginn der Simulation 499 die SPD und 420 die CDU gewählt, würden am Ende der Simulation 319 die SPD und 399 die CDU wählen. Entsprechend veränderten sich die Wahlentscheidungen hinsichtlich der anderen Parteien – daraus dürfte sich eine interessante Koalitionsfrage ergeben, die aber hier nicht weiter thematisiert werden soll.

Auf einen ersten Blick ist schwer zu erkennen, inwiefern sich die beiden ZA, d. h. die in Kapitel 2 dargestellte stochastische Version und dieser Fuzzy-ZA, voneinander unterscheiden. Wir haben deswegen diese Versionen systematisch miteinander verglichen, damit eine Aussage darüber erfolgen kann, ob die Fuzzyfizierung derartiger Systeme tatsächliche Unterschiede hervorbringt oder ob es sich bei der Fuzzyfizierung lediglich um eine adäquatere Modellkonstruktion geht, z. B. wenn es um Meinungen geht, die nicht einer binären Logik entsprechen

---

4 Mittlerweile (Frühjahr 2012) sind die Republikaner als relevante Vertreter rechtsextremer Parteien vollständig verschwunden und lediglich die NPD ist übrig geblieben. Wenn wir also im Text von „Republikaner“ sprechen, müsste streng genommen aus Aktualitätsgründen „NPD“ gesetzt werden. Da jedoch auch deren Schicksal ungewiss ist – es wird mal wieder ein Verbot diskutiert –, behalten wir der Einfachheit „Republikaner“ bei.

und sich in Wahrscheinlichkeiten nicht darstellen lassen. Zusätzlich wurde eine deterministische Variante von OPINIO zum Vergleich herangezogen, d. h. ein ZA mit den gleichen Regeln wie OPINIO, jedoch ohne eine Wahrscheinlichkeitsmatrix.

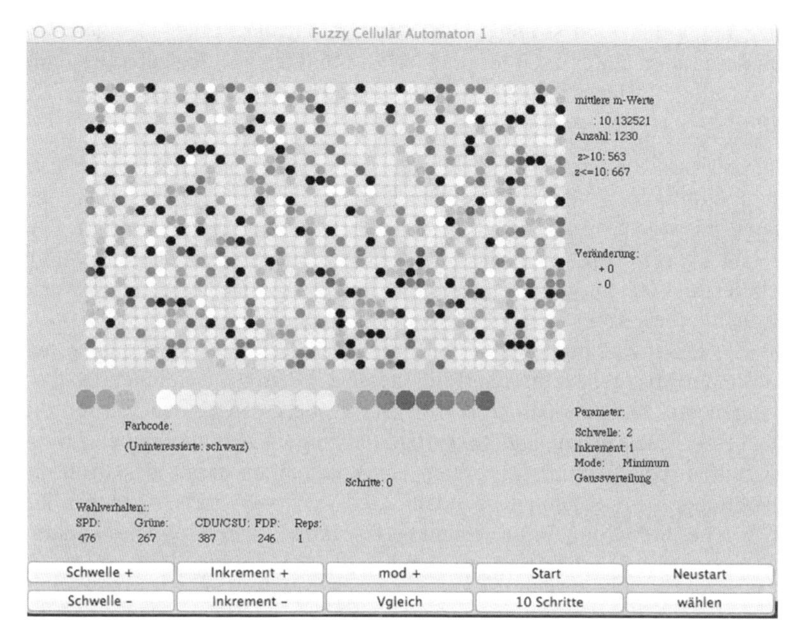

Bild 5-11a Startzustand des Fuzzy-ZA

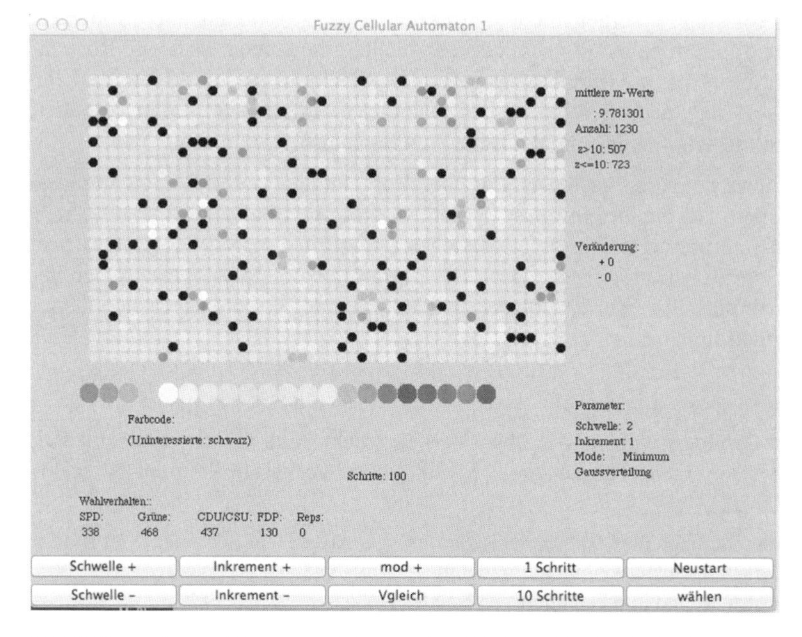

http://www.rebask.de/qr/sc1_2/5-1.html

Bild 5-11b Zustand des Fuzzy-ZA nach 100 Schritten (deffuzyfiziert)

Bei diesen Experimenten, die mit binären Versionen und mit Varianten mit insgesamt 10 Zellenzuständen durchgeführt wurden, waren die entscheidenden Parameter vor allem neben der Anzahl der Zellenzustände a) die Gesamtzahl der Zellen sowie b) die räumliche Verteilung der Zellen in den jeweiligen Anfangszuständen. Dieser Parameter hatte zwei Werte, nämlich vollständige Gleichverteilung der Zellen und strenge Clusterung, d. h., alle Zellen in einem bestimmten Zustand waren zusammen auf dem Gitter platziert. Im binären Fall bedeutet dies eine Halbierung des Gitters mit allen Zellen im Zustand 1 auf der einen Seite und alle Zellen im Zustand 0 auf der anderen.[5]

Die Ergebnisse dieser Experimente ergaben, dass sich die verschiedenen Versionen in ihrer jeweiligen Dynamik nicht signifikant voneinander unterschieden. Dabei ähnelten sich die deterministische Version und die stochastische generell mehr als beide der Fuzzy-Version. Das ist natürlich auch nicht sehr überraschend, weil die Logik dieser beiden Versionen auch recht ähnlich ist. Mit aller gebotenen Vorsicht, die erforderlich ist, weil wir nur ein vergleichsweise spezielles System untersucht haben, kann man diese Resultate auch so interpretieren, dass die Konstruktion von Fuzzy-Systemen zu Simulations- und Prognosezwecken wahrscheinlich nur dann lohnt, wenn man auf einer Mikroebene unscharfe Prozesse z. B. im menschlichen Denken oder bei Meinungsbildungen im Detail modellieren will. Bei größeren Systemen werden die Unterschiede zwischen z. B. stochastischen und fuzzyfizierten Regeln gewissermaßen „weggemittelt". Dies liegt vor allem bei den hier skizzierten Untersuchungen daran, dass sich die individuellen Meinungsbildungen im Ergebnis bei allen drei Versionen stets recht ähnlich waren. Es ist von daher, wie bei Soft Computing Techniken fast immer, eine Frage des konkreten Forschungsinteresses, welcher möglichen Version man jeweils den Vorzug gibt.

5.6.2 Ampelsteuerungen durch ein Fuzzy-System[6]

In größeren Ballungsräumen wie z. B. dem Ruhrgebiet ist es mittlerweile erforderlich geworden, in Phasen hohen Verkehrsaufkommens die Auffahrt auf die Autobahnen durch spezielle Ampeln zu regeln. Diese Ampeln folgen nicht den üblichen Intervalltakten wie Ampeln an städtischen Kreuzungen, sondern haben je nach Verkehrsdichte unterschiedlich lange Rot- und Gelbphasen. Meistens gibt es keine Grünphase, sondern bei leichtem bis mittlerem Verkehrsaufkommen werden die Ampeln ausgeschaltet. Rot bedeutet natürlich wie immer Anhalten, Gelb bedeutet, dass man mit erhöhter Vorsicht auf die Autobahn auffahren muss.[7]

Diese Ampeln werden über Sensoren gesteuert, die über Verkehrsdichte und Geschwindigkeit der Autos Auskunft geben. Da ein bestimmtes Verkehrsaufkommen natürlich nur als „mehr oder weniger" dicht zu interpretieren ist, bietet es sich an, hier ein Fuzzy-Regelsystem bzw. Fuzzy-Expertensystem zur Steuerung einzusetzen. Das Programm ist in JAVA geschrieben und kann von uns erhalten werden. Die Werte in dieser Darstellung sind fiktiv, entsprechen jedoch unseren Alltagserfahrungen.

Benötigte Größen

Die Rotphasendauer ist abhängig von den Größen Verkehrsdichte und Geschwindigkeit. Die Verkehrsdichte gibt an, wie viele Fahrzeuge sich auf einem vorher definierten Strecken-

5 Die Experimente wurden durchgeführt von Krupa Reddy und Christian Hein mit einem von Kathrin Börgmann und Jörn Gerschermann erweiterten Programm.

6 Das System wurde konstruiert und implementiert von Natalie Welker.

7 An derartigen Ampelvariationen interessierten Leser/-innen, die das nicht aus eigener Anschauung kennen, wird empfohlen, an einem beliebigen frühen Vormittag oder Nachmittag in der Woche die A 40 (der berühmte Ruhrschnellweg) zu befahren.

abschnitt zu einem bestimmten Zeitpunkt befinden. Die Geschwindigkeit wird wie immer in Km/h gemessen. In dieser Simulation wird nur der Verkehrsfluss auf der Autobahn in die Berechnungen mit einbezogen. Der Verkehrsfluss auf der Auffahrt wird nicht berücksichtigt, was auch bei den realen Ampelsteuerungen nicht geschieht. Das System kann natürlich entsprechend erweitert werden, falls die Dichte auf den Auffahrten ebenfalls eine Rolle spielen soll.

Dichte-Funktion

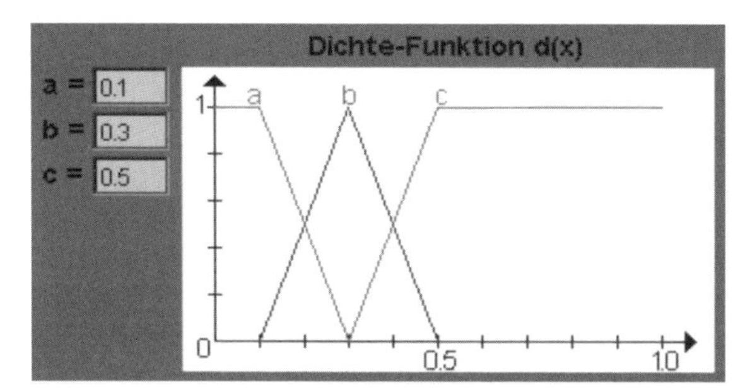

Bild 5-12 Dichte-Funktion

Die Dichtefunktion besteht aus zwei Trapezfunktionen für die unscharfen Mengen „kleine Verkehrsdichte“ (Bereich a) und „große Verkehrsdichte“ (Bereich c) sowie einer Dreiecksfunktion für „mittlere Verkehrsdichte“ (Bereich b). Alle Punkte, die sich zwischen dem x-Abschnitt 0 und a befinden, werden also allein einer kleinen Verkehrsdichte zugeteilt. Alle Punkte zwischen dem x-Abschnitt c und 1 werden einer großen Verkehrsdichte zugeteilt. Die Punkte zwischen den x-Werten a und b gehören sowohl zu kleiner wie zu mittlerer, die Punkte zwischen b und c zu mittlerer und großer Verkehrsdichte. Der Punkt bei x = b gehört allein zur mittleren Dichte (symmetrische Funktion).

Die Werte auf der y-Achse geben an, wie stark die Zugehörigkeit zu einer Verkehrsdichte (klein, mittel, groß) ist.

Zum Beispiel: Für x = 0.15 (Zufallszahl) ergeben sich zwei Werte auf dem y-Achsenabschnitt $y_1 \approx 0.2$ (mittel) und $y_2 \approx 0.78$ (klein). Das heißt also, das x = 0.15 zu 20 % der Verkehrsdichte „mittel“ angehört und zu 78 % der Verkehrsdichte „klein“. Die Werte „a“, „b“, „c“, also die Bereiche „klein“, „mittel“, „groß“, können über die editierbaren Felder verändert werden. Es sollte jedoch darauf geachtet werden, dass die Werte symmetrisch verändert werden.

Geschwindigkeitsfunktion

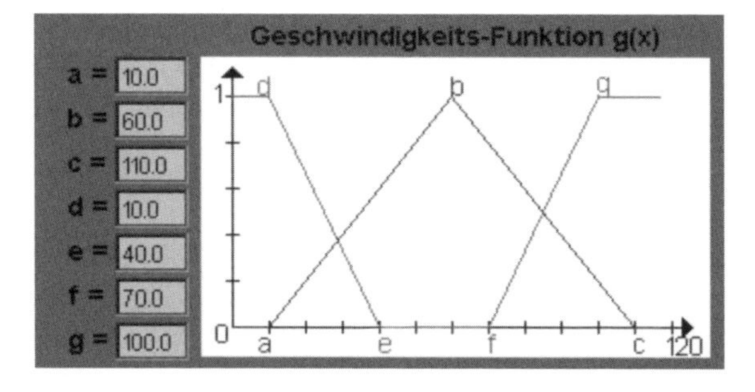

Bild 5-13 Geschwindigkeitsfunktion

Da an der entsprechenden Autobahnauffahrt eine Verkehrsflusssteuerung erforderlich ist, wird auf dieser Autobahnstrecke wahrscheinlich häufig viel Verkehr sein. Somit ist anzunehmen, dass die Geschwindigkeit in diesem Bereich begrenzt ist (auf der A 40 ist das praktisch immer der Fall). In diesem Modell wird demnach von einer maximalen Geschwindigkeit von $120^{Km}/_{h}$ ausgegangen. Die Geschwindigkeitsfunktion besteht aus einer Dreiecksfunktion für die mittlere Geschwindigkeit und einer Trapezfunktion für die kleine und große Geschwindigkeit. Eine Trapezfunktion wurde deshalb gewählt, weil man die Größe „mittlere Geschwindigkeit" nicht genau in einem Punkt festlegen kann, sondern sie sich über einen bestimmten Geschwindigkeitsbereich, also ein Intervall, erstreckt. Auch hier sind die Funktionen über die Werte in den editierbaren Feldern veränderbar. Falls Sie Interesse haben, dann probieren Sie selbst einmal aus, wie das Programm reagiert, wenn man z. B. den Bereich für die „mittlere Geschwindigkeit" (Werte e und f) verändert. Das Prinzip der Zugehörigkeit (kleine, mittlere, große Geschwindigkeit) wird genauso abgelesen, wie bereits bei der Dichtefunktion beschrieben.

Regeln

Um aus den gewonnenen Zugehörigkeitswerten der y-Achse eine Rotphasen-Dauer zu berechnen, benötigen wir einige Regeln. Aus unseren 3 Möglichkeiten („klein", „mittel", „groß") ergeben sich 3 ∗ 3, also 9 mögliche Kombinationen.

Die Regeln können wie folgt verbal formuliert werden:

(1) Wenn die Dichte **groß** ist und die Geschwindigkeit **klein** ist, muss die Rotphase **lang** sein.

(2) Wenn die Dichte **groß** ist und die Geschwindigkeit **mittel** ist, muss die Rotphase **mittel** sein.

(3) Wenn die Dichte **groß** ist und die Geschwindigkeit **groß** ist, muss die Rotphase **kurz** sein.

(4) Wenn die Dichte **mittel** ist und die Geschwindigkeit **klein** ist, muss die Rotphase **mittel** sein.

(5) Wenn die Dichte **mittel** ist und die Geschwindigkeit **mittel** ist, muss die Rotphase **kurz** sein.

(6) Wenn die Dichte **mittel** ist und die Geschwindigkeit **groß** ist, muss die Rotphase **kurz** sein.

(7) Wenn die Dichte **klein** ist und die Geschwindigkeit **klein** ist, muss die Rotphase **kurz** sein.

(8) Wenn die Dichte **klein** ist und die Geschwindigkeit **mittel** ist, muss die Rotphase **kurz** sein.

(9) Wenn die Dichte **klein** ist und die Geschwindigkeit **groß** ist, muss die Rotphase **kurz** sein.

Diese Regeln bedeuten also schlicht: Wenn viele Autos auf der Autobahn sind, also die Verkehrsdichte groß ist und die Geschwindigkeit der Autos klein ist, ist es notwendig, dass die Ampel eine lange Rotphase hat, damit die Autos nur in großen Abständen zueinander auf die Autobahn auffahren. Dadurch kann verhindert werden, dass sich der Verkehrsfluss weiter verlangsamt, da der Auffahrprozess eines einzelnen Autos nun kontrolliert stattfinden kann. Entsprechend kann man sich die anderen Regeln verdeutlichen.

Zielfunktion

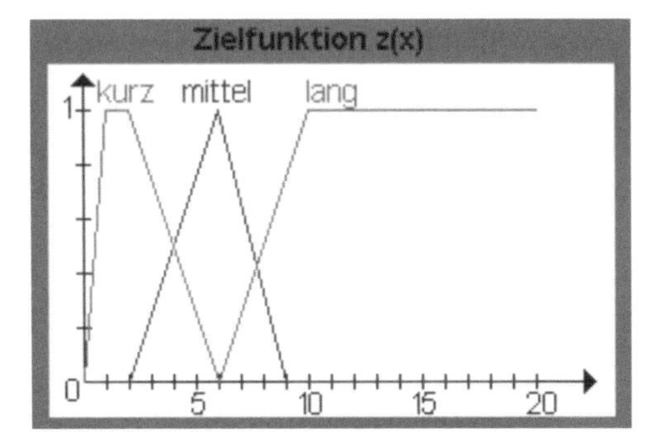

Bild 5-14 Zielfunktion

Zur Veranschaulichung des Prinzips, wie aus den Zufallswerten, den aufgestellten Regeln und der oben gezeigten Zielfunktion die Rotdauer in Sekunden ermittelt wird, ist folgendes Beispiel gegeben.

Für eine Dichte von 0.401 und eine Geschwindigkeit von $106{,}979^{Km}/_{h}$ ergeben sich folgende Ausgangswerte $d_1(x) = 0.496$ der Verkehrsdichte „mittel" und $d_2(x) = 0.504$ der Verkehrsdichte „groß". Der Geschwindigkeit liegen folgende Werte zugrunde: $g_1(x) = 0.06$ der Geschwindigkeit „mittel" und $g_2(x) = 1.0$ der Geschwindigkeit „groß".

Aus diesen vier Größen ergeben sich nun unter Berücksichtigung der vorher aufgestellten Regeln vier Kombinationsmöglichkeiten.

Diese werden anschließend konjunktiv (logisches UND) miteinander verknüpft und auf die Konjunktion wird die so genannte Minimum-Bildung angewandt.

1. $d_1(x)$ mittel AND $g_1(x)$ mittel = min (0.496 , 0.06) = 0.06 (Rotphase → kurz)
2. $d_1(x)$ mittel AND $g_2(x)$ groß = min (0.496 , 1.00) = 0.496 (Rotphase → kurz)
3. $d_2(x)$ groß AND $g_1(x)$ mittel = min (0.504 , 0.06) = 0.6 (Rotphase → mittel)
4. $d_2(x)$ groß AND $g_2(x)$ groß = min (0.504 , 1.00) = 0.504 (Rotphase → kurz)

Defuzzyfizierung

Mit Hilfe dieser vier Kombinationen und der Ausgangsfunktion ist es nun möglich die unscharfen Lösungen wieder zurück in ein scharfes Ergebnis zu transformieren. Dies geschieht mit Hilfe einer „Höhenmethode":

Aufgrund von Kombination 1 ergibt sich in der Zielfunktion folgendes Lösungstrapez und Schwerpunkt bei 2,9:

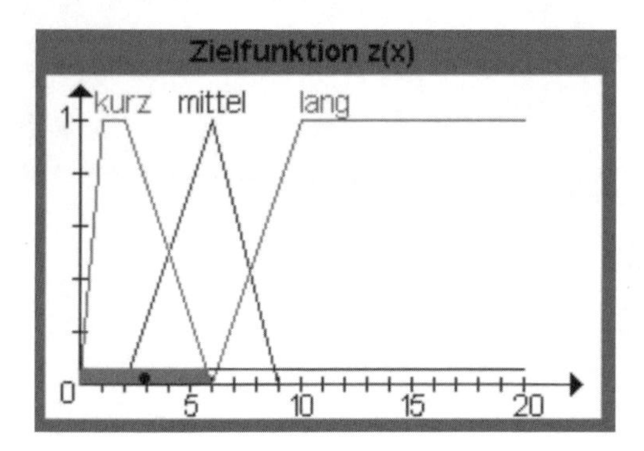

Bild 5-15 Lösungstrapez und Schwerpunkt bei 2,9 aus Kombination 1

Bei einer anderen Kombination ergibt sich das folgende Lösungstrapez und Schwerpunkt:

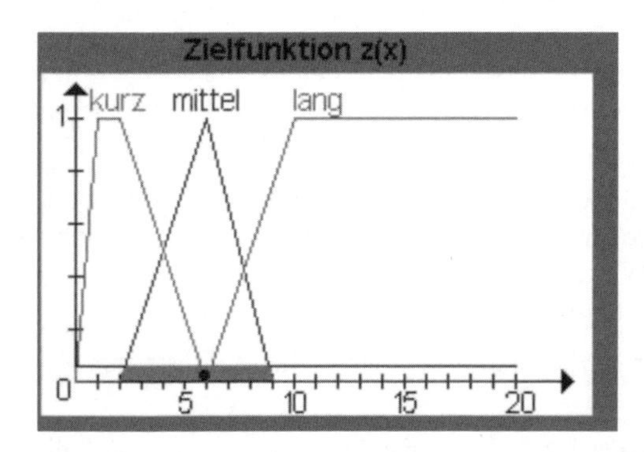

Bild 5-16 Lösungstrapez und Schwerpunkt bei 5,9 aus Kombination 3

Die anderen Lösungstrapeze ergeben sich äquivalent. Die Höhenmethode berechnet nun die Dauer der Rotphase aus den einzelnen, gewichteten Schwerpunkten der vier Lösungstrapeze, wobei lediglich der Wert der x-Achse des Schwerpunkts in die Berechnung einfließt. Die Gewichtwerte ergeben sich aus den Ergebnissen der Minimum-Bildung. Als Formel für unser Beispiel bedeutet dies:

$$\frac{(2{,}9 \cdot 0{,}06 + 2{,}5 \cdot 0{,}496 + 5{,}9 \cdot 0{,}06 + 2{,}5 \cdot 0{,}504)}{(0{,}06 + 0{,}496 + 0{,}06 + 0{,}504)} = 2{,}8 \text{ s.} \tag{5.39}$$

Die Rotdauer der Ampel muss für die im Beispiel angegebenen Werte also 2,8 s betragen.

Wir haben hier ein Beispiel für die bisher wohl gebräuchlichste Verwendung von Fuzzy-Methoden, nämlich die Steuerung bestimmter Anlagen durch ein Fuzzy-System. Dies Problembeispiel werden wir übrigens im folgenden Kapitel noch einmal behandeln und zwar die Steuerung der Autobahnauffahrten durch eine Kohonen-Karte (SOM). Vermutlich ist unser Interesse an diesem Thema deswegen so groß, weil wir es fast jeden Tag als sehr praktisches Problem erleben (und erleiden).

5.6.3 Ein Fuzzy Expertensystem zur Simulation von Delphi-Verfahren

Bei der Delphi Methode handelt es sich um ein Verfahren zur Erstellung von Prognosen durch (menschliche) Experten. Es wurde in den fünfziger Jahren durch die RAND Corporation entwickelt, einem der ersten sog. US Think Tanks. Dabei geht es kurz gesagt um Folgendes:

Man stellt eine Runde von Experten für das betreffende Problemgebiet zusammen und fordert diese auf, eine Prognose für mögliche Entwicklungen abzugeben. Natürlich kann man die Experten auch damit beauftragen, eine Empfehlung für bestimmte Entscheidungen zu geben. Die Experten geben ihre Prognose unabhängig voneinander ab. Anschließend werden jedem Experten die Urteile der anderen Experten mitgeteilt; dies kann auch eine Mitteilung über ein durchschnittliches Gesamturteil der ganzen Gruppe sein. Die Experten überprüfen daraufhin ihr Urteil und revidieren es, falls sie es für erforderlich halten. Diese neuen Urteile werden wieder mitgeteilt und so weiter, bis – im günstigen Fall – die Urteile sich soweit angeglichen haben, dass ein Konsens erzielt worden ist. Wird kein Konsens erreicht, wird nach einer bestimmten Zeit das Verfahren abgebrochen und ggf. mit einer anderen Expertenrunde noch einmal durchgeführt. Es sei nur angemerkt, dass dies Verfahren sich häufig praktisch bewährt hat und auch gegenwärtig zahlreiche Anwendungen findet.[8]

Da der Begriff „Experte" hier wörtlich zu nehmen ist, liegt es nahe, dies Verfahren durch Expertensysteme zu unterstützen bzw. zu simulieren und hier auch Fuzzy-Methoden zu verwenden. Das ist auch mehrfach versucht worden, wobei hier allerdings ein Problem zu beachten ist: Expertensysteme sind üblicherweise „statisch", d. h. sie verändern weder ihre „Zustände" noch ihre Regeln, sondern werden einmal auf ein bestimmtes Problem angewandt. Eine Delphi Gruppe von Experten dagegen repräsentiert ein dynamisches System in dem Sinne, dass die Experten ihre Meinungen und ggf. auch die Regeln verändern, aufgrund derer sie bestimmte Urteile gebildet haben. Bei Anwendungen der Delphi-Methode mit menschlichen Experten kann dies unter anderem dadurch erreicht werden, dass jedem Experten nicht nur das Urteil der anderen Experten mitgeteilt wird, sondern auch deren Begründungen (Regeln) für ihre Urteile.

Einer unserer Studenten, Richard Pohl, hat ein Tool für die Generierung von Fuzzy-Expertensystemen entwickelt, die nach der Delphi-Methode interagieren und sich dabei auch verändern können; das Gesamtsystem stellt demnach ein dynamisches System dar, in dem die Veränderungen von Zuständen und Regeln durch die Veränderungen der Expertenurteile und ggf. auch deren Begründungsregeln repräsentiert werden. Ein Konsens wäre dann die Generierung eines Punktattraktors; verbleibende dissente Meinungen wären zu interpretieren als die Generierungen von Attraktoren mit Perioden größer als 1 oder mehrere Punktattraktoren. Da dieses Tool natürlich technisch und algorithmisch etwas aufwendig ist, skizzieren wir hier lediglich seine Grundlogik. Details dazu können über uns erhalten werden.

Ein menschlicher Experte wird repräsentiert durch ein einzelnes Expertensystem; eine Delphi Runde wird demnach durch eine entsprechende Menge von einzelnen Expertensystemen dargestellt. Das Urteil eines Experten wird im gegenwärtigen Entwicklungsstadium durch eine unscharfe Zahl wiedergegeben; entsprechend sind die Eingaben, also die Problemvorgaben, ebenfalls durch unscharfe Zahlen repräsentiert. Da jeder künstliche Experte eine eigene μ-Funktion zur „Interpretation" der Vorgaben haben kann, können im Extremfall die gemeinsamen Vorgaben von jedem künstlichen Experten unterschiedlich angenommen werden. Die Schlussregeln können vom Benutzer durch bestimmte fuzzyfizierte Regeln pro künstlichem Experten eingegeben werden; das Gleiche gilt für Defuzzyfizierungen.

[8] Das Verfahren ist nach dem in der Antike berühmten Orakel von Delphi benannt, das allerdings häufig durchaus mehrdeutige Antworten lieferte. So wird von dem lydischen König Krösus berichtet, dass er auf die Frage, ob er ein Nachbarreich angreifen sollte, die Antwort erhielt: „Wenn Du den Grenzfluss überschreitest, dann wirst Du ein großes Reich zerstören." Der König nahm an, dass damit das feindliche Perserreich gemeint war, und führte sein Heer über den Fluss. Es wurde daraufhin in der Tat ein großes Reich zerstört, aber leider sein eigenes, da er von den Persern vernichtend geschlagen wurde. Uns ist nicht bekannt, wie häufig die moderne Anwendung der Delphi Methode zu ähnlichen Irrtümern geführt hat.

Hier wird entweder die „Mean-of-maximum“-Methode oder das Verfahren der Schwerpunktberechnung verwendet. In dieser Hinsicht handelt es sich um Standardversionen eines Fuzzy-Expertensystems.

Der entscheidende Aspekt ist nun die Dynamisierung des Gesamtsystems. Dabei werden zwei Annahmen gemacht, die sich aus praktischen Erfahrungen ergeben haben:

Zum einen wird angenommen, dass ein Experte um so eher bereit ist, sein Urteil – und ggf. auch seine Begründungsregeln – zu modifizieren, je stärker er von der durchschnittlichen Meinung seiner Gruppe abweicht. Diese Annahme hat offenbar starke Ähnlichkeit mit entsprechenden Annahmen für die verschiedenen Versionen des OPINIO Zellularautomaten, bei denen das Maß der Abweichung von einer Gruppenmeinung ebenfalls ein Parameter für die Bereitschaft zur Änderung der eigenen Meinung ist. Zum anderen wird das Maß an Sicherheit, mit dem die Experten ihr Urteil bilden, als Parameter dafür genommen, ob und wie signifikant die Experten ihr Urteil bzw. auch ihre Regeln verändern: Je sicherer sich die Experten sind, desto weniger sind sie bereit, ihr Urteil zu revidieren und umgekehrt.

Offenbar können sich diese beiden Parameter sowohl gegenseitig verstärken als auch gegenseitig aufheben. Eine Kombination dieser beiden Parameter ergibt dann eine fuzzyfizierte „Variationsregel“, nach der das Maß der Expertenveränderung bestimmt wird.[9]

Das Gesamtprogramm wird dadurch gestartet, dass in jedes einzelne Expertensystem die problemspezifischen Vorgaben eingegeben werden, worauf jeder künstliche Experte gemäß seinen Regeln sein Urteil abgibt. Diese Urteile werden an die jeweils anderen Expertensysteme weitergegeben, worauf jedes Expertensystem bestimmt, ob und ggf. wie stark das eigene Urteil und evtl. auch die eigenen Regeln modifiziert werden sollen. Die einzelnen Expertensysteme erhalten dann die neuen Ergebnisse und modifizieren entweder ihre Urteile oder variieren ihre Regeln und bilden daraufhin neue eigene Urteile. Dies Verfahren wird so lange iteriert, bis ein Konsens, also ein Punktattraktor gefunden ist oder bis ein anderes Abbruchkriterium erreicht wurde. Im zweiten Fall erhält der Benutzer die Information, dass es nach wie vor abweichende Meinungen gibt. Der Benutzer kann dann entscheiden, ob die Simulation mit veränderten Anfangsbedingungen erneut durchgeführt wird, d. h. einerseits mit veränderten μ-Funktionen für die Interpretation der Vorgaben durch die einzelnen Expertensysteme und andererseits mit modifizierten Fuzzy-Regeln für die einzelnen künstlichen Experten. Zusätzlich kann man auch die beiden Parameter für die Bereitschaft zur Veränderung variieren.

Das Besondere an diesem Fuzzy Expertensystem ist zweifellos dessen Dynamik, mit der reale Delphi-Expertengruppen simuliert und ggf. auch unterstützt werden können. Insofern stellt dies System eine interessante Version dar, durch die auch Expertensysteme im Kontext dynamischer komplexer Systeme verstanden und angewandt werden können. Es hat natürlich schon seit einiger Zeit verschiedene Ansätze gegeben, Expertensysteme durch Kombination mit anderen Methoden mit einer gewissen Dynamik zu versehen; klassisch sind die erwähnten „Classifier Systems“ von John Holland, eine Kombination von Expertensystemen mit genetischen Algorithmen (cf. Holland et al. 1986). Die Simulation einer Gruppe „realer“ menschlicher Experten durch ein dynamisches Gesamtsystem von Expertensystemen ist jedoch praktisch Neuland.[10]

---

[9] Gemäß unseren mehrfachen Hinweisen zum Verhältnis von Unschärfe und Wahrscheinlichkeit insbesondere beim „Fuzzy OPINIO ZA“ wird deutlich, dass man eine Kombination der beiden Parameter auch als Wahrscheinlichkeitsmaß für eine stochastische Veränderungsregel nehmen kann.

[10] Ein nicht dynamisches Fuzzy-Expertensystem zur Abschätzung betrieblicher Kosten findet sich im Detail in Klüver und Klüver 2011.

Zur Verdeutlichung des Systems zeigen wir anhand eines fiktiven Beispiels, wie sich fünf simulierte Experten darüber verständigen, ob und zu welchen Preisen Aktien einer Fluggesellschaft und einer Bahngesellschaft gekauft werden sollen; mit „Bahn“ ist natürlich eine der Privatbahnen gemeint:

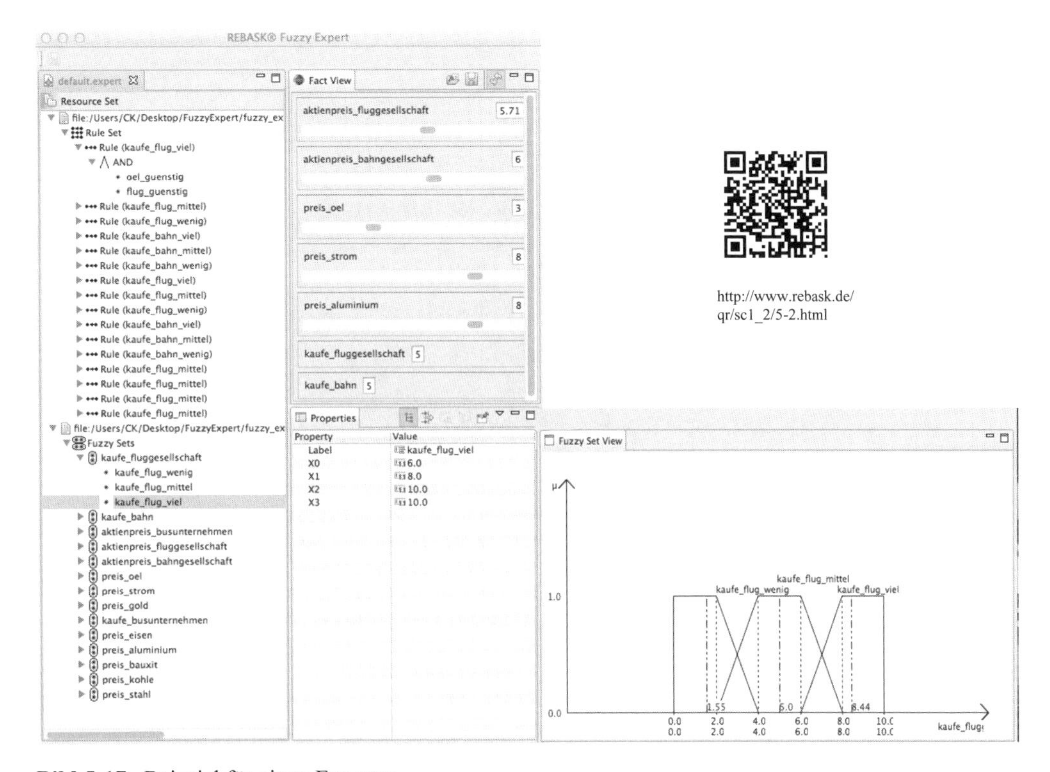

Bild 5-17 Beispiel für einen Experten

Auf der linken Seite von Bild 5-17 sind die definierten Regeln sowie die Fuzzysets zu sehen; in der Mitte sind die Werte für die jeweiligen Preise sowie die Empfehlung für den Kauf der Aktien der Fluggesellschaft sowie der Bahn gezeigt. Auf der rechten Seite werden die Details der Fuzzysets eines Experten für die Aktien der Fluggesellschaft dargestellt.

Die folgenden Bilder (zusammengefasst als Bild 5-18) zeigen den Verlauf der Konsensbildung nach vier Runden.

Die Simulation liefert als Ergebnis einen „Konsensus“ ähnlich wie bei einem (erfolgreichen) Delphi-Prozess mit einem echten Experten-Gremium. Die unscharfe Meinung der simulierten Experten am Ende der Befragung gibt genau diesen Konsensus wieder. Anhand der Anzahl der Iterationen und dem finalen durchschnittlichen Sicherheitswert (certainty) kann man abschätzen, inwieweit die Experten Kompromisse eingegangen sind. Dieser Wert ist aber relativ, da er davon abhängt, wie sicher die Experten zu Beginn der Befragung waren. Der Wert sollte während der Befragung steigen, sofern die Experten durch Berücksichtigung anderer Meinungen ihr Urteil sowohl revidieren als auch besser begründen können.

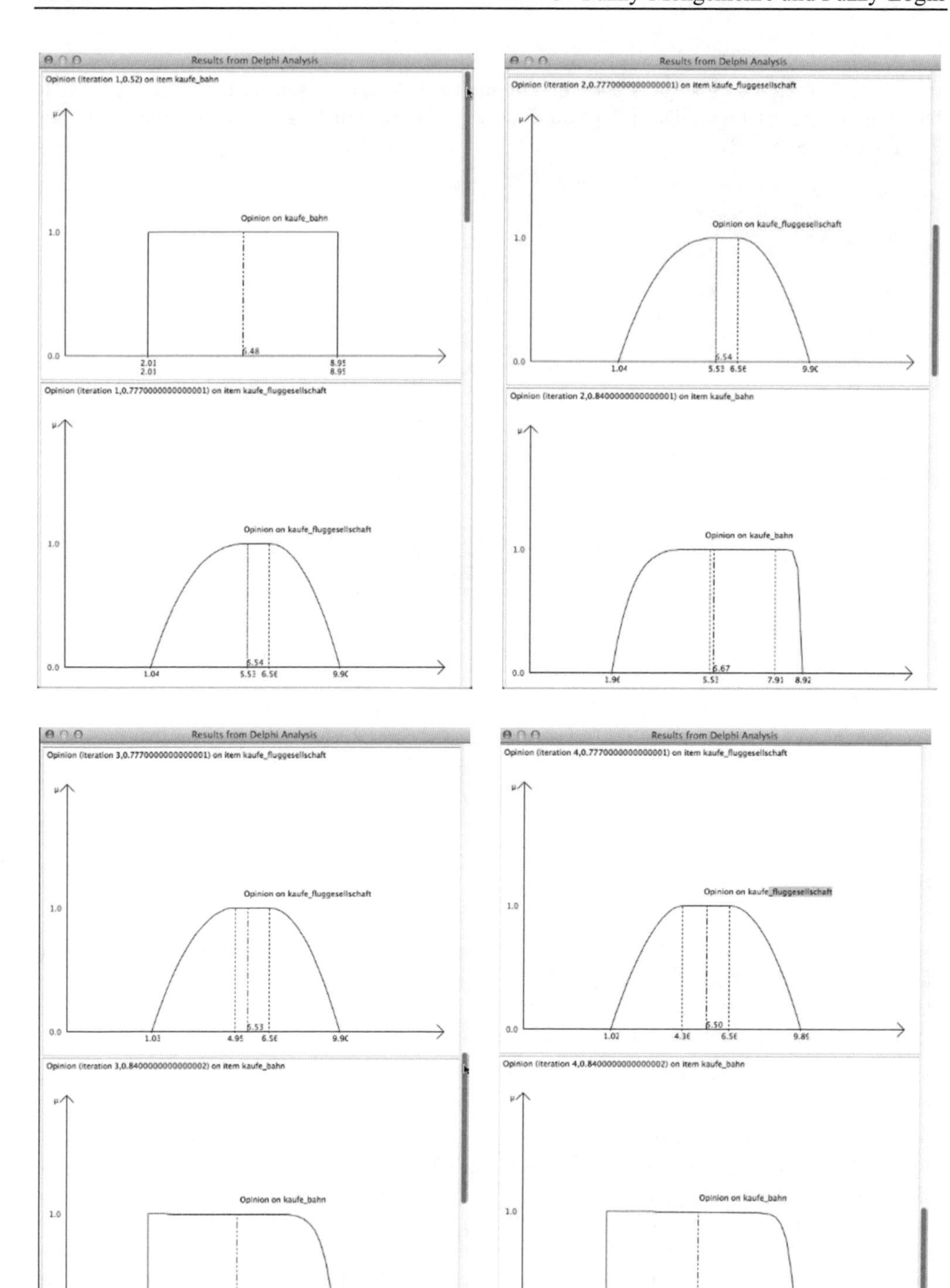

Bild 5-18 Konsens der Experten nach vier Runden

Bei dem Prozess der Delphi-Befragung geben die Experten zu jedem Item eine unscharfe Meinung ab. Aus diesem Wert wird dann eine Gruppenmeinung gebildet (aus den unscharfen Meinungen der Experten). In einem realen Delphi-Prozess hätten nun Experten, die weit von der Gruppenmeinung abweichen, die Möglichkeit, Begründungen für ihre Abweichungen anzugeben. In der Simulation wird dies durch eine Veröffentlichung der Regeln der Experten nachgebildet. Experten lassen sich von Regeln beeinflussen, die einen höheren Sicherheitswert haben, als ihre eigenen Regeln. Sie nehmen diese „Begründungen" zusätzlich in die Menge ihrer eigenen Regeln auf. Weiterhin gibt es für die Experten ein sehr leichtes Bestreben, ihre Meinung in Richtung des Gruppenmittelwertes zu korrigieren (vgl. dazu die entsprechende Regel in den einzelnen OPINIO Versionen). Dieses ist aber auch abhängig von ihrer eigenen Sicherheit und der Entfernung zu diesem Mittelwert. Das ganze geschieht so lange, bis die Gruppenmeinung stabil ist, wobei der Benutzer die erforderliche Stabilität festlegen kann.

Insgesamt kann man die Ergebnisse also so interpretieren: Die Gruppenmeinung, also der Mittelwert, nach der letzten Iteration ist der Konsensus. Diesen kann man natürlich defuzzifizieren, um eine eindeutige, d. h. „scharfe", Empfehlung zu erhalten. Die Unterschiede im Sicherheitswert und die Anzahl der Iterationen geben an, wie schwierig der Weg zum Konsensus war.

6 Hybridisierungen der Basismodelle

Die allgemeinen Darstellungen sowie die Beispiele für die Basismodelle vor allem der Kapitel 2–4 haben bereits gezeigt, wie leistungsfähig die Verwendung eines der Soft-Computing-Modelle sein kann. Diese Leistungsfähigkeit kann noch erheblich gesteigert werden, wenn man zwei oder mehr der Basismodelle koppelt, also so genannte *hybride Systeme* konstruiert. In Anwendung des allgemeinen Modellierungsschemas, das wir im ersten Kapitel dargestellt haben, sind damit praktisch der Anwendbarkeit von Soft-Computing-Modellen keine Grenzen gesetzt. Obwohl derartige hybride Systeme auf einen ersten Blick zuweilen etwas kompliziert erscheinen und in der Implementation auch häufig sind, basieren sie letztlich auf einer Kombination von Techniken, die jede für sich genommen prinzipiell einfach sind. Vor allem jedoch muss berücksichtigt werden, dass insbesondere die Modellierung sozialer und kognitiver Prozesse in Problembereiche geht, von denen der Biologe Richard Lewontin bemerkte, dass diese Probleme die der Molekularbiologie „trivial" erscheinen lassen (Lewontin 2000). Darüber hinaus erlauben hybride Systeme die im ersten Kapitel erläuterte Erweiterung des allgemeinen Modellierungsschemas; es werden demnach nicht nur die Elemente und die Regeln der Wechselwirkungen auf der Basisebene, sondern auch die Elemente sowie (Meta)Regeln der zweiten und ggf. der dritten Systemebene bestimmt. Die Systeme werden dadurch wesentlich komplexer, wie an einzelnen Beispielen gezeigt wird.

Die Koppelungen einzelner Systeme zu hybriden Systemen können prinzipiell auf zwei Weisen erfolgen (vgl. auch Goonatilake und Kebbal 1995), nämlich durch *horizontale* und *vertikale* Koppelungen, wobei diese beiden Möglichkeiten auch selbst kombiniert werden können (Klüver 2000; Stoica 2000). „Koppelung" bedeutet im Allgemeinen, dass die gekoppelten Systeme Informationen austauschen, also z. B. Zahlenwerte oder andere Symbole, und mit diesen Informationen selbst weiter arbeiten.

Die eine Möglichkeit lässt sich als „horizontale" Koppelung bezeichnen. Damit ist gemeint, dass zwei „Basissysteme" sozusagen arbeitsteilig vorgehen, indem jedes die Aufgaben erledigt, für die es besonders geeignet ist. Nach erfolgten Operationen sorgt dann ein spezieller Algorithmus dafür, dass die jeweiligen Einzelergebnisse integriert werden.

Eine der aktuell wohl besonders relevanten Verwendungen derart horizontaler Koppelungen ist die Kombination von neuronalen Netzen mit Expertensystemen (Gallant 1993). Die Arbeitsteilung besteht in diesem Fall darin, dass die Netzwerke aus dem Training mit bestimmten Beispielen Regeln generieren, also gewissermaßen die einzelnen Beispiele generalisieren, und die generierten Regeln an das Expertensystem weiterleiten. Dies ist dann in der Lage, die Regeln auf die jeweiligen praktischen Probleme anzuwenden. Das Interessante an dieser Hybridisierung besteht vor allem darin, dass man damit das bekannte Problem der Wissensakquisition für Expertensysteme bearbeiten kann. Wir haben bereits darauf verwiesen, dass hier ein besonders schwieriges Problem bei der Konstruktion von Expertensystemen besteht, da menschliche Experten gewöhnlich gut bestimmte Probleme lösen können, aber nicht immer angeben können, wie genau sie dabei vorgegangen sind. Mit anderen Worten: Menschliche Experten können zwar ihr Faktenwissen, jedoch nicht immer ihr Regelwissen explizit angeben. Neuronale Netze, die an Einzelfällen trainiert werden, können hier wesentliche Hilfe leisten. Wie dies prinzipiell geschieht, kann man sich an einem kleinen Beispiel, nämlich dem Lernen der logischen Disjunktion klarmachen:

Das NN erhält zuerst ein Eingabemuster „a" und lernt, dies Muster mit dem Muster „c" zu assoziieren. Anschließend wird es entsprechend trainiert, durch die Eingabe „b" ebenfalls „c" zu assoziieren. Wenn es gelernt hat, sowohl bei der Eingabe von a als auch der von b mit c zu „antworten", dann kann daraus die Regel „wenn a oder b dann c" abgeleitet und einem Expertensystem implementiert werden. Dies einfache Verfahren lässt sich auch auf wesentlich komplexere Beispiele anwenden (vgl. dazu allgemein Klüver und Klüver 2011).

Im Kapitel über Fuzzy-Methoden ist ein System gezeigt worden, das aus verschiedenen Fuzzy-Expertensystemen besteht; die einzelnen Expertensysteme übermitteln sich gegenseitig die Informationen über die Expertenurteile und die entsprechenden Regeln, was zur Modifikation der einzelnen Expertensysteme führt. Dies ist ein illustratives Beispiel für die Möglichkeiten horizontaler Koppelungen.

Eine „vertikale" Koppelung bedeutet, dass zwei – oder mehr – Systeme sozusagen aufeinander operieren in dem Sinne, dass das „obere" System das „untere" steuert. Diese Möglichkeit ist vor allem dann wichtig, wenn ein Gesamtsystem adaptiv sein soll, also in bestimmten Grenzen variabel sein muss und damit spezielle Optimierungsprobleme lösen soll. Für derartige Fälle sorgt dann das Steuerungssystem, das wir im Folgenden als „Metasystem" bezeichnen, dafür, dass das zu steuernde System – im Folgenden als „Basissystem" bezeichnet –, seine Regeln oder auch einzelne Parameterwerte in Abhängigkeit von den zu lösenden Optimierungsproblemen variiert. Das Metasystem enthält also die im ersten Kapitel erwähnten Metaregeln zur Variation der lokalen Interaktionsregeln des Basissystems. Ein berühmtes vertikal gekoppeltes hybrides System ist das von Holland konzipierte *classifier system*, bei dem ein genetischer Algorithmus als Metasystem die Regeln eines regelbasierten Systems als Basissystem modifiziert (Holland et al. loc. cit.).

Obwohl das Verhalten hybrider, insbesondere vertikal gekoppelter Systeme schwieriger zu analysieren ist als das auch schon nicht ganz einfach zu verstehende Verhalten der dargestellten Basismodelle, kann man trotzdem bereits auf einige allgemeine Gesetzmäßigkeiten hinweisen, die in unserer Forschungsgruppe COBASC entdeckt worden sind. Vor allem handelt es sich um das Optimierungsverhalten vertikal gekoppelter Systeme, die wir hinsichtlich so genannter *Metaparameter* untersucht haben (Klüver 2000; Stoica 2000). Zwei der wichtigsten Metaparameter werden im Folgenden näher erläutert, nämlich die so genannten r- und s-Parameter.

6.1 Hybride Systeme und Metaparameter

Bei den Metaparametern handelt es sich in Analogie zu den Ordnungsparametern, die wir im zweiten Kapitel erläutert haben, darum, generelle Eigenschaften von Metaregeln zu finden, die das Optimierungsverhalten vertikal gekoppelter hybrider Systeme erklären können. Zur Erinnerung: Die Ordnungsparameter beschreiben allgemeine Eigenschaften lokaler Interaktionsregeln und machen dadurch die Dynamik komplexer Systeme theoretisch verständlich. Da es sich bei den Metaparametern darum handelt, numerische Werte für Metaregeln zu finden, die das Optimierungsverhalten der Gesamtsysteme determinieren, liegt es nahe, Metaparameter durch das *Maß* zu definieren, in dem die Metaregeln jeweils die lokalen Interaktionsregeln variieren. Es ist vorstellbar, dass dies sehr unterschiedliche Maße sein können; von den verschiedenen untersuchten Metaparametern sollen hier zwei der wichtigsten näher dargestellt werden.

Maß des Umfangs der Regelveränderungen – *„r-Parameter“*

Wenn man annimmt, dass ein Basissystem insgesamt über n lokale Interaktionsregeln verfügt und wenn davon bei Anwendungen der Metaregeln k Regeln variiert werden können, dann ist

$$r = k/n. \tag{6.1}$$

In anderen Worten, r legt fest, wie viele Regeln – nicht unbedingt welche – vom Metasystem überhaupt verändert werden können.

Als Parameter wirkt sich r gemäß unseren Untersuchungen folgendermaßen aus, wobei die verschiedenen Werte von r daran gemessen werden, wie schnell ein vertikal gekoppeltes System hinreichende Optimierungswerte erreicht: Entgegen intuitiven Vermutungen ist hier „mehr“ im Allgemeinen durchaus nicht besser. Es ist einsichtig, dass zu geringe Werte von r es dem System sehr erschweren, überhaupt befriedigende Optimierungsergebnisse zu erzielen; entsprechend zeigten unsere Experimente, dass Werte $0 \leq r < 0.5$ nur relativ schlechte Optimierungen ergaben. Allerdings ist es auch nicht sinnvoll, r wesentlich zu erhöhen. Die besten Optimierungsergebnisse wurden erreicht mit $0.5 \leq r \leq 0.65$; höhere Werte verschlechterten die Ergebnisse deutlich.

Die Experimente wurden von uns durchgeführt mit hybriden Zellularautomaten einerseits, d. h. stochastische ZA gekoppelt mit einem genetischen Algorithmus (Klüver 2000), sowie hybriden interaktiven Netzen andererseits (Stoica 2000); diese Netze wurden ebenfalls mit einem GA gekoppelt. Bei den hybriden ZA operierte der GA auf der W-Matrix, d. h., eine W-Matrix wird als Vektor dargestellt und eine entsprechende Population von W-Vektoren wird den genetischen Operatoren von Mutation und Crossover unterzogen. Analog wird bei den hybriden IN die Gewichtsmatrix als Vektor geschrieben und variiert. Trotz der Unterschiedlichkeit der jeweiligen Basissysteme waren die Ergebnisse überwiegend vergleichbar. Darüber hinaus zeigten entsprechende Untersuchungen von Carley (1997) mit Simulated Annealing, dass auch damit Ergebnisse erreicht wurden, die mit unseren weitgehend übereinstimmen. Man kann also davon ausgehen, dass die Ergebnisse keine „Artefakte“ sind, die aus besonderen Eigenschaften von z. B. GA resultieren. Außerdem ist aus der Praxis überwacht lernender neuronaler Netze bekannt, dass die jeweiligen Lernregeln dann am besten operieren, wenn nur ein Teil der Gewichtsmatrix zur Variation freigegeben wird. Wir haben es bei r offenbar mit einer universellen Eigenschaft adaptiver Systeme zu tun: *Man verändere so viel wie nötig und so wenig wie möglich.*

Die Erklärung für diese auf einen ersten Blick eher kontraintuitiven Ergebnisse lässt sich relativ einfach geben. Wenn ein System zu wenige Variationsmöglichkeiten hat, dann ist es nur in geringem Maße zu erfolgreichem adaptiven Verhalten fähig. Das ist, wie bereits bemerkt, unmittelbar einsichtig. Hat ein System jedoch sehr viele Variationsmöglichkeiten, die sämtlich eingesetzt werden, dann braucht es viel zu lange, um die vielen Modifikationen zu testen, die sich aus den radikalen Variationen ergeben. Aus der Evolutionsbiologie ist bekannt, dass die meisten Mutationen ungünstig sind, dass also Mutationen eines sehr großen Teils des Genoms sich in den meisten Fällen für die Art negativ auswirken. Zu radikale Variationen also generieren sehr viele Veränderungen im Verhalten des Basissystems, von denen viele ungünstig sind und die in längeren Zeiträumen wieder verworfen werden müssen. „Große“ Basissysteme, d. h. Systeme mit sehr vielen Regeln, können sich in vertretbaren Zeiträumen nur ein bestimmtes Maß an Variationsradikalität leisten.

Experimente, die unsererseits mit hybriden ZA mit maximal 10 Regeln durchgeführt wurden, bestätigten diese Überlegung indirekt: In diesem Sinne „kleine“ Systeme müssen ein hohes r-Maß haben ($0.9 \leq r \leq 1$), um überhaupt erfolgreiche Optimierungsresultate zu erzielen. In dem Fall müssen regelrecht alle Möglichkeiten getestet werden, da sonst die Veränderungen zu gering ausfallen. Reale Systeme sind jedoch, wie vor allem im Fall sozialer Systeme, immer „groß“; für diese gilt die obige Maxime der Variation nach Maß. Für Lateiner: *Quidquit agis prudenter agis et semper respice finem.*[1]

Maß der Subtilität der Regelveränderungen – *„s-Parameter“*

Der s-Parameter misst den Grad der Veränderung einzelner Regeln. Definieren lässt sich s als

$$s = 1 - t, \tag{6.2}$$

wenn t das faktische Maß der Veränderung einer Regel bei einmaliger Anwendung der Metaregeln ist. Wenn s = 0, dann ist die Regelveränderung maximal stark, wenn s = 1, also die „Subtilität“ der Regelveränderung am größten ist, dann verändert sich praktisch nichts.

Dieser Metaparameter ist vor allem dann bedeutsam, wenn die Regeln selbst numerisch codiert sind. Am Beispiel des Mutationsmaßes eines reell codierten GA lässt sich s gut verdeutlichen: Wir haben im dritten Kapitel darauf verwiesen, dass ähnlich wie bei der Mutationsrate auch das Mutationsmaß nur gering angesetzt werden sollte, um die Optimierungsprozesse nicht zu stark negativ zu beeinflussen. Bei reellen Codierungen von Vektorkomponenten v mit $0 \leq v \leq 1$ wäre ein geringes Mutationsmaß t etwa t = 0.01 und damit s = 0.99. Entsprechend lässt sich s bestimmen, wenn die jeweiligen Regeln als Vektor codiert sind, auch wenn die Komponenten nicht notwendig numerisch dargestellt sind. Hat ein Regelvektor n Komponenten und können davon m verändert werden mit $m \leq n$, dann lässt sich s berechnen als

$$s = 1 - m/n. \tag{6.3}$$

s wirkt sich vor allem aus in Bezug auf die Genauigkeit, mit der ein System einen vorgegebenen Optimierungswert erreichen kann (deswegen die Bezeichnung). Es liegt auf der Hand und Experimente unsererseits haben dies bestätigt, dass eine geringe Variation, also hohe s-Werte, zwar genaue Ergebnisse bringen kann, die Optimierungsprozesse jedoch verlangsamt. Welche Folgen dies für ein System haben kann, kann man sich z. B. für biologische oder soziale Systeme leicht vorstellen. „Wer zu spät kommt, den bestraft das Leben“, wie der letzte Generalsekretär der UdSSR, Michail Gorbatschow, bemerkte. Ein geringes s-Maß dagegen führt schneller zu einer Konvergenz, aber häufig nur zu unzureichenden Ergebnissen. Es gilt also auch bei diesem Parameter, den berühmten goldenen Mittelweg zu finden.

Offenbar ist es also möglich, wie bei den Ordnungsparametern durch die Analyse formaler Systeme Aufschlüsse über das generelle Verhalten adaptiver Systeme zu erhalten. Alleine diese Möglichkeit demonstriert erneut die Fruchtbarkeit der Konstruktion hybrider Systeme.

Bevor wir diese allgemeinen Hinweise zu hybriden Systemen abschließen, um zur Konkretisierung erneut verschiedene Beispiele darzustellen, sollen kurz die gegenwärtig wichtigsten Hybridisierungen aufgelistet werden; bezeichnenderweise spielen dabei häufig Koppelungen mit neuronalen Netzen eine wesentliche Rolle:

(a) Koppelung verschiedener Typen von NN;

(b) Koppelungen von NN mit evolutionären Algorithmen, also GA und ES, aber auch mit SA;

(c) Koppelungen von NN mit Expertensystemen;

(d) Koppelungen von NN mit ZA bzw. BN;

---

[1] „Was immer du tust, handele vorsichtig und bedenke stets das Ende.“ Die Experimente mit dem r-Metaparameter kann man demnach auch als eine mathematische Fundierung des Reformismus verstehen.

(e) Koppelungen von ZA bzw. BN mit GA bzw. ES;

(f) Koppelungen von mehr als zwei dieser Techniken.

Die folgenden Beispiele zeigen einige dieser Möglichkeiten und deren vielfältige Verwendbarkeit.

6.2 Darstellung von Beispielen

6.2.1 Modellierung und Steuerung von Verkehrsaufkommen auf Autobahnen durch die horizontale Koppelung eines ZA mit einer SOM

Im vorigen Kapitel haben wir erläutert, dass und warum in Ballungsgebieten mittlerweile die Zufahrten zu dicht befahrenen Autobahnen durch Ampelsteuerungen geregelt werden. Das dort dargestellte Fuzzy-Regelsystem ist freilich nur *eine* Möglichkeit, derartige Steuerungen durchzuführen. Wir haben deswegen mit einigen Studenten von uns ein hybrides System entwickelt, das den Verkehrsfluss selbst durch einen ZA modelliert und die Steuerung durch eine mit diesem ZA gekoppelten SOM durchführt. Diese Hybridisierung ist vor allem aus didaktischen Gründen durchgeführt worden, da das Steuerungssystem selbst natürlich nur die jeweiligen Daten über Verkehrsdichte und Geschwindigkeit braucht. Gerade durch einen ZA jedoch lassen sich die jeweiligen Verkehrssituationen und Effekte von individuellem Fahrverhalten besonders gut darstellen. ZA für Verkehrssimulationen einzusetzen ist prinzipiell nicht neu (Nagel und Schreckenberg 1992; vgl. auch Esser und Schreckenberg 1997).[2] An unserem System sind vor allem neu die Visualisierung sowie die horizontale Koppelung mit einer SOM.

Das Modell wurde so konzipiert, dass drei unterschiedliche Fahrzeugtypen (Zelltypen) vorhanden sind (schnelle, mittlere und langsame Fahrzeuge), Hindernisse gesetzt sowie Geschwindigkeitsbegrenzungen eingeführt werden können. Das bedeutet, dass für jede Zelle, die einen bestimmten Fahrzeugtyp repräsentiert, die mögliche Höchstgeschwindigkeit unterschiedlich definiert wird. Ein Hindernis eröffnet zwei Optionen: Falls möglich wird überholt, sonst abgebremst. Im Falle von Geschwindigkeitsbegrenzungen müssen sich alle Fahrzeuge anpassen – insofern beinhaltet das Modell eine für alle bekannte Situation auf den Autobahnen, auch wenn die Zellen in dem Sinne gesetzestreuer sind als reale Autofahrer: Die Zellen halten sich immer an die Vorschriften (das kann man durch zusätzliche stochastische Regeln natürlich auch ändern, z. B. dass mit einer gewissen Wahrscheinlichkeit Vorschriften missachtet werden).

Da die Regeln insgesamt sehr komplex sind, wird hier lediglich die Grundlogik vorgestellt.

Es handelt sich hier um eine Variante der „erweiterten" Mooreumgebung, d. h., zwei Zellen der erweiterten Mooreumgebung werden ebenfalls berücksichtigt, wobei für jedes Fahrzeug, abhängig von der Position, die Handlungsmöglichkeiten bestimmt werden. Befindet sich ein Fahrzeug auf der rechten Fahrbahn, so sind nur die Zellen vorne, links und die Zellen der erweiterten Moore-Umgebung auf der linken Seite von Relevanz. Es handelt sich hier demnach um nur bedingt totalistische Regeln, da die Position und der Zustand dieser Zellen für bestimmte Handlungsmöglichkeiten relevant sind, die anderen jedoch keine Rolle spielen. Nur bedingt totalistisch sind die Regeln auch deshalb, weil es nur darauf ankommt, dass die Zellen in der Umgebung frei sind; sind die betrachteten Zellen besetzt, dann spielt deren Position und die der anderen Zellen keine Rolle mehr.

---

2 Das Programm wurde von den Studierenden Alexander Behme und Wolfgang Lambertz im SS 03 konstruiert.

Wenn die Fahrbahn frei ist, dann beschleunigt die Zelle bis zur möglichen Geschwindigkeit nach dem jeweiligen Fahrzeugtyp. Ist ein langsameres Fahrzeug vor dem beobachteten, dann überprüft die Zelle, ob sich in der Zelle links von ihr und entsprechend genau 4 Zellen hinter der linken Zelle ein anderes Fahrzeug befindet; falls dies nicht der Fall ist, wechselt das Fahrzeug die Spur und sonst bremst das Fahrzeug die Geschwindigkeit. Man könnte eine differenziertere Regel für das Abbremsen der Fahrzeuge einführen: Ist ein Hindernis auf der Fahrbahn vorhanden (z. B. Unfall) und ein Überholmanöver ist nicht möglich, dann muss das Fahrzeug zum Stillstand gebracht werden.

Formal lässt sich dieser Ausschnitt wie folgt darstellen:

Die Zustandsmenge Z für diese Verkehrssituationen wird definiert durch

$$Z = \{0,1,2\},$$

wobei 0 = beschleunigen, 1 = überholen, 2 = Geschwindigkeit anpassen bedeutet. Dazu kommen natürlich noch Zustandswerte für Wagentyp und absolute Geschwindigkeiten, aber da, wie bemerkt, nur die Grundlogik dargestellt werden soll, sei dies hier lediglich erwähnt.

Wenn sich das Fahrzeug auf der rechten Spur befindet, dann wird der Zustand z_{t+1} wie folgt berechnet: Sei R die Menge aller leeren Zellen auf der rechten Spur unmittelbar vor einem „Auto", dann gilt für alle Zellen $z_{ir} \in R$: Wenn die Summe $z_{ir} > 4$, dann beschleunigt das Fahrzeug. Sei L die Menge der leeren Zellen auf der linken Spur neben dem „Auto", sowie mindestens zwei vor ihm und mindestens zwei hinter ihm, dann gilt für alle Zellen $z_{il} \in L$: Wenn die Summe $z_{il} > 4$, dann kann das Fahrzeug links überholen, falls ein langsameres Auto vor ihm ist bzw. ein anderes Hindernis. Formal lässt sich dies wie folgt ohne die geometrischen Zusatzbedingungen darstellen:

$$z_{ir}(t+1) = \left\{ \begin{array}{l} 0, \text{wenn} \sum\limits_{(k,r)\in R_{ir}} z_{kr}(t) > 4 \\ 1, \text{wenn} \left(\sum\limits_{(k,r)\in R_{ir}} z_{kr}(t) \le 4 \wedge \sum\limits_{(k,l)} z_{k,l}(t) > 4 \right) \\ 2, \text{wenn} \left(\sum\limits_{(k,r)\in R_{ir}} z_{ir}(t) \le 4 \wedge \sum\limits_{(k,l)} z_{k,l}(t) \le 4 \right) \end{array} \right\} . \tag{6.4}$$

Entsprechend werden die Regeln für jeden Fahrzeugtyp hinsichtlich Geschwindigkeit angegeben, die insgesamt, je nach Option, sehr umfangreich werden.

Zur Illustration werden zwei Screenshots präsentiert: Im ersten Bild wird die Startsituation einer Simulation mit 200 Autos gezeigt, die zufällig auf einer Autobahnstrecke von 7,25 km verteilt werden; zusätzlich sind zwei Hindernisse vorhanden (größere schwarze Quadrate), deren Auswirkungen auf den Verkehrsfluss beobachtet werden können – wie im zweiten Bild gezeigt wird. In diesem Modell sind zusätzlich 3 Autobahnauffahrten vorhanden, wobei unterschiedliche Fahrzeugtypen zufällig generiert werden, die auf die Autobahn auffahren. Die unterschiedlichen Farben der Zellen repräsentieren die jeweiligen Fahrzeugtypen.

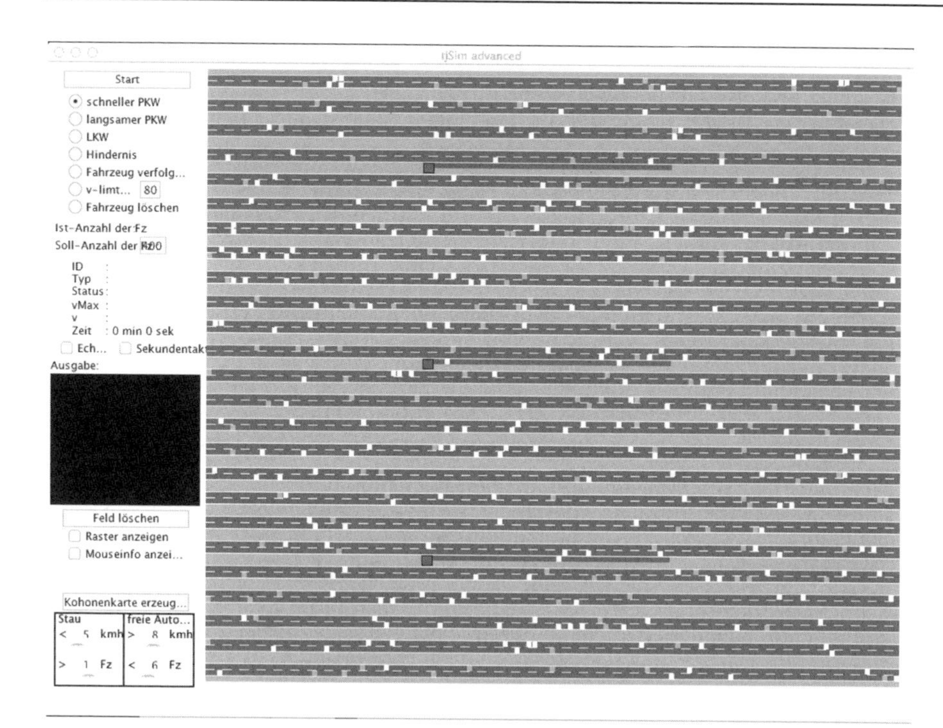

Bild 6-1 Start des ZA bei einer zufälligen Verteilung der Autos

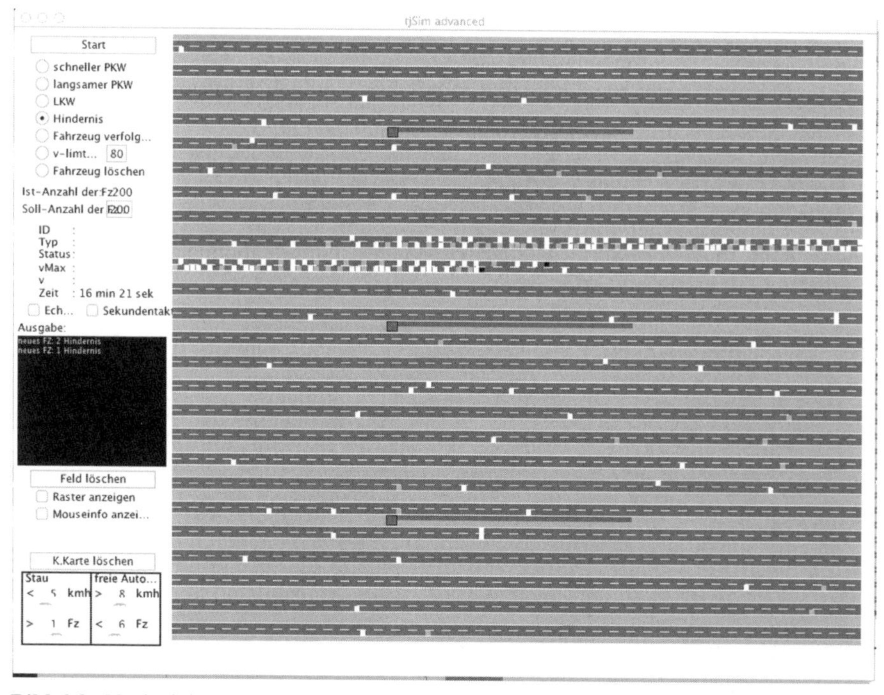

Bild 6-2 Nach einigen Simulationsschritten des ZA werden die Auswirkungen der Hindernisse deutlich. Im Ausgabefeld (links unten) werden die einzelnen Aktionen angezeigt (Unfälle etc.).

Das Ergebnis der Simulation zeigt ein uns sehr bekanntes Bild: Sind Hindernisse vorhanden, stauen sich die Autos dahinter entsprechend schnell. Interessanterweise fahren die Fahrzeuge trotz Rechtsfahrgebot (als Regel) bevorzugt auf der linken Seite – dies liegt daran, dass die Zellen jeweils durch die erweiterte Einsicht der Umgebung „sehen“ können, dass sich ein langsameres Fahrzeug auf der rechten Spur befindet.

Mit diesem Modell lässt sich erneut zeigen, dass bottom-up Modelle adäquat reale Prozesse abbilden können. Auch wenn in diesem ZA-Modell keine Echtzeitdaten zum jetzigen Zeitpunkt vorliegen, so lässt sich tendenziell zeigen, dass durch entsprechende Erweiterungen dies ein Weg sein kann, um die Verkehrssituation auf den Autobahnen noch besser erfassen zu können. Als Erweiterung zu dem Modell von Schreckenberg und seinen Mitarbeitern ist die Einbeziehung von Ampeln zur Regelung der Autobahnauffahrten vorgesehen. Die Ampelschaltung wird wie bemerkt durch eine SOM gesteuert.

Es gibt im Gegensatz zu der Ampelsteuerung durch das Fuzzy-Regelsystem drei verschiedene Ampelschaltungen: Bei der ersten Schaltung ist die Ampel komplett ausgeschaltet, bei der zweiten durchläuft die Ampel die normalen Rot-Gelb-Grün-Ampelphasen, bei der dritten blinkt die Ampel gelb. Zu der zweiten Ampelschaltung ist zu bemerken, dass hier eine Sonderregelung gilt: Bei Grün darf nur ein Auto fahren, die Ampel springt danach direkt wieder auf Rot um.

Diese Ampel soll den zufließenden Verkehr so regeln, dass ein Stau auf der Autobahn hinausgezögert oder verhindert werden kann, zumindest, dass vor dem Stau gewarnt werden kann.

Es gibt verschiedene Möglichkeiten, dieses Problem zu lösen; die Frage war jedoch, inwiefern sich die Zuflussregelung mit einem SOM modellieren lässt.

Es wird angenommen, dass zur Messung der verschiedenen Größen mehrere Messpunkte existieren, die sich ca. 1 km vor der Auffahrt und ebenso ca. 1 km hinter der Auffahrt befinden. Hier werden die Anzahl, der Abstand sowie die Geschwindigkeit der Fahrzeuge gemessen.

Des Weiteren soll davon ausgegangen werden, dass es sich um eine zweispurige Autobahn handelt, bei der jedoch nur eine Spur betrachtet wird. Zur Vereinfachung gilt eine Höchstgeschwindigkeit von 120 km/h und es wird nicht zwischen Lkws und Pkws unterschieden. Wie anfangs schon erwähnt, darf nur jeweils ein Fahrzeug bei Grün fahren. Ist die Ampel ausgeschaltet, dürfen die Autofahrer ungehindert auf die Autobahn auffahren; bei blinkender Ampel ist das ebenfalls der Fall, hier ist jedoch Vorsicht geboten.

Für die Einstellung der Ampel wird von folgenden Bedingungen ausgegangen, die hier in einer tabellarischen Übersicht dargestellt werden:

Tabelle 6-1 Bedingungen für die jeweilige Ampelschaltung

		Ampel ist aus	Normale Ampelphase	Ampel blinkt
Abstand (in m)	$x > 45$	X	-	-
	$45 \geq x > 25$	-	X	-
	$x \leq 25$	-	-	X
Geschwindigkeit (in km/h)	$x > 90$	X	-	-
	$90 \geq x > 50$	-	X	-
	$x \leq 50$	-	-	X
Anzahl Autos	$x < 20$	X	-	-
	$20 \leq x < 33$	-	X	-
	$x \geq 33$	-	-	X

Die Eingabesignale werden in einem 9-stelligen Vektor codiert; jede Stelle repräsentiert eines der in Tabelle 6-1 abgebildeten Merkmale. Ist dieses Merkmal vorhanden, erhält der Vektor an dieser Stelle eine 1, ist es nicht vorhanden eine 0.

Die drei Eingabesignalvektoren sehen dann wie folgt aus:

Ampel ist aus : (1,0,0,1,0,0,1,0,0)

Normale Ampelphase : (0,1,0,0,1,0,0,1,0)

Ampel blinkt : (0,0,1,0,0,1,0,0,1)

Die Ausgabe erfolgt in einer 50x50 Matrix; jeder einzelne Punkt stellt ein Ausgabeneuron dar; somit gibt es insgesamt 2500 Ausgabeneuronen.[3]

Jedes dieser Neuronen verfügt über neun Gewichte, entsprechend dem Eingabesignalvektor. Somit ergeben sich 50x50 Neuronen mit jeweils neun Gewichten zu diesen Neuronen. Damit diese Gewichte sinnvoll und übersichtlich gespeichert werden konnten, wurden sie in einem 50x50x9 Array abgespeichert. Die ersten zwei Dimensionen des Arrays legen die Position des Neurons fest und die letzte Dimension speichert die neun Gewichtswerte. Dieses 3-dimensionale Array stellt somit die Gewichtsmatrix w_{ij} dar. Die Gewichte für die einzelnen Neuronen werden per Zufall vergeben und liegen zwischen 0 und 1.

Das Lernen erfolgt nach dem oben angegebenen Algorithmus (Kapitel 4); die genaue Bestimmung der Lernrate sowie des Radius sehen für dieses Modell wie folgt aus:

Lernrate:

$$\varepsilon(t+1) = \varepsilon_{max} * (\varepsilon_{min} / \varepsilon_{max})^{t / t_{max}}$$

t : aktueller Iterationsschritt $1 \leq t \leq t_{max}$

t_{max} : Gesamtzahl der Iterationsschritte

ε_{max} : Anfangslernrate (in diesem Fall 1)

ε_{min} : Untergrenze der Lernrate (in diesem Fall 0,001) (6.5)

Für $\varepsilon(t)$ gilt: $\varepsilon_{min} \leq \varepsilon(t) \leq \varepsilon_{max}$.

Radius:

$$\sigma z(t+1) = \sigma_{max} * (\sigma_{min} / \sigma_{max})^{t / t_{max}}$$

t : aktueller Iterationsschritt $1 \leq t \leq t_{max}$

t_{max} : Gesamtzahl der Iterationsschritte

σ_{max} : Anfangsgröße des Radius (in unserem Fall 40)

σ_{min} : Untergrenze des Radius (in unserem Fall 2) (6.6)

Für $\sigma z(t)$ gilt: $\sigma_{min} \leq \sigma(t) \leq \sigma_{max}$.

---

[3] Die Idee für die Ausgabe wurde inspiriert durch Arbeiten an der Universität Regensburg: http://rfhs8012.fh-regensburg.de/~saj39122/begrolu/nn1.html.

Nach der Trainingsphase kann ein Benutzer anhand der Angaben hinsichtlich Geschwindigkeit, Anzahl der Autos sowie Abstand zwischen den Autos, die Anfrage nach einer geeigneten Ampelschaltung stellen. Im folgenden Screenshot wird dies verdeutlicht[4]:

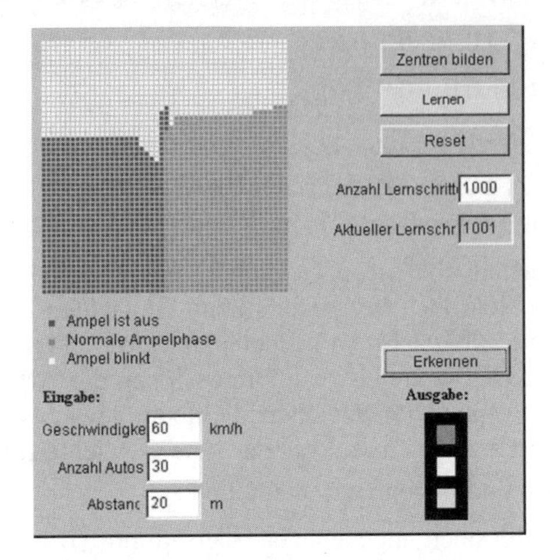

Bild 6-3 SOM nach der Trainingsphase

Nach der Trainingsphase sind die Felder für die jeweilige Ampelschaltung zu erkennen (links oben im Bild). Auf der rechten Seite wird die Ampelschaltung angezeigt, die anhand der Eingaben als die geeignete identifiziert wurde. Die Ampel wird eingeschaltet, da anhand der Eingaben feststeht, dass die Geschwindigkeit niedrig und die Anzahl der Autos entsprechend hoch ist. Die Hybridisierung beider Systeme ergibt das folgende Bild 6-4 (Stoica-Klüver und Klüver, 2007)[5].

Mit diesem Modell wird erneut gezeigt, wie vielfältig neuronale Netze eingesetzt werden können. Es handelt sich hier allerdings lediglich um einen Prototypen, der anhand realer Daten getestet und erweitert werden muss. Dieses Modell wurde bereits mit dem Zellularautomaten zur Simulation des Verkehrsaufkommens gekoppelt; die Kohonen-Karte (SOM) erhält in diesem Fall die Trainingsdaten des Verkehrsaufkommens von dem ZA; anschließend wird die Funktion der Kohonen-Karte direkt getestet, da der ZA entsprechend durch jeweilige Zufahrten auf die Autobahn erweitert wird.

Abschließend sei noch angemerkt, dass man beispielsweise für eine derartige Ampelsteuerung auch ein überwacht lernendes feed forward Netz verwenden kann. Das Netz wird dann trainiert, bestimmte Datenmengen über Verkehrsdichte und Geschwindigkeit als Muster zu erkennen und ähnliche Datenmengen (= Muster) wieder zu erkennen und entsprechend gleichartig zu reagieren. Falls ein derartiges Netz über ein relativ großes Attraktionsbecken verfügt, kann es ähnlich mit Toleranzbereichen arbeiten wie die Fuzzy-Regelsysteme.

---

4 Das Programm wurde von Louisa Navratiel und Maik Buczek im SS 04 entwickelt und implementiert.

5 Die Koppelung des ZA mit der Kohonen-Karte wurde von Alexander Behme und Maik Buczek im WS 04/05 realisiert.

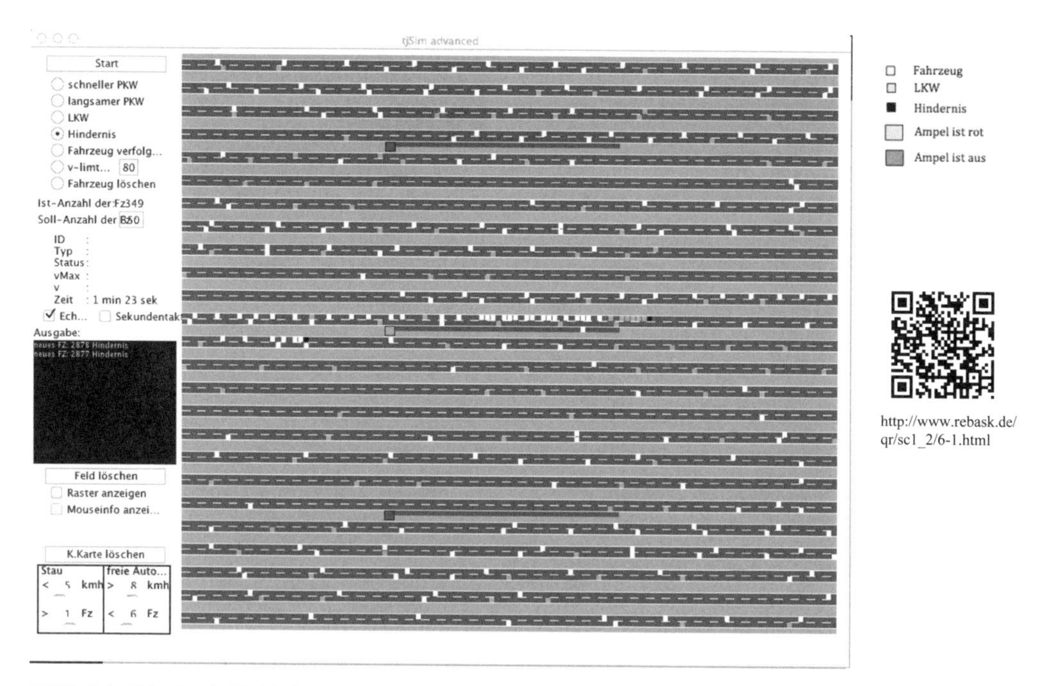

Bild 6-4 Die durch die Kohonen-Karte gesteuerte Ampelschaltung wird an den Auffahrten des ZA integriert.

6.2.2 Die Modellierung kognitiver Ontogenese: Ein horizontal gekoppeltes hybrides System

In der Einleitung zu diesem Kapitel haben wir darauf verwiesen, dass horizontale Koppelungen sich vor allem dann anbieten, wenn die jeweiligen Teilsysteme gewissermaßen arbeitsteilig vorgehen sollen, d. h., das eine System erfüllt Aufgaben, die das andere nicht oder nicht so gut erfüllen kann und umgekehrt. Dies kann für technische Zwecke ausgenützt werden, wenn z. B. neuronale Netze dafür verwendet werden, Regeln für Expertensysteme aus Beispielen zu „extrahieren" und die Expertensysteme dann zur Bearbeitung bestimmter praktischer Aufgaben verwendet werden. Entsprechend ist die Koppelung von einem ZA und einer SOM zur Verkehrssteuerung als horizontal gekoppeltes System konstruiert worden; an die Koppelung verschiedener Fuzzy-Expertensysteme im vorigen Kapitel sei hier nur noch einmal erinnert.

Horizontale Koppelungen sind entsprechend ideale Modelle für die Simulation von Prozessen, die offenkundig auch in der Realität nach arbeitsteilig eingesetzten verschiedenen Verfahren operieren. Ein derartiger Prozess ist zweifellos die kognitive Ontogenese, da hier ganz wesentlich unterschiedliche Logiken zum Einsatz gebracht werden. Mit „Ontogenese" ist der postnatale *individuelle* Entwicklungsprozess gemeint; die Entwicklungsprozesse von ganzen Gattungen (oder auch Gesellschaften) werden demgegenüber als Phylogenese bezeichnet. Als letztes Beispiel in diesem Buch werden wir ein Modell dieser Prozesse vorstellen. Es ist zweifellos das schwierigste Beispiel und entsprechend aufwändig konzipiert. Wir bringen dies letzte Modell jedoch auch, um zu zeigen, dass die Modellbildung mit derartigen Techniken sich tatsächlich den komplexesten Problemen annehmen kann, die wir überhaupt kennen.

Im Rahmen dieser Einführung ist es natürlich völlig unmöglich, auch nur annähernd die unterschiedlichen Aspekte der kognitiven Ontogenese von Menschen darzustellen. Hier kann es nur darum gehen, anhand einiger wichtiger Aspekte exemplarisch zu verdeutlichen, wie auch dieser äußerst komplexe Prozess auf der Basis der in dieser Arbeit behandelten Modellierungstechniken formal modelliert und in Computersimulationen analysiert werden kann. Obwohl unsere eigenen Arbeiten an und mit dem im Folgenden geschilderten Programm noch durchaus nicht abgeschlossen sind, lassen sich bereits jetzt einige interessante Ergebnisse vorstellen (vgl. dazu und zum folgenden Stoica 2004; Klüver und Stoica 2002).

Die hier thematisierten Aspekte der kognitiven Ontogenese sind vor allem die folgenden:

(a) Die Kategorisierung sinnlicher Erfahrung, d. h. die Ordnung von Wahrnehmungen durch bestimmte Begriffe in Form sozial überwachten Lernens;

(b) die Bildung neuer Begriffe auf der Basis von Analogieschlüssen;

(c) die Ordnung gebildeter Begriffe in Form semantischer Netze;

(d) das Verhältnis von sozialem Lernen, d. h. der Übernahme bestimmter Begriffe zu der „kreativen" Schöpfung neuer Begriffe; dies beinhaltet die Analyse der Rolle, die soziale Kontexte – Milieus – für die Lerner spielen.

Zweifellos sind dies längst nicht alle Aspekte, die bei der kognitiven Ontogenese zu berücksichtigen sind, aber genauso zweifellos gehören sie zu den wesentlichen.

Das hybride Modell, mit dem diese Komponenten der kognitiven Ontogenese untersucht wird, besteht aus folgenden Teilsystemen: Die Aufgaben (a) und (b) werden durch BAM-Netze bearbeitet; für Aufgabe (c) wird ein SOM eingesetzt, das vom Ritter-Kohonen-Typ ist; jeder künstliche Lerner wird durch eine Kombination dieser verschiedenen Netze repräsentiert. Problem (d) schließlich wird dadurch bearbeitet, dass mehrere Kombinationen von BAM-Netzen und Kohonen-Karten generiert werden, die faktisch einen Zellularautomaten bilden. Neben der horizontalen Koppelung beinhaltet das Modell demnach eine Erweiterung des allgemeinen Modellierungsschemas auf eine zweite Ebene: Die soziale Ebene wird durch die ZA-Verknüpfungen der künstlichen Lerner realisiert, die kognitive Ebene durch die horizontale Koppelung von BAM-Netzen und Kohonen-Karten. Etwas detaillierter sieht das Modell folgendermaßen aus:

ad (a) BAM-Netze – Bi-directional Associative Memory – operieren dergestalt, dass sie wahlweise durch Vektor- und Matrixoperationen entweder aus einem vorgegebenen X-Vektor durch Multiplikation mit einer ebenfalls vorgegebenen Gewichtsmatrix einen zugehörigen Y-Vektor erzeugen bzw. aus einem Y-Vektor sowie einer Matrix einen X-Vektor oder aus zwei Vektoren wieder eine Matrix generieren. Die entsprechenden Berechnungsalgorithmen sehen folgendermaßen aus:

Dem Netzwerk werden jeweils 3 Paare von X- und dazugehörige Y-Vektoren vorgegeben:

$$X_1 = (x_1, x_2, \dots, x_n)^T \quad Y_1 = (y_1, y_2, \dots, y_m)^T$$

$$X_2 = (x_1, x_2, \dots, x_n)^T \quad Y_2 = (y_1, y_2, \dots, y_m)^T$$

$$X_3 = (x_1, x_2, \dots, x_n)^T \quad Y_3 = (y_1, y_2, \dots, y_m)^T \qquad (6.7)$$

mit $(x,y) \in 1,-1$

Die Matrix- bzw. Vektoroperationen weisen eine gewisse Ähnlichkeit zu der bekannten Hebbschen Lernregel auf:

$$w_{ij} = \sum_{p=1}^{p} w_{ij}^{p} = \sum_{p=1}^{p} x_i^p y_j^p \qquad w_{ij} = Y_i X_j = X_i Y_j$$

$$\underline{\underline{W}} = \sum_{p} \left(\underline{y}_p \underline{x}_p^T \right) \text{ mit } w_{ij} = Y_i X_j = X_i Y_j$$

$$\underline{\underline{W}} = \underline{Y}_1 \underline{X}_1^T + \underline{Y}_2 \underline{X}_2^T + \underline{Y}_3 \underline{X}_3^T \qquad (6.8)$$

p (pattern) steht für das jeweils zu lernende Muster.

Für das Modell der kognitiven Ontogenese werden die BAM-Netze folgendermaßen eingesetzt:

Einem künstlichen Lerner, der unter anderem durch verschiedene BAM-Netze repräsentiert ist, werden verschiedene X-Vektoren vorgegeben. In der Phase des überwachten Lernens, d. h. kontrolliert durch seine soziale Umgebung, erhält der einzelne Lerner zusätzlich den dazu gehörigen Y-Vektor. Der Lerner generiert daraufhin die korrekte Matrix. Dabei bedeuten die X-Vektoren bestimmte Wahrnehmungen wie z. B. das Sehen eines vierbeinigen kleinen Tiers; der zugehörige Y-Vektor repräsentiert dann den entsprechenden Begriff wie etwa „Hund" oder „Katze". Der Lernprozess besteht also in diesem Fall darin, dass einerseits die korrekte begriffliche Einordnung der Wahrnehmungen übernommen wird und dass andererseits durch die Generierung der Matrix ein „Gedächtnis" angelegt wird: Werden nach diesem Lernprozess wieder die Wahrnehmungen als X-Vektor eingegeben, „erinnert" sich das Netz, d. h., es bildet durch die Multiplikation des X-Vektors mit der Matrix den zugehörigen Y-Vektor – „Katze" oder „Hund".

An diesem Beispiel wird deutlich, warum die BAM-Netze sich für die Simulation derartiger Lernprozesse besonders gut eignen: Man kann sie „bi" verwenden, d. h. sowohl von X-Vektoren mit einer Matrix zu Y-Vektoren gelangen, als auch von Y-Vektoren mit der Matrix zu den X-Vektoren. Sowie das Netz sich bei bestimmten Wahrnehmungen an den zugehörigen Begriff erinnert, so erinnert es sich bei der Eingabe eines Begriffs an die entsprechenden Wahrnehmungen. Beides ist erforderlich, damit man in einem nicht nur metaphorischen Sinn von „Erinnern" sprechen kann.

Da die Verarbeitungskapazität eines einzelnen BAM-Netzes beschränkt ist und zwar auf ca. 5 bis 7 Vektorpaare, muss ein einzelner Lerner mit mehreren BAM-Netzen ausgestattet sein. Im Modell besteht ein einzelner Lerner aus durchschnittlich fünf Netzen. Weil die verschiedenen Lerner im Gesamtmodell sich in unterschiedlichen Entwicklungsphasen befinden, d. h., ein Lerner hat mehr oder weniger Erfahrungen mit Wahrnehmungen und begrifflichen Zuordnungen gemacht, bestehen die Lerner im allgemeinen aus unterschiedlich vielen BAM-Netzen.

ad (b) Lernen gemäß (a) ist überwachtes Lernen in dem Sinne, dass der Lernende explizite Informationen darüber erhält, wie die begriffliche Ordnung der Wahrnehmungen vorzunehmen ist. Häufig entsteht jedoch bei menschlichen Lernprozessen die Situation, dass Wahrnehmungen aufgenommen werden, aber keine soziale Instanz vorhanden ist, die den korrekten Y-Vektor, d. h. den zugehörigen Begriff, angibt. Dies kann z. B. im Fall sozialer Isolation geschehen, wo das Individuum seine Begriffe selbst bilden muss; das kann jedoch auch, wie z. B. in der Forschung häufig, dann erforderlich sein, wenn es für neuartige Wahrnehmungen noch niemanden gibt, der über entsprechende Begriffe verfügt. Dabei ist allerdings zu beachten, dass die Zuordnung unbekannter X-Vektoren zu neu zu bildenden Y-Vektoren nicht beliebig sein kann. Unter (c) wird deutlich, dass die gelernten Begriffe nicht isoliert zueinander im Bewusstsein der Lernenden existieren können, sondern eine semantische Ordnung bilden – ein semantisches Netz. Deswegen muss die Konstruktion neuartiger Y-Vektoren nach bestimmten Regeln erfolgen.

Diese Regeln werden durch eine formale Repräsentation von Analogieschlüssen festgelegt. Vereinfacht gesagt geht es bei Analogieschlüssen darum, neuartige Informationen „analog" zu bereits bekannten Informationen einzuordnen, d. h. zu entscheiden, welchen der bereits bekannten und geordneten Informationen die neuen Informationen am ähnlichsten sind. Es gibt, nebenbei erwähnt, zahlreiche unterschiedliche Definitionen von Analogiebildungen (unter anderen Herrmann 1997), aber diese hier ist so etwas wie der praktische Kern. Im Modell wird diese Definition von Analogiebildungen dadurch realisiert, dass das BAM-Netz, das mit den neuen X-Vektoren konfrontiert ist, seine eigenen bereits gelernten X-Vektoren und die der anderen BAM-Netze – von einem bestimmten Lerner – daraufhin überprüft, welcher der gelernten X-Vektoren dem neuen am ähnlichsten ist. Dies wird wieder bei binär oder bipolar codierten Vektoren über die Hamming-Distanz berechnet und sonst über die Euklidische Distanz.

Sei also X_1 der neue unbekannte Vektor, seien X_i die bereits gelernten X-Vektoren und sei $d(X_1, X_i)$ die Distanz zwischen jeweils zwei Vektoren. M_X sei die Matrix für ein Vektorpaar (X,Y). Dann ergibt sich der neue Vektor Y_1 durch

$$Y_1 = X_1 * M_{Xj}, \text{ und}$$

$$d(X_1, X_j) = \text{Min.} \tag{6.9}$$

Von dem jeweils ähnlichsten X-Vektor übernimmt das BAM-Netz die entsprechende Matrix und berechnet *mit dieser Matrix* den neuen Y-Vektor. Da die Operationen der BAM-Netze eineindeutig (injektiv) sind, ist der neue Y-Vektor nicht identisch mit dem mit der gleichen Matrix zuvor generierten, aber prinzipiell so ähnlich, wie es die beiden X-Vektoren sind. Der neue Y-Vektor wird dann übernommen für die Komponente (c) des gesamten Lernprozesses.

ad (c) Das Lernen der einzelnen Begriffe geschieht zwar auf der Basis von Wahrnehmungen sowie entsprechenden Hinweisen aus der sozialen Umwelt. Als weiterer Schritt ist jedoch erforderlich, dass die einzelnen Begriffe in die erwähnte semantische Ordnung gebracht werden müssen. Anders formuliert: Begriffe machen für einen Lerner erst dann Sinn, wenn ihr Bezug zu anderen Begriffen hergestellt ist. Ein Kind versteht den Begriff „Hund" erst dann vollständig, wenn es „Hund" in Zusammenhang bringen kann zu anderen Begriffen wie „Katze" oder „Kuh" und wenn es gleichzeitig weiß, dass „Hund" nur einen sehr geringen Zusammenhang zu z. B. „Flugzeug" hat. Insbesondere kann die Herstellung logischer Beziehungen wie „ein Dackel ist ein Hund" aber „ein Hund ist nicht notwendig ein Dackel" erst erfolgen, wenn die Begriffe in eine Gesamtordnung platziert sind. Die Bedeutung von Begriffen besteht demnach sowohl in den entsprechenden Wahrnehmungen bzw. deren Verarbeitung als auch in dem Zusammenhang, in dem die Begriffe zu anderen Begriffen stehen bzw. gestellt werden.

Im Modell wird dieser wesentliche Aspekt von Lernprozessen durch die Koppelung der verschiedenen BAM-Netze mit einer selbstorganisierenden Karte vom Ritter-Kohnen Typ (1989) realisiert. Die Koppelung erfolgt derart, dass die von den BAM-Netzen gespeicherten X-Vektoren gemeinsam mit den zugehörigen Y-Vektoren zur Konstruktion einer semantischen Matrix verwendet werden. Dabei werden pro Lerner mehrere BAM eingesetzt, um die semantischen Matrizen nicht zu groß werden zu lassen. Anschließend erfolgt die Operationsweise des Kohonen-Algorithmus, der im Kapitel 4 beschrieben wurde.

ad (d) Soziales Lernen schließlich bedeutet hier, dass die Lernenden Wissen, d. h. Begriffe von fortgeschritteneren Individuen, übernehmen können. Dies kann jedoch nur dann geschehen, wenn die fortgeschritteneren Akteure in der Moore-Umgebung des Lerners sind; soziales Lernen setzt also die Nähe zu den „Lehrern" voraus. In dem Modell, das hier geschildert wird, wird die Unterschiedlichkeit des Lernfortschritts dadurch erreicht, dass die Individuen eine bestimmte Lebensspanne haben und nach deren Vollendung „sterben", d. h., sie werden durch neue Akteure ersetzt. Die Konsequenzen daraus für die Sozialstruktur werden am Ende dieses Beispiels gezeigt.

Ein Lerner hat, wenn ihm neue Wahrnehmungen, also X-Vektoren eingegeben werden, prinzipiell drei Lernmöglichkeiten: Einmal können (X,Y)-Paare aus der Umgebung übernommen werden, falls der Lerner diese noch nicht kennt. Dies ist auch die erste Option, die ein Lerner realisiert. Anschließend werden die neuen Begriffe durch die Kohonen-Karte in das semantische Netz integriert. Allerdings wird bei einer derartigen Neuintegration nicht das gesamte semantische Netz verändert, was völlig unrealistisch wäre, sondern es wird nur der Netzteil verändert, zu dem der neue Begriff am besten passt. Dieser wird dadurch bestimmt, dass für jeden Begriffscluster der oder die X-Vektoren gesucht werden, die dem neuen X-Vektor am ähnlichsten sind. Dies geschieht wie bei der Berechnung der Analogieschlüsse. Nur dieser Cluster wird anschließend durch den Algorithmus der Kohonen-Karte durch Hinzufügung des neuen Begriffs modifiziert.

Zum zweiten kann ein Lerner die entsprechenden Y-Vektoren von Akteuren in seiner Umgebung übernehmen, falls dies möglich ist. Dies ist dann die zweite Option für den Lerner. Diese werden dann wie eben beschrieben in das semantische Netz integriert.

Zum dritten kann der Lerner, falls er keinen Y-Vektor aus seiner Umgebung erhält, Analogiebildungen durchführen und selbst einen neuen Begriff bilden. Dieser wird ebenfalls in das semantische Netz integriert. Allerdings kann es vorkommen, dass dieser kreative Lerner seine Einordnung revidieren muss, falls im Verlauf der Simulation aus anderen Umgebungen andere Netzanordnungen in die Umgebung des Lerners gelangen und diesen veranlassen, seine Ordnung anzupassen. Dabei gilt, dass eine semantische Ordnung als sozial gültig anerkannt wird, wenn sie von älteren Akteuren stammen. Die Begründung für diese Reihenfolge der Optionen ist die, dass (die meisten) Menschen lieber etwas von Anderen übernehmen, als es sich selbst mühsam auszudenken. Dies ist nicht nur bequemer, sondern meistens auch effizienter.

Die folgenden Bilder zeigen exemplarische Entwicklungen der verschiedenen Lerner.[6]

Man kann hier bereits gut erkennen, wie die einzelnen Lerner semantische Ordnungen aufgebaut haben und insbesondere wie unterschiedlich diese zum Teil sind. Der Akteur 1 hat 5 Konzepte für gefährliche Dinge gelernt, Akteure 3 und 4 haben einen Begriff mehr (graue Farbmarkierung); Akteur 2 hat insgesamt 6 Konzepte per Analogie abgeleitet (weiße Schriftmarkierung), die anderen 3 (Akteur 3) bzw. 2 (Akteur 1). Auch in der Anzahl der Konzepte insgesamt gibt es bereits leichte Unterschiede.

Obwohl für dies Modell noch keine endgültigen Ergebnisse vorliegen, kann man jetzt schon zwei interessante Resultate erkennen, die beide darauf verweisen, wie wichtig die soziale Umgebung für das individuelle Lernen ist: Zum einen zeigt das Modell, dass die individuellen semantischen Ordnungen stark davon abhängen, in welcher Reihenfolge die verschiedenen Begriffe, in Abhängigkeit von der Umgebung, von den Lernern aufgenommen und integriert werden. Technisch liegt dies daran, dass die Kohonen-Karte, wie jedes deterministische System, in ihrer faktischen Trajektorie wesentlich von den jeweiligen Anfangszuständen abhängt

6 Das System wurde implementiert von Rouven Malecki.

und dies ergibt sich über die Reihenfolge der gelernten Begriffe. Lerntheoretisch bedeutet dies, dass z. B. ein Kind natürlich unterschiedliche semantische Ordnungen aufbaut je nach soziokultureller Umgebung: Eine Kindheit auf einem Bauernhof wird für den Aufbau eines semantischen Netzes in Bezug auf Tiere eine andere Ordnung ergeben als die Kindheit in einer Großstadt, wo Tiere nur als Spielgefährten in der Wohnung oder bei einem Zoobesuch vorkommen.

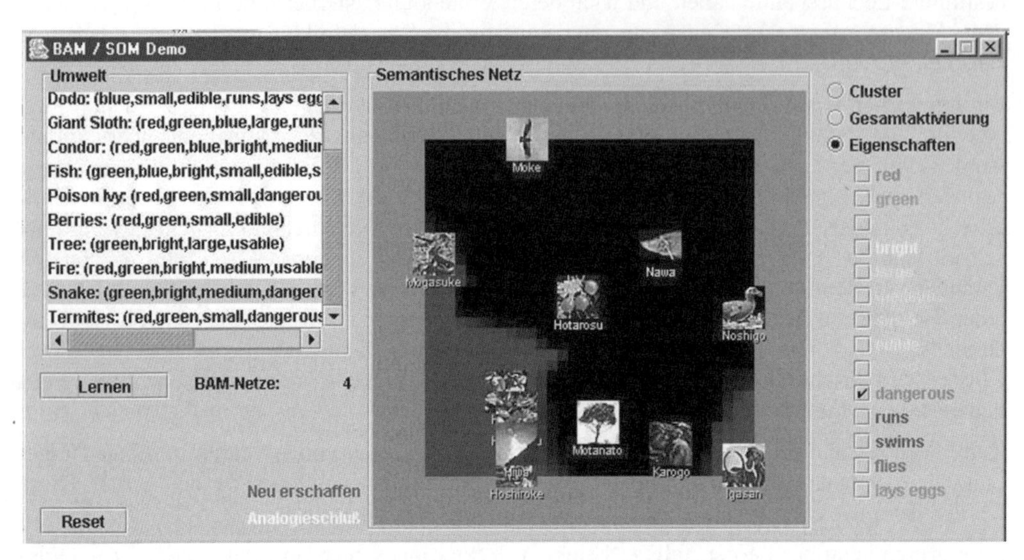

Bild 6-5 Akteur 1 hat neun Begriffe erfunden und zwei Begriffe durch Analogie abgeleitet (Hatarosu und Nawa).

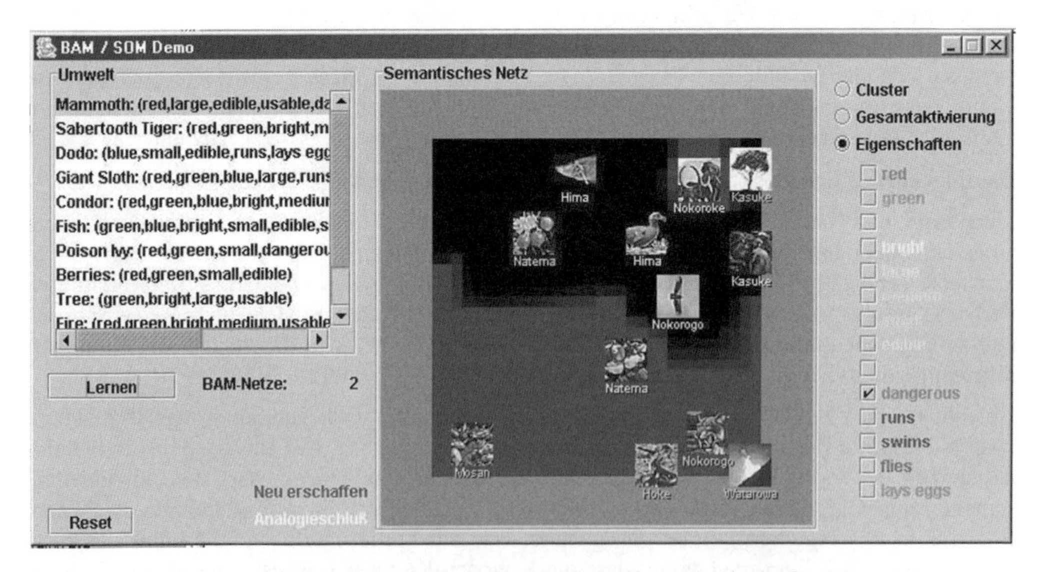

Bild 6-6 Akteur 2 hat sechs Begriffe erfunden und sechs Begriffe per Analogie abgeleitet.

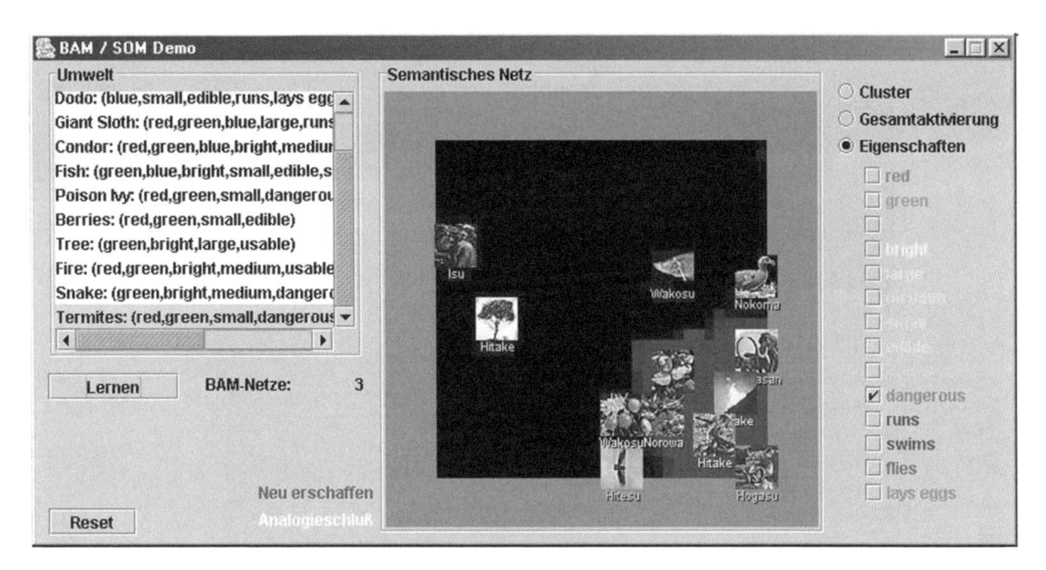

Bild 6-7 Akteur 3 hat neun Begriffe erfunden und 3 Begriffe durch Analogie abgeleitet.

Zum anderen zeigt es sich, dass eine Umgebung kontraproduktiv für die kognitive Entwicklung sein kann, wenn die älteren Akteure zu viel wissen. Gemäß der Reihenfolge der Optionen wird dann nämlich ein Individuum seine Lebensspanne zum größten Teil damit verbringen, Wissen von anderen Akteuren zu übernehmen und selbst nicht kreativ zu sein. Die kulturellen Konsequenzen sind dann, dass sich das Wissen der gesamten Gemeinschaft nicht mehr wesentlich erhöht – die Kultur stagniert. Dafür gibt es zahlreiche Beispiele in der Geschichte. Produktive kognitive Entwicklung setzt demnach voraus, dass die Individuen ermutigt werden, nicht einfach Wissen zu übernehmen, sondern selbst etwas Neues herauszufinden. Insofern ergeben sich aus diesem sehr theoretischen Modell äußerst konkrete didaktische Konsequenzen.

Zum Abschluss der Darstellung wird in den folgenden Bildern das Gesamtmodell gezeigt. Dabei ist darauf zu verweisen, dass die angesprochene Konsequenz für die Sozialstruktur, dass es unterschiedlich erfahrene Akteure gibt, im Modell folgendermaßen realisiert wird: Zu Beginn wird eine bestimmte Anzahl von Akteuren generiert, die als gleichwertig gelten. Dies wird durch die homogene Geometrie des ZA repräsentiert. Durch das Auftauchen „junger" Akteure verändert sich diese egalitäre Sozialstruktur: Die Jungen lernen von den Älteren, aber im Allgemeinen nicht umgekehrt. Im Modell führt dies zu einer sukzessiven Transformation des ZA zu einem Booleschen Netz; diese Transformation ist ebenfalls visuell gezeigt. Die Unterschiede zwischen den Generationen also führen zu einer wachsenden Inhomogenität der Sozialstruktur; auch in dieser Hinsicht scheint das Modell durchaus realistisch zu sein.

In Bild 6-8 wird die Sozialstruktur nach 203 Iterationen der Simulation gezeigt (rechte Seite). Zugleich wird das „Innenleben" des Akteurs 47 gezeigt. Die Anzahl der Zeitschritte ist notwendig, damit die Akteure jeweils lernen können, um semantische Netze zu konstruieren; die Sozialstruktur ändert sich in dieser Phase nicht.

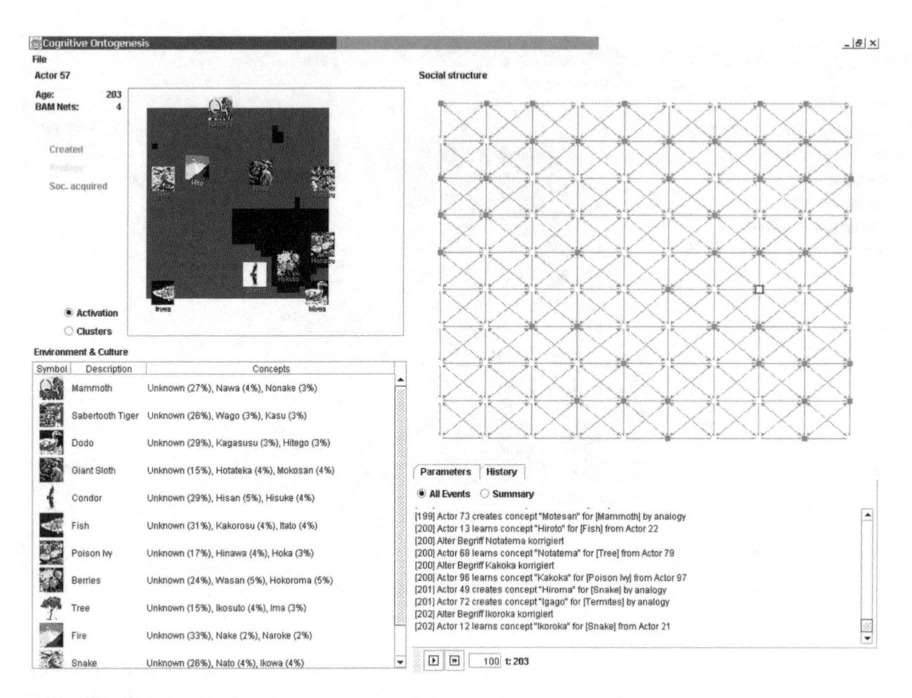

Bild 6-8 Zustand des Systems nach insgesamt 203 Iterationen. Die kognitive Struktur des Akteurs 57 wird im Bild links oben dargestellt.

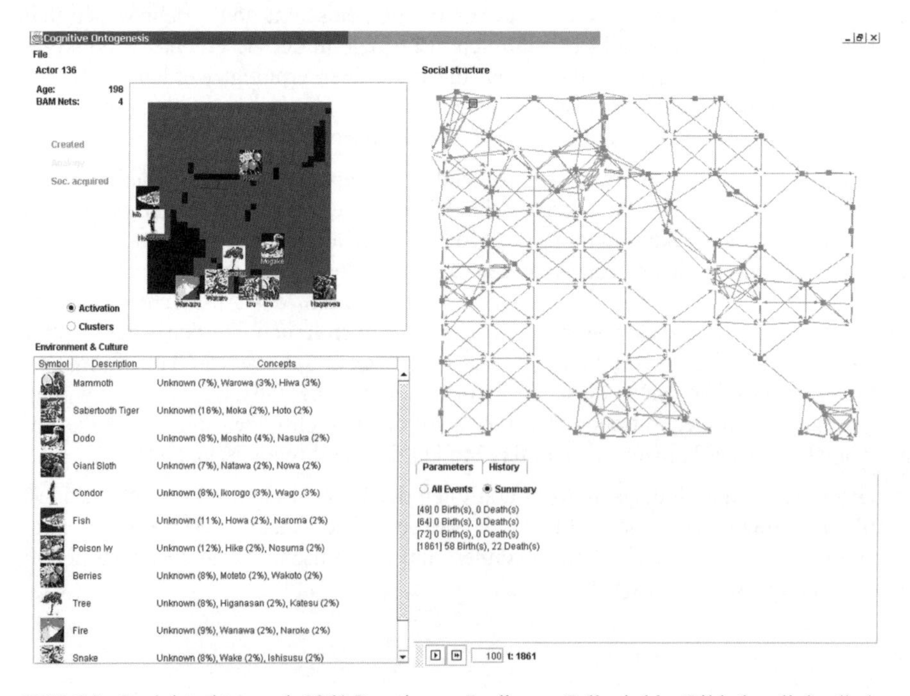

Bild 6-9 Sozialstruktur nach 1861 Iterationen. In diesem Fall wird im Bild oben links die kognitive Struktur des Akteurs 136 gezeigt.

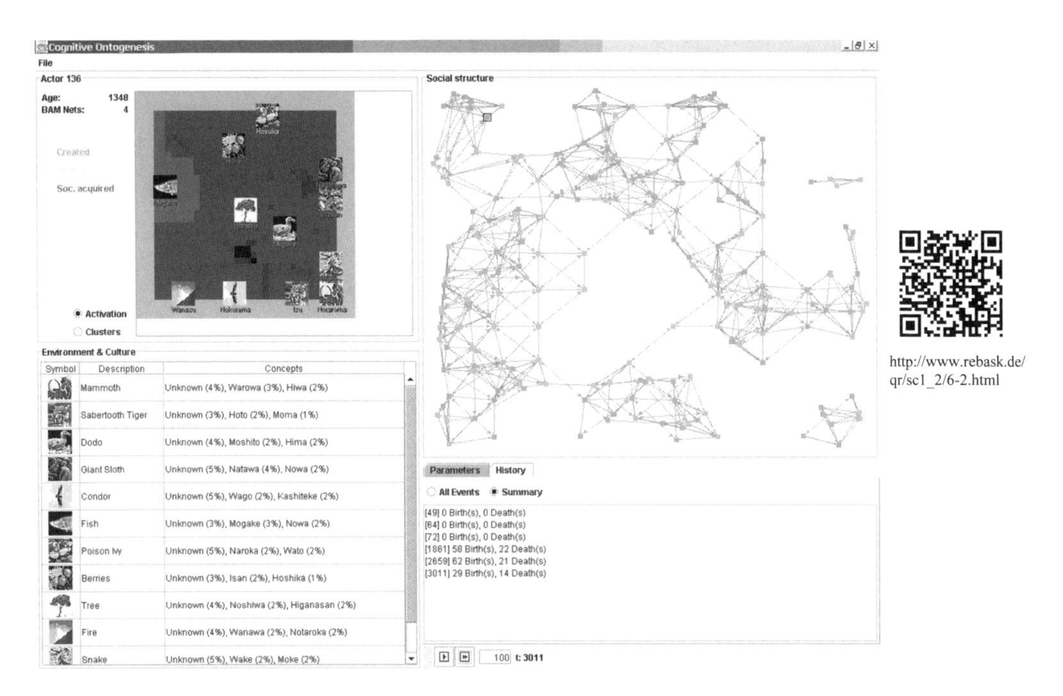

http://www.rebask.de/qr/sc1_2/6-2.html

Bild 6-10 Sozialstruktur nach 3011 Iterationen

Interessant sind die Ergebnisse nach fast 2000 und 3000 Iterationen. Die Sozialstruktur ist wesentlich differenzierter, in Bild 6-9 ist bereits eine Gruppe zu sehen, die sich „sozial" isoliert hat. Die „kognitive" Struktur des Akteurs 136 zeigt in diesem Fall, dass die reichhaltige Umgebung des Akteurs dazu führt, dass er letztlich „nur noch" sozial lernt. In Bild 6-9 hat er 10 Konzepte, wobei nur 3 sozial gelernt wurden (dunkelgraue Schriftmarkierung). Nach weiteren 1000 Iterationen (Bild 6-10) hat er 12 Konzepte, wobei 11 davon sozial gelernt wurden. Damit ist seine Kreativität einerseits „unterdrückt", andererseits müssen bereits Korrekturen aus der Umwelt gekommen sein.

Die Gesamtstruktur des Systems lässt sich offenbar verstehen als eine mehrfache horizontale Koppelung unterschiedlicher neuronaler Netze, die jeweils einen künstlichen Akteur darstellen. Die daraus entstehenden gekoppelten Systeme werden ihrerseits untereinander gekoppelt; im ersten Koppelungsfall geschieht die Koppelung durch Zulieferung von Daten von den BAM-Netzen zu den SOMs; im zweiten Koppelungsfall wird die Verbindung durch eine ZA-Logik bzw. anschließend durch eine BN-Logik realisiert. Allerdings ist auch die zweite Koppelung wieder als Arbeitsteilung in dem Sinne zu verstehen, dass die einzelnen Akteure von den vorherigen Lernprozessen der anderen Akteure die Ergebnisse übernehmen können, also auf eigene Begriffskonstruktionen verzichten. Insofern demonstriert das Modell sehr präzise und offenbar auch realistisch, inwiefern soziale Beziehungen, in diesem Fall soziales Lernen, ganz wesentlich durch Prinzipien der Arbeitsteilung verschiedener Systeme und damit horizontale Koppelungen zu simulieren sind.

Dies Programm ist eigentlich in einem weiten theoretischen Zusammenhang entwickelt worden: Es simuliert die sozio-kulturelle Evolution, also die Grundlogik der Entwicklung von Gesellschaften auf der Basis individueller Lernprozesse. Dahinter steht die allgemeine Annahme, dass sich gesellschaftlicher Fortschritt durch die Entwicklung kulturellen Wissens und daraus resultierender Veränderung der jeweiligen Sozialstrukturen ergibt.[7] Für diese theoretischen Aspekte und genauere Informationen zum Gesamtprogramm sei hier verwiesen auf Klüver 2002 sowie Klüver und Klüver 2012. Es sei hier nur angemerkt, dass wir dies Programm als SCCA bezeichnen – Socio-Cultural Cognitive Algorithm. Wir haben das Programm inzwischen (seit der ersten Auflage) etwas weiter entwickelt und zeigen in dem zur Verfügung gestellten Video diese neuere Version. Freilich soll hier auch nicht unerwähnt bleiben, dass trotz des sehr theoretischen Entstehungskontextes der SCCA bei Schülern (zum Teil erst 12–13 Jahre) und Studierenden stets großes Interesse und vor allem die Motivation hervorrief, selbst damit zu experimentieren und die Entwicklung von Menschen und Sozialstrukturen sozusagen im Zeitraffer nachzuvollziehen. Vielleicht haben Sie auch Lust, es einmal mit dem SCCA zu versuchen.

http://www.rebask.de/qr/sc1_2/6-3.html

Die verschiedenen Beispiele in den vorangegangenen Kapiteln und den letzten Subkapiteln haben konstruktiv demonstriert, welche vielfältigen und praktisch unbegrenzten Verwendungsmöglichkeiten die unterschiedlichen Soft-Computing-Modellierungsverfahren und deren Kombinationen anbieten. Das können sehr praktische Probleme sein wie die Modellierung von Verkehrsverhalten und daraus resultierende Verkehrsplanungen oder die Entwicklung medizinischer Diagnosesysteme. Ebenso einsetzbar sind diese Techniken in sozialpädagogischen Bereichen, in denen nicht nur Simulationen von Gruppenprozessen und deren Prognose ermöglicht werden, sondern auch die Planung der optimalen Zusammensetzung von Subgruppen und die Auswahl bestimmter Personen. Die Verwendung dieser Techniken kann jedoch auch sehr theoretische Probleme der Grundlagenforschung in verschiedenen Disziplinen betreffen. Wir haben im zweiten Kapitel erwähnt, dass ZA-Modelle unter anderem dazu verwendet wurden, eines der wichtigsten Probleme der Biologie zu bearbeiten, nämlich die Entwicklung von lebenden Systemen aus präbiotischer Materie (Boerlijst and Hogeweg 1992). Dort dienten die ZA zur Verbesserung des berühmten Hyperzyklus von Eigen. Man kann ebenfalls zeigen wie ein ganz anders theoretisches Problem mit hybriden Techniken behandelt werden kann, nämlich die Fähigkeit komplexer Systeme, sich in sich selbst abzubilden (Klüver 2000). Allerdings lässt sich dieses theoretisch fundierte Modell auch durchaus praktisch anwenden, nämlich beispiels-weise bei der Optimierung von Organisationsstrukturen (Stoica et al. 2004).

Wir haben zu Beginn dieses Kapitels darauf verwiesen, dass hybride Systeme sowohl häufig leistungsfähiger sind als Systeme, die nur mit einem Basismodell arbeiten, als auch meistens komplizierter. Das letzte Beispiel hat diesen Hinweis vermutlich bestätigt. Hybride Systeme lassen sich freilich auch einfacher konstruieren, falls die Probleme nicht so komplex sind wie das letzte; das sollten die ersten beiden Beispiele demonstrieren. Die Kombination unterschiedlicher Soft-Computing-Modelle ist jedenfalls bereits für sich eine faszinierende Aufgabe. Lassen Sie sich durch die Kompliziertheit der obigen Beispiele also nicht entmutigen.

7 Kenner gesellschaftstheoretischer Ansätze, die sich mit der Logik historischer Prozesse beschäftigen, werden hier vielleicht Inspirationen von den Theorien von Karl Marx und Jürgen Habermas entdecken, aber das nur nebenbei.

7 Resümee und Perspektiven

Die Modelle, die in den verschiedenen Kapiteln dargestellt wurden, sollten vor allem die reichhaltigen Verwendungsmöglichkeiten von Soft-Computing-Modellierungen zeigen, wie von uns immer wieder betont wurde. Natürlich müssen für jedes besondere Problem entsprechend spezielle Algorithmen entwickelt werden – Regeln für ZA, Bewertungsfunktionen für evolutionäre Algorithmen, Architekturen neuronaler Netze etc.

Dennoch ist hoffentlich deutlich geworden, dass das im ersten Kapitel thematisierte universale Modellierungsschema nicht nur *prinzipiell* universal ist, sondern sich auch sehr praktisch in extrem heterogenen Bereichen verwenden lässt. Es soll damit nicht gesagt werden, dass die klassischen mathematischen Verfahren der Modellbildung und Simulation überflüssig werden. Eine derart extreme Position, wie sie insbesondere Wolfram (2002) in Bezug auf ZA vertritt, ist aus sehr unterschiedlichen Gründen nicht haltbar und auch nicht empfehlenswert, da sich viele Probleme sehr erfolgreich mit der klassischen Mathematik der Differential- und Differenzengleichungen bearbeiten lassen. Dies gilt insbesondere dort, wo es sich um große Daten-mengen handelt und Top-Down-Modellierungen der einzig praktikable Weg sind.

Die in dieser Arbeit gezeigten Vorzüge von Soft-Computing-Modellen kommen vor allem da zum Tragen, wo komplexe Probleme der natürlichen, technischen, sozialen, wirtschaftlichen und kognitiven Realität eine möglichst enge Orientierung an den realen Problembereichen verlangen. In diesen Bereichen kann man häufig nicht mit hohen Aggregierungen operieren und dort liegen die Stärken der hier behandelten Modelle. In diesem Sinne ist es zu wünschen, dass am Soft Computing orientierte Vorgehensweisen eine relative Gleichberechtigung im Spektrum mathematischer Verfahren zur Modellbildung und Simulation erhalten.

Vor allem zu den gebrachten Beispielen sind allerdings noch einige systematische methodische und wissenschaftstheoretische Erläuterungen erforderlich.

Bei manchen der Modelle werden nur relativ geringe Größenordnungen verwendet, was sofort die Frage nach der Übertragbarkeit der einschlägigen Ergebnisse auf wesentlich größere Systeme nach sich zieht. Sofern jedoch bewusst mit kleinen Modellen gearbeitet wurde, lag dies an den entsprechenden Problemen, die keine wirklich großen Systeme erforderten. Andere Modelle wie etwa OPINIO und das Räuber-Beute-System operieren mit Tausenden von Einheiten; diese stellen wesentlich komplexere Systeme dar. Darüber hinaus haben die theoretischen Arbeiten zu Zellularautomaten, Booleschen Netzen und hybriden Systemen gezeigt, dass man allgemeine Modelleigenschaften ungeachtet der Größe der Modelle sehr gut studieren kann. Sehr große Systeme können technisch störanfälliger als relativ kleine sein; wir gehen jedoch davon aus, dass die Modelle übertragbar auf andere, insbesondere größere Systeme, sind. So wurde beispielsweise eines unserer Modelle, nämlich der SCCA, das die Evolution von ganzen Gesellschaften simulieren soll, mit mehr als einer Million Zellen getestet, die ihrerseits jeweils aus den Kombinationen neuronaler Netze bestehen, die im letzten Beispiel im vorigen Kapitel dargestellt wurden. Die entsprechenden Ergebnisse waren im Wesentlichen die gleichen wie bei einem Modell mit ca. 100 Zellen.

Die Modelle operieren außerdem häufig mit Werten, die nicht empirisch erhoben wurden, sondern als unabhängige Variable „gesetzt" wurden. Die Modelle haben demnach in diesem Sinne einen hypothetischen Charakter, da sie vorwiegend dazu dienten, *mögliche* Prozesse in den verschiedenen Bereichen in Simulationsexperimenten zu erforschen. Das besagt jedoch nicht, dass die Modelle beliebig und damit ohne Aussagewert sind. Zum einen wurden, wie bemerkt, einige der Modelle bereits empirisch validiert, d. h. mit empirisch erhobenen Daten verglichen. Dabei zeigte sich, dass die Prognosesicherheit der Modelle zum Teil erstaunlich hoch ist. Die Modelle wurden durchweg so konstruiert, dass sie offen für die Eingabe realer Daten sind. Die jeweiligen Interaktionsregeln sowie die entsprechenden Metaregeln, die den Kern der jeweiligen Modelle bilden, zeigten sich als offensichtlich realitätsadäquat.

Zum anderen orientieren sich diese Modelle an dem Vorbild der theoretischen Wissenschaften, wie der theoretischen Physik. Am Beispiel der allgemeinen Relativitätstheorie zeigte insbesondere Popper (1969) in seinem berühmten Werk „Die Logik der Forschung", dass die Konstruktion hypothetischer Modelle und deren zum Teil nur punktuelle Überprüfung an der Realität die einzig mögliche Vorgehensweise ist, allgemeine wissenschaftliche Erkenntnisse zu gewinnen.

Insofern liegt hier, wenn auch mit anderen formalen Techniken, die gleiche methodische Situation vor wie im Fall der etablierten theoretischen Wissenschaften. Der hypothetische Charakter der hier geschilderten Modelle ist von daher kein Nachteil sondern eher ein Beweis dafür, dass die Verwendung von Soft-Computing-Modellen das gleiche theoretische und methodische Vorgehen bei den hier analysierten Problemen erlaubt, wie es in den theoretischen Naturwissenschaften gängig ist. Soft-Computing-Modelle können daher nicht nur von vielfältiger praktischer Bedeutung sein, sondern können auch die methodische Grundlage dafür liefern, die traditionellen Probleme der Geistes- und Sozialwissenschaften auf die Weise theoretisch zu behandeln, die den theoretischen Naturwissenschaften inhärent ist. Auch hierzu sollte diese Studie eine Einführung liefern.

Für die Informatik sind vor allem zwei Aspekte dieser Arbeit wesentlich: Zum einen konnte gezeigt werden, dass die hier dargestellten Informatiktechniken auf sehr heterogene Beispiele angewandt werden können. Damit kann der Anwendungsbereich der Informatik erweitert werden: die Informatik könnte jetzt z. B. ebenso für kognitions- und geisteswissenschaftliche Bereiche wichtig werden, wie es bislang vorwiegend in natur-, wirtschafts- und technikwissenschaftlichen Anwendungsgebieten der Fall war. Insbesondere zeichnet sich die Möglichkeit ab, parallel vor allem zur Bioinformatik, Wirtschaftsinformatik und Medizininformatik eine Richtung der „Sozioinformatik" zu entwickeln – neben dem bereits etablierten Gebiet der KI-Forschung.

Zum anderen zeigt insbesondere die Forschung über die Ordnungsparameter und die Metaparameter, dass durch die Analyse von Soft-Computing-Modellen Beiträge für die theoretischen Grundlagen der Informatik erbracht werden können, soweit sich diese auch auf die Eigenschaften formaler Modelle bezieht.

Ein wesentliches Ziel dieser Einführung ist es, die allgemeinen und theoretischen Zusammenhänge zwischen den verschiedenen Bereichen des Soft Computing aufzuzeigen. Die Resultate können auch für andere Zweige der Informatik von Bedeutung sein, insbesondere wenn klassische Verfahren der Informatik mit Techniken des Soft Computing angereichert werden, um die Modelle adaptiv, flexibel und lernfähig zu gestalten – für viele technische Probleme kann das von Vorteil sein. Natürlich sind umgekehrt Soft-Computing-Modelle nicht immer zu bevorzugen, wenn der entsprechende Aufwand in keinem Verhältnis zu dem erwartbaren Nutzen steht. Daher ist es zu wünschen, dass die verschiedenen Techniken der Informatik sich nicht (nur) konkurrierend, sondern als sich gegenseitig befruchtend zur Kenntnis nehmen. Die Leser und Leserinnen dieser Einführung, die bis hier durchgehalten haben, werden diesen Wunsch hoffentlich teilen, sofern sie Informatiker sind oder werden wollen. Diejenigen Leser/innen, die vor allem daran interessiert sind, was Soft Computing für die eigenen wissenschaftlichen und praktischen Probleme auch außerhalb der Informatik bringen kann, sind vielleicht jetzt motiviert, es selbst einmal mit diesen Modellen zu versuchen. Falls Sie dazu mit den hier dargestellten Programmen eigene Experimente veranstalten wollen, wenden Sie sich an uns. Wir freuen uns über jede Rückmeldung.

Literaturverzeichnis

Anderson, P. W., Arrow, K., Pines, D., 1988: The Economy as an Evolving Complex System. Reading, MA: Addison-Wesley

Axelrod, R., 1987: Die Evolution der Kooperation. München: Oldenbourg

Barrow, J., 1991: Theories for Everything. The Quest for Ultimate Explanation. Oxford: Oxford University Press

Bar-Yam, Y., 1997: Dynamics of Complex Systems. Reading, MA: Addison-Wesley

Berlekamp, E., Conway, J., Guy, R., 1985: „Gewinnen – Strategien für mathematische Spiele" (Bd. 4). Braunschweig: Vieweg

Bertalanffy, L. von, 1951: Zu einer allgemeine Systemlehre. In: Biologia Generalis. Archiv für die allgemeinen Fragen der Lebensforschung 19, 114–129

Boerlijst, M., Hogeweg, P., 1992: Self-Structuring and Selection: Spiral Waves as a Substrate for Prebiotic Evolution. In: Langton et al. (Hrsg.), 1992

Bonne, T., 1999: Kostenorientierte Klassifikationsanalyse. Köln: Josef Eul

Bonneuil, N., 2000: Viability in Dynamic Social Networks. In: Journal of Mathematical Sociology 24, 175–192

Bothe, H.-H., 1998: Neuro-Fuzzy-Methoden. Einführung in Theorie und Anwendungen. Berlin: Springer

Braun, H., 1997: Neuronale Netze. Optimierung durch Lernen und Evolution. Berlin: Springer

Buchanan, B. G., Shortliffe, E. H., (Eds.), 1984: Rule-Based Expert Systems – The MYCIN Experiments of the Stanford Programming Project. Reading, MA: Addison-Wesley

Butschinek, U., 2003: Möglichkeiten der Modellierung von Organisationen mittels Boolescher Netzwerke. Marburg: Tectum Verlag

Carley, K., 1997: Organization and Constraint-Based Adaptation. In: Eve, R. A., Horsfall, S., Lee, M. E. (Hrsg.): Chaos, Complexity and Sociology. Myths, Models, and Theories. London: Sage

Carpenter, G. A., Grossberg, S., 2002: A Self-Organizing Neural Network for Supervised Learning, Recognition, and Prediction. In: Polk, T. A., Seifert, C. M. (Hrsg.), 2002: Cognitive Modeling. Cambridge, MA: MIT Press

Carroll, S. B., 2008: Evo Devo. Das neue Bild der Evolution. Berlin: Berlin University Press

Cohen, M. D., Riolo, R. L., Axelrod, R., 2000: The Role of Social Structure in the Maintenance of Cooperative Regimes. Rationality and Society. London: Sage

Crook, J. F., 2009: A Pencil-and-Paper Algorithm for Solving Sudoku Puzzles. In: Notices of the AMS 56, 4

Dallmer, H., Kuhnle, H., Witt, J., 1991: Einführung in das Marketing. Wiesbaden: Gabler

Dawkins, R., 1987: Der blinde Uhrmacher. Ein neues Plädoyer für den Darwinismus. München: Deutscher Taschenbuch Verlag

Delahaye, J. P., 2006: Sudoku oder die einsamen Zahlen. In: Spektrum der Wissenschaft 3

Dudel J., Menzel, R., Schmidt, R. F. (Hrsg.), 2001: Neurowissenschaft. Vom Molekül zur Kognition. Berlin, Heidelberg: Springer

Elman, J. L., 2001: Connectionism and Language Acquisition. In: Tomasello, M. and Bates, E. (eds.): Language Development. Malden (MA): Blackwell

Engelbrecht, A. P., 2002: Computational Intelligence: An Introduction. Canada: John Wiley & Sons

Epstein J. M., Axtell, R., 1996: Growing Artificial Societies – Social Science from the Bottom Up. Cambridge, MA: MIT Press 1996

Esser, J., Schreckenberg, M., 1997: Microscopic simulation of urban traffic based on cellular automata. Int. J. of Mod. Phys. C8, S. 1025–1036

Freeman, L., 1989: Social Networks and the Structure Experiment. In: Freeman, L., (ed.): Research Methods in Social Network Analysis. Fairfax: George Mason University Press

Gallant, S.I., 1993: Neural Network Learning and Expert Systems. Cambridge, London: MIT Press

Geertz, C., 1972: Deep Play: Notes on the Balinese Cockfight. In: Daedalus 101, 1–37

Gell-Mann, M., 1994: Das Quark und der Jaguar. München: Piper

Gerhard, M., Schuster, H., 1995: Das digitale Universum. Zelluläre Automaten als Modelle der Natur. Braunschweig: Vieweg

Goonatilake, S., Kebbal, S. (Hrsg.), 1995: Intelligent Hybrid Systems. Canada: John Wiley & Sons

Görz, G. (Hrsg.), 1993: Einführung in die künstliche Intelligenz. Bonn: Addison-Wesley

Gutowitz, H. A. (Hrsg.), 1990: Cellular Automata: theory and experiment. Cambridge, MA: MIT Press

Hebb, D. A., 1949: The organization of behavior. New York: Wiley

Herrmann, J., 1997: Maschinelles Lernen und Wissensbasierte Systeme. Berlin: Springer

Herrmann, M., 2008: Computersimulationen und sozialpädagogische Praxis. Wiesbaden: VS Research

Hertz, J., Krogh, A., Palmer, R. G., 2002: The Hopfield Model. In: Polk, T. A., Seifert, C. M. (Hrsg.): Cognitive Modeling. Cambridge, MA: MIT Press

Hindel, B., Hörmann, K., Müller, M., Schmied, J., 2009: Basiswissen Softwaremanagement. Heidelbarg: dPunkt Verlag

Hofstadter, D. R., 1985: Gödel, Escher, Bach. Ein Endloses Geflochtenes Band. Stuttgart: Klett-Cotta

Holland, J. H., 1975: Adaptation in Natural and Artificial Systems. Cambridge MA: MIT Press

Holland, J. H., 1992: Genetische Algorithmen. In: Spektrum der Wissenschaft (September)

Holland, J. H., 1998: Emergence. From Chaos to Order. Reading, MA: Addison-Wesley

Holland, J. H., Holyoak, K.J., Nisbett, R.E., Thagard, P., 1986: Induction. Cambridge, MA: MIT Press

Horgan, J., 1995: Komplexität in der Krise. In: Spektrum der Wissenschaft, September 1995: 58–64

Huxley, J. S., 1942: Evolution, the Modern Synthesis. London: Allen and Unwin

Jones, B. F., Idol. L. (Hrgs.), 1990: Dimensions of Thinking and Cognitive Instruction. Hilsdale, New Jersey: Lawrence Erlbaum Associates

Jordan, M. I., Rummelhart, D. E., 2002: Forward Models: Supervised Learning with a Distal Teacher. In: Polk, T. A., Seifert, C. M. (Hrsg): Cognitive Modeling. Cambridge, MA: MIT Press

Kauffman, S., 1993: The Origins of Order. Oxford: Oxford University Press

Kauffman, S., 1995: At Home in the Universe. Oxford: Oxford University Press

Kirkpatrick, S., Gelatt, C. D., Vecchi, M. P., 1983: Optimization by Simulated Annealing. In: Science 220, 671–680

Klüver J., Sierhuis, M., Stoica, C., 2004b: The Emergence of Social Cooperation in a Robotic Society. In: Lindemann, G., Denzinger, J., Timm, I. J., Unland, R. (Hrsg.): Multiagent System Technologies. Proceedings of the Second German Conference on Multi-Agent System Technologies (MATES 2004). LNAI:Springer

Klüver, J., 1988: Die Konstruktion der sozialen Realität Wissenschaft: Alltag und System, Braunschweig-Wiesbaden: Vieweg
Klüver, J., 2000: The Dynamics and Evolution of Social Systems. New Foundations of a Mathematical Sociology. Dordrecht: Kluwer Academic Publishers
Klüver, J., 2002: An Essay Concerning Socio-cultural Evolution. Theoretical Principles and Mathematical Models. Dordrecht Kluwer Academic Publishers
Klüver, J., 2004: The Evolution of Social Geometry. In: Complexity. Wiley, 9:1, 13–22
Klüver, J., Malecki, R., Schmidt, J., Stoica, C., 2004: Cognitive Ontogenesis and Sociocultural Evolution. In: Klüver, J. (Hrsg.): On Sociocultural Evolution. Special Issue of CMOT (Computation and Mathematical Organizational Theory). Kluwer
Klüver, J., Schmidt, J., 1999: Control Parameters in Boolean Networks and Cellular Automata Revisited: From a Logical and a Sociological Point of View. Complexity 5, 45–52.
Klüver, J., Stoica, C., 2003: Modelling Group Dynamics with Different Models. In: JASSS – Journal for Social Simulation and Artificial Societies: http://jasss.soc.surrey.ac.uk/6/4/8. html
Klüver, J., Stoica, C. 2004: Die Programme des Hercule(s): Drei KI-Systeme und ein Mörder. In: KI – Künstliche Intelligenz: Forschung, Entwicklung, Erfahrungen, 3/2004
Klüver, J., Stoica, C., 2004b: The Communicative Generation of Cultural Systems. In: Trappl R. (Hrsg.): Cybernetics and Systems. Wien: Austrian Society for Cybernetic Studies
Klüver, J., Stoica, C., 2006: Topology, Computational Models, and Social-cognitive Complexity. In: Complexity 11, no. 4, 43–55
Klüver, J., Stoica, C., Schmidt, J., 2003: Formal Models, Social Theory and Computer Simulations: Some Methodological Reflections. In: JASSS – Journal for Social Simulation and Artificial Societies: http://jasss.soc.surrey.ac.uk/6/2/8.html
Klüver, J., Stoica, C., Schmidt, J., 2006: Soziale Einzelfälle, Computersimulationen und Hermeneutik. Bochum-Herdecke: Verlag w3l
Klüver, J., Schmidt, J., 2007: Recent Results on Ordering Parameters in Boolean Networks. In: Complex Systems 17, 1
Klüver, C., Klüver, J., 2011: IT-Management durch KI-Methoden und andere naturanaloge Verfahren. Wiesbaden: Vieweg + Teubner
Klüver, J., Klüver, C., 2011 a: Social Understanding. On Hermeneutics, Geometrical Models and Artificial Intelligence. Dordrecht (NL): Springer
Klüver, C., Klüver, J., 2012: Lehren, Lernen und Fachdidaktik. Theorie, Praxis und Forschungsergebnisse am Beispiel der Informatik. Wiesbaden: Springer Vieweg
Knorr-Cetina, K.D., 1981: The Manufacture of Knowledge. Oxford: Oxford University Press
Kosko, B., 1988: Bidirectional associative memories. IEEE Trans. Systems, Man, and Cybernetics, Bd. SMC-18, 42-60
Koza, J. R., 1992: Genetic Programming. Massachusetts: MIT
Kruse, H., Mangold, R., Mechler, B., Penger, O., 1991: Programmierung Neuronaler Netze. Eine Turbo Pascal Toolbox. Bonn: Addison-Wesley
Kruse, R., Gebhardt, J., Klawonn, F., 1993: Fuzzy-Systeme. Stuttgart: Teubner
Kuhn, T. S., 1967: Die Struktur wissenschaftlicher Revolutionen. Frankfurt: Suhrkamp
Lakoff, G., 1987: Women, Fire and Dangerous Things. What Categories reveal about the Mind. Chicago und London: The University of Chicago Press
Langton, C. G., 1988: Preface. In: Langton, C.G., (Ed.): Artificial Life. Reading, MA: Cambridge University Press
Langton, C. G., 1992: Life at the Edge of Chaos. In: Langton, C. G., Taylor, C., Farmer, J. D. und Rasmussen, S. (eds.), 2002: Artificial Life II. Reading MA: Addison Wesley
Langton, C. G. (Ed.), 1994: Artificial Life III. Reading MA: Addison Wesley

Levy, S., 1992: Artificial Life. The Quest for a New Creation. London: Penguin Group
Lewin, R., 1992: Complexity. Life at the Edge of Chaos. New York: Macmillan
Lewontin, R., 2000: It ain't Necessarily so: The Dream of the Human Genome Project and Other Illusions. New York Review of Books
Mainzer, K., 1997: Thinking in Complexity. The Complex Dynamics of Matter, Mind and Mankind. Berlin: Springer
Maynard Smith, J., 1974: Models in Ecology. Cambridge: Cambridge University Press
McCulloch, W. S., Pitts, W., 1943: A logical calculus of the ideas immanent in nervous activity. Bulletin of Mathematical Biophysics 5: 115–133 (1943)
McLeod, P., Plunkett, K., Rolls, E. T., 1998: Introduction to Connectionist Modelling of Cognitive Processes. Oxford: Oxford University Press
Michalewicz, Z., 1994: Genetic Algorithms + Data Structures = Evolution Programs. Berlin: Springer
Minsky, M., Papert, S., 1969: Perceptrons. Cambridge, MIT Press
Mohratz, K., Protzel, P., 1996: FlexNet. A Flexible Neural Network Construction Algorithm. In: Proceedings of the 4th European Symposium on Artificial Neural Networks (ESANN, 96), Brussels 1996: 111–116
Moreno, J. L., 1934: Who Shall Survive. Nervous and Mental Disease Monograph 58. Washinton DC.
Müller-Schloer, C., von der Malsburg, C., Würtz, R. P., 2004: Organic Computing. In: Springer: Informatik Spektrum, August 4: 332–336
Nagel, K., Schreckenberg, M., 1992: A cellular automaton model for freeway traffic. Journal Physique I 2: 2221–2229
Neumaier, A., 1990: Interval Methods for Systems of Equations. Cambridge, UK: Cambridge University Press
Niskanen, V. A., 2003: Soft Computing Methods in Human Sciences. London: Springer
Patterson, D. W., 1995: Künstliche neuronale Netze. Indiana: Prentice-Hall
Popper, K. R., 1969: Die Logik der Forschung. Tübingen: Mohr
Rasmussen, S., Knudsen, C., Feldberg, R., 1992: Dynamics of Programmable Matter. In: Langton et al. (Hrsg.) 1992
Rechenberg, I., 1972: Evolutionsstrategie. Stuttgart: Friedrich Frommann Verlag
Ritter, H., Kohonen, T., 1989: Self-organizing semantic maps. In: Biological Cybernetics 61, 241–254
Ritter, H., Martinez, T., Schulten, K., 1991: Neuronale Netze. Eine Einführung in die Neuroinformatik selbstorganisierender Netzwerke. Bonn: Addison-Wesley
Rosch, E., 1973: Natural Categories. In: Cognitive Psychology 4, 328–350
Rumelhart, D. E., McLelland, J. S., 1986: Parallel distributed processing: Explorations in the microstructure of cognitron. Foundations. Cambridge: MIT Press Vol I, 318–362
Salamon, P., Sibani, P., Frost, R., 2002: Facts. Conjectures, and Improvements for Simulated Annealing. Philadelphia: siam (Society for Industrial and Applied Mathematics)
Schelling, T. C., 1971: Dynamical Models of Segregation. In: Journal of Mathematical Sociology. 1: 143–186
Schmidt, J., Klüver, C., Klüver, J., 2010: Programmierung naturanaloger Verfahren. Wiesbaden: Vieweg + Teubner
Schmitt, M., Teodorescu, H.-N., Jain, A. et al., 2002: Computational Intelligence Processing in Medical Diagnosis. Physica
Schnupp P., Leibrandt, U., 1986: Expertensysteme – nicht nur für Informatiker. Berlin: Springer

Schöneburg, E., Heinzmann, F., Feddersen, S., 1994: Genetische Algorithmen und Evolutionsstrategien. Eine Einführung in Theorie und Praxis der simulierten Evolution. Bonn: Addison-Wesley

Schwefel, H.-P., 1975: Numerische Optimierung von Computer-Modellen. Dissertation, Technische Universität Berlin

Stoica, C., 2000: Die Vernetzung sozialer Einheiten. Hybride Interaktive Neuronale Netzwerke in den Kommunikations- und Sozialwissenschaften. Wiesbaden: Deutscher Universitätsverlag

Stoica, C., 2003: A Model of Cognitive Ontogenesis in Dependency of Social Contexts. In: Detje, F., Dörner, D., Schaub, H. (Hrsg.): The Logic of Cognitive Systems. Proceedings of the Fifth International Conference on Cognitive Modeling (ICCM), Bamberg: Universitätsverlag

Stoica, C., 2004: Die methodische Konstruktion sozialer Realität in Computermodellen In: Moser, S.: Konstruktivistisch Forschen. Wiesbaden: Westdeutscher Verlag

Stoica, C., 2004b: The Evolution of Neural networks in a „Social" Context. In: Dosch, W., Debnath, N. (Hrsg.): Intelligent and Adaptive Systems and Software Engineering. Proceedings of the ISCA 13th International Conference: International Society for Computers and Their Applications

Stoica, C., Klüver, J., 2002: Soft Computing. Kurs im Online Studiengang Wirtschaftsinformatik (VaWi), Universitäten Duisburg-Essen (Campus Essen) und Bamberg 2002

Stoica, C., Klüver, J., Schmidt, J., 2004: Optimization of Complex Systems by Processes of Self-modeling. In: Biundo, S., Frühwirth, T., Palm, G. (Hrsg.): Poster Proceedings of the 27th German Conference on Artificial Intelligence (KI 2004): Ulm: Ulmer Informatik Berichte, 41–53

Stoica-Klüver, C., Klüver, J., 2007: Simulation of Traffic Regulation and Cognitive Developmental Processes: Coupling Cellular Automata with Artificial Neural Nets. In: Complex Systems, Vol. 17, Nr. 1 & 2., 47–64

Stoica-Klüver, C., 2008: Data Mining, Neuronale Netze und Direktmarketing. In: Deutscher Direktmarketing Verband e. V. (Hrsg.): Dialogmarketing Perspektiven 2007/2008. 2. wissenschaftlicher interdisziplinärer Kongress für Dialogmarketing. Wiesbaden: Gabler

Traeger, D. H., 1994: Einführung in die Fuzzy Logik. Stuttgart: B.G. Teubner

Waldrup, M. M., 1992: Complexity: The Emerging of Science at the Edge of Order and Chaos. New York: Simon and Schuster

Weizsäcker, C. F. von, 1958: Zum Weltbild der Physik. Stuttgart: Hirzel

Widrow, B., Hoff, M. E., 1960: Adaptive switching circuits. Western Electric Show and Convention Record, IRE. New York. 96–104

Wiedmann, K.-P., Buckler F. (Hrsg.), 2001: Neuronale Netze im Marketing-Management. Praxisorientierte Einführung in modernes Data-Mining. Wiesbaden: Gabler

Wolfram, S., 2002: A new kind of science. Champaign (Il.): Wolfram Media

Wuensche, A., Lesser, M., 1992: The Global Dynamics of Cellular Automata. Attraction Fields of One-Dimensional Cellular Automata. Reading MA: Addison Wesley

Zadeh, L. A., 1968: „Fuzzy Algorithms". Information and Control. 12, 94–102

Zadeh, L. A., 1973: The Concept of a Linguistic Variable and its Application to Approximate Reasoning. Memorandum ERL-M 411 Berkeley, 1973

Zadeh, L. A., 1994: Fuzzy Logic, Neural Networks and Soft Computing, Communications of the ACM, 37(3): 77–84

Zell, A., 2000: Simulation neuronaler Netze. München: Oldenbourg

Sachwortverzeichnis

Hinweis für die Leser: Dieses Sachwortverzeichnis enthält für die aufgeführten Begriffe jeweils nur die Seite, auf der der Begriff genau definiert wird.